教育部高职高专电子信息类专业教学指导委员会规划教材

After Effects CS4 影视特效设计与制作

张秀玉　主编

人 民 邮 电 出 版 社
北 京

图书在版编目（CIP）数据

After Effects CS4影视特效设计与制作 / 张秀玉主编. -- 北京 : 人民邮电出版社, 2013.7
教育部高职高专电子信息类专业教学指导委员会规划教材
ISBN 978-7-115-30863-4

Ⅰ. ①A… Ⅱ. ①张… Ⅲ. ①图象处理软件一高等职业教育一教材 Ⅳ. ①TP391.41

中国版本图书馆CIP数据核字(2013)第071023号

内 容 提 要

本书以案例从易到难的进阶形式，详细介绍常用特效的制作方法。各章均从案例分析入手，结合各典型特效的主要知识点设计案例，案例思路、方法、技巧明晰，选择案例科学合理，具有典型、代表性和实用性，除基础知识章节外，每章节配以相应的实训内容，以便读者举一反三。

本书结构清晰、由浅入深，案例丰富、突出实用，图文并茂，易学易懂，既可作为高等职业院校、成人院校及中职院校等的 After Effects CS4 课程教材，也可以作为影视制作从业人员阅读用书。

◆ 主　　编　张秀玉
　责任编辑　韩旭光
　执行编辑　严世圣
　责任印制　沈　蓉　杨林杰

◆ 人民邮电出版社出版发行　　北京市崇文区夕照寺街 14 号
　邮编　100061　　电子邮件　315@ptpress.com.cn
　网址　http://www.ptpress.com.cn
　中国铁道出版社印刷厂印刷

◆ 开本：787×1092　1/16
　印张：15.25　　　　2013 年 7 月第 1 版
　字数：378 千字　　　2013 年 7 月北京第 1 次印刷

定价：30.00 元

读者服务热线：(010)67132746　印装质量热线：(010)67129223
反盗版热线：(010)67171154
广告经营许可证：京崇工商广字第 0021 号

前　　言

After Effects CS4 是目前主流的影视后期合成软件之一，由著名的图形图像软件生产商 Adobe 公司开发推出，适用于从事设计和影视特效的机构，包括电视台、影视动画制作公司、个人后期制作工作室、多媒体艺术设计中心，广泛应用在影像合成、动画、视觉特效、非线性编辑、设计动画样稿、多媒体、网页设计等方面的后期处理。时下最流行的一些计算机游戏大多使用它进行合成制作。随着版本的不断升级，After Effects 增加了许多强大的新功能，并且加强了与 Adobe 其他软件的整合，使得 After Effects 功能越来越强大，与其他软件和影像格式兼容性越来越强。

本书先介绍典型案例必须掌握的基本概念与常用特效的主要知识点，然后以案例难度进阶，从易到难、从单项到综合让读者掌握项目制作方法与技巧；然后引入相关综合操作进阶案例，让读者举一反三实训，最后总结知识与技能点，使知识得到升华、提高。

本书特点如下。

① 本书大部分案例来源于实践应用、企业应用，案例新颖、典型，具有较强的代表性，涵盖知识点广，具有实用性和可操作性。

② 除基础知识章节外，每章节都以常用特效为技能点，案例设计由浅入深，从简单到复杂进阶，循序渐进。首先从案例分析入手，从艺术角度出发，针对案例中的重点技术进行描述，详细讲述案例的制作步骤和流程，真正做到技术与艺术的完美结合。最后设计相关案例，让读者举一反三实训，使读者能够掌握 After Effects 影视特效技术。

③ 本书以商业影视特效应用出发，从文字特效、色彩特效、仿真与抠像特效、三维空间特效等常用特效出发，引入典型案例，配以详细的文字阐述、清晰的步骤图，具有易懂、易学、易操作等特点。

④ 读者可以使用所提供的素材，配合书中案例的操作步骤进行学习和操作，从而有效提高学习质量。教学资源主要包含以下内容：书中的项目案例源文件、效果文件和素材文件。

由于教学资源文件过大，如有需要，请与封底读者服务热线联系索要。

本书由张秀玉编写。编者以多年教学与创作经验为基础，在 After Effects 教学方面也积累了一定的经验，本书的案例的形成不但是编者多年实践经验积累，也是多年教学的总结。由于作者水平有限，书中难免有不妥之处，恳请广大读者批评指正。

编　者

2012 年 11 月

目　录

第 1 章　影视特效概述

知识技能要求

- 了解影视特效技术的概念及其应用领域
- 了解影视特效岗位工作技能

1.1　影视特效的概念

在观看电影、电视或其他视频作品时，观众看到很多现实生活中不可能出现的神奇画面，它们都是通过后期合成与后期特效技术实现的。

在影视中，人工制造出来的假象和幻觉，被称为影视特效（也被称为特技效果）。电影摄制者利用它们来避免让演员处于危险的境地、减少电影的制作成本，或者理由更简单，只是利用它们来让电影更扣人心弦。

After Effects 是一款功能强大的影视后期编辑软件，合成功能是它最突出的功能。所谓合成就是将声音、图片、文字动画和视频等多种素材混合成复合画面的过程。

随着有线电视传输网络的迅速发展，电视台、电视频道之间的竞争也越来越激烈。打造精品栏目，并为其量身定做精美的包装已是必不可少，甚至是至关重要的。从先声夺人的产品宣传片，到新颖生动的栏目片头，以及动画片制作、恰到好处的字幕处理，乃至色彩、节奏、动感和形式等，无不体现包装的魅力。影视特效正在成为包装的主要因素。

1.2　影视特效的应用

现在影视后期合成与特效技术在电影、电视剧、电视广告、电视栏目包装、游戏设计、建筑动画以及各种宣传片的制作领域中的运用广泛。在影视后期制作中，运用拍摄、文字特效、色彩特效、光效技术、仿真、抠像、粒子特效、合成等技术的综合应用，可以获得意想不到的视觉效果。

① 影视特效技术在电影中的应用如图 1.1 所示。

② 影视特效技术在电视广告中的应用如图 1.2 所示。

③ 影视特效技术在电视栏目包装中的应用如图 1.3 所示。

图 1.1　影视特效技术在电影中的应用

图 1.2　影视特效技术在电视广告中的应用

图 1.3　影视特效技术在电视栏目包装中的应用

④ 影视特效技术在动画片中的应用如图 1.4 所示。

图 1.4　影视特效技术在动画片中的应用

1.3　常见的影视特效

影视特效可以使画面产生丰富多彩的效果。常用的特效有文字特效、色彩特效、光效及仿真特效等。

1．文字特效

在影视片头中，文字的出现频率是很高的，如何让文字有创意、有新意出现，并能对整体效果起着一定作用，就需要文字特效，如图 1.5 所示。

图 1.5　文字特效

2．色彩特效

色彩的合理搭配、适度调整，可以体现一部作品的美感，增强作品的欣赏价值。色彩的应用极为广泛，颜色的设置、色阶的调整等，都与色彩有着不可分割的关系，如图 1.6 所示。

3．光效

光效是影视特效中最主要的组成部分。作为修饰画面的主要元素，基本上每一个特效的制作中，都需要结合光效的使用。光效技术的应用，为各种影视特效增添了美感和动感，如图 1.7 所示。

图 1.6　色彩特效

图 1.7　光效

4．仿真特效

仿真特效并非摄像机真实拍摄到的事物，而是通过软件制作得到的事物，能够达到真实的视觉效果，如图 1.8 所示。

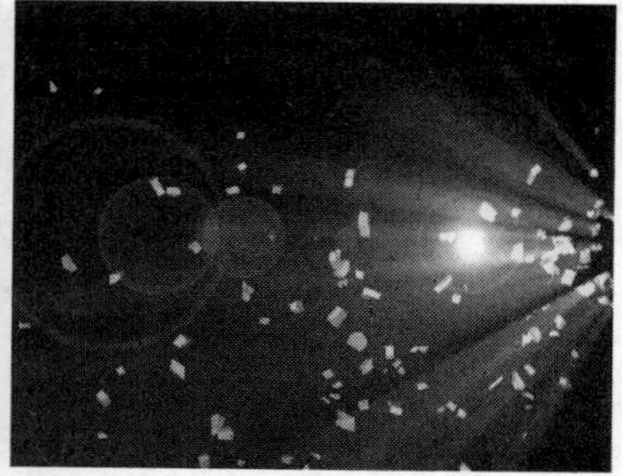

图 1.8　仿真爆炸文字效果

1.4　影视特效应用遵循的原则

制作影视片头需要合适的画面，应用合适的影视特效。影视特效应遵循如下原则。

（1）和谐统一整体风格

观众视觉认可的首要条件就是栏目包装，从宣传片、片头、背景音乐、字幕和节奏都与

栏目浑然一体，给观众在视觉上以流畅、和谐与自然感。如果片头制作得色彩斑斓，节奏明快，视觉冲击力很强，但与栏目本身委婉舒缓的风格却大相径庭，这样就会让观众认为片头、栏目是分开的，十分不协调。因此，栏目与包装要整体协调并统一，而不是内容、特效越多越好。

（2）独到创意凸显个性

随着广播电视事业高速发展，粗略算来，观众可选择的电视栏目有百个以上。一个毫无个性的电视栏目是无法吸引观众的。因此，提高收视率、夺人眼球的创意、凸显个性的栏目包装至关重要。

（3）充分体现文化底蕴

作为电视栏目的形象战略，影视特效是技术与艺术的完美结合。如果仅是画面语言，或是仅有技术是不够的。除了生动鲜活的文字语言，能充分体现文化底蕴的画外音解说也是极其重要的、必不可少的组成部分。如中央电视台的《焦点访谈》、《东方时空》等知名品牌栏目，它们精致的艺术包装，除了具有精美的特技画面、广泛深刻的思想内涵、张扬个性的艺术形式和体贴入微的人文以外，精辟的文字解说更是画龙点睛。

1.5　影视片头的制作流程

1.5.1　影视片头动画的理念

一部电影或电视剧在公映前会依靠播放一段精彩的宣传短片来吸引观众，因此，片头动画通常要求能充分表达电影或电视剧的内容精髓，并在此基础上进行独到创意，制作出吸引观众眼球的动画效果。

1.5.2　影视片头选取素材

要做出精彩片头，选择素材是至关重要的。在制作影视后期特效前首先要充分了解所做栏目的内容、片头类型，然后根据内容选定栏目所要表达的主题进行创意。选用新颖素材，也可以通过 DV 将编辑好的剧本拍摄成素材，也有专业人士不喜欢用任何素材，认为它除了画面华丽外就没有其他的优点。一个好的片头，丰富的素材是必不可少的，其次还要求有声音、效果和文字，这三者与之完美结合才能使作品有声有色，才能做出经典的片头。

1.5.3　影视片头制作流程

使用 After Effects 制作完整的影视片头，需要有一个清晰的制作流程。影视片头制作流程如下。

① 先根据影视片头需要表达的内容进行素材的收集，然后对素材进行整理。

② 在其他影视编辑软件（如 Premiere、Combusion、Vegas）中制作影片剪辑。

③ 根据影视片头的要求发挥自己的创意，设计两三个剧本，然后选定其中一个剧本作为影视片头的重点。

④ 启动 After Effects，对整个场景做一个规划并设置相关的参数。

⑤ 导入素材，并安排素材进入工作区域，若需要也可以建立多个合成同步进行。

⑥ 制作动画，按照前面编辑好的剧本对每个素材进行不同的设置，添加动画效果。这是制作影视片头的重要部分。

⑦ 对影片不停地进行动画预览，查看是否达到预期的效果，检查需要修改的地方。

⑧ 输出影片，可以发布到网络上或刻录成光盘，与大家一起分享。

1.6 影视特效岗位工作技能

一名杰出的影视特效合成人员能同时发挥出作为艺术家和工程师的最佳技能，能把不可能一起拍摄的元素汇集，创作出令人信服的、梦幻般的电影图景。他不但要有创造性和美感，还要有软件技术工作技能，也就是要使艺术与技术完美结合，才能合成视觉特效出色的作品。

1.6.1 影视特效课程培养目标

“影视特效”是多媒体技术、影视动画等专业的核心课程，旨在培养影视动画后期特效制作师。即培养学生掌握影视特效制作流程，掌握影视领域的软件及操作使用能力，同时具有完整的理论体系，提升学生的影视行业就业竞争力及职业素养。该课程在培养学生的职业能力和促进职业素质的养成方面占有重要地位，通过该课程可以培养学生敬业、协作、沟通、创新的职业素养，能快速胜任影视后期特效制作师的工作。

1．知识目标

- 掌握后期制作与影视的基本理论
- 掌握数字影视合成技术原理和方法
- 掌握影视编辑基本理论
- 掌握影视特效合成所支持的文件格式
- 掌握影视特效合成特效技术

2．能力目标

- 具备影视艺术鉴赏和创意的能力
- 具备数字影视特效制作的能力
- 具备技术与艺术相结合的能力
- 具备良好的与人合作与沟通的能力
- 具备熟练应用影视特效制作软件制作优秀影视特效片段能力
- 具备自学、开创性学习的能力

3．素质目标

- 培养学生良好的思想品德，树立正确的人生观、价值观
- 培养学生正确的职业操守

1.6.2 影视特效课程的重要性

影视后期特效是影视动画制作的最后一道工序，是后期制作的核心环节。影视特效课程是要让学生能够很好地理解前期、中期制作部门的构思与作品风格，明白各个工序所实现的

内容，并且非常清楚后期发行的标准、规范、质量等环节的控制，涉及多个环节的配合与衔接，对学生进行标准意识、规范意识、质量意识与流程意识的培养，可以为学生创造沟通、交流平台，培养他们的沟通、表达、协作的素质。

1.6.3　影视特效课程前后续课程设置

影视特效课程为影视动画、多媒体技术专业的核心课程，课程后续直接进入电视台、广告公司、传媒公司、动画公司等校外实训基地进行顶岗实习。为了使学生更好地学习影视特效课程，前后续课程设置要合理、衔接得当。在学生进入影视特效课程学习前，需要具备影视欣赏能力、平面设计和三维建模的能力，因此，它的前导课程主要包括美术基础、平面设计、摄影与摄像、视听语言、影视剪辑等课程，它的后续课程是综合技能实训。

1.6.4　影视特效岗位工作技能

① 熟练掌握 Premiere、EDIUS、After Effects、Maya 等常用后期制作软件，并能精通其一。

② 具有一定的学习能力和较强的创造力；独到设计理念和感觉；具有较强的美术设计能力；拥有较强的视觉审美能力。

③ 具有场景模型、材质及摄影摄像基础，熟悉流体、粒子、动力学。熟悉影视特效制作流程，熟练掌握使用影视特效后期软件做合成、跟踪、抠像、校色等，能独立完成广告影视特效以及栏目包装的创意制作。

④ 拥有良好的职业道德和个人素养，具备良好的沟通能力及团队合作精神，吃苦耐劳，有较强的责任心和进步意识。

第2章 影视特效基础

知识技能要求

- 熟悉 After Effects CS4 后期合成与特效软件的功能和界面
- 了解 After Effects CS4 基本工作流程
- 掌握典型特效原理与技法

2.1 认识 After Effects CS4

After Effects CS4（见图 2.1）为一款用于高端视频特效系统的专业合成软件，在世界上已经得到了广泛的应用，经过不断发展，在众多的后期动画软件中独具特性。它可以帮助用户高效、精确地创建无数种引人注目的动态图形和视觉效果，并利用与其他 Adobe 软件的紧密集成、高度灵活的 2D 和 3D 合成，以及数百种预设的效果和动画，为电影、视频、DVD 和 Macromedia Flash 作品增添新奇的效果。After Effects 在各个方面都具有优秀的性能，广泛支持各种动画相关的文件格式，具有优秀的跨平台操作能力。由于 Adobe 公司的强力支持，还加大了其结构的开放性。After Effects 以层级结构为基础，用户可以直接输入在 Photoshop 里建立的 PSD 文件，并且可以单独打开图层，对于有 Photoshop 基础的初学者很容易上手。高效的视频处理系统，确保了高质量的视频输出，Premiere 的项目文件可以近乎完美地在 After Effects 上编辑，加上第三方插件的大力支持，After Effects 的用途将更为广泛。

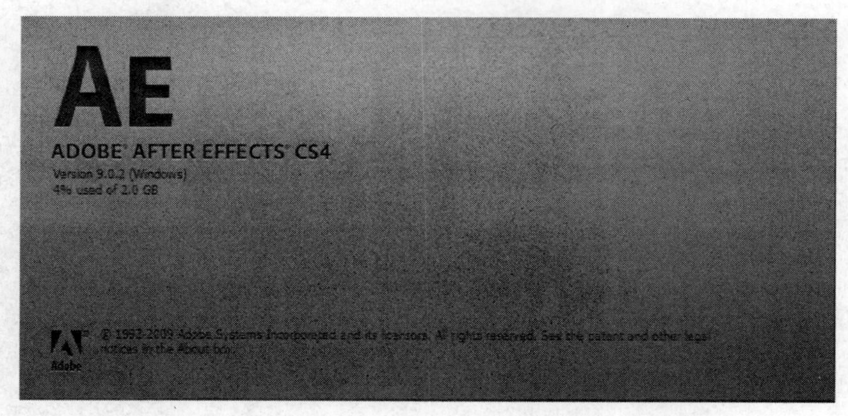

图 2.1　After Effects CS4 高端视频特效合成软件

2.1.1　认识系统配置

After Effects CS4 作为一款优秀的跨平台后期动画软件，对 Windows 和 Mac OS X 两种不同的操作系统都有很好的兼容性。

Windows 系统：

- 1.5GHz 或更快的处理器（AMD 系统需要支持 SSE2 的处理器）
- Microsoft Windows XP（ 带有 Service Pack 2，推荐 Service Pack 3）或 Windows Vista HomePremium、Business、Ultimate 或 Enterprise（带有 ServicePack1，通过 32 位 Windows XP 以及 32 位和 64 位 Windows Vista 认证）
- 2GB 内存
- 1.3GB 可用硬盘空间用于安装；可选内容另外需要 2GB 空间；安装过程中需要额外的可用空间（无法安装在基于闪存的设备上）
- 1280×900 屏幕，OpenGL 2.0 兼容图形卡
- DVD-ROM 驱动器
- 使用 QuickTime 功能需要 QuickTime 7.4.5 软件
- 在线服务需要宽带 Internet 连接

Mac OS X 系统：

- 多核 Intel 处理器
- Mac OS X10.4.11～10.5.4 版
- 2GB 内存
- 2.9GB 可用硬盘空间用于安装；可选内容另外需要 2GB 空间；安装过程中需要额外的可用空间（无法安装在使用区分大小写的文件系统的卷或基于闪存的设备上）
- 1280×900 屏幕，OpenGL 2.0 兼容图形卡
- DVD-ROM 驱动器
- 使用 QuickTime 功能需要 QuickTime 7.4.5 软件
- 在线服务需要宽带 Internet 连接

2.1.2　了解 After Effects CS4 新特性

After Effects CS4 从界面、快速搜索、合成项目导航器、特效等多个方面有性能方面的全新提升。

1．New UI（全新的向导界面）

不同于上一个版本，软件启动后会出现一个“Welcome and Tip of the Day at startup”欢迎界面，类似于 Premiere 的开启界面。在这里，用户可以选择打开文档还是创建一个新的 Composition，也可以打开以前编辑过的 AEP 文件，还可以在这个界面中学到一些小的 Tips（操作技巧），也可以通过 Search Tips 功能搜索相关的操作技巧。如果并不喜欢这个设置，可以取消勾选左下角的“Show Welcome and Tip of the Day at startup”复选项，再次打开软件时就不会再看到这个界面，如图 2.2 所示。

2．Quick Search（快速搜索）

After Effects CS4 在 Project 视窗和 Timeline 视窗提供了新的快速搜索功能，可以使用户快速搜索到需要的文件或项目，类似于以前版本中 Effects&Preset 视窗中的搜索功能。该功

能非常实用，可以使用户在杂乱的项目文件中找到需要的素材，如图 2.3 所示。

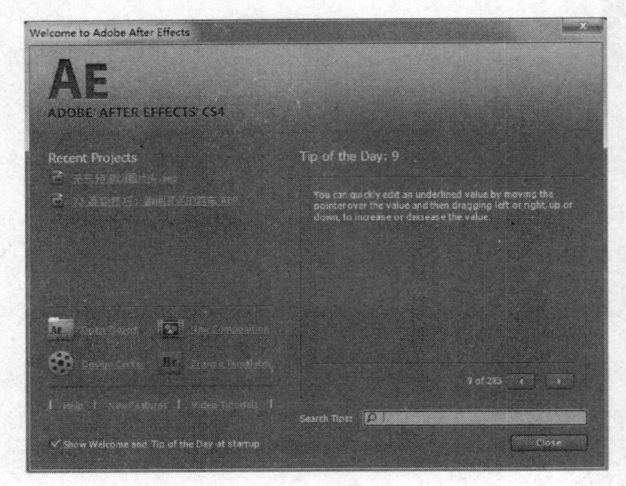

图 2.2　新向导界面

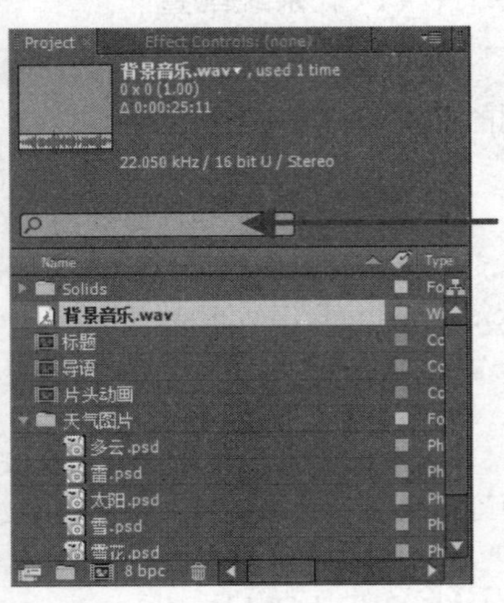

图 2.3　快速搜索文件或项目

3．Composition Navigator（合成项目导航器）

通常对于素材文件的寻找十分困难，同样对于复杂的合成项目文件，相互之间的父子关系观察起来也十分头痛，这在实际工作中会经常碰到。例如，在对几个素材同时操作时，用户不得不将这些素材进行合成，也就是打包在一起来编辑，不知不觉地，素材之间相互的嵌套关系就会异常复杂。After Effects CS4 提供了 Composition Navigator（合成项目导航器）功能，只要在 Composition 视窗中单击相关的项目，或在 Timeline 视窗中单击 “Composition Mini-Flowchart”图标，系统就会自动展开合成项目导航器，如图 2.4 所示。

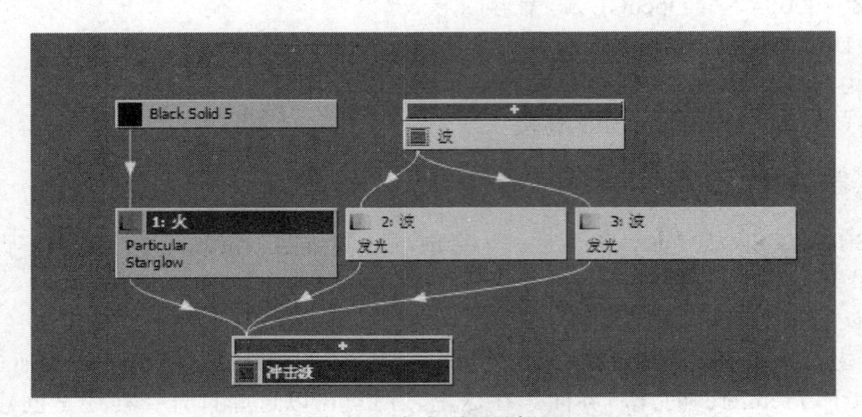

图 2.4　合成项目导航器

有合成项目导航器工具，就可以很容易地看清合成之间的复杂关系，而且还能在它们之间快速跳转。

4．新增特效——卡通（Cartoon）

在卡通效果风靡的今天，After Effects CS4 也适时地推出了自带的 CartoonEffect（卡通特效）。这个效果类似于将素材中的颜色平滑，再将边缘分离出来，形成线条，如图 2.5 所示。

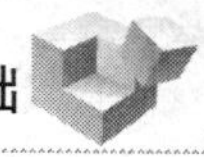

（a）原图

（b）描边效果

图 2.5　Cartoon 特效

5．Export Comp from After Effects to Flash（输出到 Flash）

在 After Effects CS4 中，用户可以将制作出的动画输出为 SWF 格式，再导入 Flash 中进行编辑；在 After Effects CS4 中，与 Flash 的结合更加紧密了，用户可以将动画以 XFL（Flash 的工程文件格式）导出，再在 Flash 进一步编辑。同时，After Effects CS4 还支持最新的 FLV 视频格式，在导出时可以选择不同的格式类型，如图 2.6 所示。

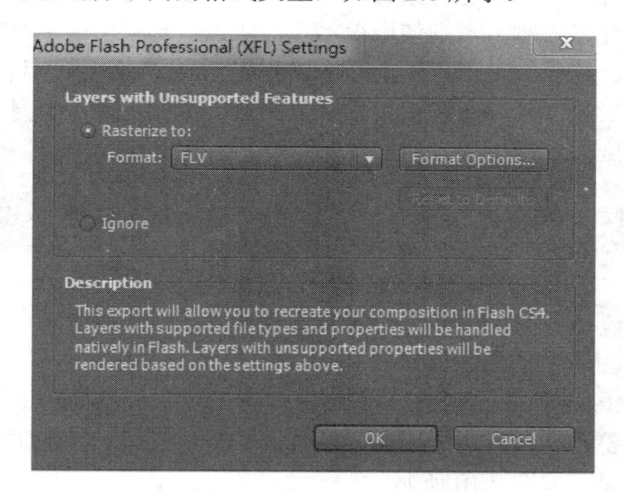

图 2.6　输出 FLV 文件

2.2　After Effects CS4 的界面介绍

After Effects CS4 的界面和 Adobe 家族的其他设计软件界面很相似，操作简便，易于掌握。从标准工作界面上看，其主要由项目窗口、工具栏、时间线窗口、特效窗口和合成项目预览窗口等组成，如图 2.7 所示。

1．Project（项目窗口）

项目窗口是用于管理素材和项目、导入和管理合成文件的一个窗口。在这个窗口中，可以清楚地看到每个文件的类型、尺寸大小、时间长短、文件路径等信息，如图 2.8 所示。

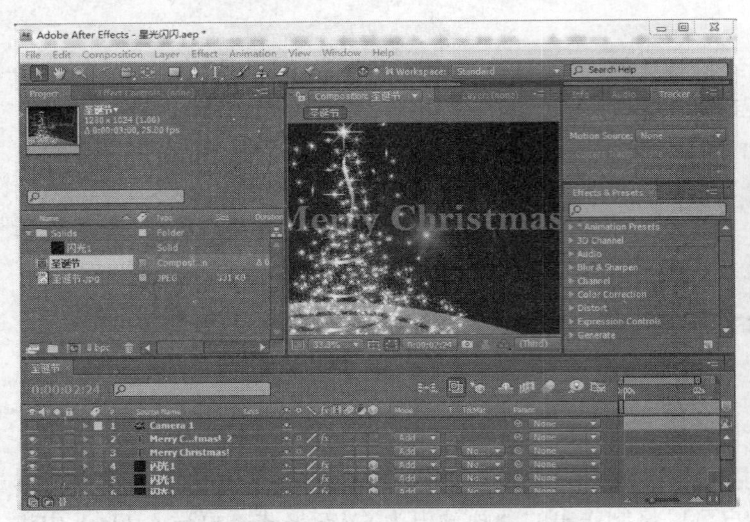

图 2.7　After Effects CS4 界面

图 2.8　Project（项目窗口）

2．Tools（工具栏）

工具栏提供了对合成窗口中的对象进行操作的各种工具。After Effects 的影视特效处理功能主要依附于各种插件，而对工具则使用得不多，所以工具栏中的工具较少，主要工具有：选择工具、抓手工具、缩放工具、旋转工具、照相机工具、轴心点工具、矩形遮罩工具、钢笔工具、文字工具、画笔工具、图章工具、橡皮工具、木偶工具、自身坐标系统模式、世界坐标系统模式和视图坐标系统模式，如图 2.9 所示。

图 2.9　Tools（工具栏）

3．Timeline（时间线窗口）

时间线窗口是 After Effects 效果合成的最重要窗口之一，主要用于管理层的顺序和设置动画关键帧，可以调整素材层在合成图像中的位置、素材长度、叠加方式、合成图像的范围及层的动画和各种效果，如图 2.10 所示。

图 2.10　Timeline（时间线窗口）

4．Effect Controls（特效窗口）

特效窗口是用来控制特效参数调节的一个窗口，所有的参数调节都可以在此完成，并且能够记录参数关键帧，如图 2.11 所示。

5．Composition（合成项目预览窗口）

合成项目预览窗口也可称为监视器窗口，主要用来观看合成项目的合成效果，窗口下面有对窗口进行调整设置的按钮，可以对窗口的数量、显示方式、显示时间等方面进行设置，如图 2.12 所示。

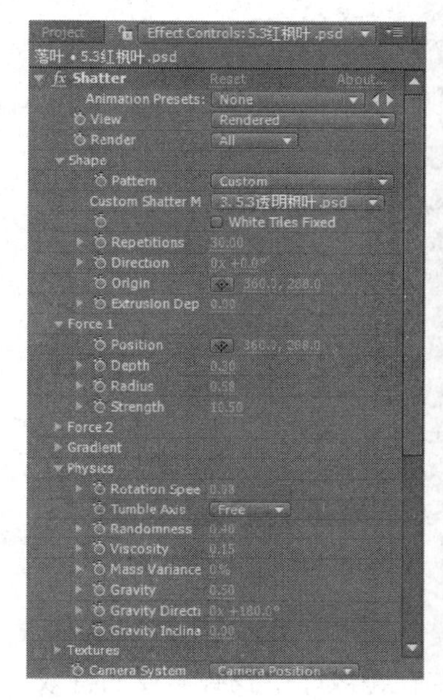

图 2.11　Effect Controls（特效窗口）

图 2.12　Composition（合成项目预览窗口）

6．Preview（播放控制窗口）

播放控制窗口就像录音机或 MP3 上的播放控制按钮一样，通过播放控制窗口，可以对项目的编辑结果进行预览、回放，如图 2.13 所示。

7．Info（信息窗口）

信息窗口主要显示鼠标所在当前编辑的图像素材位置的色彩数值信息，它标出 *X* 坐标轴和 *Y* 坐标轴的值与 RGB 的色彩值，如图 2.14 所示。

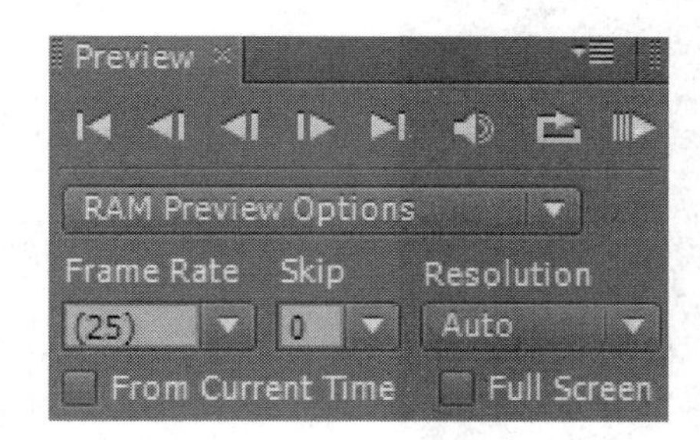

图 2.13　Preview（播放控制窗口）

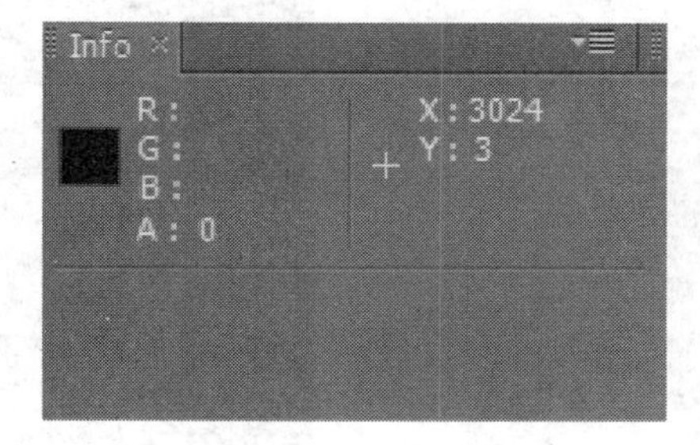

图 2.14　Info（信息窗口）

8．Audio（音频信息窗口）

音频信息窗口主要显示当前编辑的音频素材的数值信息及主要音量、单个声道音量的快速调整控制，如图 2.15 所示。

9．Character（文字设置窗口）

文字设置窗口主要为创建和修饰文字提供支持，通过文字设置窗口，可以对字体的样式、风格、色彩等进行设置，如图 2.16 所示。

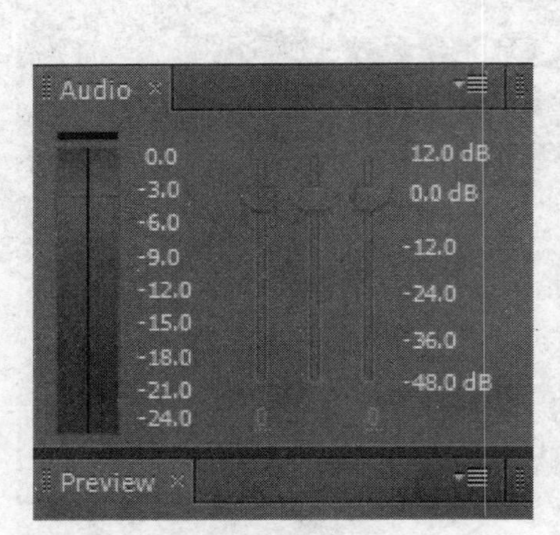

图 2.15　Audio（音频信息窗口）

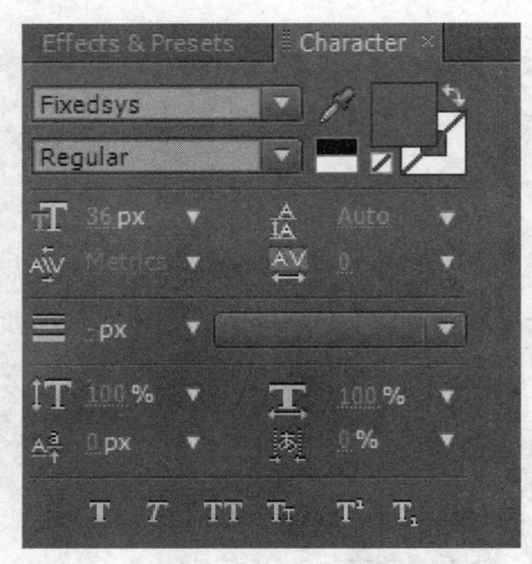

图 2.16　Character（文字设置窗口）

10．Effects & Presets（特效库窗口）

特效库窗口主要用来存放特效，在进行特效添加时，只要在特效库中找到需要的特效，直接拖放到指定的素材上即可，如图 2.17 所示。

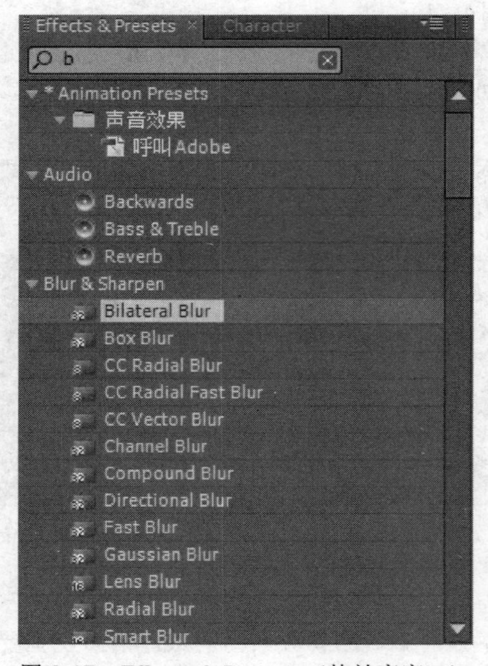

图 2.17　Effects & Presets（特效库窗口）

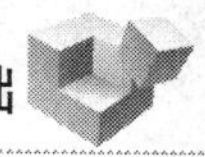

2.3 After Effects 基本工作流程

After Effects 的工作流程主要是围绕素材进行的。在 After Effects 中，对素材操作的主要窗口有 3 个：项目窗口用来显示所有导入的素材，合成窗口显示图像在空间上的关系，时间线窗口按时间来显示合成和动画事件。

在 After Effects 中具体的工作流程如下。

1．导入素材

在 After Effects 中，需要将素材导入项目窗口中才能进行其他操作，导入素材的方法有以下 3 种。

- 执行“File/Import/File”命令。
- 双击项目窗口的空白处。
- 从资源管理器中将素材拖入项目窗口中。

2．建立合成

建立合成的目的是将素材导入合成项目预览窗口中进行编辑或添加效果。执行“Composition/New Composition”命令建立合成，每个合成窗口都有相应的时间线窗口，当在合成窗口中编辑一个合成时，After Effects 会自动显示相应的时间线窗口。将素材放置到时间线窗口中，或在项目窗口中选中素材后，用鼠标将其拖入时间线窗口中，每个素材处于时间线窗口的不同层上，同时在时间线上显示素材的时间长度，可以用鼠标拖动素材来调整其在时间线上的位置。

3．编辑素材

在时间线窗口中，可以对素材进行编辑、添加效果或设置控制参数。

4．输出影片

在项目窗口中，选中合成或激活时间线窗口，执行“Composition/Make Movie”命令，可以将合成渲染输出为电影。在输出电影过程时，需要设置相应的参数，并选择输出文件的名称和位置。

2.4 After Effects 基本概念

2.4.1 图层

After Effects 中的合成及特效是基于图层的上下及前后关系制作的，不同的素材拖入时间线后会形成不同的层，层的上下关系可以使层之间产生覆盖、遮挡，层的前后关系可以使合成画面随时间的变化显现出不同素材的画面。After Effects 中层按功能可以分为 7 种：素材图层、合成图层、固态图层、文字层、灯光图层、摄像机图层和虚拟对象图层。

1．图层应用

（1）素材图层

从项目管理窗口中直接拖动一个素材到时间线窗口或合成窗口中，即可形成一个素材图层。其操作方法不同，结果也有所不同，差别如下：第一种是拖入时间线窗口中，画面中心自动与合成窗口的中心对齐；另外一种是拖入合成窗口中，画面中心将会与鼠标的落点对齐，素材的尺寸并不会自动与合成画面的尺寸匹配时，可以调整素材图层的缩放属性使其匹配，用户也可以直接将素材拖到项目窗口下方的图标上。此时，After Effects 会自动生成一个合成项目，即生成合成图层，该项目的尺寸及持续时间将与素材匹配。也可以在菜单栏中选择 Layer/ Transform/ Fit to comp，这样素材的尺寸就与合成画面的尺寸匹配。

（2）Solid 固态层

Solid 固态层是 After Effects 中最基本的层类型，如图 2.18 所示。建立它的方法有 3 种：第一是执行 Layer/New Solid 菜单命令；第二是在 Timelines 时间线中单击鼠标右键，然后选择 New Solid 命令；第三是在 Composition 预览面板中单击鼠标右键，然后选择 New Solid 命令。

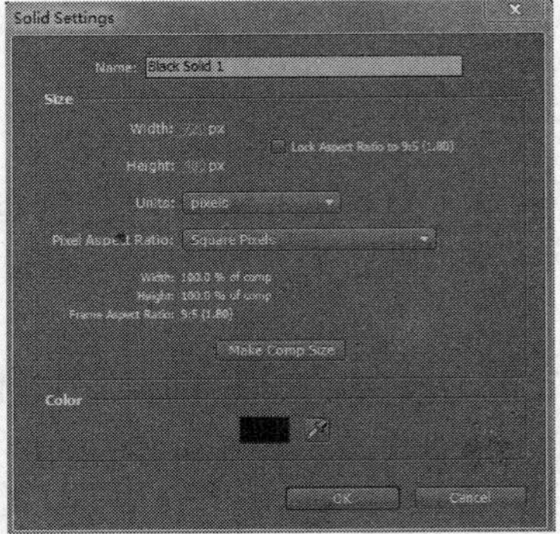

图 2.18　新建 Solid 固态层

（3）Text 文字层

在 Text 文字层上，用户可以实时地预览文字的大小和字体等。文字相关属性的设置会在文字特效章节中介绍。

（4）Light 灯光和 Camera 摄像机层

Light 灯光和 Camera 摄像机层是在“时间线”面板中应用在“虚拟”三维空间中的图层。也就是在“时间线”必须要有 3D 层，Light（灯光）和 Camera（摄像机）层才能正常发挥功能。有关这方面内容会在三维特效章节中介绍。

（5）Null Object 虚拟对象层

Null Object 虚拟对象层是通过调整不透明度来遮盖其他层或者不产生影响。制作 Null Object 层时，先要制作一个比较小的框，设置移动 Null Object 层以后再与其他层进行 Parent 链接，这样才能使其他层随着 Null Object 的运动而一起移动，如图 2.19 所示。在“时间线”面板中建立 Null Object 层后，会出现 Null 层，如图 2.20 所示。显示在预览面板中的 Null Object，看上去什么都没有，因为它的层显示方式是透明，如图 2.21 所示。

图 2.19　移动变换中心点

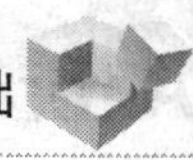

最终合成 粒子
0:00:03:20
Layer Name Parent
1 [Null 1] None
2 Camera 1 None
3 [粒子] None
4 [Particles] None
5 [城市.bmp] None

图 2.20 新建 Null Object

图 2.21 透明的 Null Object

（6）Shape Layer 形状图层

Shape Layer 形状图层是为了增强 After Effects 的矢量图绘制功能和动画制作功能的工具。它可以帮助用户快速创建各种预设形状，如矩形、椭圆形等，如图 2.22 所示。用户可以为元件添加一些效果，如 Twist（扭曲）、Zig Zag（锯齿）等，如图 2.23 所示。

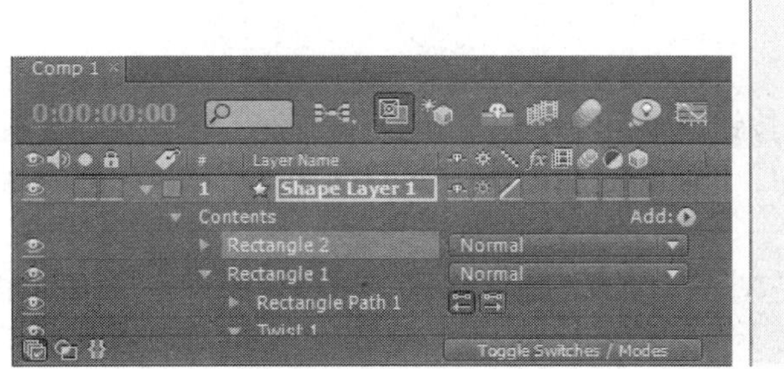

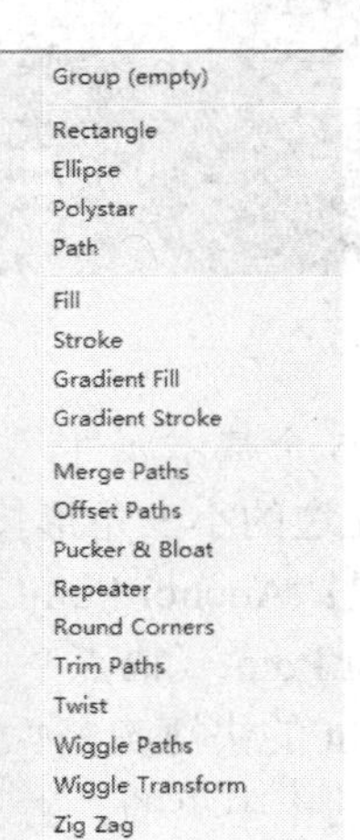

图 2.22 预设菜单

图 2.23　矩形 Twist（扭曲）效果

（7）Adjustment 调节层

Adjustment 调节层通常在对整体层应用效果的时候使用，与 Photoshop 调节层类似。它的使用方法与一般类型的图层有所不同，在调节图层可以添加各种效果，这些效果将影响图层下面的所有图层。调节图层的旁边将出现◩图标。该图标表示该层是调节层，如关闭该图标，调节层将变为白色的固态层。Adjustment 在“时间线”面板中与其他层一样，但它在 Composition 预览面板中是透明的，如图 2.24 所示。

#	Layer Name		
1	[Adjust... Layer 1]		
	Effects		
	Fast Blur	Reset	About...
	Transform	Reset	About...
	Transform	Reset	
2	[飘带04]		
	Transform	Reset	
3	[飘带03]		
4	[飘带02]		
5	[飘带01]		
6	背景02		
7	背景01		

图 2.24　调整层的透明开关

2．图层的 5 个基本属性

单击图层左边的小三角形按钮，展开 Transform 左边的小三角形按钮选项，有 5 个基本的参数，分别是：Anchor Point、Position、Scale、Rotation 和 Opacity，如图 2.25 所示。

（1）Anchor Point（锚点）

Anchor Point 的快捷键是“A”键。它是定位图层的中心点，在默认的初始状态下，Anchor Point 是在图层的正中央的。由于一切的变化都是以 Anchor Point 为基准进行的，因此，改变了图层的 Anchor Point 将对层的操作产生影响。

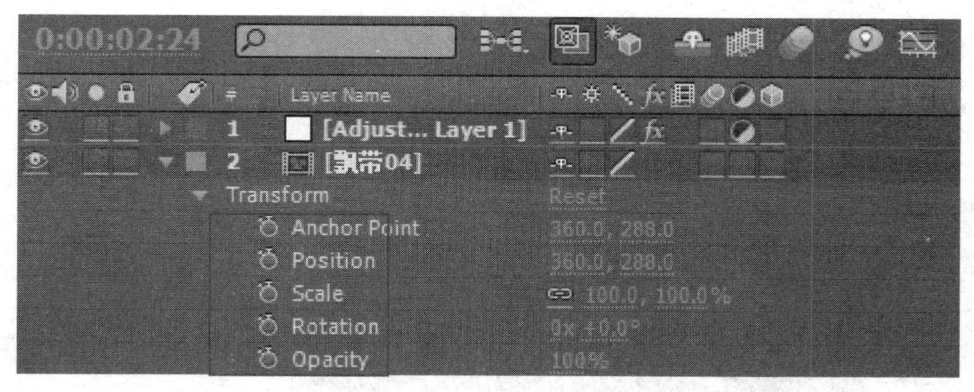

图 2.25 Transform 变换参数

（2）Position（位置）

Position 的快捷键是“P”键，用于变换层的位置。

（3）Scale（缩放）

Scale 的快捷键是“S”键，用于控制层的尺寸大小。

（4）Rotation（旋转）

Rotation 的快捷键是“R”键，用于变换层的旋转角度。

（5）Opacity（不透明度）

Opacity 的快捷键是“T”键，是调节图层的不透明程序。当数值为 100%的时候，图像完全不透明，而数据为 0 的时候，图像完全透明，即在 Composition 预览面板中完全看不到图像。

3．图层的混合模式

任何图像都是由色相、明度和纯度这 3 种要素构成。混合模式正是利用这些属性，通过特殊的计算方法将两个以上的图像进行融合，使之相互影响，再根据颜色、亮度以及饱和度来合成图像，制作出对比度、饱和度和亮度等的变化，最终形成新的图像画面。常用叠加模式的功能如下。

（1）Normal（正常）

如果把素材放在 After Effects 的 Timeline 上，就是应用 Normal 正常模式。它可以直接显示素材本身所具有的各种特性，应用这个模式以后，无论下面有什么图像，都不会显示出来，而只能显示本身内容。用于进行混合两张素材图，如图 2.26 所示。

图 2.26 用于“球”（放在上层）与“小花”（放在下层）2 张素材图进行混合

（2）Dissolve（溶解）

Dissolve 在初次应用“球”层的时候，效果不太明显，按“T”键，应用不透明度以后，Noise 的浓度发生变化，通过改变 Opacity（不透明度）的值可以观察到画面叠加的变化，如图 2.27 所示。

图 2.27　Dissolve 模式，Opacity（不透明度）的值从 0%—70%—100%

（3）Multiply（正片叠底）

按照 Multiply 应用层“球”层的颜色值会随下面“小花”层颜色值降低，制作出更深的效果，如图 2.28 所示。

（4）Add（相加）

上层“球”与下层“小花”颜色值相加，可以制作出更亮的效果，如图 2.29 所示。

（5）Difference（差值）

从基本层的颜色值中去除源层颜色值，或者从源层的颜色值中去除基本层的颜色值，它是由亮度值来决定的，与 Photoshop 中的 Difference（差值）模式相同，表现效果也基本一样，如图 2.30 所示。

图 2.28　使用 Multiply 模式的效果

图 2.29　Add 模式的效果

图 2.30　Difference 模式的效果

2.4.2　关键帧

在 After Effects 中，一般把包含着 Position（位置）、Scale（缩放）、Rotation（旋转）等所有能够用数值来表示的信息的帧称为关键帧。关键帧是指动画变化的帧，一个动画至少需要两个关键帧，判断动画开始和结束的状态，并自动计算中间的动画过程，产生动画。掌握好关键帧是制作视频动画的必要前提。

1．激活关键帧

每个图层参数前面都有一个时间码表，可以通过鼠标单击的方式让它生成动画的起始关键帧。当某个图层参数的码表被激活之后，在任一的时间对该参数的任何改变都将生成新关键帧。当取消激活图层某个参数关键帧码表后，之前对该参数所设置的所有关键帧都将消失。关键帧记录器关闭与打开状态如图 2.31 所示。

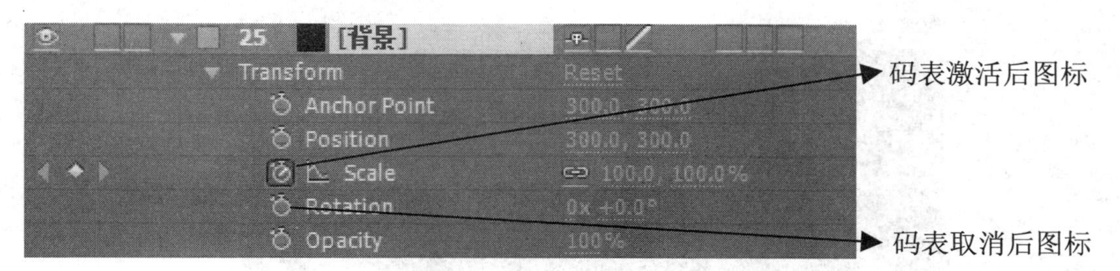

图 2.31　关键帧记录器关闭与打开状态

2．关键帧导航

当为图层参数设置第一个关键帧的时候，After Effects 就会显示出关键帧导航器，通过导航器可以方便地从一个关键帧快速跳转到上一个或下一个关键帧，通过关键帧导航器也可以方便地设置和删除关键帧。如图 2.32 所示，1 处表示当前有关键帧；2 处表示左边有关键帧；3 处表示右边有关键帧；4 处表示当前无关键帧。

◀：跳转到上一个关键帧位置，快捷键“J”。

▶：跳转到下一个关键帧位置，快捷键“J”。

⏱：（添加/删除关键帧）按钮，显示当前有关键帧的状态，单击它将删除关键帧。

⏱：（添加/删除关键帧）按钮，显示当前无关键帧的状态，单击它将产生关键帧。

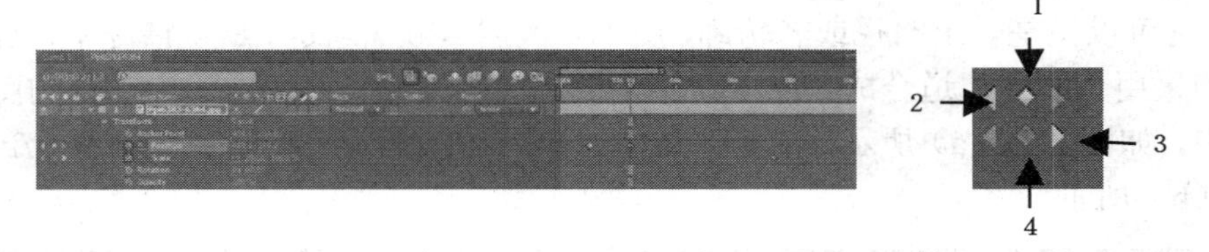

图 2.32　关键帧导航器

3．编辑关键帧

（1）选择关键帧

选择单个关键帧只需鼠标单击关键帧即可。如果要选择多个关键帧，可以在按住“Shift”键的同时连续单击需要选取的关键帧，或按住鼠标左键拉出一个选框，框选多个连续的关键帧。

（2）移动关键帧

选中单个或者多个关键帧，按住鼠标左键，然后将其拖到目标时间位置即可移动关键帧，还可以按住“Shift”键锁定关键帧到当前时间指针位置。

（3）复制关键帧

选中要复制的关键帧，执行快捷键“Ctrl+C”复制关键帧，然后执行快捷键“Ctrl+V”即可将复制的关键帧粘贴到当前时间指针位置。

4．删除关键帧

选择需要删除的关键帧，直接按“Delete”键，即可删除所选的关键帧。

5．改变图层中的关键帧的值

选中当前层以后，在 Composition 预览面板中可以直接拖动关键帧所在的点来改变关键帧的值，如图 2.33 所示。这是一种很方便的调节方法。

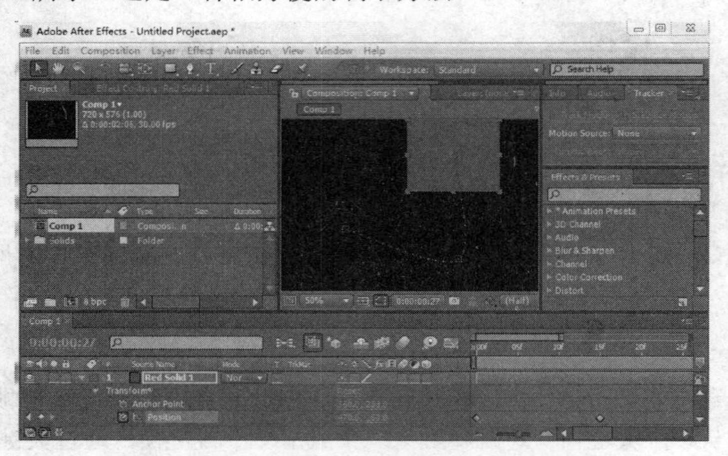

图 2.33　直接拖动关键帧所在的点来改变关键帧的值

2.4.3　遮罩

1．遮罩的概念

遮罩是一个用路径工具绘制的封闭区域。它位于图层之上，本身不包含图像数据，只是用于控制图层的透明区域和不透明的区域，当对图层进行操作时，被遮挡的部分会受到影响。如果遮罩不是闭合曲线，那就只能作为路径使用。

因此，它可以说是一个路径或者轮廓，用于修改层 Alpha 通道。默认情况下，After Effects 层的合成均采用 Alpha 通道合成。对于运用了遮罩的层，将只有遮罩里面部分的图像显示在合成图像中，如图 2.34（a）所示。如果要显示遮罩外边的图像，执行 Layer/Mask/Inver 命令，如图 2.34（b）所示。

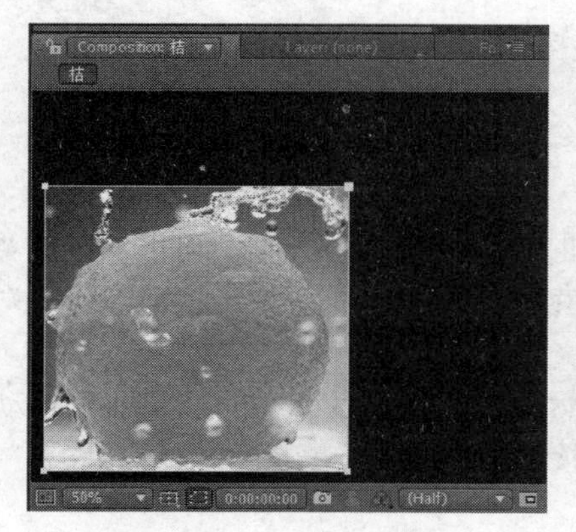

（a）显示遮罩里边的图像

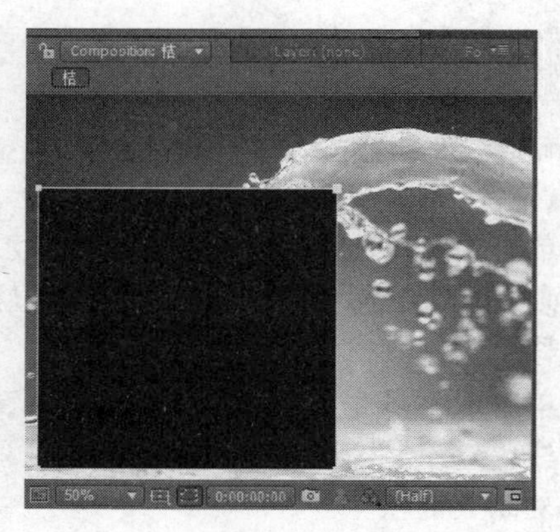

（b）显示遮罩外边的图像

图 2.34　遮罩

遮罩在视频设计中被广泛运用。例如，可以用来“抠”出图像中的一部分，使最终的图像仅有“抠”出的部分被显示。

2．遮罩的创建与属性

遮罩一般在合成图像预览视窗中直接绘制。

（1）创建规则形状的遮罩

在工具面板的遮罩工具列表中包括多种绘制遮罩的工具，如图 2.35 所示。

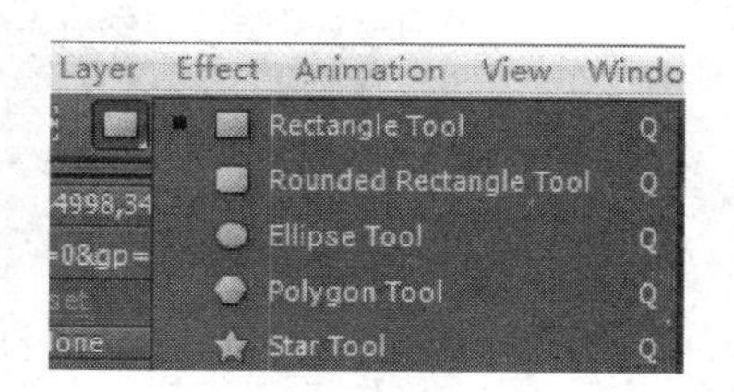

图 2.35　遮罩工具

在 Composition 窗口中，在使用鼠标进行创建遮罩的同时按“Shift”键可以创建出对等比例的遮罩形状。例如，分别使用“Rectangle Tool（矩形工具）”、“Ellipse Tool（椭圆工具）”可以创建出正方形和圆形的遮罩。在绘制 Polygon tool（多边形工具）与 Star Tool（星形工具）时，按住向上键“↑”或者是向下键“↓”，可以增加或者减少多边形或者星形上的点；按住向左键“←”或者是向右键“→”，可以增加或者减小多边形或者星形的外角的圆滑度，如图 2.36 所示。

（2）使用“钢笔工具”创建任意形状的 Mask

自由形态的 Mask 由“钢笔工具”制作而成，它与 Photoshop 的“钢笔工具”相似，如图 2.37 所示。

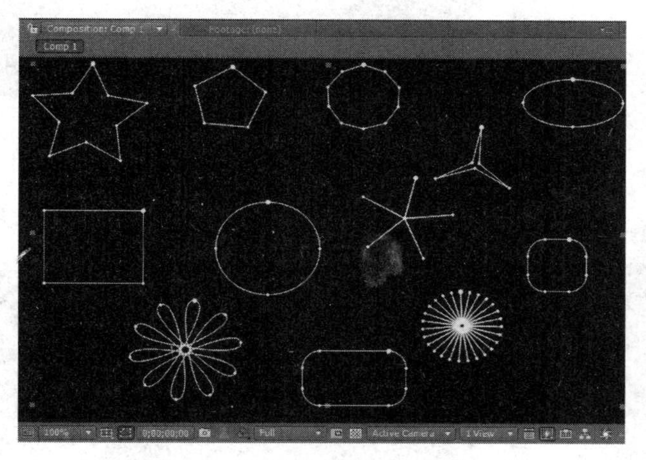

图 2.36　规范形状的 Mask 绘制工具

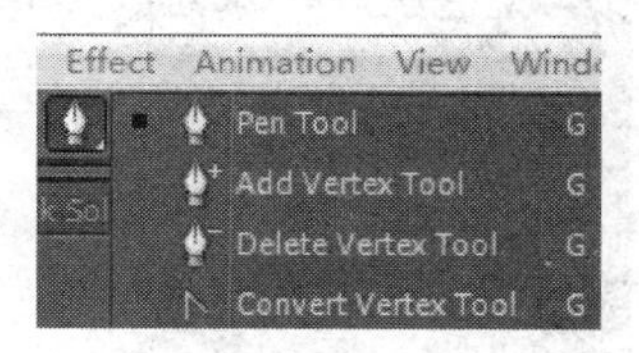

图 2.37　钢笔遮罩工具

在 Composition（合成）预览窗口或者是 Layer（图层）预览窗口中单击鼠标并拖动产生需要的贝塞尔曲线，再继续单击逐个创建节点，将最后一个节点与第一个节点相连，完成了一个闭合的贝塞尔曲线，也就绘制出了遮罩的形状。

（3）设置遮罩的属性

用户可以在 Timeline 面板中设置遮罩的属性，还可对这些属性制作动画。选择包含有遮罩的图层，连续按两次“M”键，就可以展开遮罩的所有属性，如图 2.38 所示。

① Mask Path（遮罩路径）：设置遮罩的路径范围，也可以为遮罩节点制作关键帧动画，单击其右边的 Shape 选项打开 Mask Shape 对话框为遮罩设置空间范围和形状。

② Mask feather（遮罩羽化）：设置遮罩边缘的羽化值，使遮罩的边缘与其底层的画面更自然地融合，如图 2.39 所示。

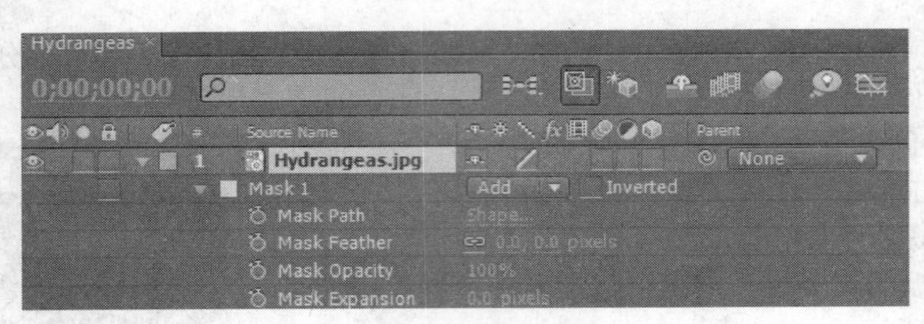

图 2.38　遮罩属性

（a）羽化值为 0

（b）羽化值为 150

图 2.39　遮罩羽化

③ Mask Opacity（遮罩透明度）：设置遮罩的不透明度，如图 2.40 所示。

（a）100%的不透明度

（b）20%的不透明度

图 2.40　遮罩透明度

④ Mask Expansion（遮罩扩展）：调整遮罩的扩展程度，正值为扩展遮罩区域，负值为收缩遮罩区域，如图 2.41 所示。可以使用遮罩扩展效果创建同心等比缩放的图形，然后通过各种叠加方式创建出如圆环等效果。

（a）Mask Expansion=120

（b）Mask Expansion=−20

图 2.41　遮罩扩展

2.4.4　蒙版

1．蒙版的概念

蒙版层是一个单独的图层，一般是一个黑白图像或动画，遮罩层必须放在被遮罩的层的上面。当定义了遮罩后，上层（即是蒙版层，也是这里说的遮罩层）的“眼睛”自动关闭。下层的 TrkMat 可以选择 5 种模式，如图 2.42 所示。

No Track Matte
Alpha Matte “蒙版.jpg”
Alpha Inverted Matte “蒙版.jpg”
✓ Luma Matte “蒙版.jpg”
Luma Inverted Matte “蒙版.jpg”

图 2.42　下层的 TrkMat 5 种模式

① No Track Matte 表示不进行遮罩。

② Alpha Matte 表示以上层图层的 Alpha 通道作为本层的透明通道。

③ Alpha Inverted Matte 表示将上层图层的 Alpha 通道反转后作为本层的透明通道。

④ Luma Matte 表示以上层图层的亮度区域作为本层的透明通道。

⑤ Luma Inverted Matte 表示将上层图层的亮度区域反转后作为本层的透明通道。

2．蒙版的应用

① 准备素材如图 2.43 所示。

② 将“灯塔层”的 TrkMat 设置为 Luma Matte，即以上层图层“蒙版层”的亮度区域作为本层“灯塔层”的透明通道，设置如图 2.44 所示，效果如图 2.45 所示。

③ 将“灯塔层”的 TrkMat 设置为 Luma Inverted Matte，即以上层图层“蒙版层”的亮度区域反转后作为本层“灯塔层”的透明通道，设置如图 2.46 所示，效果如图 2.47 所示。

图 2.43　左图“蒙版层”，右图“灯塔层”

#	Layer Name	Mode	T	TrkMat	Parent
1	蒙版层	Normal			None
2	灯塔	Normal		Luma	None

图 2.44　选择“Luma Matte”蒙版层的设置

图 2.45　选择“Luma Matte”蒙版层的设置的效果

#	Layer Name	Mode	T	TrkMat	Parent
1	蒙版层	Normal			None
2	灯塔	Normal		L.Inv	None

图 2.46　选择“Luma Inverted Matte”蒙版层的设置

图 2.47　选择“Luma Inverted Matte”蒙版层的设置的效果

2.5 特 效 基 础

2.5.1 文字特效

After Effects CS4 自带的强大的文字特效中可以自由创建各式各样的文本效果。例如，重叠的文字、数字（编辑时间码），屏幕滚动、标题等。除此以外，还可以在 Comp 合成窗口中直接输入英文或汉字，在制作的同时该文字层会独立出来成为一个单独的层，可以对该文本层进行单独特效叠加和属性的编辑。After Effects CS4 的预置文字特效里面还含有丰富的效果供用户选择使用。

1．创建与编辑文字

利用 After Effects，配合 Character 面板可以快速改变文字的字体、大小、颜色等属性，可以改变单独的文字与整个文字段落，为单个文字或者文字的某个特性制作动画的功能，还可以制作三维文字动画效果。

（1）创建文字

① 使用文字工具创建文字

在工具面板上选择“横向文字”或“纵向文字”工具（如图 2.48 所示），然后在 Composition（合成）窗口中单击鼠标输入文字，称为 Point Text（点文本）。

选择文字工具后，用鼠标左键拉出一个矩形框输入文字，称为 Paragraph Text（段落文本），如图 2.49 所示。单击鼠标后，在 Timeline（时间线）窗口中会自动出现一个 Text（文本）图层，按下小键盘上的“Enter”键即可完成文字的输入。

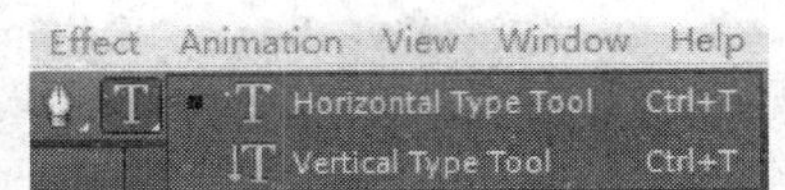

图 2.48　选择文字工具

（a）“点文本”

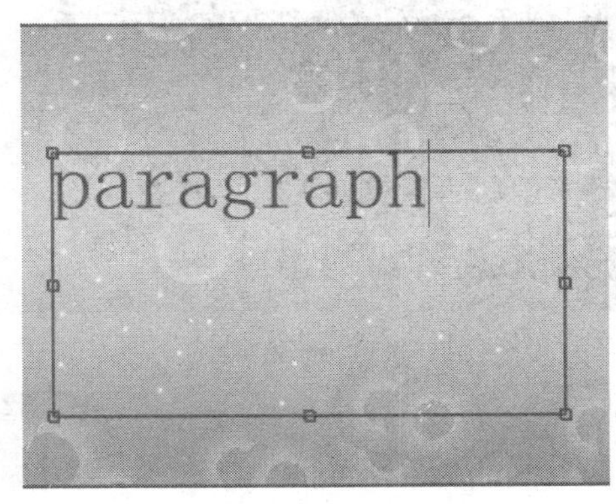

（b）“段落文本”

图 2.49　创建文字

② 使用菜单创建文字

激活 Timeline 窗口，执行 Layer/New/Text 菜单命令创建文本层，此时 Composition 窗口中自动产生一个文字插入的光标符号，这时只要直接输入文字就可以了。

③ 使用特效创建文字

在 After Effects 中提供了创建文字特效，通过在选择的图层上执行 Effect/Text/Basic text、Numbers、Path Text、Timecode 菜单命令组。

（2）编辑文字

① Character（字符）面板

执行 Window/Character 菜单命令即可打开 Character 面板，如图 2.50 所示。在此面板可以设置字体、样式等。

Character 面板与 Adobe 系列软件相类似。例如，Fill Over stroke（描边方式设置）：设置描边的方式包括 Fill Over Stroke（在文字边缘外进行描边）、Stroke Over Fill（在文字边缘内进行描边）、All Fills Over All Strokes（所有文字形成的边缘外进行描边）和 All Strokes Over Fills（所有文字形成的边缘内进行描边），如图 2.51 所示。描述后的效果如图 2.52 所示。

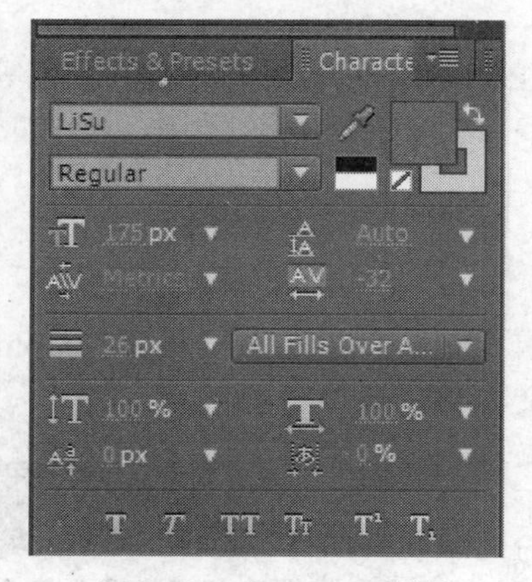

图 2.50　Character 面板

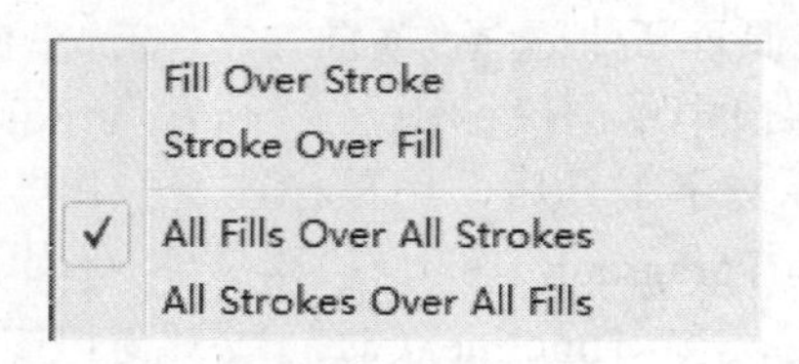

图 2.51　描边方式

（a）Fill Over Stroke

（b）Stroke Over Fill

图 2.52　描述

② Paragraph（段落）面板

执行 Window/Character 菜单命令即可打开 Paragraph 面板，如图 2.53 所示。

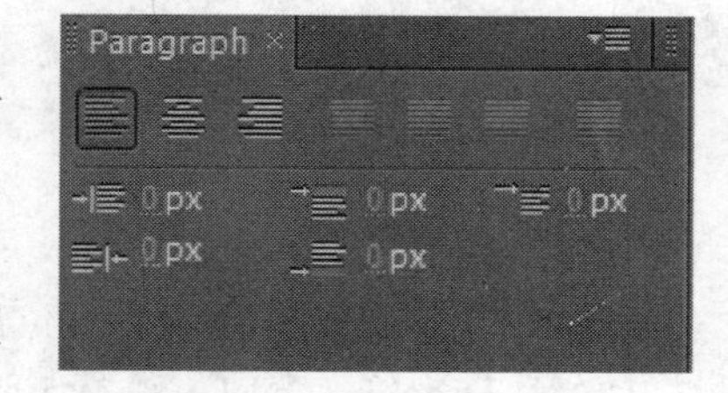

图 2.53　Paragraph 面板

2．文字基本动画方法

① 文字层与其他图层一样，对文字层的 Transform（变换）属性制作动画效果，如图 2.54 所示。

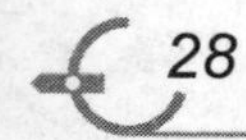

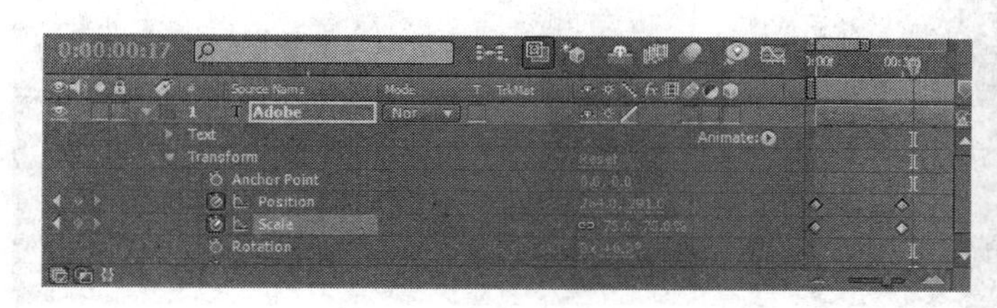

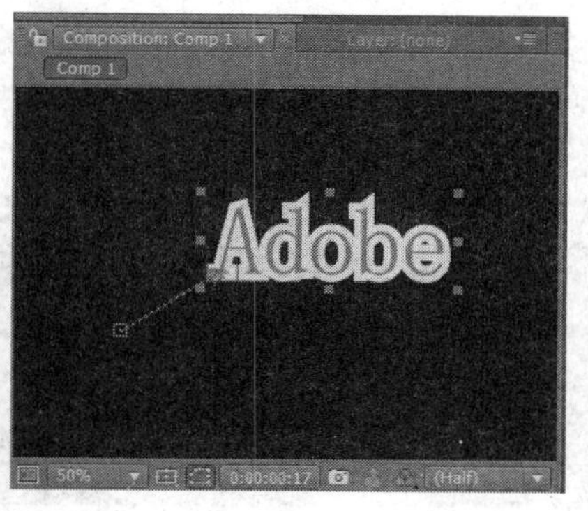

图 2.54　Transform（变换）属性制作动画设置参数与效果

② 用 Source Text（源文本）制作动画，可以对源文本的内容、段落格式等制作动画。单击 Source Text 前面的码表，创建初始关键帧，再将当前时间指示滑块移动到文字第一次变化的时间点，然后改变文字内容或者是改变 Character 面板和 Paragraph 面板中任意一个属性就可以自动生成关键帧，如图 2.55 所示。

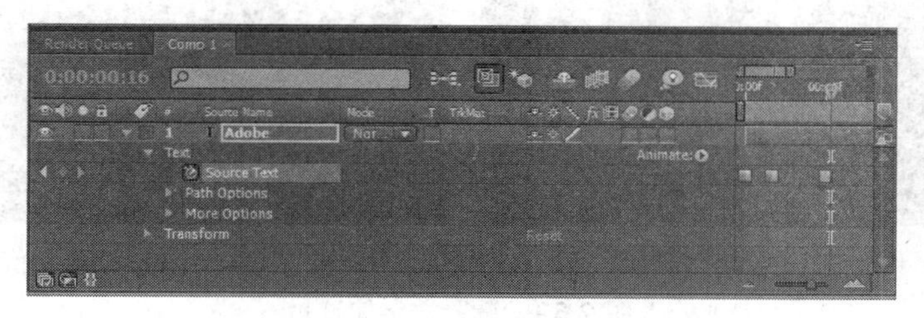

图 2.55　Source Text 关键帧的制作

③ Animator Property（动画属性）是设置文字动画的主要参数，如图 2.56 所示。

添加动画属性有两种方法：一是通过单击 Animate: 后面的小三角按钮会弹出动画属性菜单。通过这种方式设置动画属性会在文字下面自动产生一个 Animator 组，除了 Character Offset 之类的属性外，一般动画属性设置完成以后就会在 Animator 组中自动产生一个 Selector（选区），如图 2.57 所示。二是如果文字图层已经存在 Animator 组，那么还可以在 Animator 组的 Add: 添加动画属性，如图 2.58 所示。只要选择下拉菜单中 Property 后面的动画属性就可以了，这样产生的就是几种属性共同 Seletor（选区），为不同属性制作相同步调的动画提供方便。

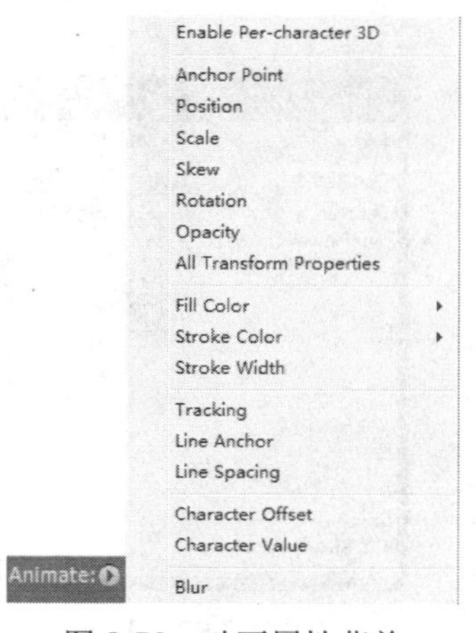

图 2.56　动画属性菜单

对 Animator 动画属性中 Character Offset 设置文字偏移量，设置参数如图 2.58 所示，其效果图 2.59 所示。

3．文字特效

① Basic Text（基本文字）特效用于制作基本的文字，对添加的字体属性根据需求进行

修改和设置。在首次添加 Basic Text 特效时会弹出基本的文字编辑器，如图 2.60 所示。用于设置文字的字体和内容，如图 2.61 和图 2.62 所示。

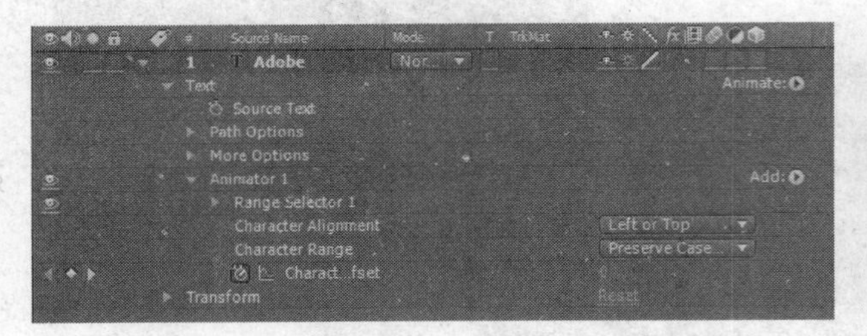

图 2.57　同一个 Animator 组中的动画属性

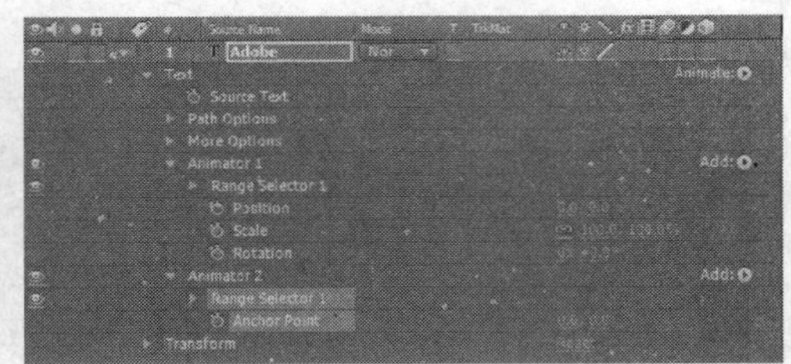

图 2.58　不同 Animator 组中的动画属性

（a）设置 Character Offset 值为 0

（b）设置 Character Offset 值为 5

图 2.59　设置文字偏移量

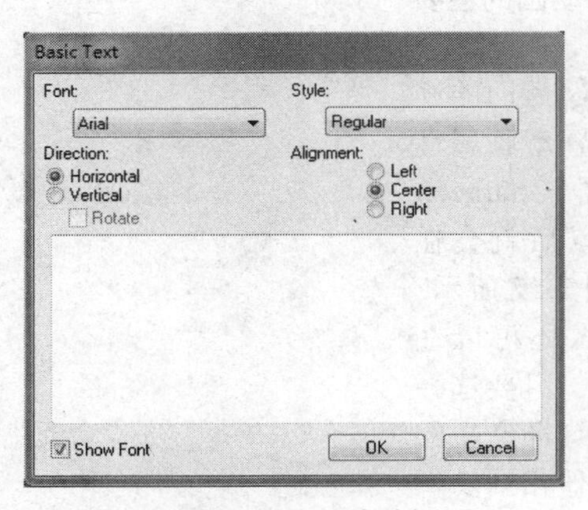

图 2.60　Text 文字编辑器

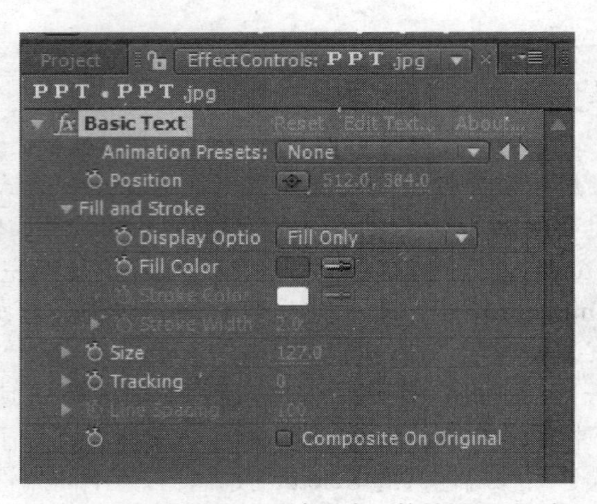

图 2.61　Basic Text（基本文字）特效设置对话框

② Path Text（路径文字）特效可以使添加的文字沿指定的路径进行排列动画。在首次添加 Path Text 特效时会弹出基本的数字编辑器，用于设置文字的字体和内容，如图 2.63 所示。

图 2.62　Basic Text 特效的效果

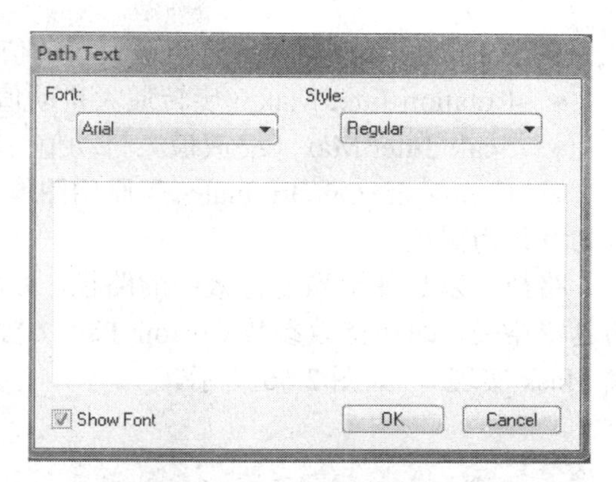

图 2.63　Path Text 数字编辑器

Path Text 特效设置参数对话框，如图 2.64 所示。

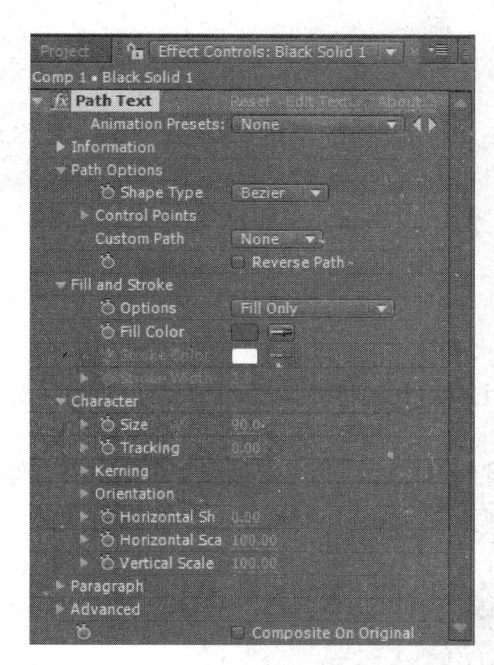

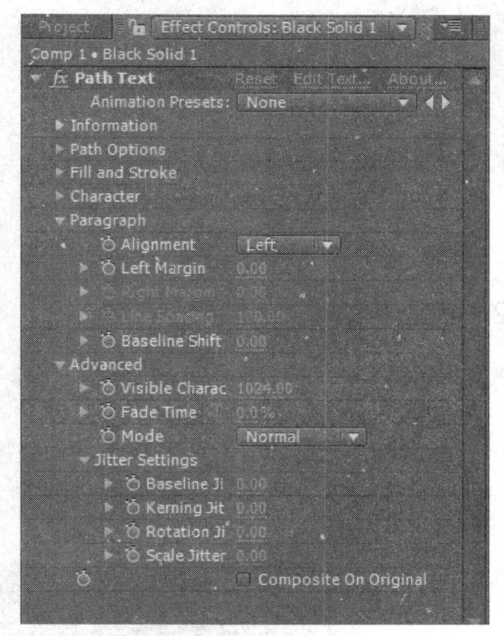

图 2.64　Path Text 特效设置对话框

常用到 Advanced（高级设置）文本路径如下。

- Visible Characters（文本显示）：控制文本的可视性程度。
- Fade Time（淡入淡出时间）：为文本出现设置淡入/淡出时间。
- Mode（叠加模式）：在下拉列表中提供了两种模式，用以选择文本层与其底层以何种方式进行叠加。
- Jitter Settings（抖动设置）：为文本提供了抖动控制。
- Baseline Jitter Max（基线最大抖动值）：设置文本的基线随机抖动效果。

- Kerning Jitter Max（字距最大抖动值）：产生文字间距调整的抖动效果。
- Rotation Jitter Max（旋转最大抖动值）：控制单个字符的随机旋转抖动效果。
- Scale Jitter Max（缩放最大抖动值）：控制单个字符的随机缩放抖动效果
- Composite On Original（与原始图像合成）：勾选该项，文字在当前层原图像上建立，否则背景为黑色。

路径可以是使用当前特效中的路径，如图 2.65 所示；也可以由用户为文字指定一个特定的遮罩路径，即在特效参数 Custom Path（自定义）的下拉列表中选择自定义路径（通过自定义 Mask 实现），如图 2.66 所示。

图 2.65　Path Text 当前特效中的路径

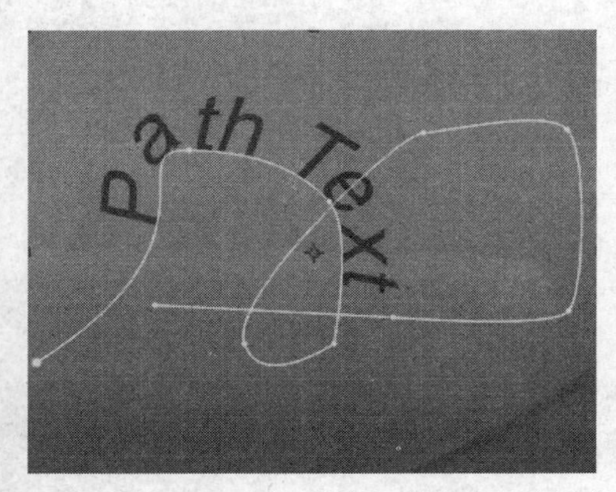

图 2.66　Path Text 为文字指定一个特定的遮罩路径

2.5.2　色彩特效

执行 Effect/Color Correction（色彩校正），主要用到的特效如下。

1．Brightness&Contrast（亮度和对比度）

Brightness&Contrast 用于调节整个层的亮度和对比度，通过它将调整图像中所有像素的亮部、暗部和中间色，其参数面板如图 2.67 所示。

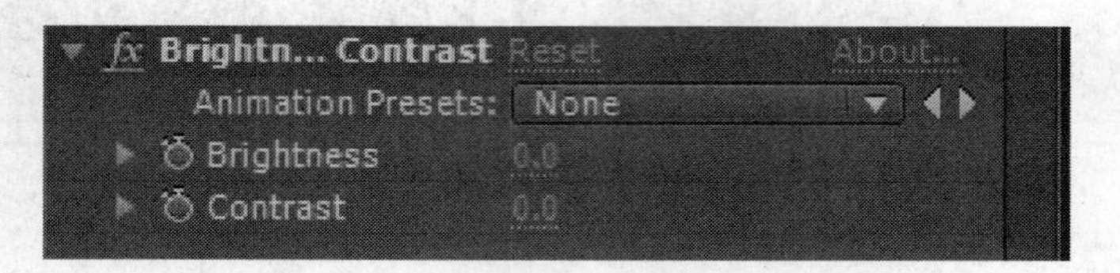

图 2.67　Brightness &Contrast 参数面板

Brightness（亮度）：用于调节图像明亮度，正值为提高亮度，负值为降低亮度，如图 2.68 所示。

Contrast（对比度）：用于控制图对比度，正值增加对比度，负值降低对比度，中心值为 0 时表示没有效果，如图 2.69 所示。

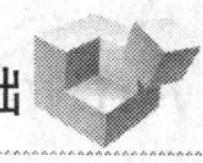

图 2.68　调节图像亮度前后效果对比

图 2.69　调节图像对比度前后效果对比

2．Colorma（彩光）

Colorma 可以指定图像的一个元素，以其为基准进行平滑的周期填色，实现彩光、彩虹等多种神奇效果。其参数面板如图 2.70 所示。

- Input Phase（输入相位）：用于设置彩光的特性和产生彩光的层。
- Get Phase From（获取相位）：指定用图像的哪一种元素来产生彩光，如图 2.71 所示。
- Output Cycle（输出循环）：用于设置彩光的样式。通过 Output Cycle 色轮可以更细致地调节色彩区域的颜色变化，如图 2.72 所示。

通过拖曳色轮上的三角形色块，可以改变颜色的面积和位置；在空白处单击可以在弹出的颜色设置对话框中选择并添加一种新颜色；要删除某一颜色只需将颜色控制滑块拖离色轮即可。在色轮下方是颜色亮度控制条。

- Use Preset Palette（使用预置调板）：允许用户从系统自带多种彩光效果中选择一种样式。选择 Fire（火）样式，如图 2.73 所示。

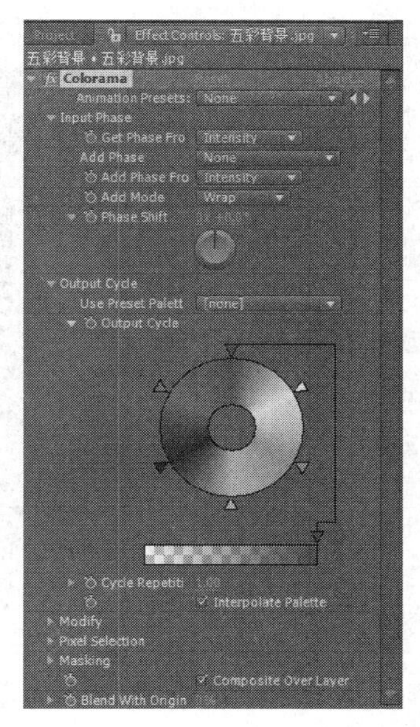

图 2.70　Colorma 参数面板

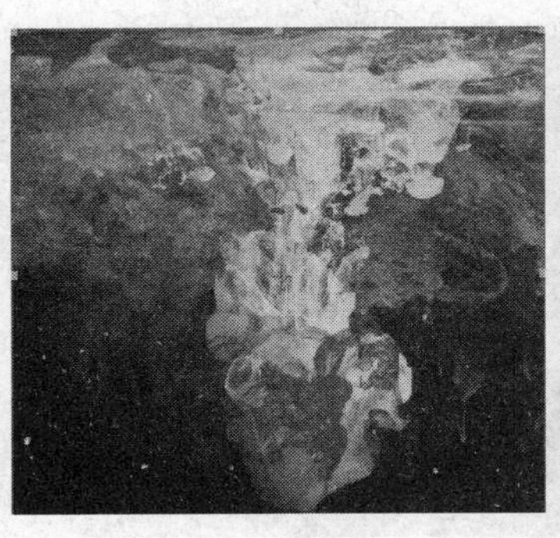
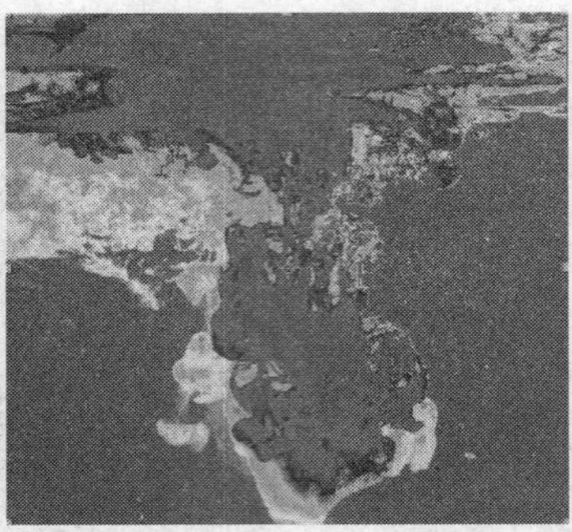
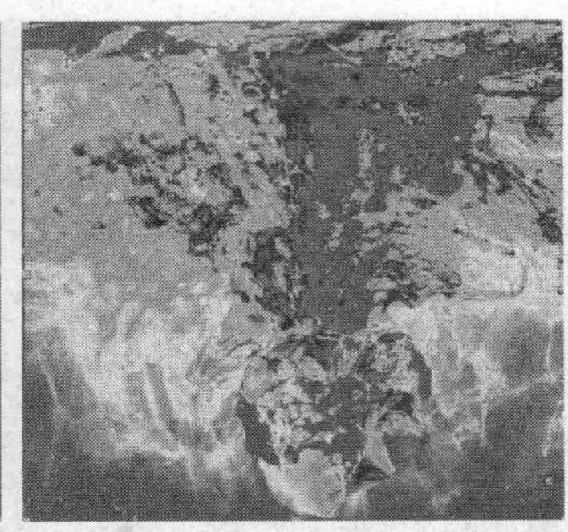

图 2.71　左图是原图，中图与右图分别指定是红色与绿色产生的效果

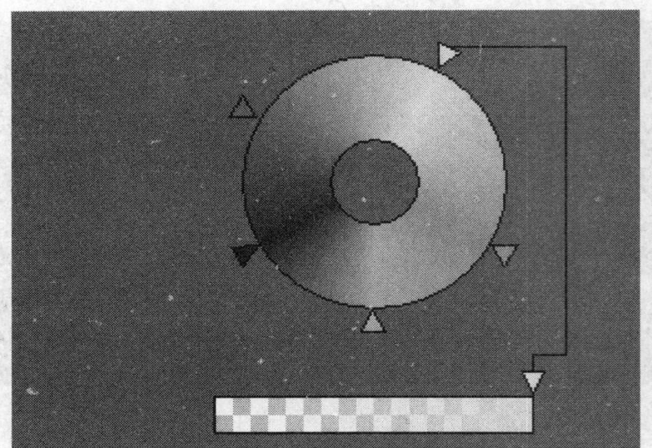
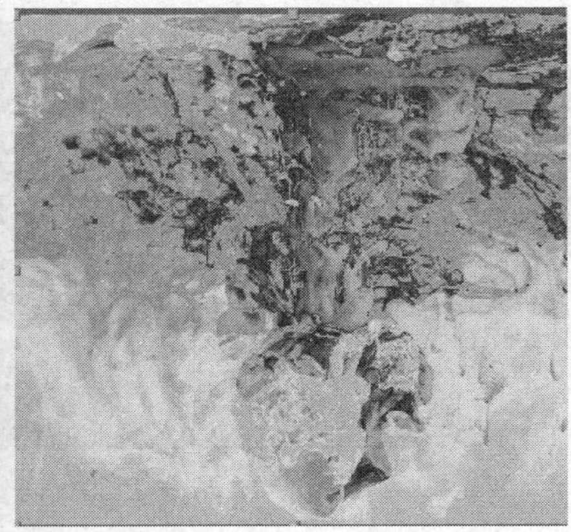

图 2.72　通过色轮调节颜色

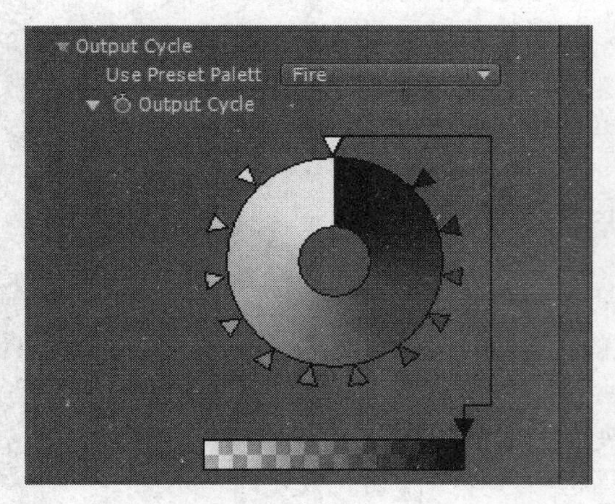

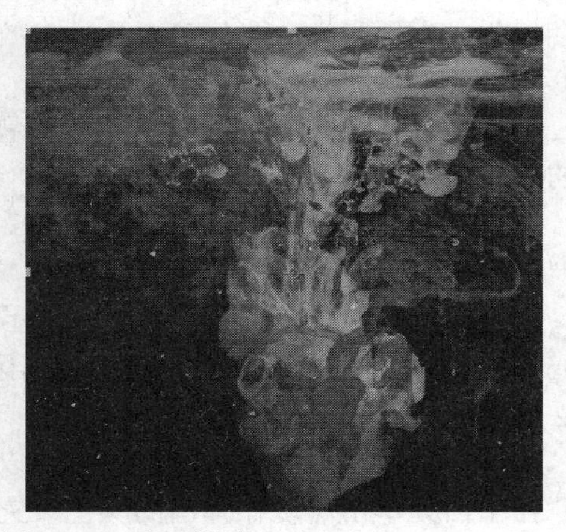

图 2.73　Use Preset Palette 选择 Fire（火）样式

- Cycle Repetions（循环重复）：控制彩光颜色的循环次数。数值越高，杂点越多，如果将其设置为 0 就看不到效果，如图 2.74 所示。

3．Curves（曲线）

Curves 类似于 Photoshop 中的曲线调节功能，在 After Effects 中通过它可以对图像的各

个通道进行控制以及调节图像色调范围。使用曲线进行颜色校正可以获得更大的自由度，可以在曲线上的任意一个位置添加控制点，以做出更精确的调整，其参数面板如图 2.75 所示。

图 2.74　Cycle Repetions 左图值为 0，右图值为 3

图 2.75　Curves 参数面板

● Channel（通道）：指定需要调节的图像通道，可以同时调节 RGB 通道，也可以分别对 Red（红）、Green（绿）、Blue（蓝）和 Alpha 通道进行调节，如图 2.76 与图 2.77 所示。

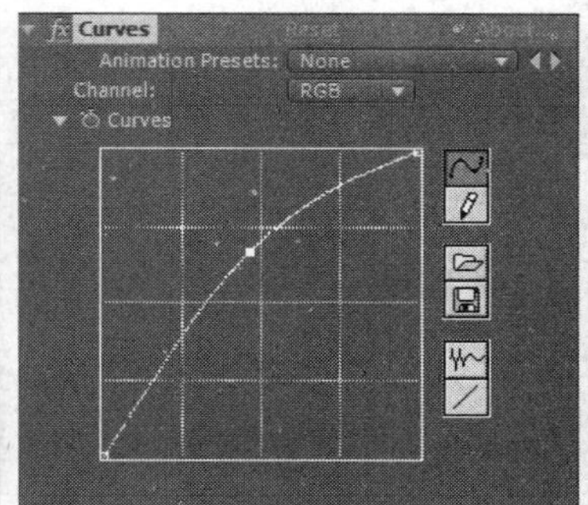

图 2.76　调节 RGB 通道的效果

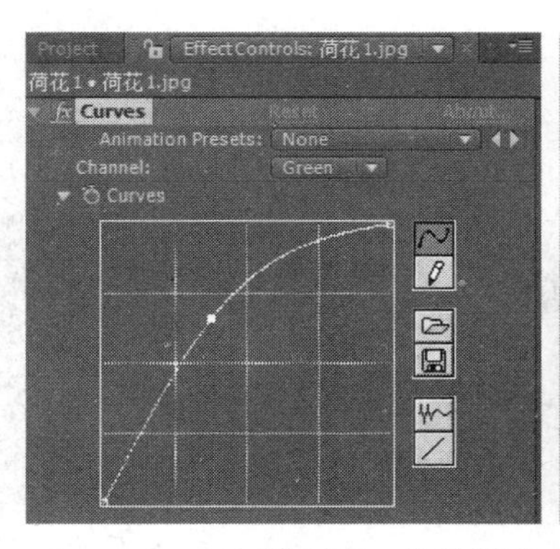

图 2.77　单独调节 Green 通道的效果

● 曲线工具：用它可以随意在曲线上增加控制点，拖曳控制点可以用曲线进行调节。删除控制点时只需要在选中该点的同时按住鼠标右键并将其拖曳到坐标区域以外。

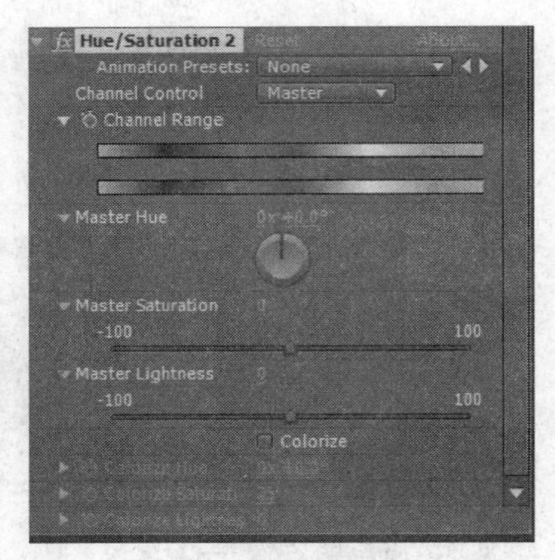

图 2.78　Hue/Saturation 参数面板

4．Hue/Saturation（色调/饱和度）

Hue/Saturation 用于调整色调、饱和度以及明度的色彩平衡。其参数面板如图 2.78 所示。

● Channel Control（通道控制）：指定要调节的颜色通道，选择 Master 表示对所有通道进行调节。

● Channel Range（通道范围）：设置色彩范围。两个颜色条表示它们在颜色轮上的顺序，上面的颜色条表示调节前的颜色，下面的颜色条表示在全饱和度下进行调整后所对应的颜色。

● Master Hue（主色调）：控制通道的主色调。

● Colorize（彩色化）：对图像添加颜色，如果是灰阶位图，可以通过为其添加颜色将其转换为 RGB 图像，如图 2.79 所示。

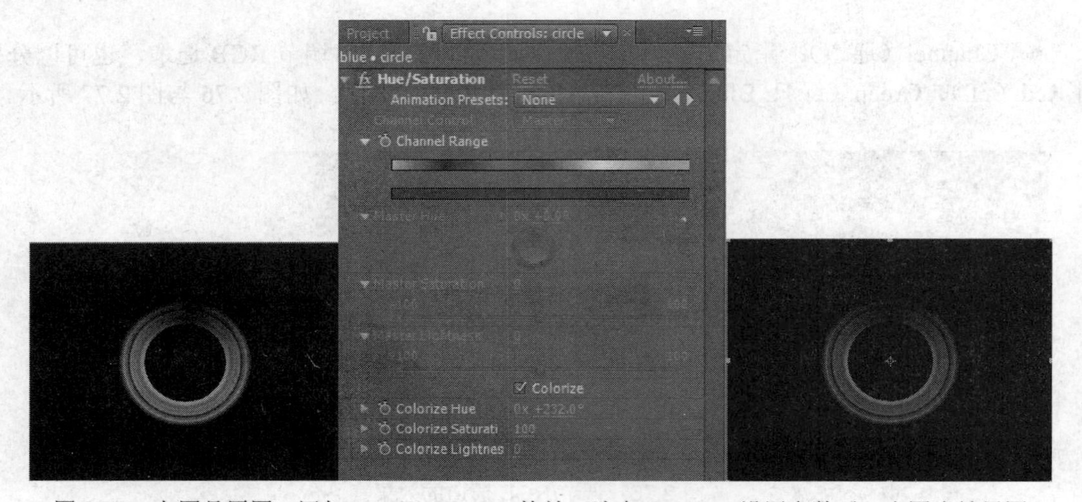

图 2.79　左图是原图，添加 Hue/Saturation 特效，选中 Colorize 设置参数后，右图为效果图

5．Leave Color（色阶颜色）

Leave Color 用于消除指定颜色，或者删除层中的其他颜色。其参数设置如图 2.80 所示。

● Amount to Decolor（消除颜色的程度）：设置消除颜色的程度。当值为 100%时，消除颜色将显示为灰色，如图 2.81 所示。

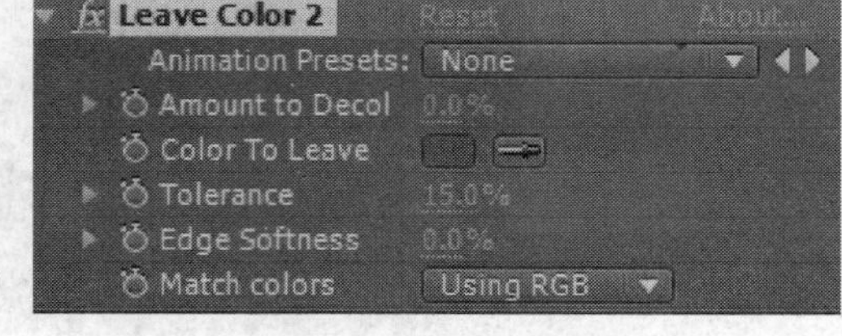

图 2.80　Leave Color 特效参数面板

● Color To Leave（保留颜色）：选择需要保留的颜色。图 2.81 所示为保留红色。

● Tolerance（容差）：设置颜色相似的程度，数值为 0%时，除保留的色彩外，其他部分变为灰色；值为 100%时，色彩保持不变。

● Edge Softness（边缘柔化）：调节色彩边缘柔化程序，使彩色部分向灰色部分过渡自然。

● Match colors（匹配颜色）：选择颜色匹配方式。包括 RGB 和 Hue 两种方式，RGB 方

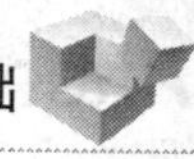

式是根据 RGB 色彩空间来确定被消除的区域，匹配颜色的精度高，消除色比 Hue 多；Hue 方式是根据色度来决定被消除的区域。

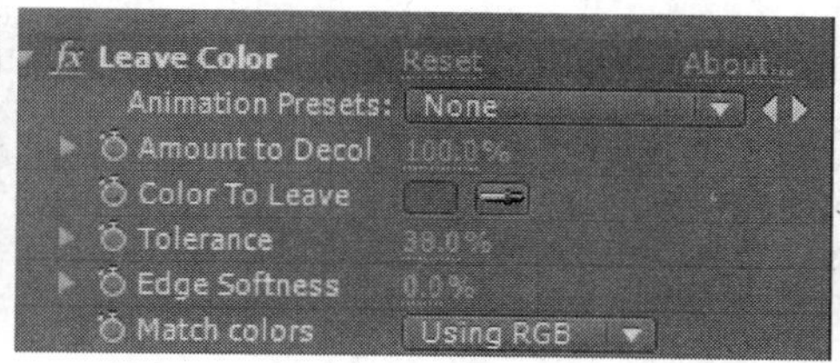

图 2.81　保留粉红色并调节相关参数后效果

6．Levels（色阶）

Levels 用于调整图像的高亮、中间色以及暗部的颜色级别，同时改变 Gamma 校正曲线。通过调节 Gamma 值可以改变灰度色中间范围的亮度值，主要用于基本影像质量的调整，其参数面板如图 2.82 所示。

- Channel（通道）：指定要修改的颜色通道。
- Histogram（统计）：显示像素值在图像中的分布情况。统计图中的三角滑块分别对应下方的 5 个属性控制。
- Input Black（输入黑色）：对应上方左边的滑块，控制图像中黑色的极限值，在输入黑色级别下的黑色被映像为输入图像的黑色。
- Gamma：指定 Gamma 值，对应上方中间的滑块。
- Input White（输入白色）：对应上方右边的滑块，指定白色值的阈值。

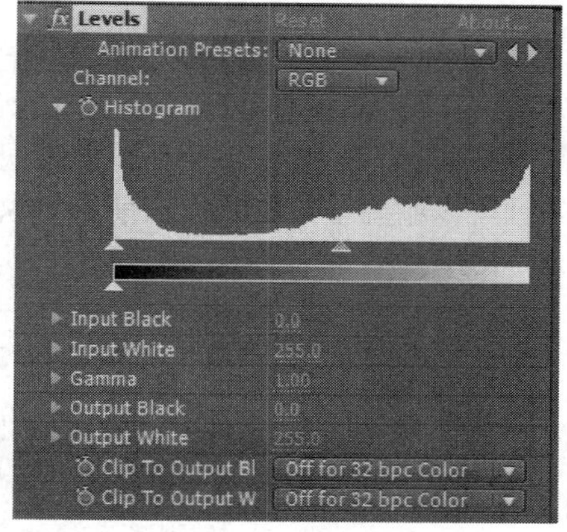

图 2.82　Levels 特效参数面板

- Output Black（输出黑色）：对应下方左边的滑块，表示输出图像中黑色值的限制。
- Output White（输出白色）：对应下方右边的滑块，表示输出图像中白色值的限制。
- Clip To Output Black：消减 Output Black 效果。
- Clip To Output White：消减 Output White 效果。

2.5.3　仿真与键控特效

利用仿真与抠像技术可以在观看电影、电视剧或其他视频作品时，看到现实生活中不可能出现的画面。仿真技术主要用于模拟一些自然现象，如波浪、气泡、反射等效果。Simulation 菜单命令组如图 2.83 所示。

抠像技术越来越广泛地应用在当今影视制作行业。人们把要拍摄的角色旋转在蓝屏或者绿屏前面进行拍摄，然后通过后期制作将蓝屏或者绿屏背景抠除，再与其他的场景或角色等进行合成，以达到通过单纯拍摄所不能完成的任务。

Keylight 是著名视觉特效软件开发商 The Foundry 公司推出的获得过学院奖的蓝屏和绿屏抠像软件，已有数年发展历史。Keylight 使抠像方法更快、更方便，可以解决具有挑战性的拍摄效果。

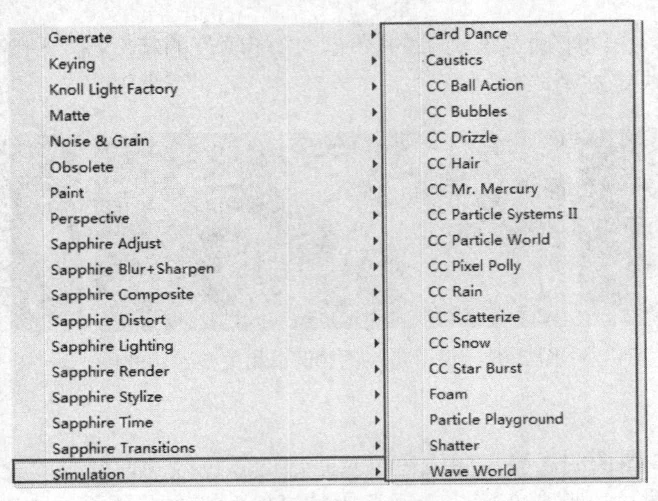

图 2.83 Simulation 菜单命令组

Keylight 支持广泛的后期合成平台，包括 Autodesk Infemo、Flame、Flint、Fire 和 Smoke 系统，以及 Shake、Avid DS 等。目前 Keylight 已经集成加入专业版的 Adobe After Effects CS3 中。

Keylight 非常容易使用，能够很好地处理头发、反射和半透明区域，生成完美的遮罩，并且可以精确地控制残留在前景对象上的蓝幕或绿幕反光，将它们替换成新合成背景的环境光。Keying 菜单命令组如图 2.84 所示。

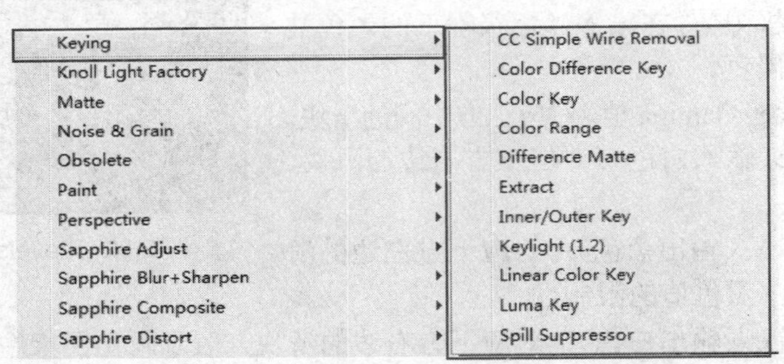

图 2.84 Keying 特效菜单命令组

1．Card Dance（卡片舞蹈）

Card Dance 通过指定层的特征分割画面，可以在 *X*、*Y*、*Z* 轴上对图层进行位移、旋转或缩放等操作，其参数面板如图 2.85 所示。

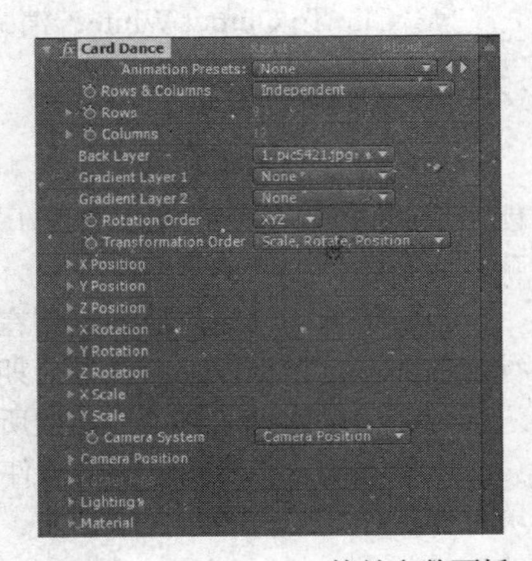

图 2.85 Card Dance 特效参数面板

- Rows&Columns（行&列）：选择在单位面积中产生图片碎片的排列方式，包括 Indepndent（分离）和 Column Follow Rows（列跟随行）两种方式。
- Rows（行）：通过该参数控制 Row&Columns 中的 Rows（行）数。
- Columns（列）：通过该参数控制 Row&Columns 中的 Columns（列）数。

- Back Layer（背景层）：选择要分割的素材层。
- Gradient Layer（渐变层）：选择一个图像，该图像将作为打散成片的图形的依据。
- X/Y/Z Offset（X/Y/Z 偏移）：设置图像碎片在 *X*、*Y*、*Z* 轴方向上偏移位置，如图 2.86 所示。

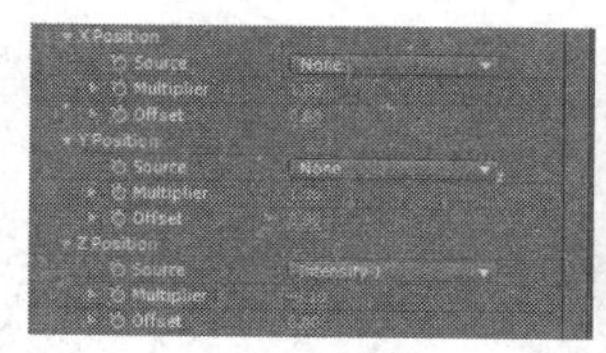

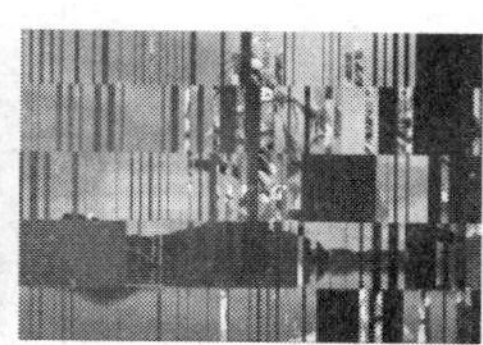
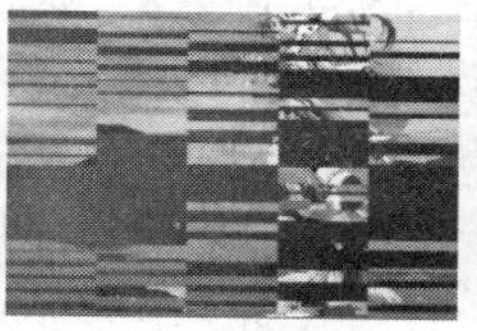

图 2.86　图像碎片在 *X*、*Y*、*Z* 轴方向上偏移位置

- Source（源）：选择用于指定打散碎片分布的参照图像，可以从 Gradient Layer1 和 Gradient Layer 两层中选择。
- X/Y/Z Roation（X/Y/Z 旋转）：用于控制卡片在 *X*、*Y*、*Z* 轴方向旋转角度，如图 2.87 所示。

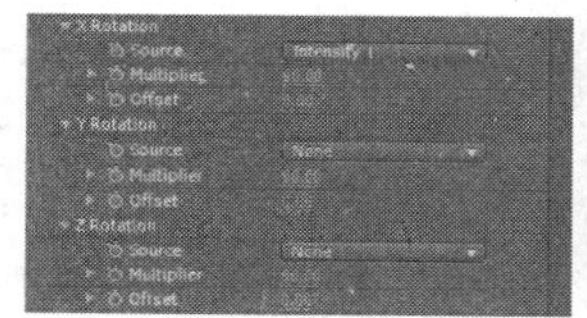

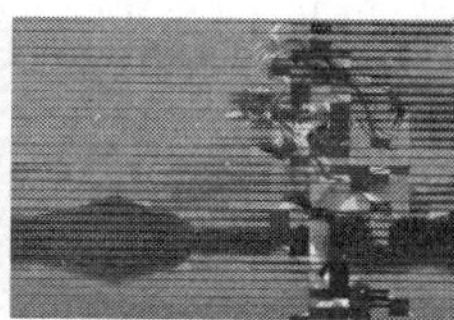
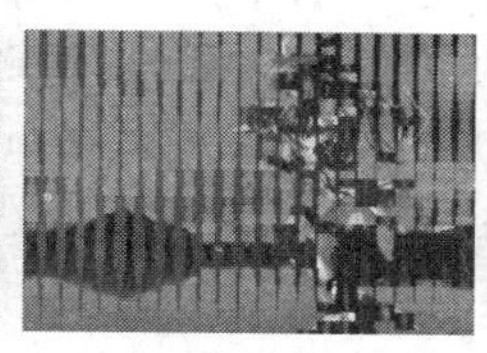

图 2.87　图像碎片在 *X*、*Y*、*Z* 轴方向旋转

- X/Y Scale（X/Y 缩放）：用于控制卡片在 *X*、*Y* 轴方向的缩放属性。
- Camera System（摄像机系统）：选择控制特效中所使用的摄像机系统。

2．Foam（气泡）

Foam 特效主要用于模拟气泡、水珠等流体特效，其参数面板如图 2.88 所示。

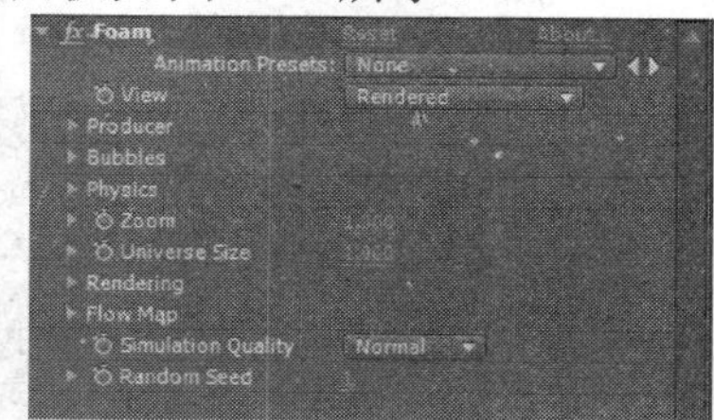

图 2.88　Foam 特效参数面板

- View（显示方式）：在下拉列表中可以选择气泡效果的显示方式。默认情况下是 Draft（草图）方式，最终渲染果应采用 Renderde（渲染）方式。
- Producer（发生器）：该参数主要用于控制气泡粒子发生器位置、大小、方向、缩放中心以及发射速率。值得注意的是发射速率在数值为 0 时，不发射粒子。在该特效的开始位置，粒子数目总为 0。
- Bobbles（气泡）：主要是控制气泡粒子的尺寸、生命值以及强度等。
- Physics（物理）：控制气泡运动的物理因素，例如速度、风速、混乱度和活力等。
- Zoom（缩放）：控制整个气泡子束的缩放大小。
- Universe Size（区域尺寸）：控制气泡粒子的综合尺寸。
- Rendering（渲染）：控制粒子气泡的渲染属性。选择气泡粒子间不同的混合模式、纹理的层、气泡方向及控制反射强度和集中程度等。
- Flow Map（流动贴图）：控制气泡粒子的流动范围的贴图。控制流动范围贴图时气泡影响力的大小与流动范围贴图的适配方式。

● Random Seed（随机种子）：控制气泡粒子的随机种子数。

3．Shatter（碎片）

Shatter 可以制作出将图像爆炸碎片的效果，可以模拟真实的爆炸场面，还可以仿真出树叶下落的动画。对于爆炸特效的控制，其重力场的调整非常关键，特效最终效果必须在 Render 模式下才能显示。其参数面板如图 2.89 所示。

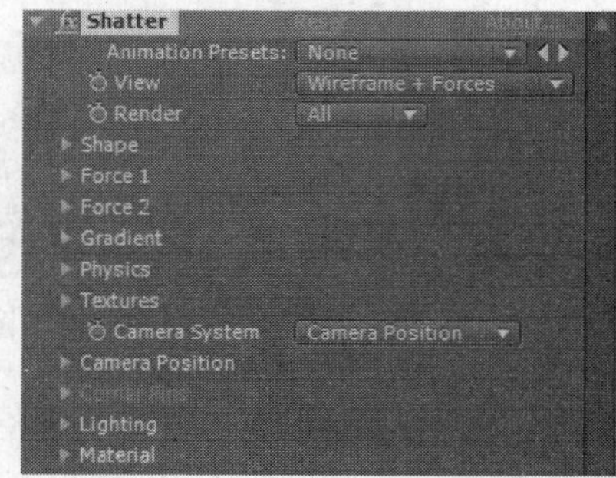

图 2.89　Shatter 特效参数面板

● View（显示）：选择视图的显示方式。

● Render（渲染）：选择被显示的对象。

● Shape（外形）：设置爆炸产生的碎片的状态。

● Force 1/Force 2：设置爆炸作用力位置、深度、强度、渐变等。

● Gradient（渐变）：选择一个渐变的层来影响爆炸效果，该参数的控制不会影响爆炸的层形状，只会影响爆炸的效果。

● Physics（物理）：调整爆炸过程中的旋转隧道、翻滚坐标、重力等参数。

● Textures（纹理控制）：控制对象为爆炸碎片的颜色、纹理贴图等。

● Camera Position（摄像机位置）：当选择时象为 Camera Position 方式时，该参数栏被激活，当特效层为 3D 图层时，建议使用 Comp Camera 方式。

● Lighting（灯光）：设置特效中所使用的灯光类型、强度、颜色、深度等。

● Material（材质）：控制特效中所使用的材质，如漫反射、镜面反射、高光区域等。

4．Particle playground（粒子运动场）

Particle playground 主要用于液体效果的制作，如雪花和喷泉的制作。使用它的 Cannon（加农）粒子可以在图层指定的点中创建出粒子流。使用 Grid（网格）粒子可以在一个平面中创建出粒子来。使用 Layer Exploder（图层爆炸）或者 Paricle Exploder（粒子爆炸）方式可以从已存在的图层或者粒子中创建出新的粒子，如图 2.90 所示。其参数面板如图 2.91 所示。

图 2.90　Particle playground 效果

（1）Cannon（加农粒子）

创建加农粒子，该粒子也是特效默认产生的粒子系统，它的粒子发射器是一个点，其参数面板如图 2.92 所示。

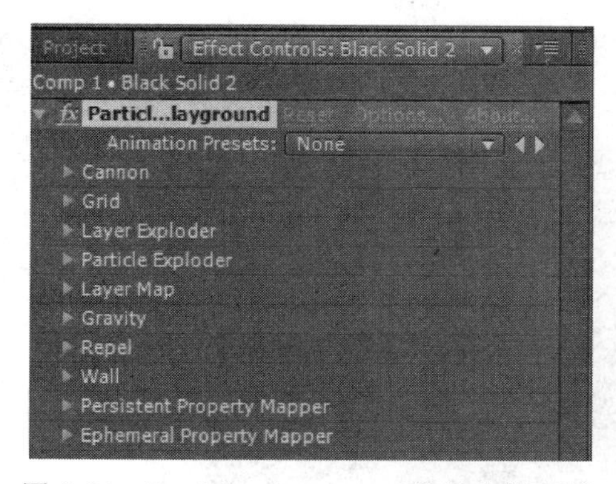

图 2.91　Particle playground 特效参数面板

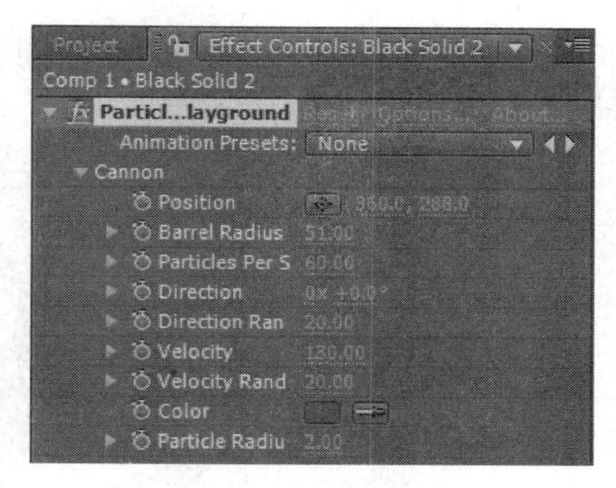

图 2.92　Cannon 参数面板

- Position（位置）：设置产生加农粒子的起始点。
- Barrel Radius（圆桶半径）：设置加农粒子的扩散范围，负值创建一个圆形的扩散范围，正值创建一个矩形的扩散范围，它的值越大，创建的粒子越发散；值越小，粒子就越集中。
- Particle Per Second（粒子数/每秒）：设置每秒发射粒子的数量。
- Particle Radius（粒子半径）：设置粒子的大小。

在默认情况下 Cannon 粒子是处于开启状态的，而 Grid 粒子处于关闭状态。如果要开启 Grid 粒子而关闭 Cannon 粒子，可以设置 Cannon 粒子的 Paricles Per Second 的值为 0。

（2）Grid（网格）

Grid 是在交叉网格中创建出连续的粒子阵列，粒子的运动完全取决于 Gravity、Repel、Wall 和 Layer Map 的设置，其参数面板如图 2.93 所示。

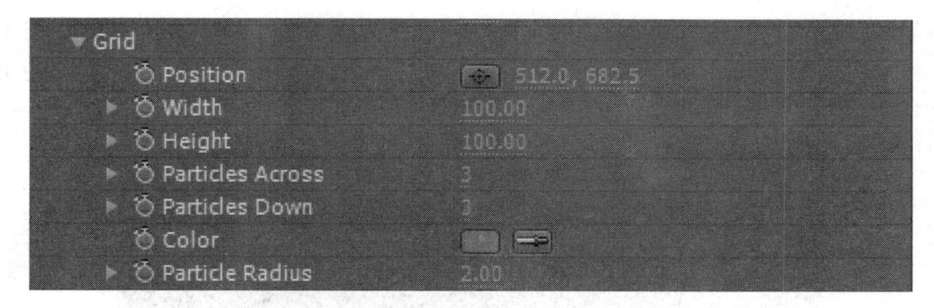

图 2.93　Grid 参数面板

默认情况下，Gravity 属性是处于开启的状态，所以 Grid 粒子是在网格上从上往下进行运动的。如果要关闭网格粒子产生或者是限制它的数量，可以在 Particle Radius 设置为关键帧动画。

- Particles Across（粒子横过）、Particles Down（粒子下落）：设置在网格粒子分布区域内，粒子在水平和垂直方向上的粒子数量。
- Particle Radius（粒子半径）、Font Size（字体大小）：设置粒子的大小或者文字粒子的大小，如果将一个图层设置为粒子时，对该属性进行任何的设置都无效。

（3）Layer Exploder（图层爆炸）、Particle Exploder（粒子爆炸）

使用 Layer Exploder 可以在一个图层中创建出新的粒子，而使用 Particle Explode 则可以从已有的粒子中分裂出新的粒子。通过增加分裂粒子的数量可以模拟出火焰的效果。其参数面板如图 2.94 所示。

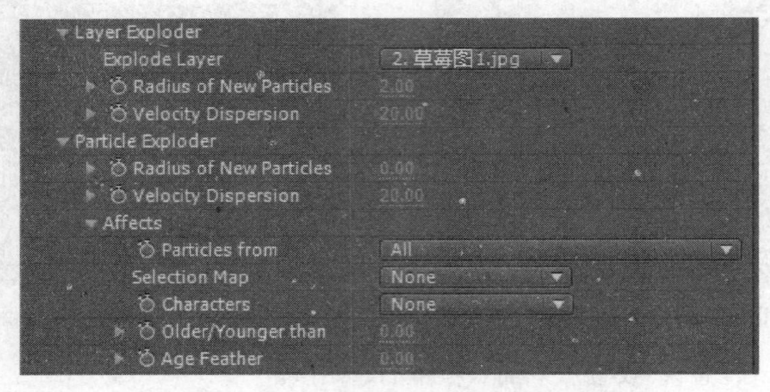

图 2.94　Layer Exploder、Particle Exploder 参数面板

- Exploder Layer（爆炸层）：选择产生粒子爆炸的层。
- Older/Younger than：设置受影响的粒子所处的时间，单位为秒。
- Age Feather（时间羽化）：设置在 Older/Younger than 参数设定的时间段内的粒子被羽化的程序，用于为粒子变化创建一个过渡效果。

（4）Layer Map（图层映射）

Layer Map 用于设定粒子的贴图。默认情况下，Cannon 粒子、Grid 粒子、Layer Exploder 和 ParticlesExplode 粒子所产生的粒子都是圆点粒子，但是使用 Layer Map 可以使用合成中的图层来替代圆点粒子。其参数面板如图 2.95 所示。

（5）Gravity（重力）

Gravity 使粒子受到重力的影响，从而影响粒子的运动方向，粒子在力场的作用下进行加速运动。默认是垂直向下的力，可以模拟雨、雪。上升的力场可以模拟香槟泡沫的上升。水平方向上的力场可以用来模拟风吹的效果，其参数面板如图 2.95 所示。

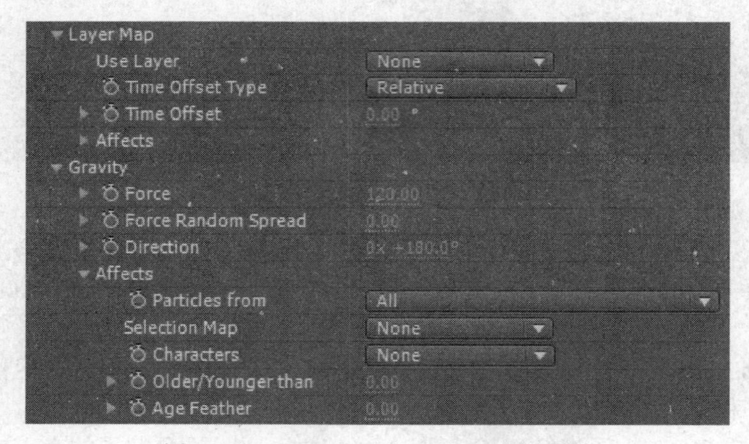

图 2.95　Layer Map 和 Gravity 参数面板

（6）Repel（排斥）

Repel 控制粒子在什么范围内会发生相互吸引或者相互相斥，这好比为粒子添加了正负

磁场，其参数面板如图 2.96 所示。

图 2.96　Repel 参数面板

5．Color Key（色彩键）

通过将指定的一个键控色（即吸管吸取的颜色）抠掉。其参数面板如图 2.97 所示。抠除单一颜色后的效果，如图 2.98 所示。

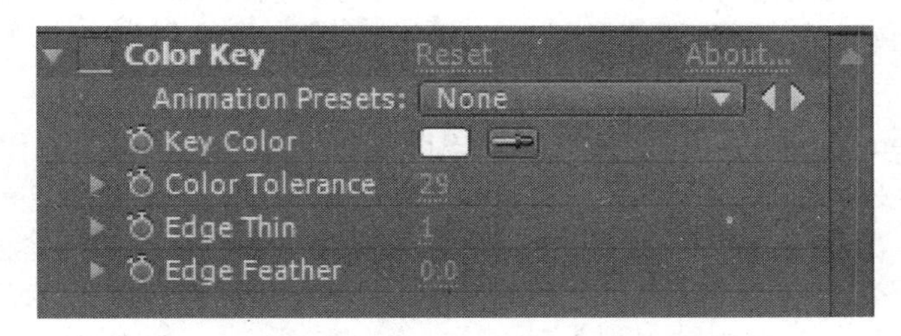

图 2.97　Color Key 参数面板

图 2.98　抠除单一白颜色后的效果

- Key Color（键出颜色）：指定需要被抠掉的颜色。
- Color Tolerance（颜色容差）：设置键出颜色的容差值。
- Edge Thin（边缘减淡）：调整出区域边缘，正值扩大遮罩范围，负值缩小遮罩范围。
- Edge Feather（边缘羽化）：用于羽化键出边缘，产生细腻、稳定的键控遮罩。

6．Linear Color Key（线性色彩键）

Linear Color Key 是一种针对颜色的抠像方式，如果像素颜色和指定的颜色完全匹配，那么这个像素的颜色就完全被键出，变成完全透明的像素；如果像素颜色和指定和颜色不是很

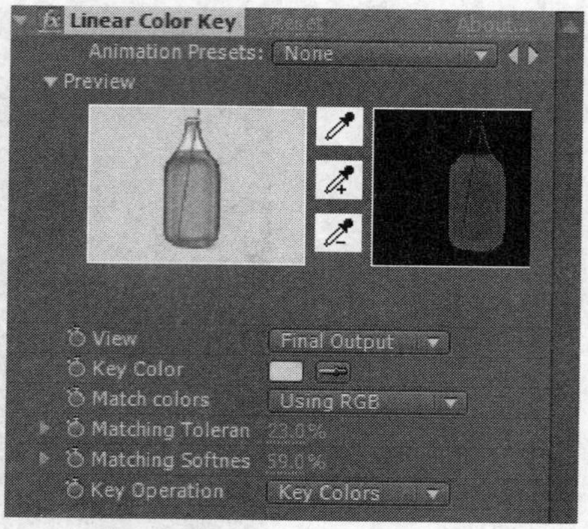

匹配，那么这个像素就被设置成半透明；如果像素颜色和指定的颜色完全不匹配，那么这个像素就完全不透明了。正因为处理的像素透明度有个变化的范围，所以就形成了一个线性的处理过程。Linear Color Key 特效可以使用 RGB、Hue（色调）或者是 Chroma（色度）信息从指定的键控颜色中创建透明度信息。在 Preview 中包含两个缩略视图，素材视图用于显示素材图像的略图，预览视图用于显示键控的效果，其参数面板如图 2.99 所示。

图 2.99　Linear Color Key 参数面板

- ：用于在视图中吸取键控色。
- ：用于从素材视图或预览视图中选择颜色增加键控色的颜色范围。
- ：用于从素材视图或预览视图中选择颜色减少键控色的颜色范围。
- View（视图）：指定在合成图像窗口中显示的图像视图，包括 Final Output（最终输出）、Source Only（仅显示源素材）和 Matte Only（仅显示遮罩视图）3 个选项。
- Key Color（键控色）：指定将被键出的颜色，单击 Key Color 参数后面的颜色取样框，然后在弹出的颜色取样空间里选择键出颜色，这样被选择的颜色就变成透明的了。
- Match colors（匹配颜色）：指定键控色的颜色空间，包括 Using RGB（使用 RGB 彩色）、Using Hue（使用色相）和 Using Chorma（使用饱和度）3 种类型。
- Matching Tolerance（匹配容差）：用于调整键出颜色范围值，容差匹配值为 0 时则画面全部不透明，容差匹配值为 100 时则整个图像完全透明。
- Matching Softness（匹配柔和度）：对 Matching Tolerance（匹配容差）的值进行柔化。
- Key Operation（键控运算方式）：用于指定键控色是 Key Colors（键控色）还是 Keep Colors（保留颜色）。

2.5.4　模糊和锐化特效

Blur&Sharpen 特效可以对图像进行模糊或清晰化处理，还可以利用该效果模仿摄像机变焦及其他特效效果。动态的画面需要“虚实结合”，这样即使是平面合成，也能给人空间感和对比，更能让人产生联想，而且可以使用模糊来提升画面的质量。Blur&Sharpen 特效菜单命令如图 2.100 所示。

1．Box Blur（方形模糊）

Box Blur 类似于快速模糊与高斯模糊，它是以邻近像素颜色的平均值为基准进行模糊的，所以图片整体的模糊效果比较平均，适用于制作淡入/淡出效果。它的参数面板如图 2.101 所示。

2．Channel Blur（通道模糊）

Channel Blur 可以分别对层的 R、G、B 或 Alpha 通道进行模糊处理，其参数面板与效果如图 2.102 所示。

Blur & Sharpen
Channel
Color Correction
Distort
Expression Controls
Generate
Keying
Knoll
Knoll Light Factory
Matte
Noise & Grain
Obsolete
Paint
Perspective
Simulation
Stylize

Bilateral Blur
Box Blur
CC Radial Blur
CC Radial Fast Blur
CC Vector Blur
Channel Blur
Compound Blur
Directional Blur
Fast Blur
Gaussian Blur
Lens Blur
Radial Blur
Reduce Interlace Flicker
Sharpen
Smart Blur
Unsharp Mask

图 2.100　Blur&Sharpen 特效菜单

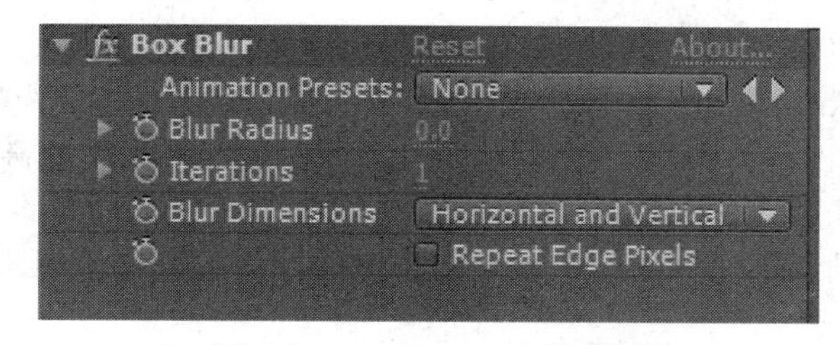

图 2.101　Box Blur 参数面板

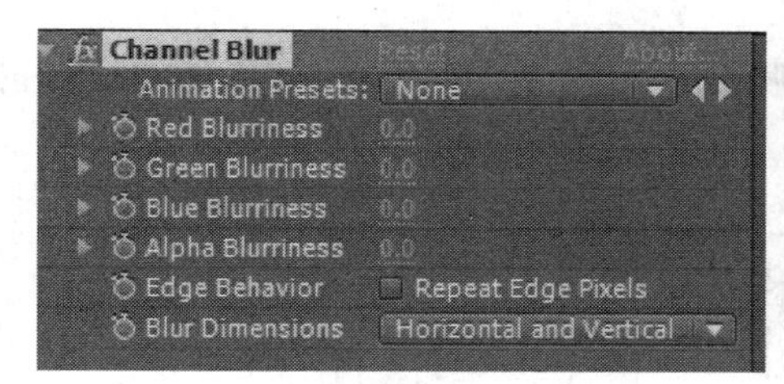

（a）Channel Blur 参数面板

（b）原图

（c）只模糊红色通道的效果

图 2.102　Channel Blur 参数面板与效果

3．Compound Blur（混合模糊）

Compound Blur 是根据某一层（可以在当前合成中选择）画面的亮度值对该层进行模糊处理，或者为此设置模糊映射层，也就是用一个层的亮度变化去控管另一个层的模糊，亮度越高，模糊越大；亮度越低，模糊越小。其参数面板与效果如图 2.103 所示。

（a）Compound Blur 参数面板

（b）“背景海”层去控管

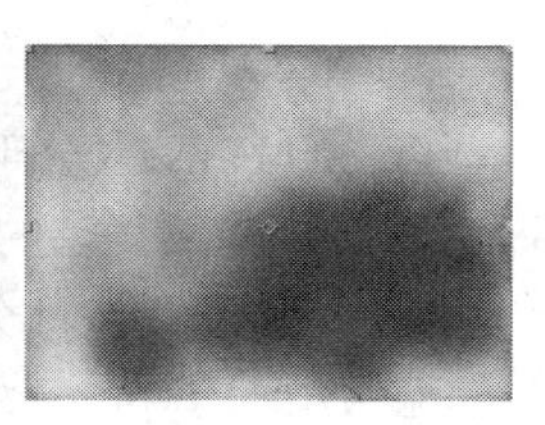

（c）图层的模糊效果

图 2.103　Compound Blur 参数面板与效果

4．Directional Blur（方向模糊）

Directional Blur 可以按指定的方向对图像进行模糊。例如，用此特效表现出水平和垂直的运动模糊，还可以处理光影模糊的效果。其参数面板与效果如图 2.104 所示。

（a）Directional Blur 参数面板

（b）原图

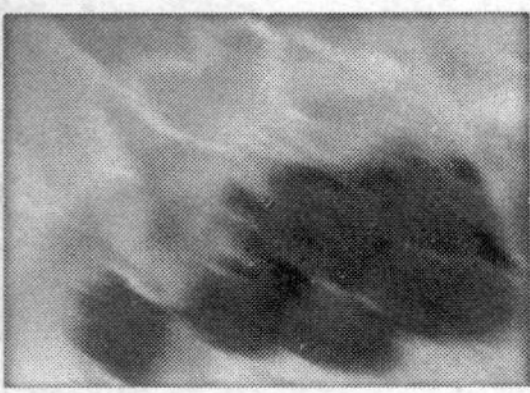

（c）Directional Blur 效果

图 2.104　Directional Blur 参数面板与效果

5．Gaussian Blur（高斯模糊）

Gaussian Blur 与 Fast Blur 特效类似。它们都可以对图像进行高度模糊，不过 Gaussian Blur 对图像的模糊更为柔和细腻，还可以去除杂点，而且层的质量设置对高斯模糊没有影响。

6．Len Blur（镜头模糊）

Len Blur 通过模糊周围区域的图像来突出重点区域的图像。使用这个特效可以模拟出真实的景深效果。

2.5.5　Noise/Grain（杂色/颗粒）

Noise/Grain 特效主要用于在原始素材层上添加噪波，使图像产生各种杂色。Noise/Grain 菜单命令组如图 2.105 所示。

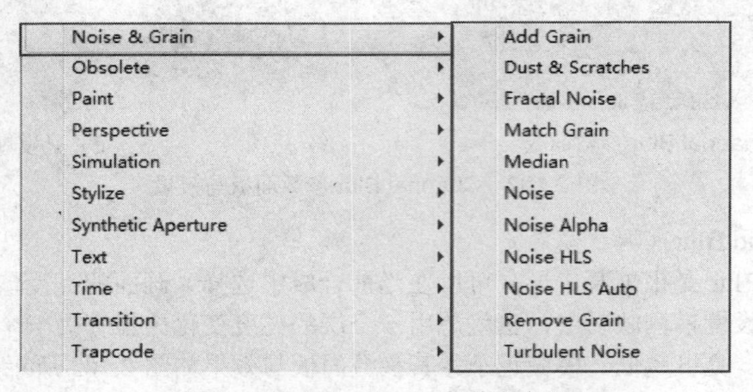

图 2.105　Noise/Grain 菜单命令组

Fractal Noise（分形噪波）特效用于创建一些自然界中类似云、烟、天空和雾等的噪波纹理，以及一些很复杂的有机类结构，如图 2.106 所示。其参数面板如图 2.107 所示。

① Fractal Type（分形类型）：选择特效的分形类型，下拉列表中含有丰富的分形类型。

② Noise Type（噪波类型）：设置分形噪波类型。

③ Overflow（溢出）：选择溢出类型，包括 Block、Liner、Soft Linear 和 Spline4 种类型。

④ Transform（变换）：用于设置分形噪点的旋转、位移、缩放等属性。

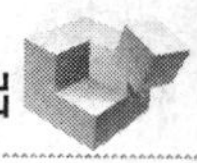

图 2.106　使用分形噪波创建烟雾效果

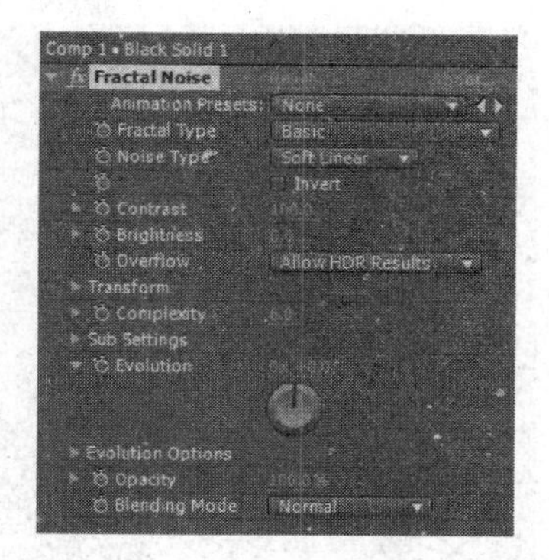

图 2.107　Fractal Noise 特效参数面板

- Uniform Scaling（统一纵横比）：控制是否使用统一纵横比进行缩放。
- Offset Turbulence（偏移紊乱）：可以沿左右或上下方向平稳纹理。

⑤ Complexity（复杂度）：设置分形噪点的复杂度。

⑥ Evolution（演变）：设置分形噪点的变化度。

2.5.6　Generate（创建）特效

Generate 特效用于为图像添加各种填充图形或者纹理，还可以对音频添加特效和渲染效果。Generate 特效菜单命令如图 2.108 所示。

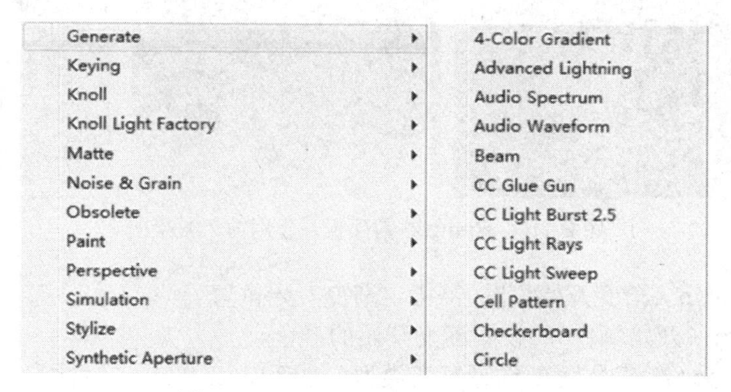

图 2.108　Generate 特效菜单命令

1．4-Color Gradient（4 色渐变）

4-Color Gradient 通过紫、黄、蓝、绿 4 种颜色的混合渐变来产生特殊的视觉效果，与图层混合使用，通过颜色的变化和混合强度可以产生十分丰富的色彩变换效果。其参数面板与效果如图 2.109 所示。

① Positions&Colors（位置和颜色）：设置 4 种颜色的分布范围和显示颜色，可以通过颜色的变和位置设置关键帧动画。

② Blend（混合）：控制 4 种颜色的混合强度，最小值为 5，值越大，色彩相互渗透的程度就越小。

③ Jitter（稳定）：拖曳滑块可以设置颜色块之间的稳定程度，值越大，色彩相互渗透的程度就越小。

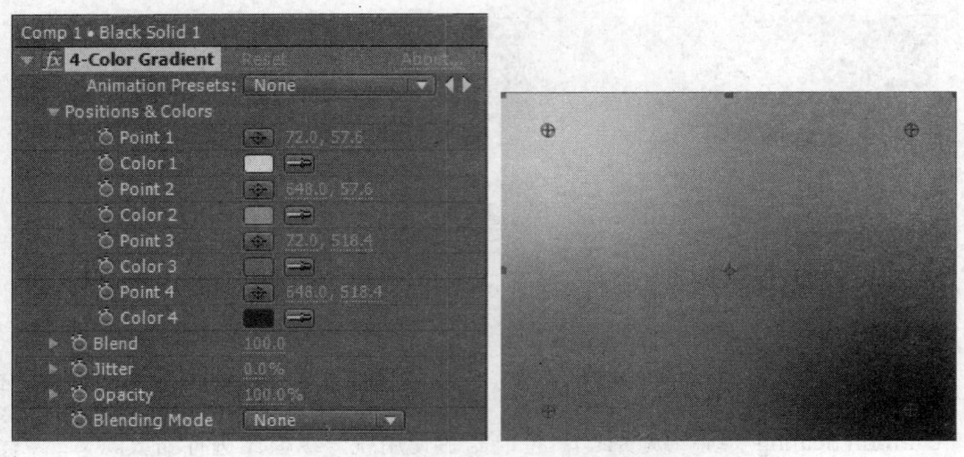

图 2.109　4-Color Gradient 参数面板与效果图

④ Opacity（不透明度）：设置当前 4 色层的不透明度。

⑤ Blending Mode（混合模式）：选择混合渐变层与原始层的混合模式。

2．Ramp（渐变）

Ramp 可以制作类似渐变斜面的彩色效果。其参数面板及使用前后效果如图 2.110 所示。

图 2.110　Ramp 参数面板及使用前后效果图

① Start of Ramp（渐变开始位置）：指定渐变开始位置。

② Start Color（开始颜色）：设置渐变开始的颜色。

③ Ramp Shape（渐变类型）：选择渐变类型。包括 Liner Ramp（线性渐变）和 Radio Ramp（径向渐变）两个类型，如图 2.111 所示。

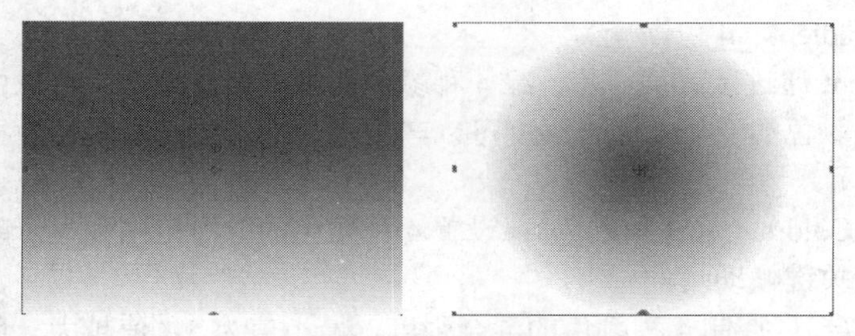

图 2.111　线性渐变和径向渐变的效果对比

④ Ramp Scatter（渐变分散）：调整渐变颜色的混合的强度，以防止渐变过渡区域过于平滑。

⑤ Blend With Original（混合来源层）：控制特效与底层图像的整合程度。

3．Grid（网格）

Grid（网格）特效可以制作一些网格类型的纹理，在渲染过程中可以作为实体或遮罩进行渲染，其参数面板如图 2.112 所示。

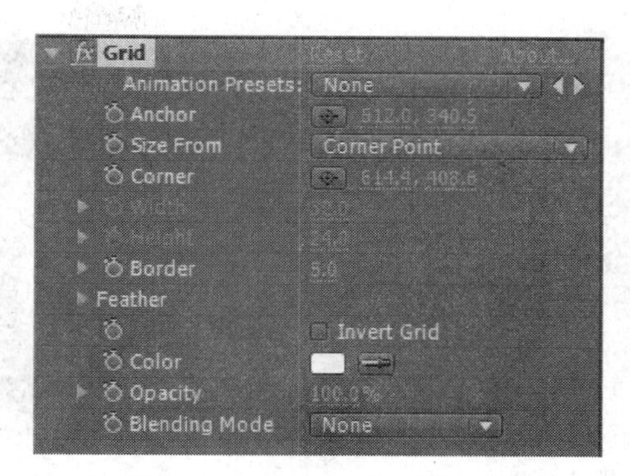

图 2.112　Grid 特效参数面板

① Anchor（中心）：通过输入数值和在“合成”窗口移动中心点这两种方式来改变网格的中心位置。

② Size From（尺寸从）：选择网格样式，包括 Corner Point、Width Slider 和 Width&Height Sliders 这 3 种类型，效果如图 2.113 所示。

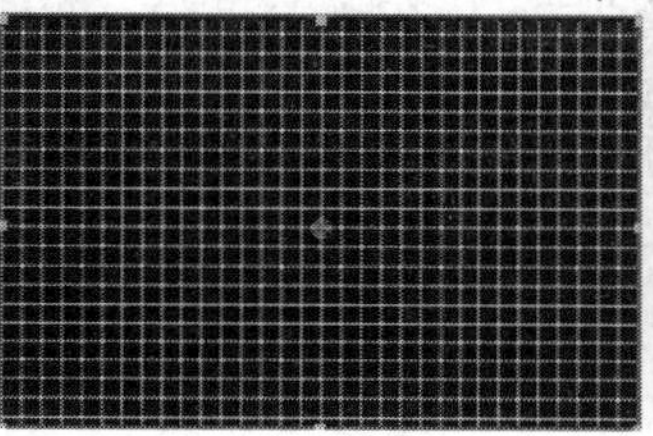
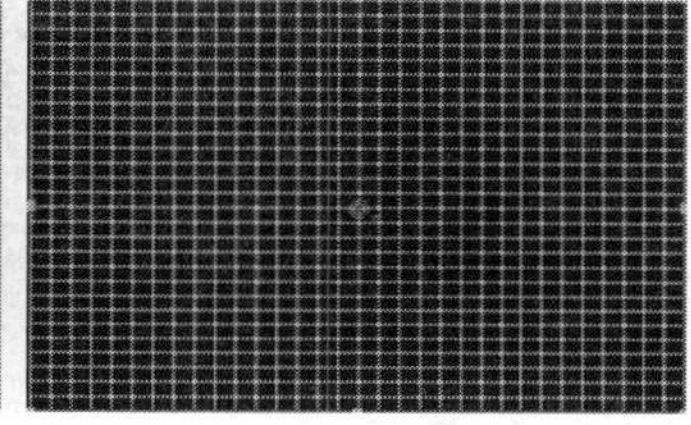

图 2.113　不同的网络形式

③ Feather（羽化）：在展开的参数面板中可以设置网格线的横向和纵向的羽化程度。

④ Invert Grid（反转网格）：勾选该复选项，可以反转网格和网格边界的颜色，如图 2.114 所示。

图 2.114　反转效果

⑤ Blending Mode（混合模式）：设置网格效果层与原始图像的混合模式，如图 2.115 所示。

4．Lens Flare（镜头光晕）

Lens Flare 主要是用来镜头光晕参数设置与效果，如图 2.116 所示。

① Flare Center（光晕中心）：通过输入数值光晕或在“合成”窗口移动中心点来改变镜头光晕的中心位置。

② Flare Brightness（光晕亮度）：设置镜头光晕的亮度。数值越大，光晕越亮，反之就越暗，如图 2.117 所示。

图 2.115　设置混合模式

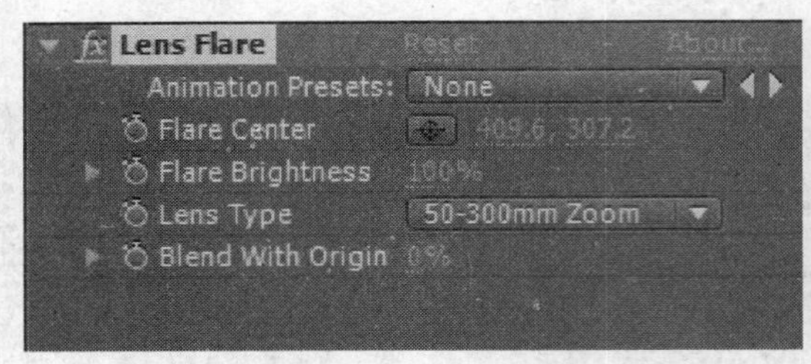

图 2.116　镜头光晕参数设置与效果

图 2.117　光晕亮度

③ Len Type（镜头类型）：选择光晕的镜头模式。系统提供了 3 种镜头模式，如图 2.118 所示。

图 2.118　不同镜头模式的效果

④ Blend With Original（混合度）：控制镜头光晕与原始素材的混合程度。

2.6　三维特效基础

当前的主流合成软件大多具有三维空间合成的功能，由于其空间感和摄像机运动非常自由，可以创作出很好的视觉效果，因此，影视创作实践中越来越多地用到三维合成的效果。

2.6.1　2D 图层转化为 3D 图层模式

1．新建合成 Composition

新建一个固态层，在 Timeline 窗口中，打开 Solid1 图层右边的 3D 开关，就将 Solid1 从 2D 图层转化为 3D 图层。在 Comp1 窗口中出现了三维坐标，红、绿、蓝分别代表 *X*、*Y*、*Z* 轴，如图 2.119 所示。

图 2.119　三维坐标

2．Material Options 参数

单击 Timeline 窗口中 Solid1 图层左边的三角形按钮，即出现 Transform 和 Material Options 参数，其中 Material Options 参数是打开 3D 开关后出现的参数，如图 2.120 所示。

图 2.120　展开 Material Options 的参数

展开 Material Options 的参数如下。

① Casts Shadows 投射阴影 3 个选项：Off（默认）不带阴影；On 显示阴影；Only 只显示阴影，不显示原图层。

② Light Transmission：设置光线的穿透程度。

③ Accepts Shadows：是指其他层在接收到光线生成的阴影时，确定是否在层上生成阴影。其默认设置是 On，也就是会显示出阴影；如果设置为 Off，则就不显示阴影了。

④ Accepts Lights：是用于设置层是否受到灯光的影响。设定为 On 的时候，随着光的颜色不同，层的颜色也会跟着发生变化；当设定为 Off 的时候，则就不会受到光的影响，从而保持原来的状态。

⑤ Ambient（环境）：用于确定到多少 Ambient Light 的影响，它同样有 On 与 Off 两种设置。它通常用于改变层的整体亮度和暗度，当数值为 0 的时候，会变成黑色，而当数值变为 100%的时候则所在图层就会接收全部 Ambient Light 照射的强度和颜色。

⑥ Diffuse（漫反射）：设定的是当该层为接受光照射影响的层以后，根据不同的反射程度，会显示出该层是吸收光的材质还是反射光的材质。

⑦ Specular（高光）：可以控制光照射层后反射的高光部分的亮度，可以在 0～100%的范围内进行调节，同时还可以赋予层的材质特点。

⑧ Shininess（发光）：是设定照射到层的 Specular 的高光范围。如果想应用 Shininess，Specular 的值必须要大于 0 才可以应用。数值的设置范围在 0～100%，当数值为 0%的时候，Specular 的范围最大。

⑨ Metal：它用来控制 Specular 的高光颜色，Metal 的默认设置值为 100%，可以将最亮的部分设定成不同的颜色，越接近 100%，就会越接近反射图层的颜色，而越接近 0%，就会越接近灯光颜色。

3．Transform 参数

单击 Transform 左边的三角形按钮，展开 Transform 的参数，如图 2.121 所示。

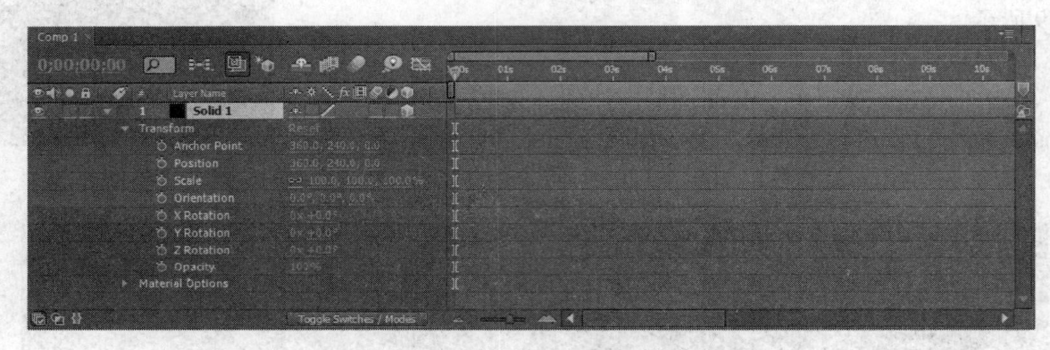

图 2.121　展开 Transform 参数

从 2D 转为 3D 图层，它的基本变形属性跟二维图层差不多。从二维坐标转为三维坐标，不同的是多了一个用在三维空间中控制的 Orientation。Orientation 是与 Rotation 捆绑使用的属性，把 Orientation 与 Rotation 的关系理解成与 Position 和 Anchor Point 的关系一样就可以了。Anchor Point 是坐标轴原点的位置，Orientation 是以 X、Y、Z 轴为中心进行旋转，而 Rotation 是以 Anchor Point 为中心进行旋转的。

2.6.2　3D 空间坐标系

在 3D 空间中设置动作的时候，首先碰到的问题就是以什么为基准进行移动和旋转等操作。因此，在部分的 3D 程序中都会提供 2～3 个坐标轴。在 After Effects 工具箱中的 Axis Mode 的 3 种坐标方式如图 2.122 所示。

图 2.122　工具箱中的 3 种坐标方式

① Local Axis Mode：如果在这个模式下旋转图层，轴通常会和各个图层一起进行旋转，因此，可以调节所有图层的轴。

② World Axis Mode：在这种模式下，各个轴以 Front View 为基准进行。因此，即使旋转或者移动图层，轴的方向也不会变化。使用这种模式时，在 Front View 中 X、Y 轴成直角，

在 Top View 中则是 X、Z 轴成直角。

③ View Axis Mode：以当前显示的视角为基准设置轴。也就是说，制作者不管移动到什么视角，X、Y 轴都会形成直角的两个轴。

2.6.3　灯光和阴影

1．建立灯光

通过执行 Layer/New/Light 菜单命令就可以创建灯光。After Effects 里的灯光也是以图层的方式被引入到合成里的，所以可以在同一个合成场景中使用多个灯光图层，创建多个灯光。多个灯光颜色和强度可以互相影响，产生特殊的照射效果，如图 2.123 所示。

用户可以将灯光设置为调节图层（Adjustment Layer），让灯光只对指定的三维图层产生影响，而对其他的三维图层不产生影响。在 Timeline 时间线面板中将该灯光调节图层放在最上层，那些在"时间线"面板中位于灯光调节层下面的三维图层才能接受该灯光的照射效果，而位于该灯光调节层之上的三维图层不受灯光调节层灯光的影响，如图 2.124 所示。通过这种方式就可以实现在现实世界中不能实现的局部照明效果。

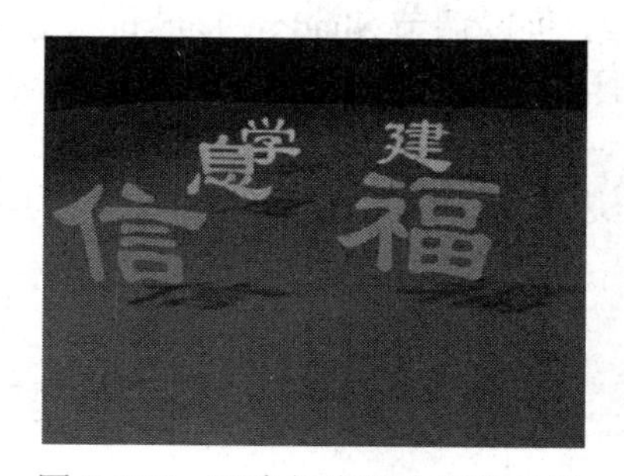

图 2.123　两个灯光组合照明效果

图 2.124　灯光中作用在"福建"

2．灯光参数设置

使用 Layer/New/Light 命令创建灯光，系统会弹出一个"灯光设置"的对话框，设置灯光参数如图 2.125 所示。

① Name：设定灯光名称。

② Light Type（灯光类型）：在 After Effects 中有 4 类灯光，分别如下。

● Parallel（平行光）：可以理解为从太阳上发出来的光，它具有阴影并且有方向性。

● Spot（聚光灯）：类似于演出时用于照射演员的灯光，从光源处发射出圆形的光柱，可以很容易区分出光亮的地方和比较暗的地方，具有阴影和方向性。它一般在集中照射某特定区域的时候使用。

● Point（点光）：它是以光源本身的位置为中心，向四面发光，并不指向某一个单独的方向，同样带有阴影，就像室内用的白炽灯。

● Ambient（环境光）：Ambient 是在整体环境中照射

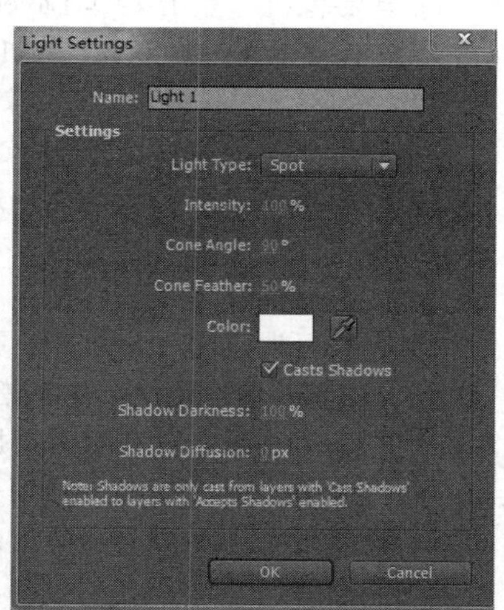

图 2.125　设置灯光参数

一定光线的环境光，它不指向某一个方向。环境光在“时间线”面板中也是作为一个层的形态存在的，不过在 Composition 预览窗口中，Light 并不显示出来。它所起到的作用就是调节整个画面的亮度，一般是与其他灯光配合使用。

③ Intensity：光的亮度（强度）。

④ Cone Angle（圆锥角度）：Light 照射对象的时候光展开角度，有 Spot Light 才能使用此选项。

⑤ Cone Feather：用于设置较亮部分与较暗部分的边界，也就是 Light 边缘的柔和程度。数值越高，则边缘部分就会被处理得越柔和，通过这个选项的设置，可以把光照射的区域显示得很朦胧或者很清晰。

⑥ Color（颜色）：它确定的是 Light 用哪种颜色的光照射到对象上，用鼠标单击颜色选框可以设置颜色。

⑦ Casts Shadows（投射阴影）：是指当 Light 照射层的时候，确定是否根据 Light 生成层的阴影，只有勾选了这个选项，才会根据 Light 生成阴影。如果在“时间线”面板中的层属性中没有将 Casts Shadows 设置 On，即使设置好了阴影参数，也不会产生阴影。

⑧ Shadow Darkness：当层上产生阴影的时候，可以调节 Shadow Darkness 控制阴影的明暗度。这个数值越高，阴影就越暗，值为 100%时阴影为黑色。注意，一定要激活 “时间线”面板中 Casts Shadows 为 On 时，才能设置 Shadow Darkness。

⑨ Shadow Diffusion（阴影漫射）：对阴影的边缘部分进行处理，这个数值越高，则边缘部分越自然柔和。

2.6.4 摄像机

1．建立摄像机

摄像机主要用于从不同角度来观察场景，用户可以在场景中创建多个摄像机，并且可以为摄像机设置关键帧，让摄像机运动，制作出丰富的画面效果。

2．摄像机参数设置

新建摄像机，点击菜单 Layer/New/Camera，系统会弹出一个“Camera Settings”的对话框，设置摄像机相关属性如图 2.126 所示。

① Name（名称）：设置摄像机的名称。

② Preser（预定）：设置不同的镜头。

- 15 mm 鱼眼镜头：这是短焦距超广角镜头，会使画面产生扭曲夸张的效果。
- 28 mm 广角镜头：使用广角镜头，可以得到很大的可视范围，画面容纳更宽广的场景。
- 35 mm 标准镜头：这是常用的标准镜头，和人们在正常情况下看到的图像是一致的。
- 200 mm 长焦镜头：使用长焦镜头，看到的景物空间范围小，景深小，可以清楚地看到远处景物的细节。

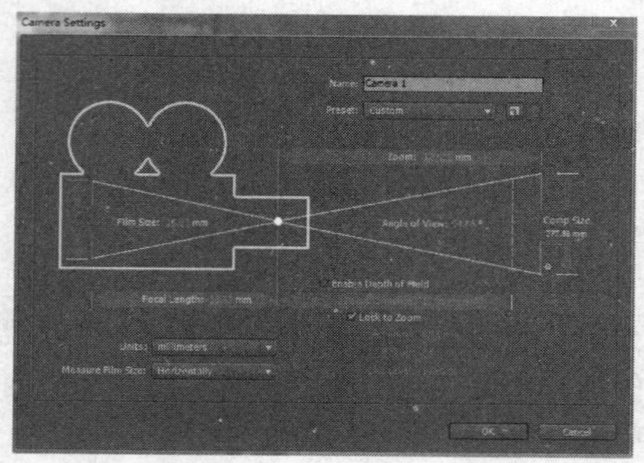

图 2.126 “Camera Settings”的对话框

③ Zoom（缩放）：Zoom 长度指的是从摄像机到图像的距离，Zoom 数值越大，通过摄像机显示的图层就越大。

④ Film Size（影片尺寸）：这指的是通过镜头看到的图像实际大小，与合成素材的大小成反比例的关系。如果在 Film Size 上输入新的数值，Zoom 的数值也会自动进行调节。Film Size 越大，Zoom 就会缩小，显示的图层就会变小。

⑤ Focal Length（焦点长度）：这指的是 File Plan 和 Lens 的距离，它与 Zoom 成正比例关系，距离越远（数值越大），Zoom 的倍数就会增加，图层就会变大。

⑥ Angle of View（视角）：摄像机视角设置，可以理解为摄像机的实际拍摄范围。视角越大，视野越宽，越接近于广角镜头；视角越小，视野越窄，越接近于长焦镜头。

⑦ Enable Depth of　Field（景深）：这个选项是用于确定 Focus Range（焦距范围）的，超出这个范围的图像会出现模糊效果。在 *Z* 轴深度方向上，图片随着 *Z* 轴的深度方向越来越模糊。

⑧ Focus Distance（焦距）：确定从摄像机开始位置到图像清晰时位置的距离。

3．调节参数移动摄像机

一个新建的摄像机上有两个重要的点，一个是摄像机的中心点，即 Position，另一个是决定镜头目标方向 Point of Interest。

4．摄像机移动工具

为合成场景建立摄像机后，在工具箱中会显示系统提供的摄像机工具。用鼠标按住工具箱中左边第 5 个工具不放，就会显示出隐藏的工具，如图 2.127 所示

① Orbit Camera Tool（旋转摄像机工具）：允许对摄像机视图进行旋转。可以移动摄像机的 Posion（位置），而摄像机的 Point of Interest 是固定的。左右拖动鼠标可以水平旋转摄像机视图；上下拖动鼠标则可垂直旋转摄像机视图。

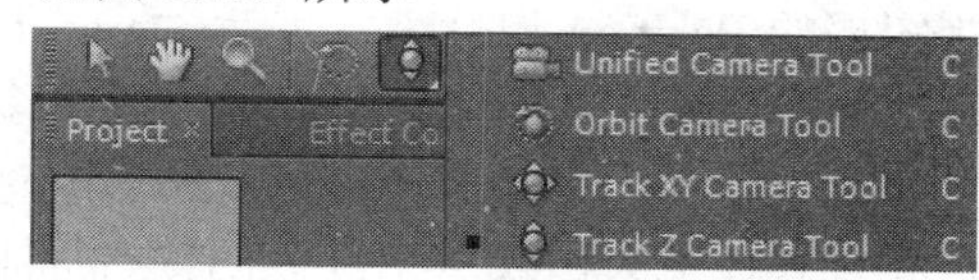

图 2.127　系统提供的摄像机工具

② Track XY Camera Tool：这个工具可以同时移动 Point of Interest、Posion，可以很方便地调节水平方向和垂直方向上的移动距离。

③ Track Z Camera Tool：这个工具可以同时移动 Point of Interest、Posion，允许拉远或推近摄像机视图，但只是相对于 *Z* 轴，在工具箱中选择该工具后，移动鼠标到摄像机视图中，鼠标向下拖动可以拉远摄像机视图；鼠标向上拖动则推近摄像机视图，也就是摄像机的推拉效果。

2.7　表达式的应用

使用表达式可以为不同的图层属性创建某种相关性，用户可以不需要了解任何的程序语言。After Effects 可以自动生成表达式语言。

2.7.1　关于表达式

创建表达式的操作完全可以在 Timeline 面板中独立完成，用户可以使用表达式关联器为不同的图层属性创建关联表达式，可以在表达式输入框中输入和编辑表达式，如图 2.128 所示。

① 表达式开关：用于激活或关闭表达式功能。如果要临时关闭表达式功能，可以单击表达式激活开关。当表达式处于临时关闭状态的时候，表达式激活开关显示为标志。

② 控制是否在曲线编辑模式下显示表达式动画曲线。

③ 表达式关联器。

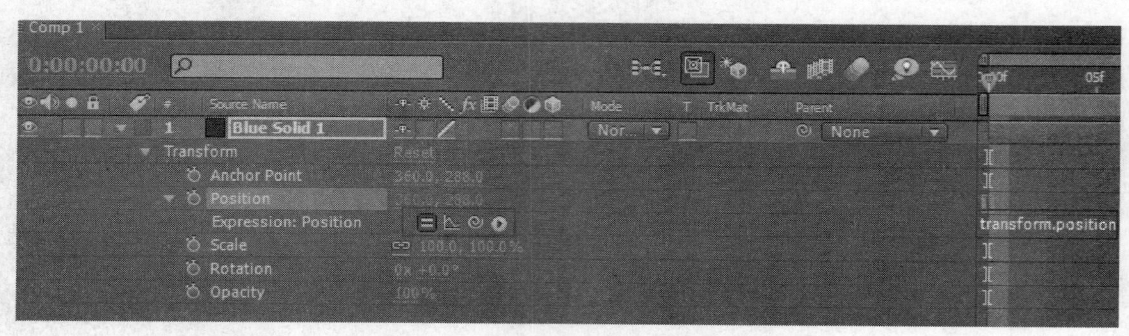

图 2.128　表达式输入框中输入和编辑表达式

④ 表达式语言菜单。在其中列出了一些常用的表达式命令。

⑤ 表达式输入框。

在为图层属性制作了表达式之后，图层属性的值以红色或者粉红色的数字显示出来。当正在输入表达式语句的时候，所有的预览窗口都暂时停止渲染，一条红色的线出现在预览窗口的下面直至退出表达式的文本编辑状态。在添加完表达式时仍然可以为图层属性添加或者编辑关键帧，表达式可以在这些关键帧动画的基础上，为关键帧动画添加新的属性。例如，为图层的 Position 属性添加表达式 transform.position.wiggle（10，10），这时候产生的结果是在 Position 属性的基础上产生了位置偏移的效果。

如果输入的表达式不能够执行，这时候 After Effects 会报错并且自动终止表达式的运行，在表达式边上会出现一个红色的警告标志，单击警告标志会再次弹出报错消息。

2.7.2　添加、编辑和删除表达式

在 After Effects 中，可以在表达式输入框中手动输入表达式，也可以使用表达式语言菜单自动输入表达式，还可以使用表达式关联器，以及从其他表达式实例中拷贝出来的表达式。在 Timeline 的表达式语言菜单中包含有一些表达式的标准命令，这些菜单对用户正确书写表达式的参数变量及语法是非常有帮助的。在 After Effects 表达式菜单中可以选择任何的目标、属性和方法。After Effects 会自动在表达式输入框插入表达式命令，而用户只要根据自己的需要修改命令中的参数和变量就可以了。

要为动画属性添加一个表达式，可以在 Timeline 窗口中选择该动画属性，然后单击 Animation/Add Expression 菜单命令（快捷键“Alt+Shift+=”），或者在按住“Alt”键的同时使用鼠标单击靠近动画属性名称的码表。

如果在一个动画属性中删除之前制作的表达式，可以在 Timeline 面板中选择动画属性，然后单击 Animation/Remove Expression 菜单命令，或者是在按住“Alt”键的同时单击动画属性名称左侧的码表标志。

本 章 小 结

本章介绍了 After Effects 影视特效软件的概念、应用、界面及运行配置等，对本书后面章节的学习内容进行了简要概括。

第 3 章　文字特效进阶

3.1　案例一　文字路径动画特效

3.1.1　案例描述与分析

本案例主要学习与训练在文字层里面创建了一个 Mask，利用 Mask 作为一个文字的路径，让文字沿路径运动，使用 Effect/Obsolete/Path Text 输入文字方法，应用 Path Text（路径文字）特效，完成文字路径动画特效的制作。制作过程是：先导入素材，再绘制文字路径，然后运用 Path Text 特效创建文字，制作文字路径动画特效的效果。最终效果如图 3.1 所示。

图 3.1　文字路径动画效果

3.1.2　案例训练

1．创建一个新合成

运行 Adobe After Effects CS4 软件，执行菜单 Composition/New Composition 命令或按“Ctrl+N”组合键，弹出“新建合成”窗口，把合成命名为“文字路径动画特效”，Preset（预置）选择“PAL D1/DV”制式，Width（宽度）设置为“720 px”，Height（高度）设置为“480 px”，Pixel Aspect Ratio（像素纵横比）选择为“D1/DV PAL（1.09）”，Frame Rate 帧速率为“25”，Resolution（分辨率）选择“Full”（全屏），Duration（持续时间）设置为“0:00:08:00”，如图 3.2 所示。

2．导入背景素材

执行 File/Import/File 菜单命令，导入教学资源中的“第 3 章\素材\背景.tga”文件，或在项目窗口中双击导入素材，并将它从 Project（项目）窗口拖到合成窗口中。

3．创建文字层

执行 Layer/New/Solid 命令或按“Ctrl+Y”组合键，弹出“创建固定层”窗口，给固定层命名为“文字”，Width 设置为“720 px”，Height 设置为“576 px”，Units 选择为“pixels”，Pixel Aspect Ratio 选择为“D1/DV PAL（1.09）”，Color 设置为“黑色”，单击“OK”按钮完成固态层的创建，选择工具栏中的钢笔工具绘制出路径，如图 3.3 所示。

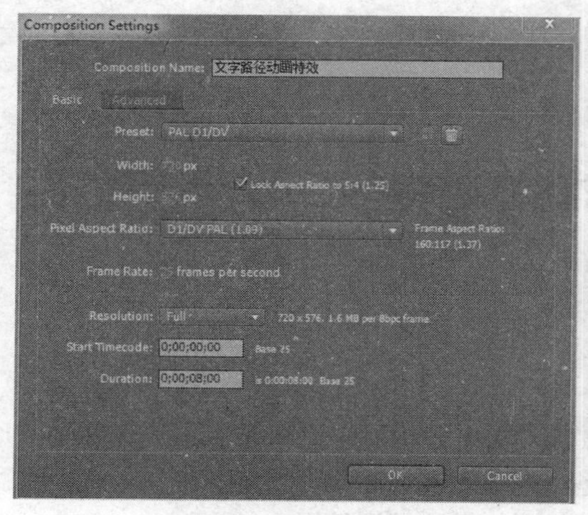

图 3.2　新建合成

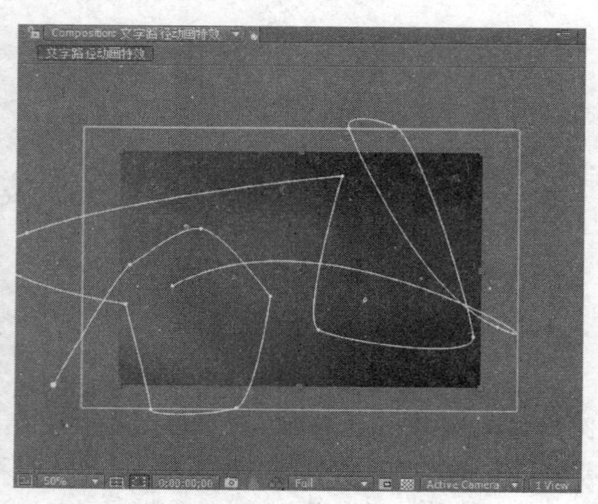

图 3.3　绘制路径

4．输入文字添加路径特效

选中“文字”层，执行 Effect/Obsolete/Path Text 命令，弹出“Path Text（路径文本）”窗口，输入“文字路径动画特效”，设置字体为“LiSu”，输入文字，如图 3.4 所示。

5．设置 Path Text 特效

在“Effect Controls”面板中，将“Custom Path（自定义路径）”选项选择为“Mask1”，并勾选“Reverse　Path（反转路径）”，“Fill Color”颜色值为“R:254，G:234，0”，“Size”设置为“67.0”，将“Horizontalshear（水平修剪）”设置为“2.60”，“Vertical　Scale（垂直比率）”设置为“143.00”，“Left Margin（左侧空白）”设置“4780.00”，“Baseline　Jitter　Max（基线最大抖动）”设置为“199”，“Kerning Jitter Max（字距最大抖动）”设置为“229.00”，“Rotation Jitter Max”（旋转最大抖动）设置为“226.00”，“Scale Jitter Max（数值最大抖动）”设置为“153.00”，如图 3.5 所示。

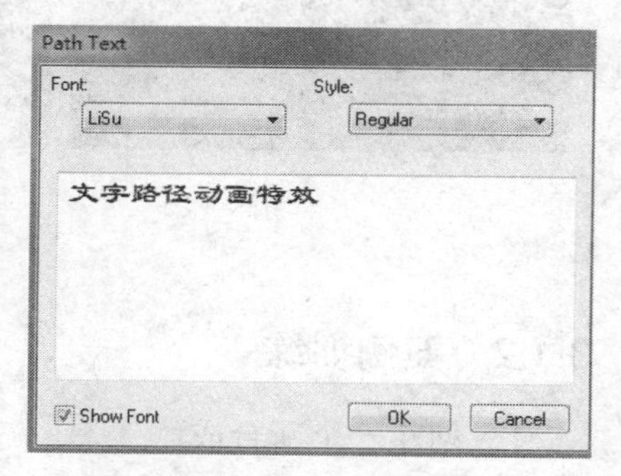

图 3.4　输入并设置文字

6．设置文字动画

① 先在时间指示器移至 0 秒处，展开时间线“文字”层中“Effects”下“Path text”的“Paragraph（段落）”属性，单击“Left　Margin”前面的关键帧记录器，创建关键帧，如图 3.6 所示。展开时间线“Advanced”下的“Jitter Settings”属性，分别单击“Baseline Jitter Max”、“Kerning Jitter Max”、“Rotation Jitter Max”、“Scale Jitter Max”前面的关键帧记录器，如图 3.6 所示。

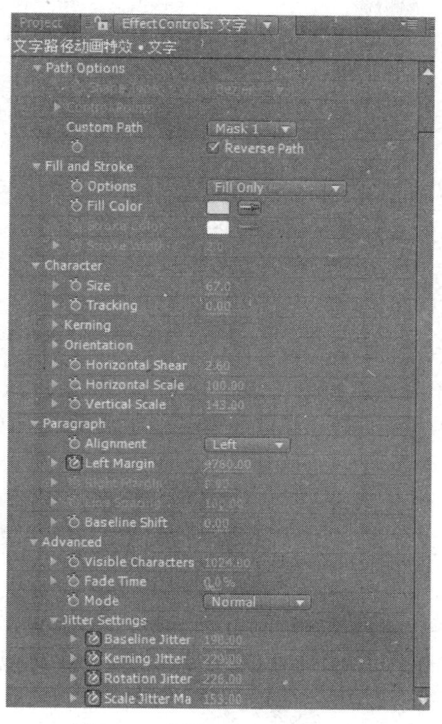

图 3.5　设置 Path Text 特效

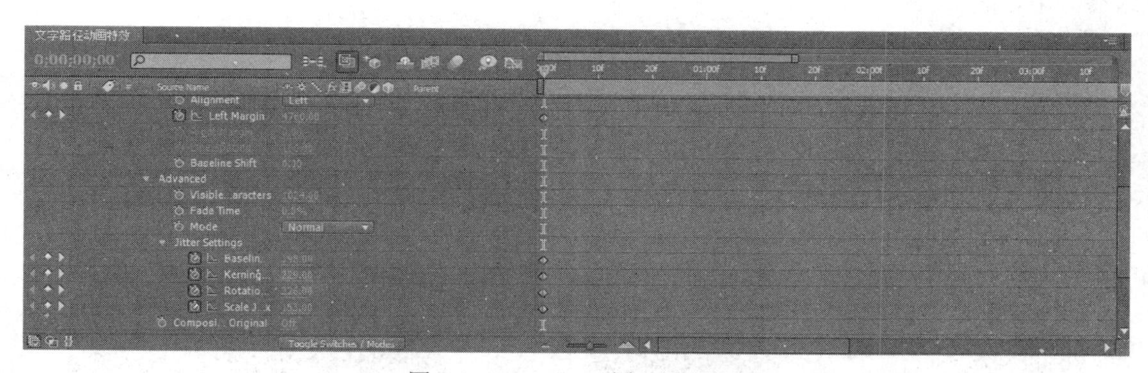

图 3.6　Path Text 路径动画设置

② 把时间指示器移至“0:00:06:00”位置，将“Baseline Jitter Max”、“ Kerning Jitter Max”、“Rotation Jitter Max”、“Scale Jitter Max” 都设置为 “0.00”。按小键盘 “0” 键预览最后动画效果。

7．渲染输出

完成文字动画效果的制作后，执行菜单 Composition/Make Movie 命令或按“Ctrl+M”组合键，弹出 “Render Queue” 面板，允许对其中的输出参数以及输出路径等进行设置，在单击“Render Queue”面板中“Output Module”选项后面的“Lossless”选项后，弹出“Out Module Settings” 窗口，可以其中对输出格式等参数进行选择设置，完成所有输出设置后，鼠标单击

“Render Queue”面板后方的“Render”按钮，即可对合成进行输出。最终文字路径动画效果如图 3.1 所示。

3.1.3 小结

本案例主要学习通过 Effect/Obsolete/Path Text 命令输入文字方法，掌握文字随着 Mask 路径运动的 Path Text（路径文本）参数设置。

3.1.4 举一反三案例训练

本小节希望学生最大程度地发挥出自己想象创造力，进行案例训练。以“文字路径”与“文字表达意思”为支点展开构想，使用 Effect/Obsolete/Path Tex 输入文字方法，让文字沿着构想 Mask 路径运动，使用 Path Text（路径文字）特效，实现“文字路径与文字表达意思”完美结合的“文字路径动画特效”。

训练一：运用 Path Text 特效设置沿一定路径运动的文字效果，路径的定义可以是直线、曲线、圆或外部程序导入的路径。

主要制作过程如下。

① 新建合成，导入素材：新建一个 Composition，命名为“文字出字带光训练一”，将导入教学资源中的“第 3 章\文字路径动画特效\背景 1.tga”素材拖到 Timeline 窗口中。选择工具栏中的钢笔工具绘制出圆形路径。

② 输入文字添加路径特效：使用 Effect/Obsolete/Path Tex 输入文字“团团圆圆美美满满”，最终效果如图 3.7 所示。

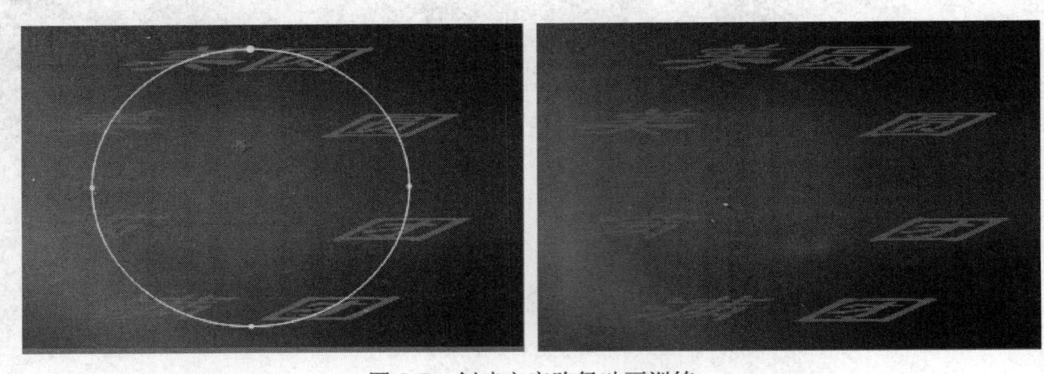

图 3.7 创建文字路径动画训练

训练二：掌握如何利用 Mask 路径实现文字沿路径运动的效果。

主要制作过程如下。

① 新建合成，导入素材：新建一个 Composition，命名为“文字出字带光训练二”，双击 Project 窗口中的空白区域，打开 Import File 对话框，导入素材“第 3 章\文字路径动画特效\背景 2.jpg”。

② 新建固态层“Text”，制作 Mask 路径：执行 Layer/New/Solid 命令，如图 3.8 所示。

使用钢笔工具在新建的 Solid 图层中，沿建筑物的顶边轮廓绘制一个 Mask 路径，如图 3.9 所示。

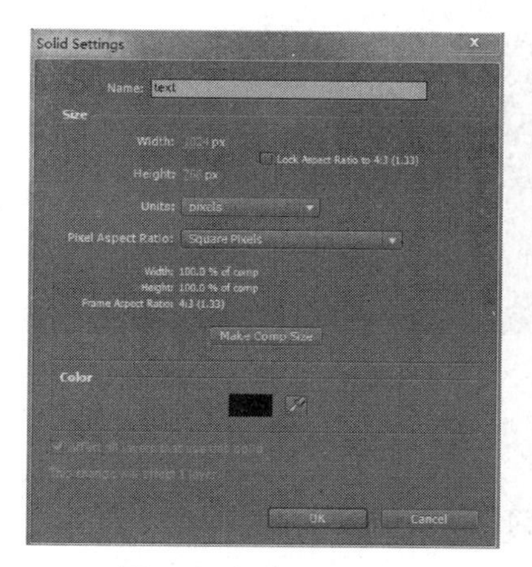

图 3.8　新建 Solid 层

图 3.9　绘制 Mask 路径

③ 添加 Path Text 特效、设置参数与添加关键帧：为图层“text”添加 Effect/Obsolete/Path Tex 特效，在打开的对话框中输入文字“beautiful light”，如图 3.10 所示。

打开 Effiect Controls 面板，在 Path Obtions 中设置 Custom Path 为“Mask1”，即是用以上绘制的 Mask 路径，在 Fill and Stroke 中设置 Fill Color 为“蓝色（20，13，232）”，在 Character 中设置 Size 为“18”。在时间指针移动到开始位置，Paragraph 中设置 Left Margin 为“−160.00”，并单击该选项前的时间码按钮，如图 3.11 所示。

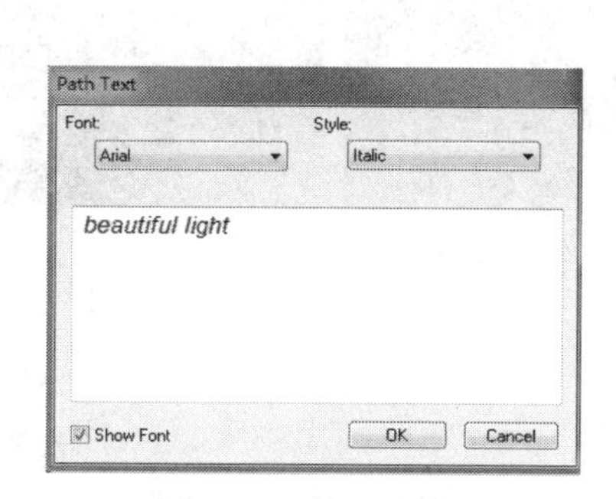

图 3.10　输入文字

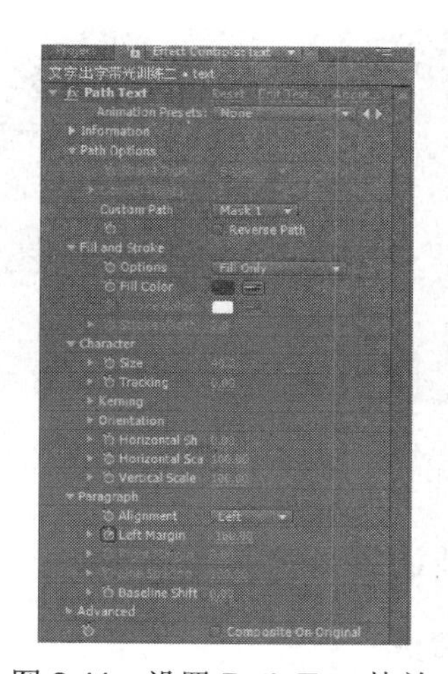

图 3.11　设置 Path Text 特效

按下“O”键，将时间指针移动到结尾处，添加一个关键帧，然后其参数为“2070.00”，编辑文字沿路径移动的动画。

④ 为图层“Text”层添加 Glow 特效：添加 Effect/Stylize/Glow 特效，在 Effect Controls 面板中设置 Glow Thresholdyl 为“25%”，Glow Intensity 为“2.0”，Color A 为“浅蓝色（12，166，255）”，Color B 为“蓝色（7，9，243）”。再次为图层“Text”层添加 Glow 特效，加强 Glow 效果，设置 Glow Thresholdyl 为“25%”。到此训练结束，最终效果如图 3.12 所示。

图 3.12　最终效果

3.2　案例二　创建文字轮廓动画

3.2.1　案例描述与分析

本案例主要学习使用“水平文字工具T”在 Composition 预览窗口中输入文字方法，也可以采用 Layer/New/Text 命令输入文字。然后将文本的轮廓转化为 Mask 外框为文字添加动画，实现文字轮廓动画特效。制作过程是：先运用 Ramp 特效作背景， 输入文字，快速将文本的轮廓转化为 Mask 外框，然后通过为文字添加 Glow 辉光特效制作文字轮廓动画的效果。最终效果如图 3.13 所示。

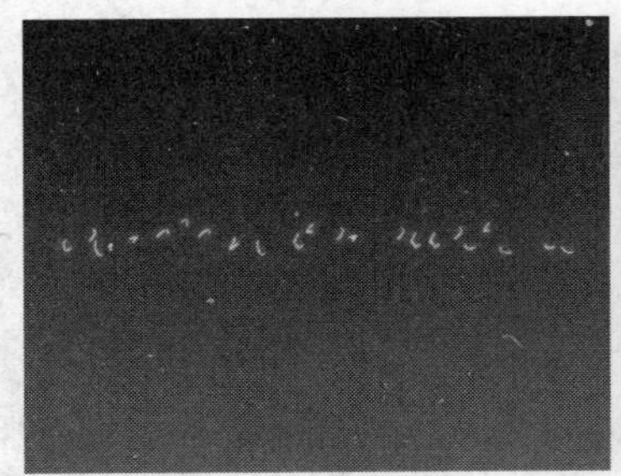

图 3.13　创建文字轮廓动画效果

3.2.2　案例训练

1. 创建合成

首先创建一个新的合成，如图 3.14 所示。

2. 背景制作

执行 Layer/New/Solid 命令，弹出“创建固态层”窗口，给固态层命名为“背景”，如图 3.15 所示。

3. 生成渐变特效

选中“背景”层的状态下，执行菜单 Effect（特效）/Generate（生成）/Ramp（渐变）命令，打“Effect Controls”面板，将“Start of Ramp（渐变开始）”设置为“352.0，82.0”，“Start Color”颜色设置为“R:0，G:0，B:0”将“End of Ramp（渐变结束）”设置为“368.0，438.0”，

“End Color”颜色设置为“R:255，G:0，B:0”如图 3.16 所示。

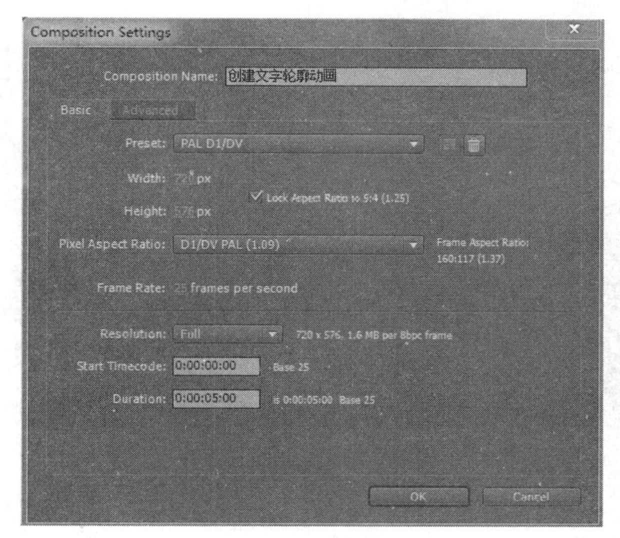

图 3.14　新建合成

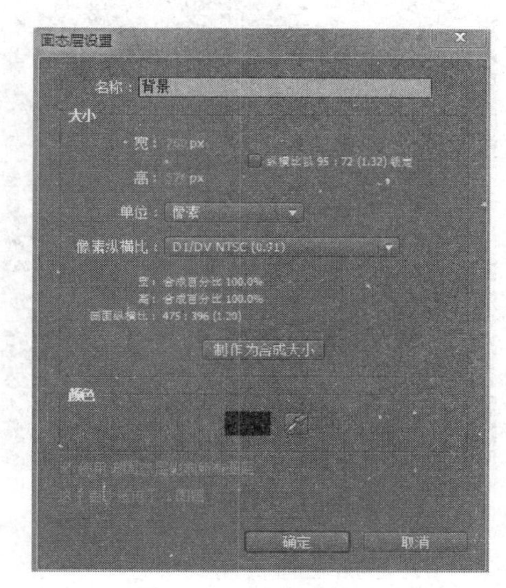

图 3.15　创建固态层

4. 创建文字层

使用“水平文字工具”在 Composition 预览窗口中输入“learn after effects cs”文字，也可以执行 Layer/New/Text 命令，输入文字，如图 3.17 所示。

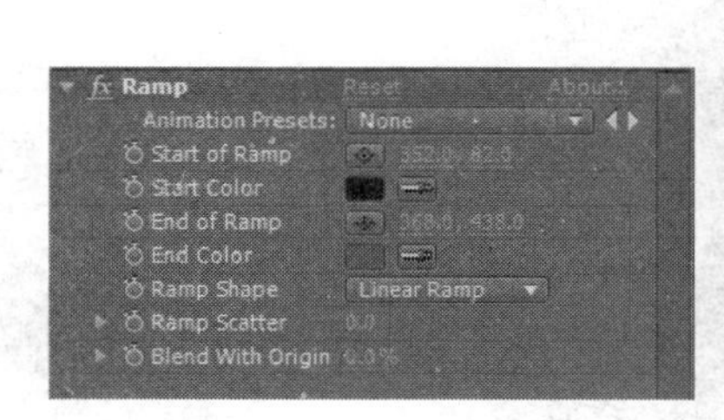

图 3.16　设置 Ramp 特效

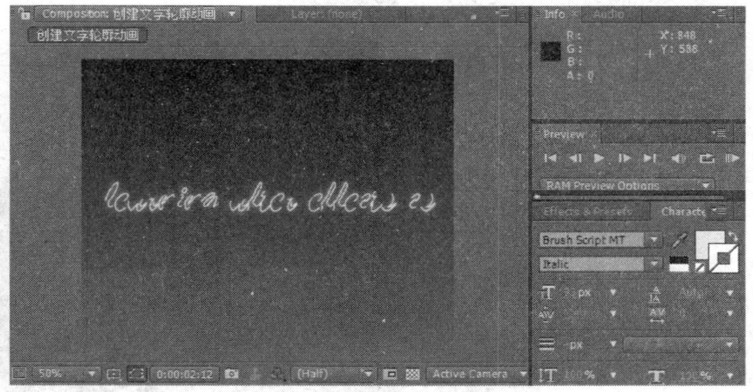

图 3.17　输入文字并设置格式

5. 创建文字轮廓

执行 Layer/Create Shape from text 菜单命令，这时在 Timeline 窗口会自动生成一个名为 learnin after effects cs Outlines 的形状图层，如图 3.18 所示。

在 Timeline 时间窗口中展开形状图层 learnin after effects cs 的 Contents（内容）属性的下拉三角形按钮，然后配合“Shift”键选择从 l～s 的所有文本轮廓，然后单击工具栏上面的 Fill 和 Stroke 按钮将其填充颜色和描边颜色全部取消，这样就只剩下文字轮廓，如图 3.19 所示。

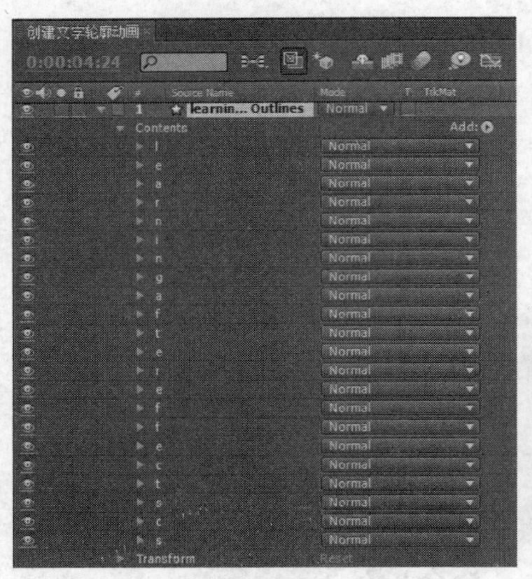

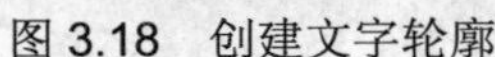

图 3.18　创建文字轮廓

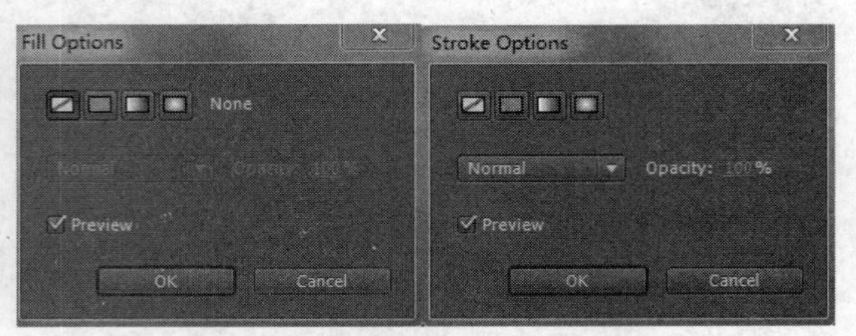

图 3.19　取消填充和描边颜色

6．添加动画属性

在形状图层 learnin after effects cs（内容）右边的 Add 下拉三角形按钮为其添加 Stroke（描边）动画属性，将 Stroke 中的 Color（属性）设置为黄色，继续在形状图层 learnin after effects cs 的 Contents（内容）右边的 Add 下拉三角形按钮为其添加一下 Trim Path（路径修剪）动画属性，设置 Trim Multiply Shape（修剪多条路径）方式为“Simultaneously”，然后在时间 0:00:00:00 时设置 End 属性的关键帧值为“0.0”，如图 3.20 所示，最后在时间 0:00:05:00 时设置 End 属性帧的数值为“100.0%”。

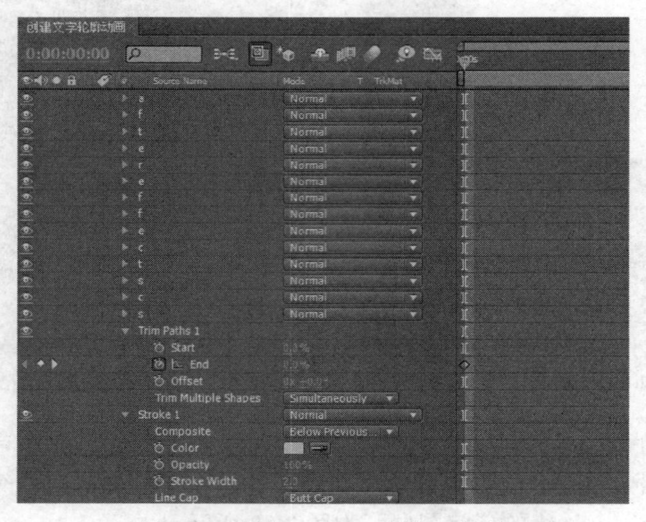

图 3.20　设置 Stroke（描边）属性

7．添加/Glow 特效

为了获得更好的文字动画效果，为形状图层 learnin after effects cs 添加一个 Effects/Stylize/Glow 特效，特效的设置保持默认的方式，按小键盘上的“0”键预览文字轮廓，动画最终效果如图 3.13

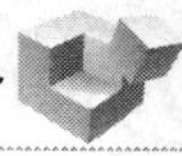

所示。

3.2.3　小结

本案例主要学习通过 Layer/New/Text 命令；输入文字，掌握通过 Layer/Create Shape from text 菜单命令创建轮廓；熟练应用 Contents（内容）属性参数设置，为文字添加动画效果。

3.2.4　举一反三案例训练

本案例通过 Layer/New/Text 命令，输入文字，然后通过 Layer/Create Shape from text 菜单命令创建轮廓。主要制作过程如下。

1．创建背景层

执行菜单 Effect（特效）/Generate（生成）/Ramp（渐变）命令，创建背景层。

2．创建文字层

使用“水平文字工具T”，在 Composition 预览窗口中输入“福建信息职业技术学院”文字，也可以执行 Layer/New/Text 命令，输入文字，然后通过 Layer/Create Shape from text 菜单命令创建轮廓，在形状层的 Contents（内容）属性的三角形下拉按钮，逐个为文字添加动画属性（如图 3.21 所示），并观察文字动画效果。

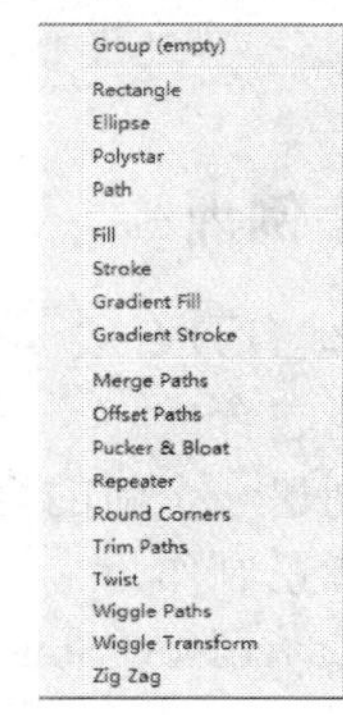

图 3.21　形状层的 Contents（内容）属性的三角形下拉按钮

3．最终效果（如图 3.22 所示）

图 3.22　创建文字轮廓训练

3.3　案例三　文字组合动画

3.3.1　案例描述与分析

本案例主要学习使用“水平文字工具T”在 Composition 预览窗口中输入文字方法，通过文字图层自带的基本动画属性和选区动画制作单个文字动画或者文本动画，使用 Amimator Property（动画属性）、Animator Selector（动画选区）方法为文字添加动画。采用 Ramp（渐变）特效、Bevel Alpha 立体特效、Glow 辉光特效，完成文字组合动画特效的制作。制作过程是：先运用 Ramp 特效作背景，然后通过为文字添加动画，添加特效，设置相关的关键帧动画来制作文字组合的效果。最终效果如图 3.23 所示。

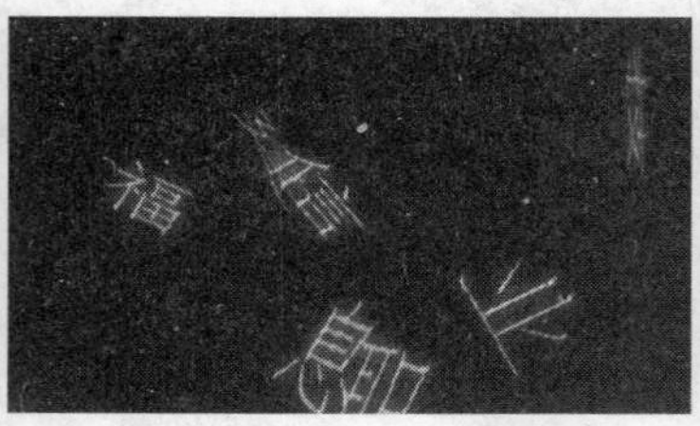
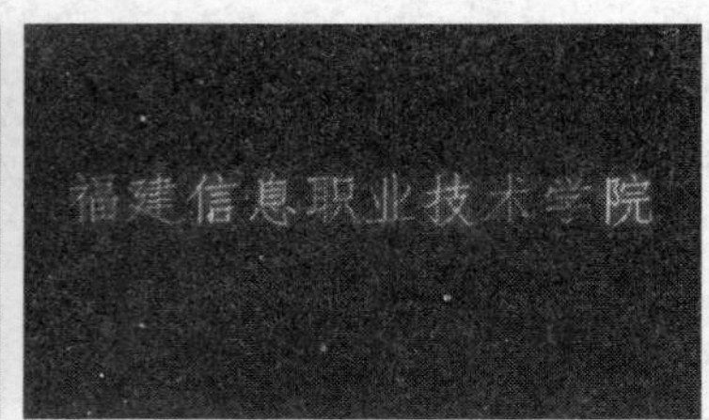

图 3.23 文字组合动画最终效果

3.3.2 案例训练

1．新建背景合成

（1）新建合成

首先创建一个新的合成，如图 3.24 所示。

（2）背景制作

执行 Layer/New/Solid 命令，弹出“创建固态层”窗口，给固态层命名为“背景”，如图 3.25 所示。

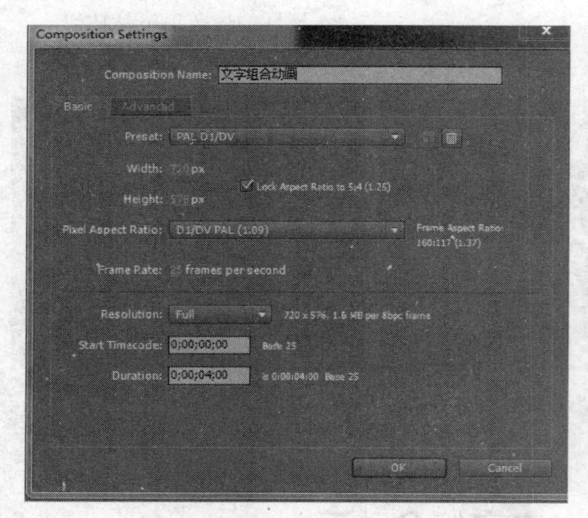

图 3.24 新建合成

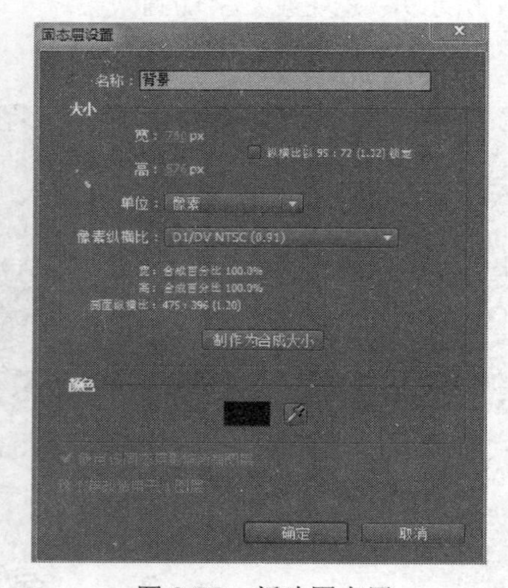

图 3.25 新建固态层

（3）生成渐变特效

选中“背景”层的状态下，执行菜单 Effect（特效）/Generate（生成）/Ramp（渐变）命令，打“Effect Controls”面板，将“End of Ramp（渐变结束）”设置为“640.0，540.0”，“End Color”颜色设置为“R:0，G:0，B:255”，如图 3.26 所示。

2．创建文字层，设置基本动画属性和选区动画

（1）创建文字层

选择工具箱中的“文字工具T”，然后在背景上输入文字“福建信息职业技术学院”，并

设置文字颜色和大小，如图 3.27 所示。

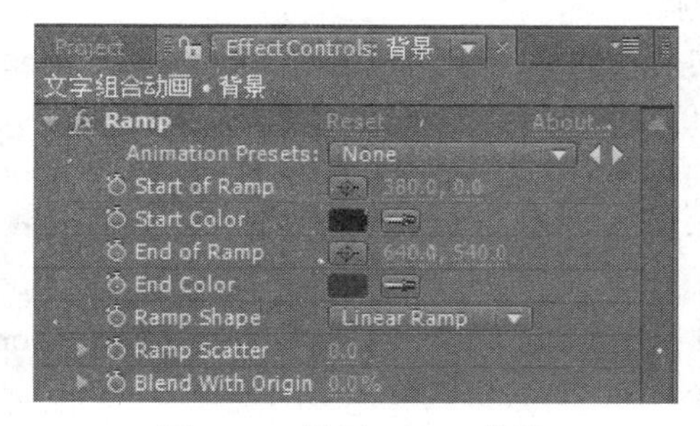

图 3.26　设置 Ramp 特效

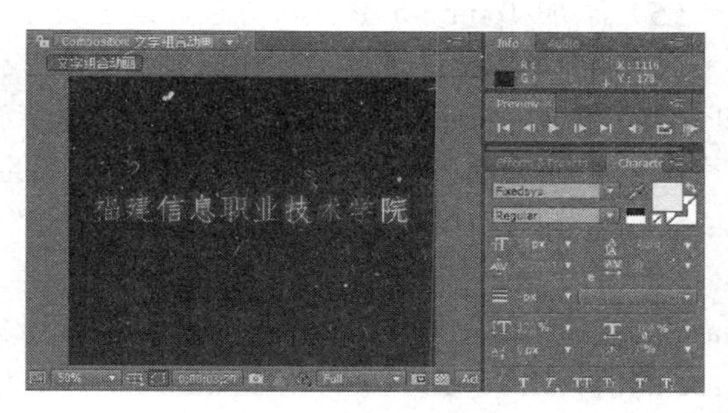

图 3.27　添加文字

（2）添加第 1 个动画控制器

选择文字层，展开文字层的 Text 属性，单击右边的 Animate（设置动画属性），在弹出的下拉菜单中选择 Animate/Anchor Point（用于制作文字中心定位点变换的动画）命令，然后展开 Animator 1，将 Anchor Point 设置为（0，−17），如图 3.28 所示。

（3）添加第 2 个动画控制器

同样选择 Animate/Anchor Point 命令，然后选择 Animator 2 右边 Add 下拉菜单中的 Selector/Wiggly（随机选区）命令，该命令用于随机控制文本，让选区在指定的时间范围内进行动画。展开 Wiggly Selector 1，将 Wiggly/Second（设置选区随机变化频率）的值设为“2”，Correlation（相关性，设置每个字符变化的相关性）的值为“80%”，如图 3.29 所示。

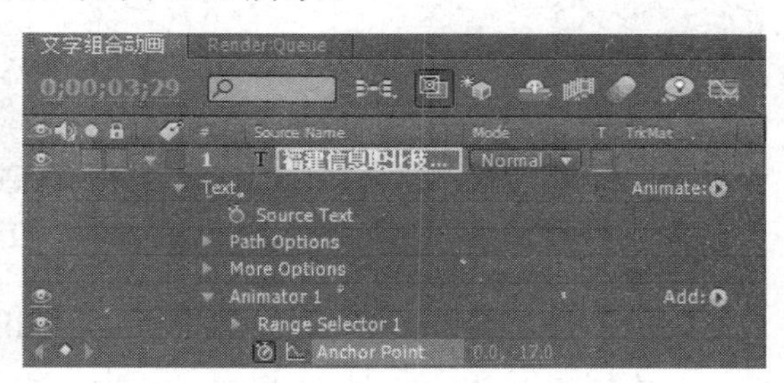

图 3.28　设置 Anchor Point

（4）添加动画属性值

保持文字层的选择状态，单击 Animator 2 的 Add 按钮，依次在下拉菜单中选择 Position、Scale、Rotation 和 Fill Color/Hue 命令，分别选择后再设置各自的值，如图 3.30 所示。

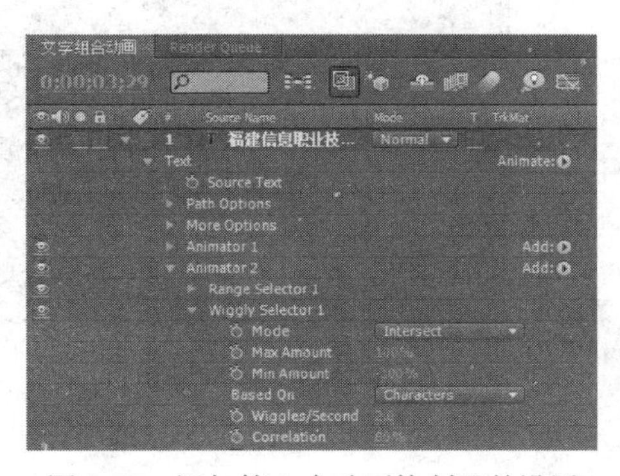

图 3.29　添加第 2 个动画控制器并设置

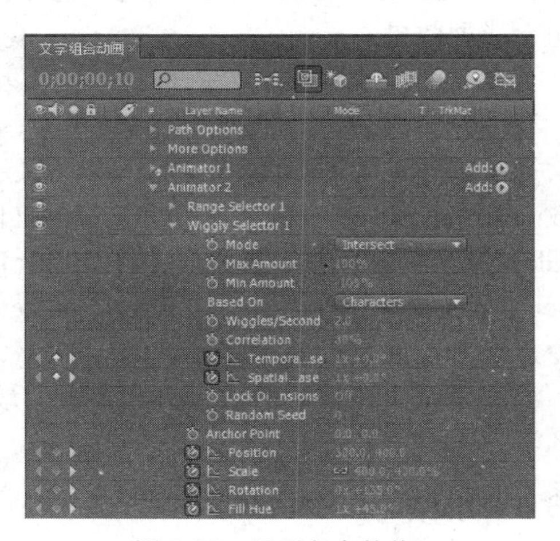

图 3.30　设置各自的值

完成上面设置后播放动画，会发现文字已经舞动起来了。

（5）添加 Temporal Phase 与 Spatial Phase 关键帧

为文字动画以达到文字飞舞并最终组合成型的动画效果，首先利用 Animator 2 /Wiggly Selector 1 里的 Temporal Phase（设定字符基于时间的相位大小）和 Spatial Phase（设定字符基于空间的相位大小）两个参数来设置前面文字的舞动动画。在时间为 1 秒的位置，设置 Temporal Phase 的值为“1×+0° ”，Spatial Phase 的值为“1×+0° ”；在时间为 2 秒的位置，设置 Temporal Phase 的值为“2×+250° ”，Spatial Phase 的值为“2×+160° ”；在时间为 3 秒的位置，设置 Temporal Phase 的值为“3×+180° ”，Spatial Phase 的值为“3×+140° ”；在时间为 4 秒的位置，设置 Temporal Phase 的值为“4×+130° ”，Spatial Phase 的值为“4×+100° ”，如图 3.31 所示。

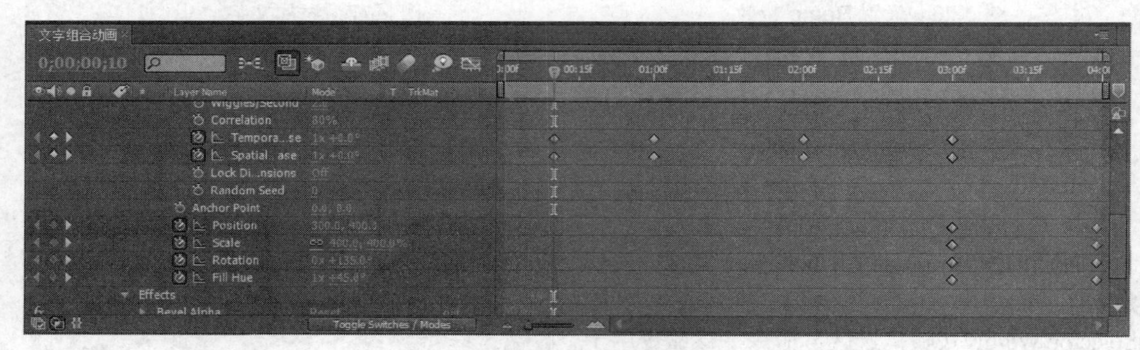

图 3.31　设置关键帧动画

（6）添加 Position、Scale、Rotation 和 Fill Color/Hue 关键帧

在 3 秒的位置，点击 Position、Scale、Rotation 和 Fill Color/Hue 这 4 个属性左边的码表，分别创建第一个关键帧，各自的值在前面已经设置好了。第二个关键帧的位置在第 4 秒，将这些参数都设置为默认值，即设置 Position（0，0）、Scale（100，100）、Rotation（0×0）和 Fill Color/Hue（0×0），这样就可以实现文字的组合成型效果。

至此，动画效果就制作完成了。

3．制作文字的立体与光效

为了更好表现文字的效果，还可以为文字添加一些特效，如添加 Bevel Alpha 特效制作文字的立体效果，添加 Glow 辉光特效。选择文字层，执行 Effect/Perspective/Bevel Alpha 菜单命令，再执行 Effect/Stylize/Glow 菜单命令，参考设置如图 3.32 所示。

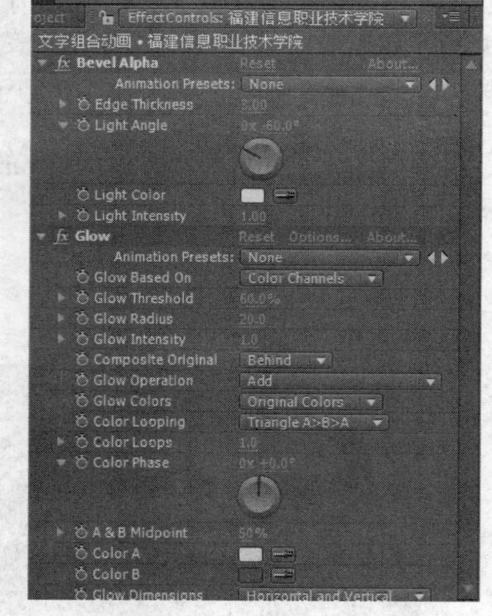

图 3.32　设置特效参数

添加了两个特效后的效果更加丰富，最终效果如图 3.23 所示。

3.3.3　小结

本案例训练文字图层采用自带的基本动画属性和选区动画制作单个文字动画或者文本动

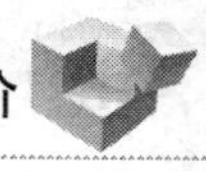

画，掌握设置文字动画的主要参数 Amimator Property（动画属性），为文字单独设置动画效果。Animator Selector（动画选区）有 Range Selector（范围选区）、Wiggly Selector（随机选区）。Range Selector 可以方便地制作文字按照特定的顺序进行位移、缩放等效果；Wiggly Selector 随机控制文本，让选区在指定的时间范围内进行动画。

3.3.4　举一反三案例训练

训练一：主要训练通过文字图层自带的基本动画属性和选区动画，调节文字的 Position、Scale、Rotation、Fill Hue 等参数从而改变文字的位置、大小、旋转角度以及颜色，最终完成要求的出字效果。

主要制作过程如下。

① 制作背景合成

创建固态层，并为其添加 Ramp 渐变特效，完成背景的制作。

② 设置基本动画属性和选区动画

创建“最终合成”，输入文字并为文字制作动画。主要突出“天上不会掉馅饼”文字与“文字动画效果”的完美结合。

③ 添加特效

为了更好地表现文字的效果，添加 Bevel Alpha 特效制作文字的立体效果，添加 Glow 辉光特效。最终效果如图 3.33 所示。

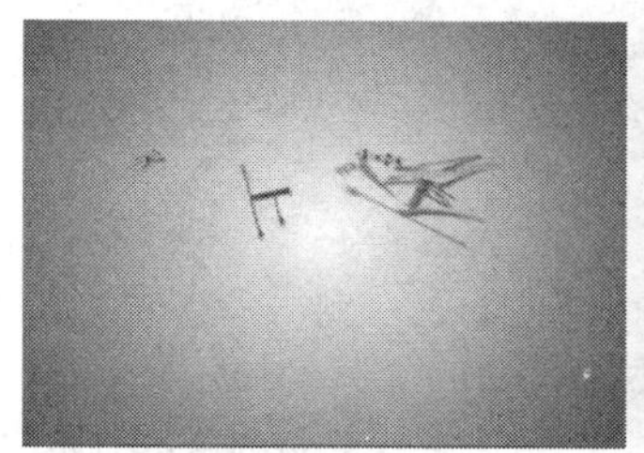
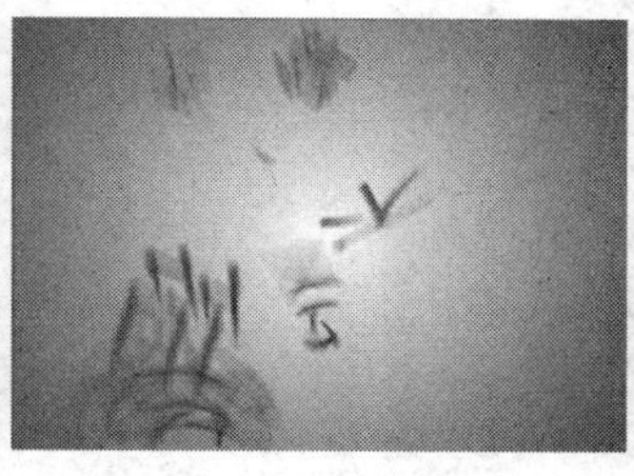

图 3.33　文字动画效果

训练二：进一步训练软件自带的文字动画效果，分别为文字进行位移、缩放以及色彩的设置，巧妙地运用了符号“。”，通过调整它的属性实现最终效果。

主要制作过程如下。

① 新建一个合成

启动 After Effetc 软件，选择菜单命令 Composition/New Composition（“Ctrl+N”组合键），命名为“随机点”，Preset 使用 PAL 制式（PAL D1/DV,720×576），Duration 为 5 秒，选择菜单命令 File/Save（“Ctrl+S”组合键），保存案例文件，命名“文字组合动画训练二”。

② 新建文字层

选择菜单命令 Layer/New/Text（文字），输入 50 个点，也就是按键盘 50 次句号键，在 Character 面板中，将文字设为橘黄色，尺寸设为“80 px”，字体设为“Times”，文字的间距为“30”，在 Paragraph 面板中将文字的对齐方式设为“居中”。将文字在屏幕中居中放置，这里 Position 为“（360，288）”，如图 3.34 所示。

③ 制作“随机点”文字层位移动画

首先制作的是点的位移，单击 Animate 动画选项右边的三角按钮，在弹出的菜单中选择

Position（位置）命令，这时 Text 选项下就会产生一个 Animator 1。下面将使用 Animator 1 来制作点的位移动画，展开 Animator 1 选项，设置 Position（位置）为“（400.0，400.0）”。单击 Add 右边的三角按钮，在弹出的菜单中选择 Selector/Wiggly（扭动）命令，这时 Animator 1 下又会增加一个 Wiggly Selector1（选择扭动）选项，展开 Wiggly Selector 1 选项，设置 Mode 为“Intersect”模式，Wiggles/Second 为“1.0”，如图 3.35 所示。

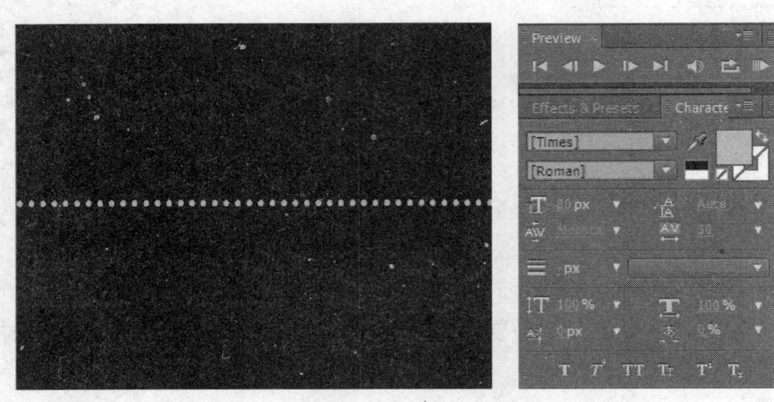

图 3.34　创建“随机点”文字层

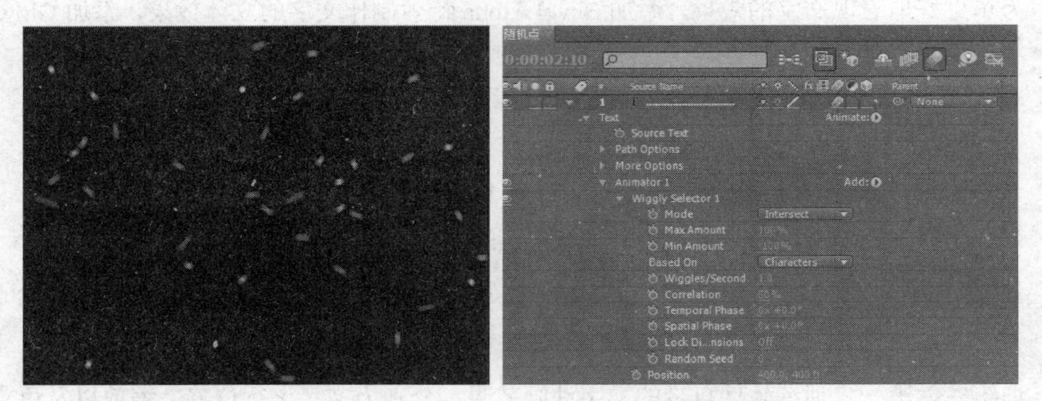

图 3.35　制作“随机点”文字层位移动画效果与参数设置

④ 制作点的缩放动画

单击 Animate 动画选项右边的三角形按钮，在弹出的菜单中选择 Scale（缩放）命令，这时 Text 选项下就会产生一个 Animator 2，展开 Animator 2，设置 Scale 为“（20000.0，2000.0）”。单击 Add 右边的三角形按钮，在弹出的菜单中选择 Selector/Wiggly（钮动）命令，这时 Animator 2 下又会增加一个 Wiggly Selector 1（选择钮动）选项，展开该选项，设置 Mode 为“Intersect 模式”，Wiggles/Second 为“0.0”，Lock Dimensions 为“on”，如图 3.36 所示。

⑤ 制作点的色彩动画

单击 Animate 动画选项右边的三角按钮，在弹出的菜单中选择 Fill Color/Hue（填充色调）命令，这时 Text 选项下就会产生一个 Animator 3，下面使用 Animator 3 来制作点色彩位移动画，展开该项，设置 Fill Hue 为“（1，0.0）”。单击 Add 右边的三角按钮，在弹出的菜单中选择 Selector/Wiggly（钮动）命令，这时 Animator 3 下又会增加一个 Wiggly Selector 1（选择钮动）选项，展开该选项，设置 Mode 为“Intersect 模式”，如图 3.37 所示。

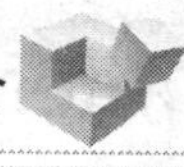

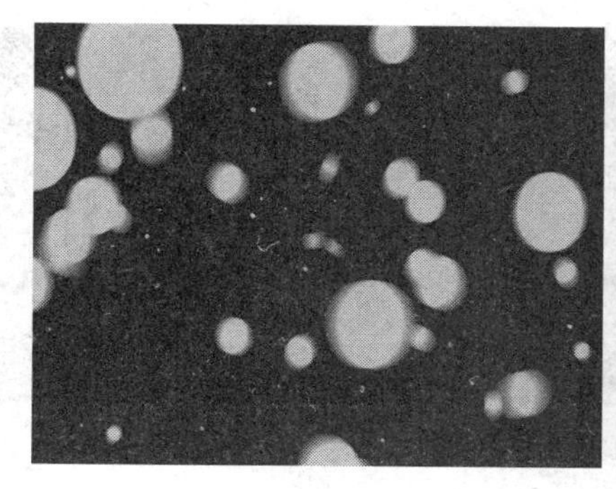

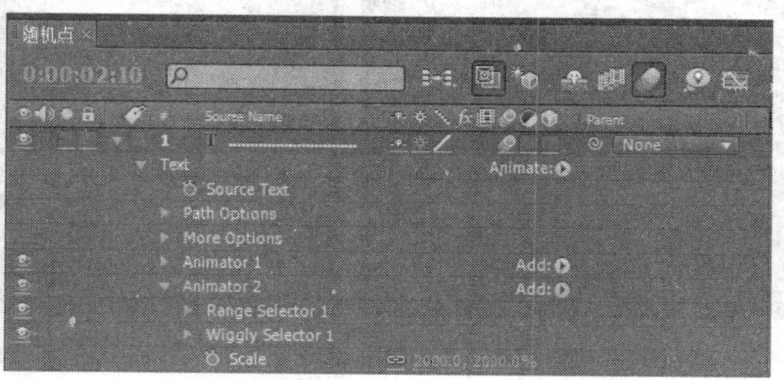

图 3.36 制作点的缩放动画效果与参数设置

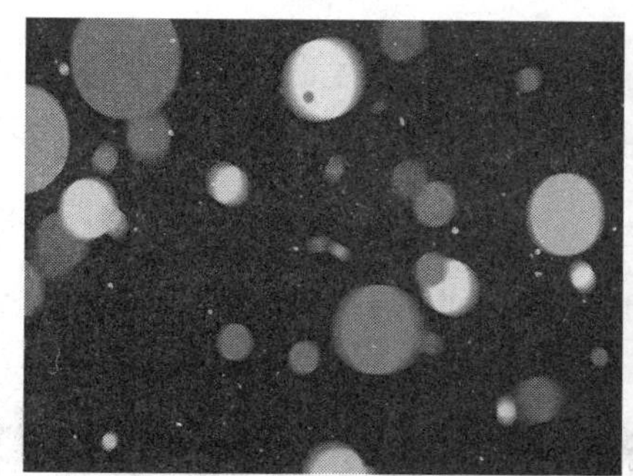

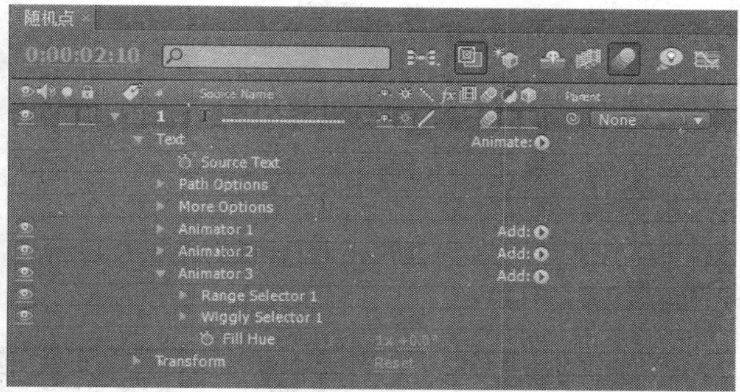

图 3.37 制作点的色彩动画效果与参数设置

按小键盘“0”键预览，即可得到本训练的最终动画，如图 3.38 所示。

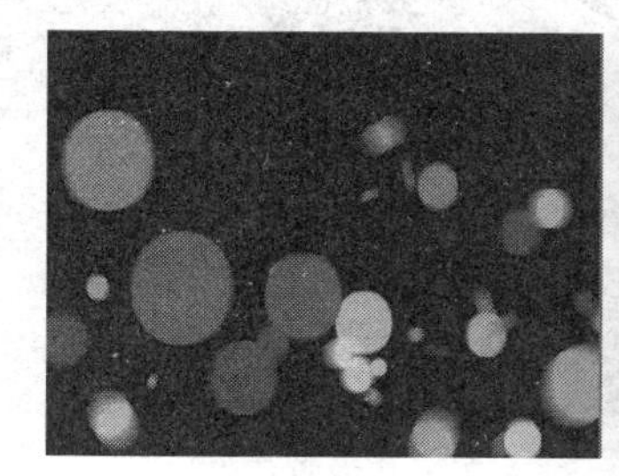

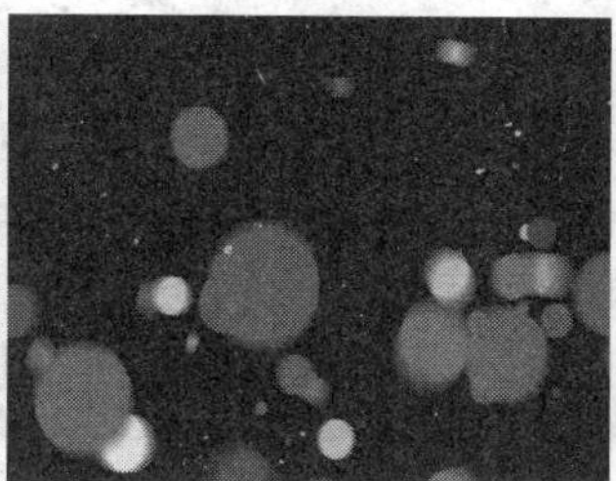

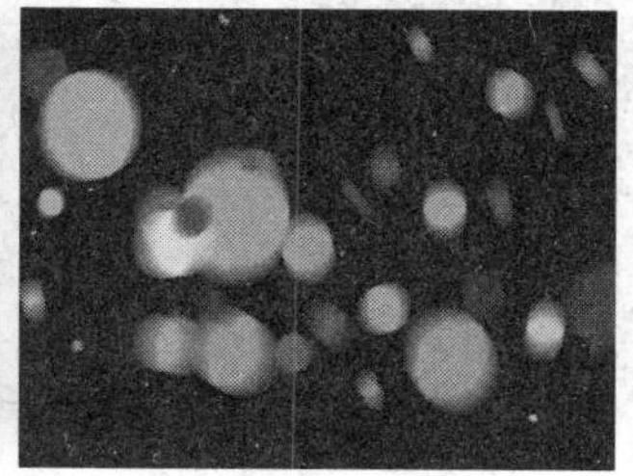

图 3.38 最终效果图

3.4 案例四 “手写字”

3.4.1 案例描述与分析

本案例通过手写文字做参考，主要学习使用将复杂的笔画使用 Mask 工具分离出来，再使用 Vector Paint 特效提供的画笔，沿书写路径手写出文字并设置动画及动画速率，完成文字手写动画特效的制作。制作过程是：先将“秀”3 个笔画使用 Mask 工具将它们分开，然后复制文字层，添加动画来制作文字手写的动画效果。最终动画效果如图 3.39 所示。

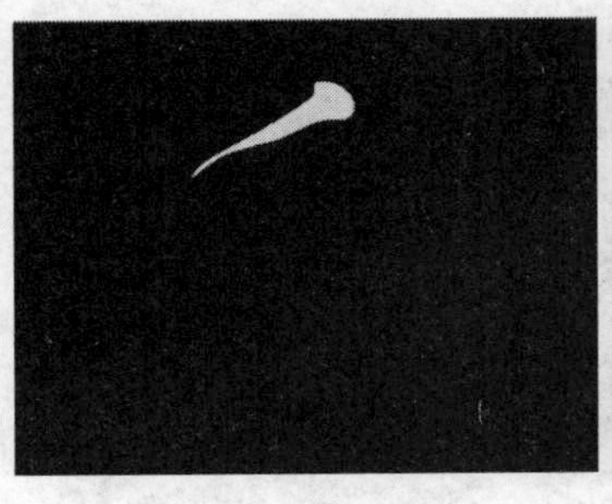
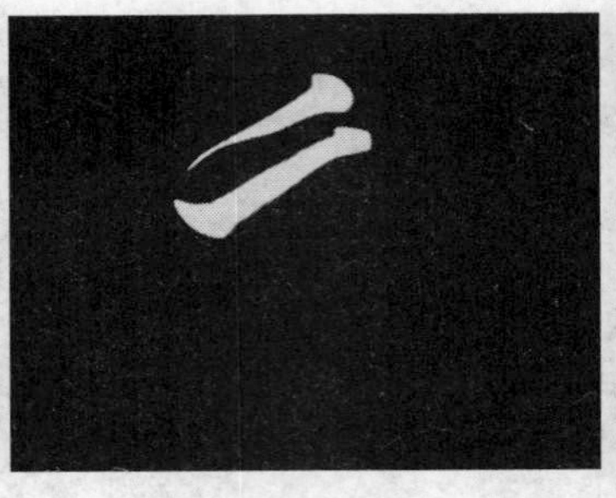

图 3.39 手写字最终动画效果

3.4.2 案例训练

1．创建合成

首先创建一个新的合成，如图 3.40 所示。选择菜单命令 File/Save（“Ctrl+S”组合键），保存项目文件，命名为“手写字”。

2．创建手写文字

使用“水平文字工具 T”，在 Composition 预览窗口中输入“秀”文字，设置字体参数与效果，如图 3.41 所示。

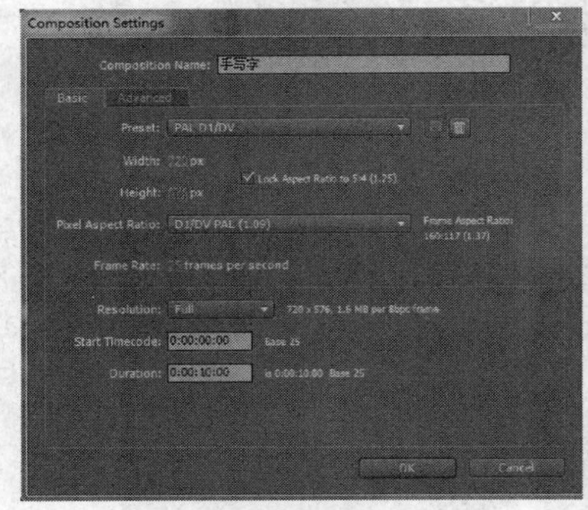

图 3.40 新建合成

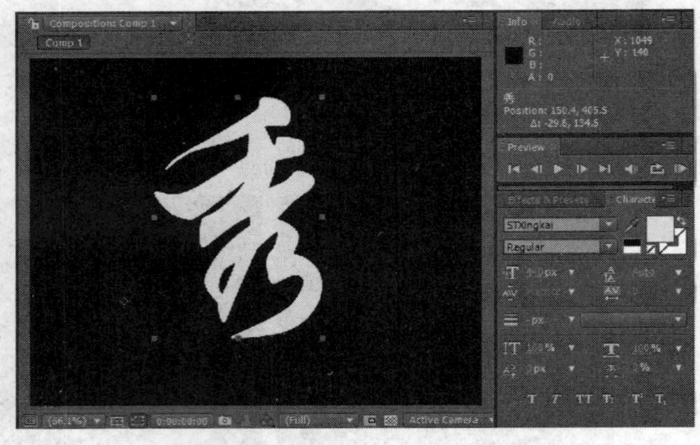

图 3.41 输入文字并设置参数

观看“秀”字是由 3 笔写成的，是由撇、横及后面两笔连成一起的。

3．绘制钢笔路径

在时间线窗口中，选择“秀”字，连续按“Ctrl+D”组合键 3 次，将该层复制 3 层；选择第 1 层，使用工具栏中的工具，在“秀”字的第 1 笔周围绘制一个 Mask，将第 1 笔分离开。按照上面介绍的方法，分别将第 2 层用 Mask 工具绘制成第 2 笔，第 3 层为第 3 笔，如图 3.42 所示。

4．手写动画

选择第 1 层，选择菜单命令 Effects/Paint/Vector Paint（矢量绘图），展开 Brush Settings 选项，设置 Radius 为“20.0”，Color 为“红色”，Playback Mode 为“Animate Strokes”，Playback Speed 为“10.00”，Composite Paint 为“As Matte”。将光标移动到视图中，选择画笔工具按照书写习惯，先绘制第 1 笔，如图 3.43 所示。

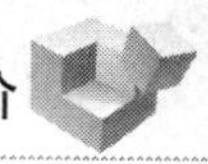

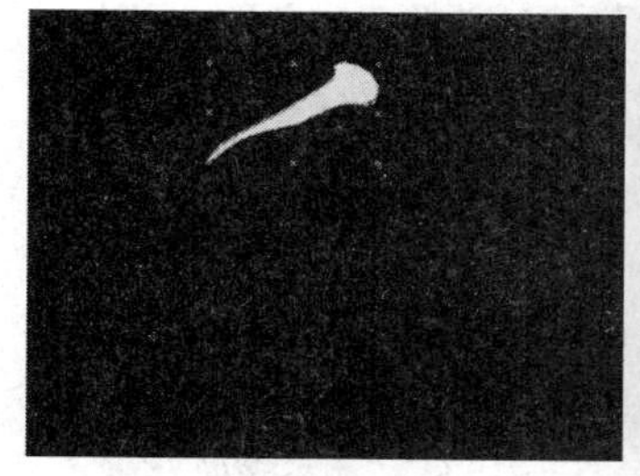

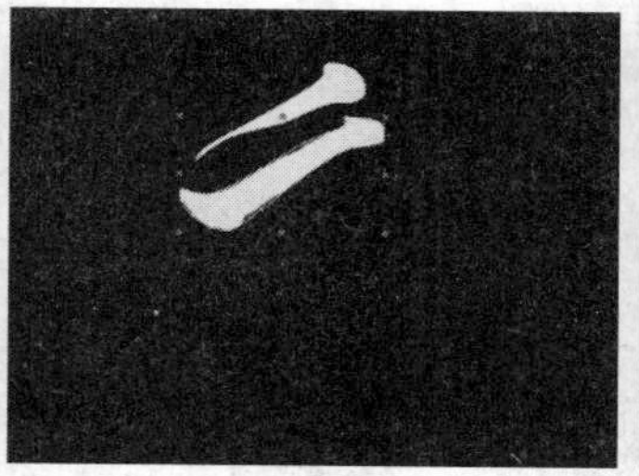

图 3.42　分离文字的 3 个笔画

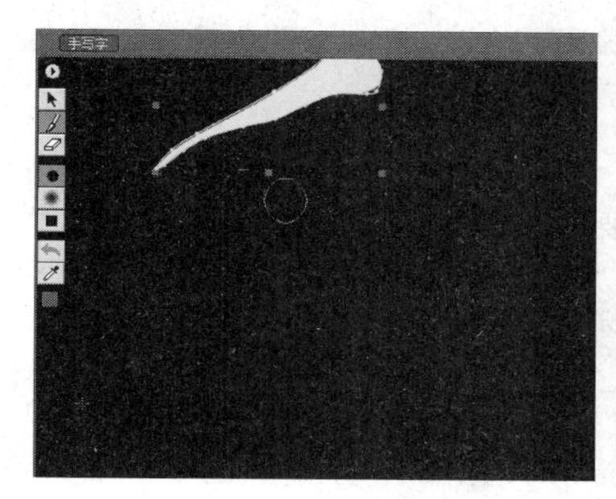

图 3.43　绘制第 1 笔的动画

按照上面介绍的方法，选择第 2 层，选择菜单命令 Effects/Paint/Vector Paint（矢量绘图），展开 Brush Settings 选项，设置 Radius 为“20.0”，Color 为“红色”，Playback Mode 为“Animate Strokes”，Playback Speed 为“10.0”，Composite Paint 为“As Matte”。将光标移动到视图中，选择画笔工具按照书写习惯，绘制第 2 笔，如图 3.44 所示。

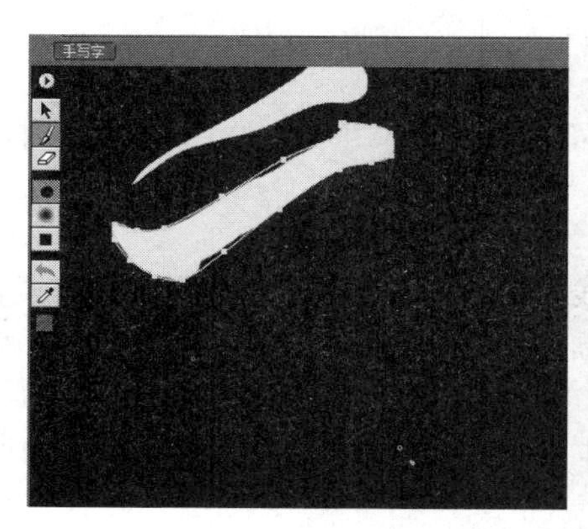

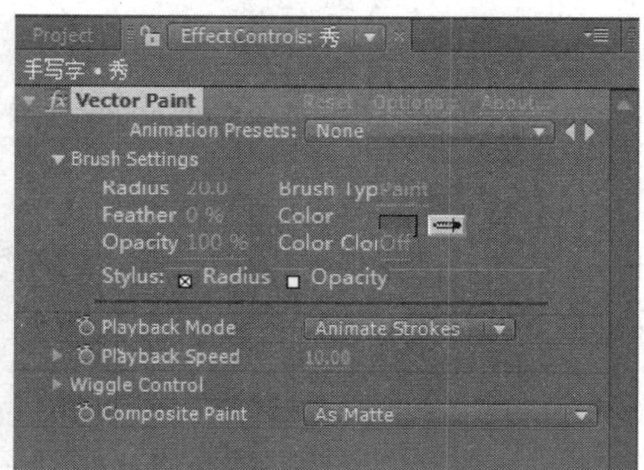

图 3.44　绘制第 2 笔的动画

选择第 3 层，选择选择菜单命令 Effects/Paint/Vector Paint（矢量绘图），展开 Brush Settings 选项，设置 Radius 为“30.0”，Color 为“红色”，Playback Mode 为“Animate Strokes”，Playback Speed 为“10.00”，Composite Paint 为“As Matte”。将光标移动到视图中，选择画笔工具按照书写习惯，绘制第 3 笔，如图 3.45 所示。

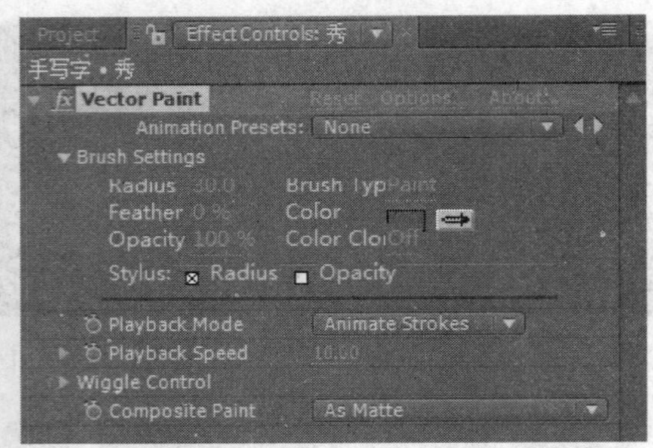

图 3.45　绘制第 3 笔的动画

5．调整层播放开始时间

播放动画，发现所有的层都同时动画。需要将它们时间位置调整一下。将第 1 层放置在 0 帧位置，第 2 层放置在 3 秒 4 帧位置，第 3 层放置在 8 秒 0 帧位置。按小键盘“0”键预览，即可得到本案例的最终效果动画，如图 3.39 所示。

3.4.3　小结

本案例主要掌握运用 Effects/Paint/Vector Paint（矢量绘图）特效实现手写书法文字效果。

3.4.4　举一反三案例训练

用 Effects/Paint/Vector Paint（矢量绘图）特效实现手写书法文字效果。制作过程是：先建立文字层，以文字作为参考而应用 Vector Paint（矢量绘图）特效，设置笔触的大小，以一笔结尾的方式画出文字所处位置的书法书写动画效果，然后结合载入文字路径对特效进行调整设置，从而得到手写书法文字效果。

1．新建“毛笔书写”合层

（1）创建文字层

使用“水平文字工具 T”，在 Composition 预览窗口中输入“水”文字，设置字体与字号的大小。

（2）导入并处理素材

利用鼠标将素材“米格纸. jpg”拖至“时间线”窗口中，生成一个素材层，把素材层拖放于文字层的下面。

（3）记录动画描边过程

选择“米格纸.jpg”层，执行菜单 Effect/Paint/Vector Paint 命令，在“Effect Controls”面板中显示“Vector Paint”，设置参数如图 3.46 所示。

在其“Brush Settings”选项中的“Radius”设置为“40.0”，“Color”设置为“黑色”，在合成窗口左侧工具箱处选择画笔工具，利用鼠标在选择“米格纸.jpg”层的状态下，在合成窗口中根据文字层的文字，画出可以覆盖文字的笔画。在“Vector Paint”中设置参数“Playback Mode”选项选择为“Animate Strokes”动画模式，在动画模式的状态下，时间线上的时间指示器处于第 1 秒的时候是动画的起始，此处设置动画的结束为第 5 秒时间，需要把时间指示器拖到第 5 秒时间后，再将“Playback Speed”选择中的参数进行调整为 9.42，使得

在第 5 秒时间刚好完成笔画。

图 3.46　手写文字特效

（4）从文字创建轮廓线

在“时间线”窗口中选择“水”字文字层，执行菜单“Layer/Crete Masks from Text”命令载入文字路径，生成一个名为“水 Outlines”层，以文字的每一笔不相连的笔画为一组路径进行载入。

2．新建最终“合成”

将“毛笔书写”合成拖入到该新“合成”中。在时间线窗口中切换至“毛笔书写”合成中，展开“水 Outlines”层中的“Masks”路径，复选其中的所有路径，然后按“Ctrl+C”组合键进行复制，如图 3.47 所示 。再切换到“合成”中，选择“毛笔书写”层，按“Ctrl+V”组合键把路径粘贴到层中，如图 3.48 所示。

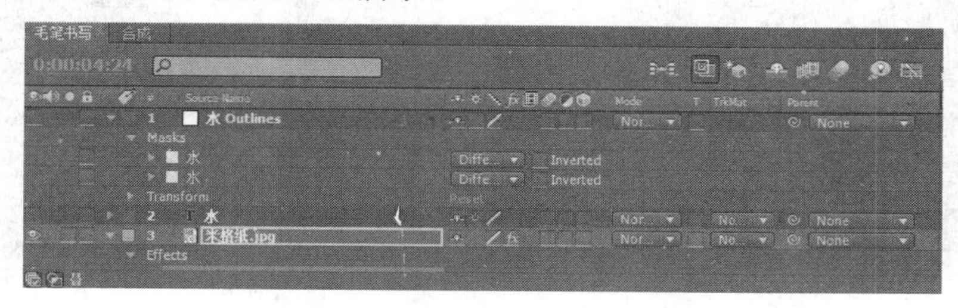

图 3.47　选择并复制文字路径

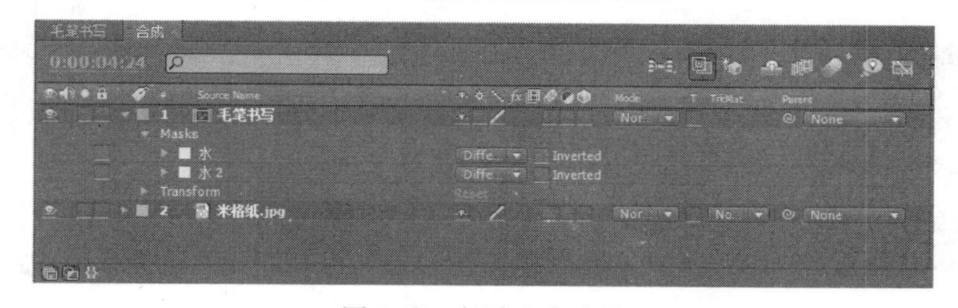

图 3.48　粘贴文字路径

最后切换到“毛笔书写”合成中，用鼠标单击“水”字文字层和“水 Outlines”层前面的“显示/隐藏”按钮，把“水”字文字层和“水 Outlines”层隐藏。切换到“合成”合成中，得到最终效果如图 3.49 所示。

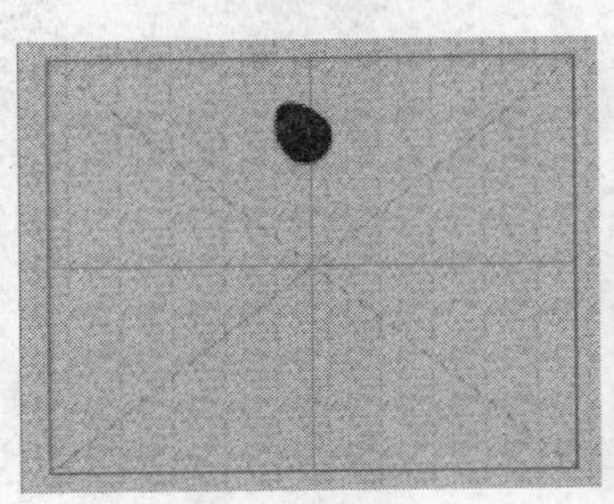
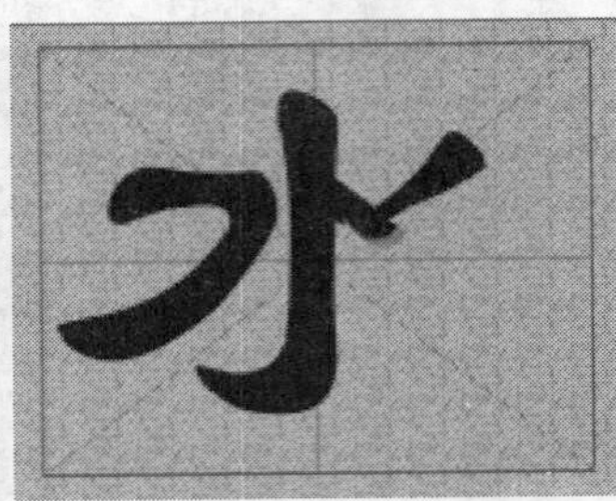

图 3.49　最终分解动画效果

3.5　案例五　“文字带光出字特效”

3.5.1　案例描述与分析

本案例主要学习采用 CCMr.Mercury、FE Light Burst 特效。制作过程是：先将创建文字，通过渐变特效产生金属质感字体，用 Bevel Alpha、Cusrves 特效加强文字立体感，采用 CCMr.Mercury、FE Light Burst 特效产生液体四溅的效果，并配合动态遮罩的控制完成文字出字带光效果动画，最终效果如图 3.50 所示。

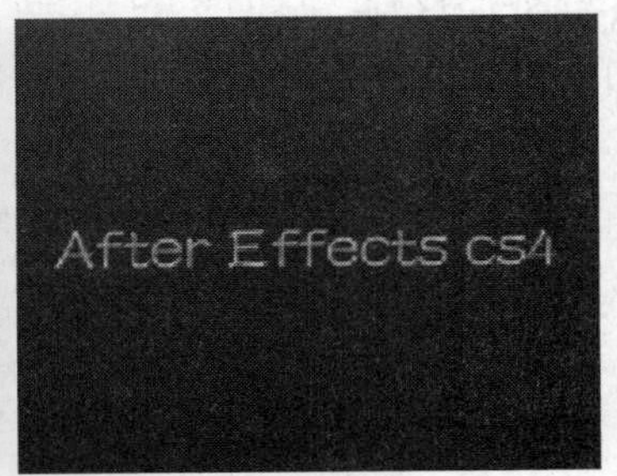

图 3.50　“文字带光出字特效”　最终效果

3.5.2　案例训练

1．新建合成

首先创建一个新的合成，如图 3.51 所示。

2．背景制作

执行 Layer/New/Solid 命令，弹出“创建固态层”窗口，给固态层命名为“背景”，如图 3.52 所示。

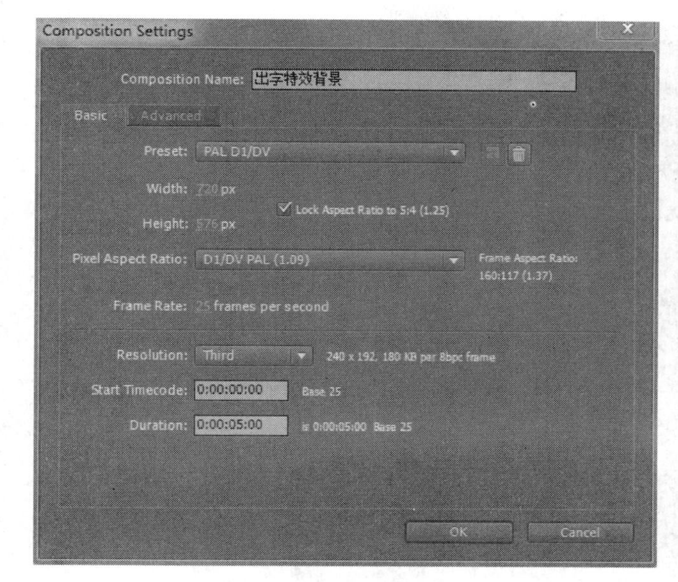

图 3.51　新建合成

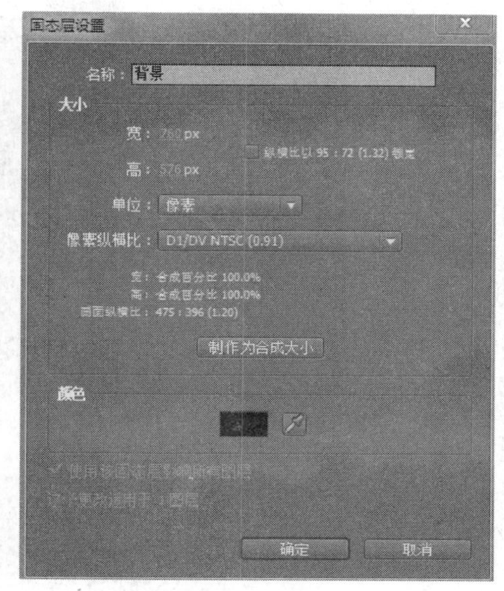

图 3.52　新建固态层

3．生成渐变特效

选中“背景”层的状态下，执行菜单 Effect（特效）/Generate（生成）/Ramp（渐变）命令，打“Effect Controls”面板，将“Start of Ramp（渐变开始）”设置为“360.0，0.0”，“Start Color”颜色设置为“(R:0，G:0，B:255)”，如图 3.53 所示。

图 3.53　设置 Ramp 特效

4．创建文字层

选择工具箱中的“文字工具T”，然后在背景上输入“After Effects CS4”，具体设置如图 3.54 所示。

5．产生金属质感字体，制作渐变特效

将这层命名为“文字层”，执行菜单 Effect/Generate/Ramp 命令，为图层添加一个 Ramp（颜色过渡）特效，注意要让过渡从上到下颜色逐渐变浅，如图 3.55 所示。

6．加强文字立体感

执行 Effect/Perspective/Bevel Alpha 菜单命令，为图层添加 Bevel Alpha 特效，如图 3.56 所示。

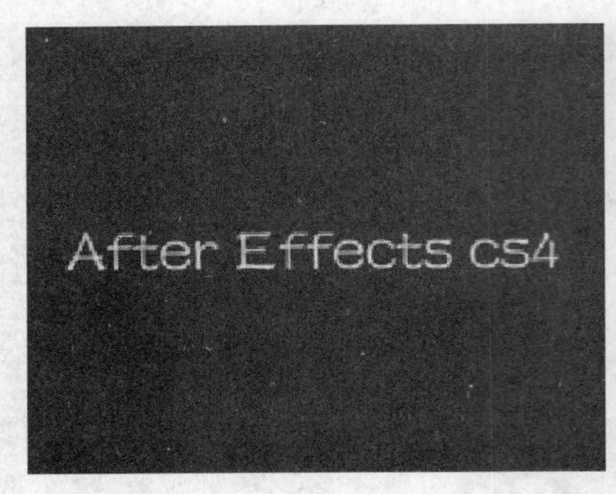

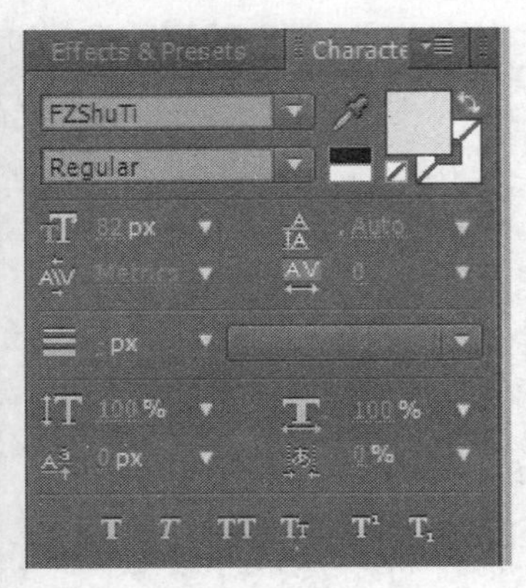

图 3.54 添加并设置文字

图 3.55 添加 Ramp 特效

图 3.56 添加 Bevel Alpha 特效

7．再加强文字立体感

执行 Effect/Correction/Curves 菜单命令，为图层添加 Curves 命令，并调整曲线，通过改变文字表面的明暗度，使文字表面呈现出一种金属质感，如图 3.57 所示。

8．制作文字出字效果动画

选取工具栏的“遮罩工具”，在“文字层”上面一个矩形遮罩，位置刚好就在字的左边，如图 3.58 所示。

9．添加关键帧

此时的文字完全消失，在时间线上移至第 0 秒的位置，选中文字层，按 M 键打开图层 Mask Path 属性，在第 0 秒的位置单击“码表”，记录关键帧，然后移至第 3 秒的时候，用鼠标双击合成窗口的遮罩，再按住右边的控制点向右拽，直到文字全部显露出来，如图 3.59 所示。

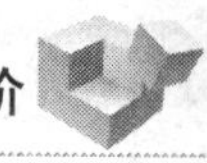

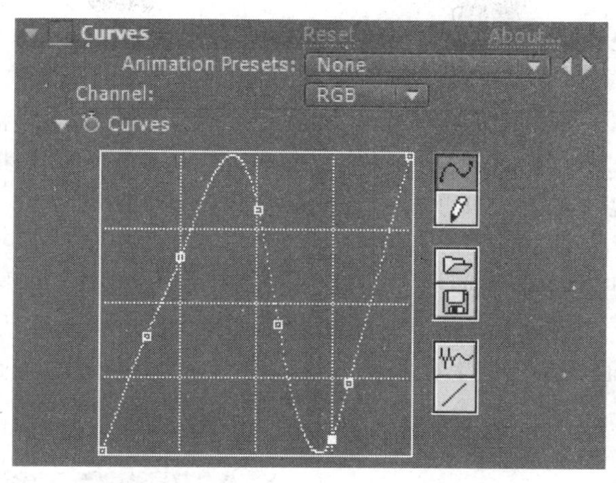

图 3.57　添加 Curves 特效加强文字质感

图 3.58　绘制遮罩

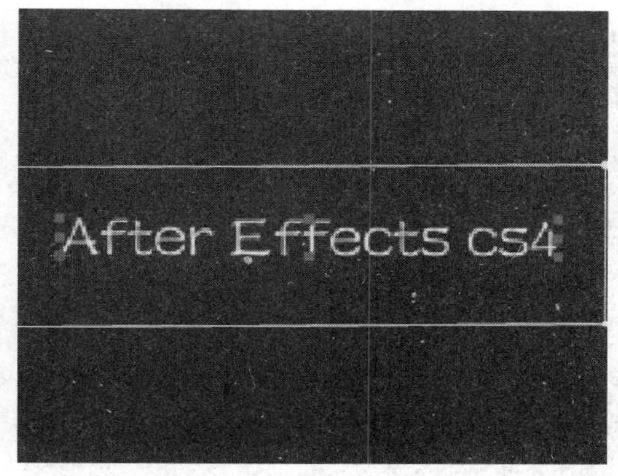

图 3.59　设置遮罩

10．添加光特效

这样文字就有了划出的动画，单击“文字层”，按“Ctrl+D”组合键，对图层进行复制，将复制的图层命名为“发光层”，将这层上的特效全部删掉，执行 Effect/Final Effects/FE Light Burst 菜单命令，为图层添加 FE Light Burst 特效，参数设置如图 3.60 所示。

图 3.60　添加 FE Light Burst 特效

将“发光层”的叠加模式 Mode 选为“Add”。

11．调整遮罩

只需要光效出在文字刚划出的那部分，所以要把这一层的遮罩调整一下，将时间线移至第 3 秒的时候，单击“发光层”，然后用鼠标双击合成窗口中的遮罩，将它左边的控制点向右移，直到文字的最右边，如图 3.61 所示。

12．添加特效

这样光线就只出现在文字刚划出的那部分了，下面再对文字加上液体四溅的效果。按“Ctrl+D”组合键复制“文字层”，将新复制的图层命名为“液体层”，然后执行 Effect/Simulation（模拟仿真）/CCMr.Mercury（CC 水银滴落）菜单命令，为图层添加 CCMr.Mercury 特效。其参数设置如图 3.62 所示。

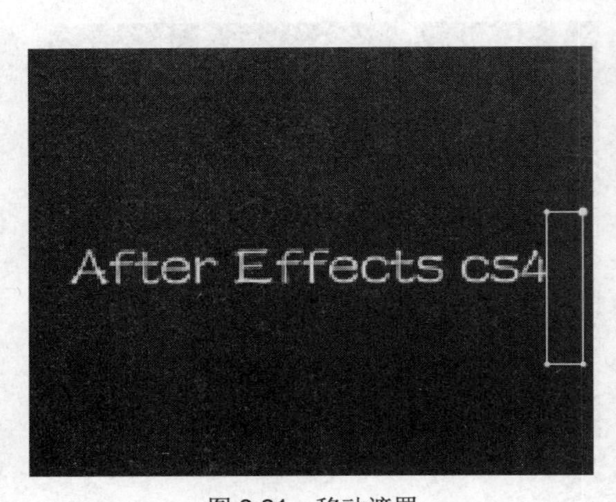

图 3.61　移动遮罩

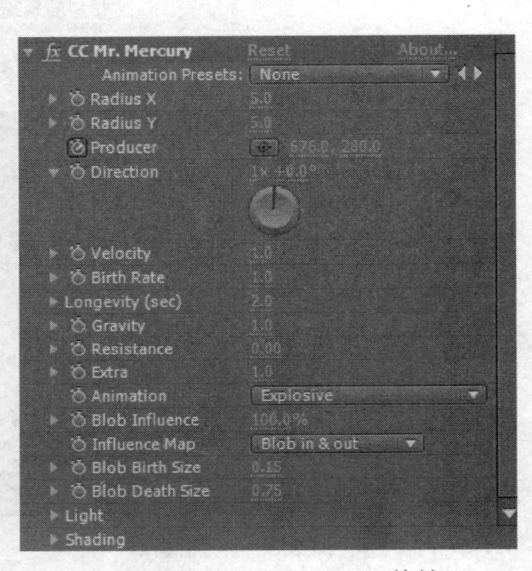

图 3.62　CCMr.Mercury 特效

13．添加关键帧

为了得到液体飞溅的效果，因此，对 CCMr.Mercury 特效的 Producer 和 Light Position 做一个动画，让它随着遮罩的运动而运动，这样液体的效果就会比较明显。在时间线第 0 秒位置，将 CCMr.Mercury 特效的 Producer（产生点）和 Light Position（灯光位置）的参数设置并记录关键帧，如图 3.63 所示。

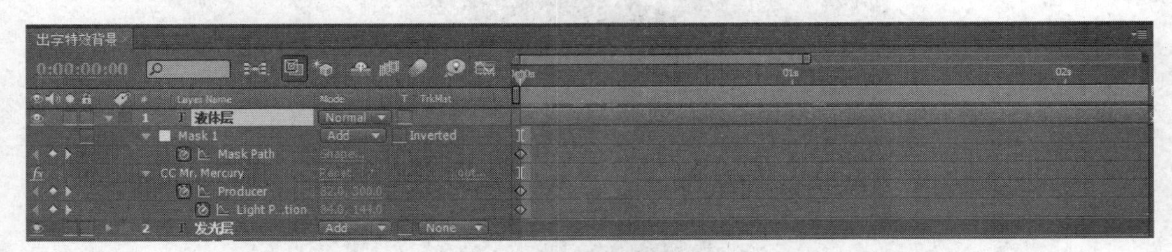

图 3.63　第 0 秒的关键帧

将时间线移至第 3 秒的时候，设置参数并记录关键帧，如图 3.64 所示。

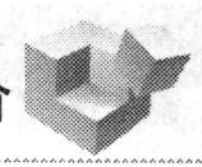

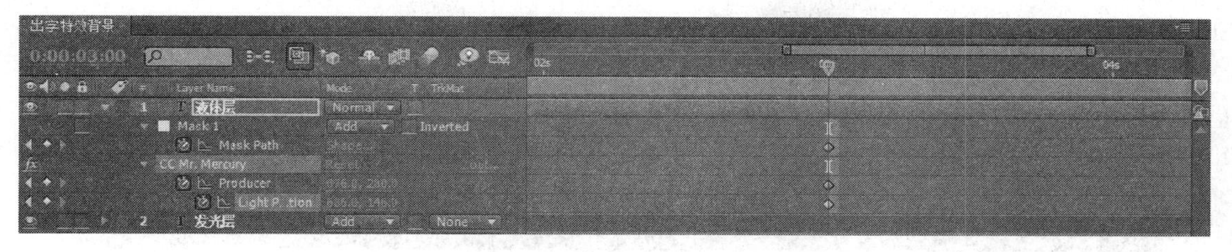

图 3.64　第 3 秒的关键帧

按小键盘上的“0”键预览动画，将会看到字体的光景闪动中划出的画面，并伴有液体四溅的效果。其最终效果如图 3.50 所示。

3.5.3　小结

本案例主要掌握用 Bevel Alpha、Curves 特效加强文字立体感，应用 CCMr.Mercury、FE Light Burst 特效产生液体四溅的效果，并配合动态遮罩的控制完成文字出字带光特效。

3.5.4　举一反三案例训练

训练一：配合动态遮罩的控制完成文字出字带光特效。

主要制作过程如下。

1．新建合成

新建合成，命名为“comp1”，命名为“文字出字带光训练一”。单击时间线控制面板，选择菜单命令 Layer/New/Text，添加一个文字层，并输入文字“COMPOSION”，设置文字的字体的 Arial Black，大小为“100 px”，颜色为“红色”，文字的间距为“17”，字体的描边为“白色”。

2．新建固态层

选择菜单命令 Layer/New/Solid，为固态层的大小设置为当前合成的大小，设置 RGB 为“白色”。选择工具面板中的钢笔工具，在该固态层上面添加一个 Mask，选择工具面板中的工具，将固态层的中心点移动蒙版的中心位置，调整 Mask 的位置，并将 Mask 的边缘羽化，如图 3.65 所示。

图 3.65　设置文字与蒙版效果

3．为固态层添加关键帧

为 Mask 建立移动动画，将时间线移动到第 0 帧的位置，设置 Position 为“(−8.0，258.0)”，将时间线移动到第 3 秒的位置，设置 Position 为“(705.0，258.0)”，如图 3.66 所示。

图 3.66　设置蒙版动画及其效果

最后复制文字图层 Composition 并调整图层之间的位置关系，选择固态层，将此图层的模式调整为“Alpha Matte”“Composition”。按小键盘的“0”键，即可看到合成的最终效果，如图 3.67 所示。

图 3.67　最终合成效果图

训练二：掌握制作文字层，通过添加 Channel 特效给中的 Minimax、Fractal Noise 和 Curves 等特效建立一个光影流动的金属字效果。

1．制作文字层

（1）新建“金属字”合成

新建“金属字”合成，参数设置如图 3.68 所示。选择菜单命令 File/Save（“Ctrl+S”组合键），保存项目文件，命名为“文字带光出字训练二”。

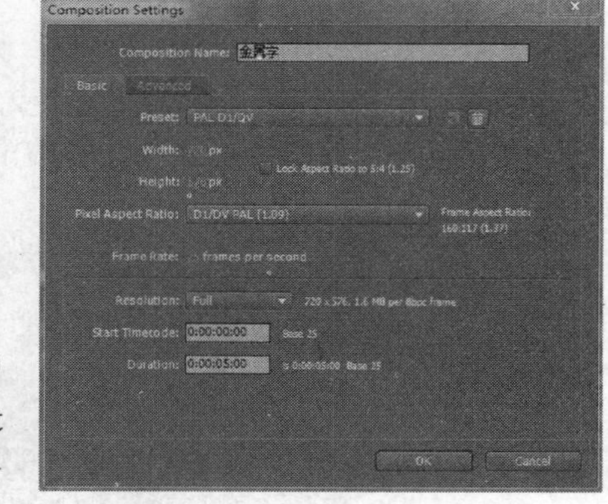

图 3.68　新建“金属字”合成

（2）新建一个固态层“面”

选择菜单命令 Layer/New/Solid，将其重命名为“面”，设置 Size 选项组中的 Width 为“720”，Height 为“576”，颜色为“黑色”。选择菜单命令 Effect/Text/Basic Text，为图层添加一个 Basic Text 效果，输入文字“朝霞”，设置文字的大小“300.0”，设置 Color 的 RGB 为“(255，0，0)”，如图 3.69 所示。

（3）为图层“面”添加 3 个特效

选择“面”层，选择菜单命令 Effect/Generate/Ramp，设置 Start of Ramp 为“(360.0，116.0)”，End of Ramp 为（361.0，365.0），如图 3.70 所示。

选择菜单命令 Effect/Perspective/Bevel Alpha，为图层添加一个倒角效果，设置 Edge Thickness 为“4.0”，如图 3.71 所示。

选择菜单命令 Effect/Color Correction/Curves，为图层添加一个曲线效果，调节其中的参

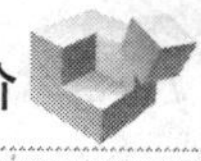

数效果，如图 3.72 所示。

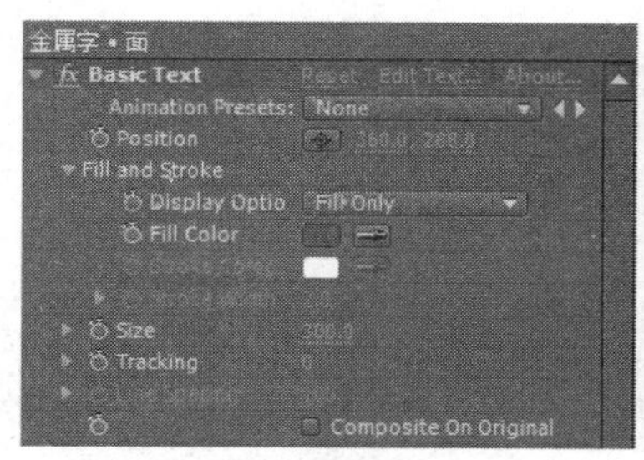

图 3.69　文字效果

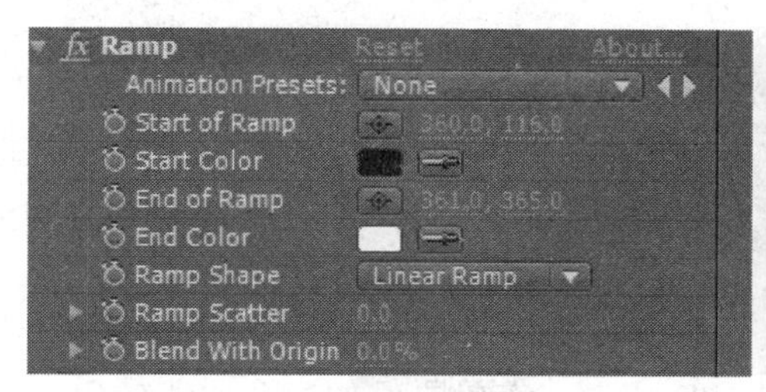

图 3.70　Ramp 特效参数设置及其效果

图 3.71　倒角特效参数设置及其效果

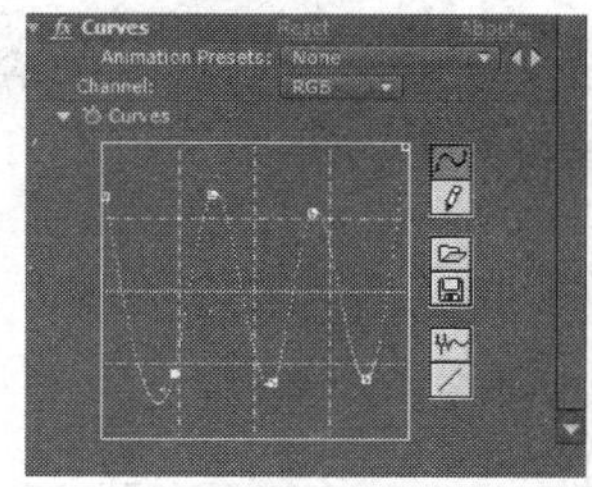

图 3.72　曲线特效参数设置及其效果

（4）新建一个固态层“Mask”

选择固态层“面”，按“Ctrl+D”组合键将其复制，然后按“Enter”键将其复制，改名为“Mask”。选择菜单命令 Effect/Channel/Minimax，为图层添加一个 Minimax 效果，设置 Operation 为“Maximum”，Radius 为“5”，Channel 为“Alpha and Color”。

（5）新建一个固态层“边”

选择菜单命令 Layer/New/Solid，将其重命名为“边”，颜色为“黑色”。

（6）为图层“边”添加两个特效

选择菜单命令 Effect/Noise＆Grain/Fractal Noise，为图层添加了一个 Fractal Noise 效果，设置 Contrast 为“200.0”，Overflow 为“Clip”。打开 Evolution 前面的码表，将时间线移动第 0 帧的位置，设置 Evolution 为“（0，0.0）”，将时间线移至第 5 秒的位置，设置 Evolution 为“（1，0.0）”，如图 3.73 所示。

图 3.73　Fractal Noise 特效参数设置及其效果

选择菜单命令 Effect/Color Correction/Curves，为图层添加一个曲线效果，调节其中的参数效果，如图 3.74 所示。

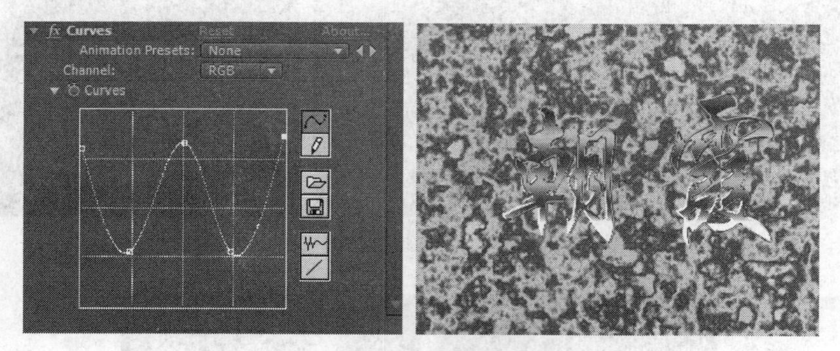

图 3.74　曲线特效参数设置及其效果

选择“边”图层，在 Trkmat 面板中，将其蒙版模式设置为 Alpha Matte“Mask”，如图 3.75 所示。

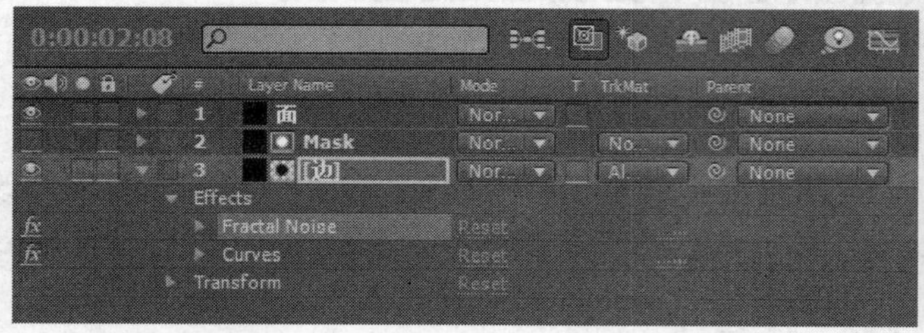

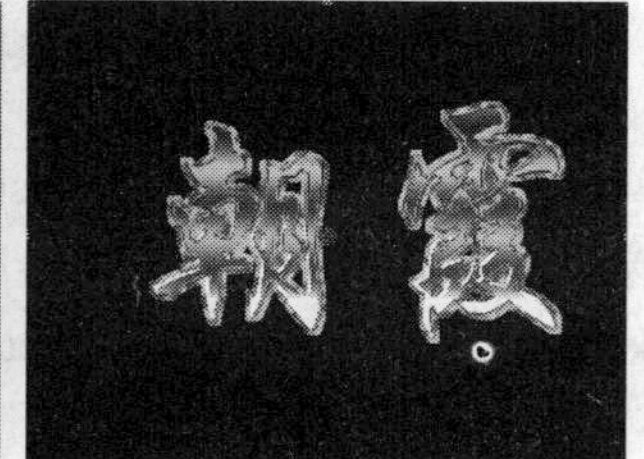

图 3.75　蒙版模式设置及其效果

2．建立图层的合成

（1）新建合成

新建合成，命名“合成”，参数与“金属字”相同。

（2）选择“金属字”合成

将其拖入时间线控制面板中，按“Ctrl+D”组合键，将其复制重命名为“金属字 2”。为了增强金属字的光影效果，选择“金属字 2”图层，在 Mode 面板中将叠加模式 Normal 改为 Overlay。

（3）新建一个调节层

选择菜单命令 Layer/New/Adjustment Layer，为合成建立一个调节层，并选择菜单命令 Effect/Color Correction/Tint，为调节层添加一个 Tint 特效，设置 Map Black to 的 RGB 为“（39，30，120）”，MAP Black To 的 RGB 为“（39，30，120）”，Map White To 的 RGB 为“（53，231，204）”，如图 3.76 所示。

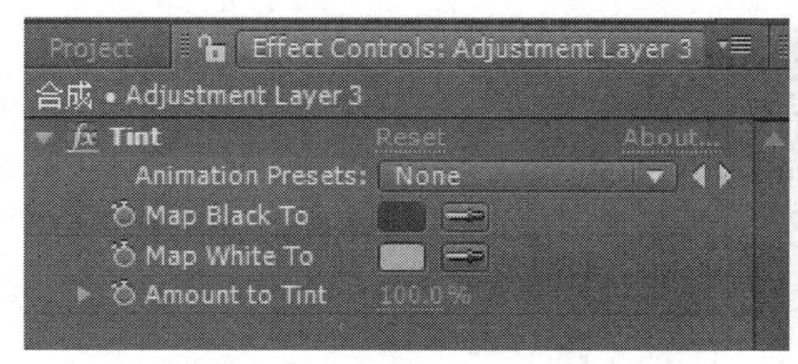

图 3.76　新建“调节层”添加并更改 Tint 特效参数设置

3．Final 制作

新建合成“Final”，参数与“金属字”相同。在项目窗口的空白处双击，导入“背景 1”素材，在项目窗口中选择“合成”将其拖放到时间线控制面板中，打开 Transform 选项，打开 Scale 前面的码表，将时间线移动到 0 帧的位置，设置 Scale 的值为（830，830%），然后将时间线移动到第 1 秒第 16 帧的位置，设置 Scale 为（82，82%）。调整文字动画的属性，打开 Opacity 前面的码表，将时间线移动到 0 帧的位置，设置 Opacity 的值为 10%，然后将时间线移动到第 18 帧的位置，设置 Opacity 为 100%，如图 3.77 所示。按小键盘上的“0”键预览，即可得到本案例的最终效果，如图 3.78 所示。

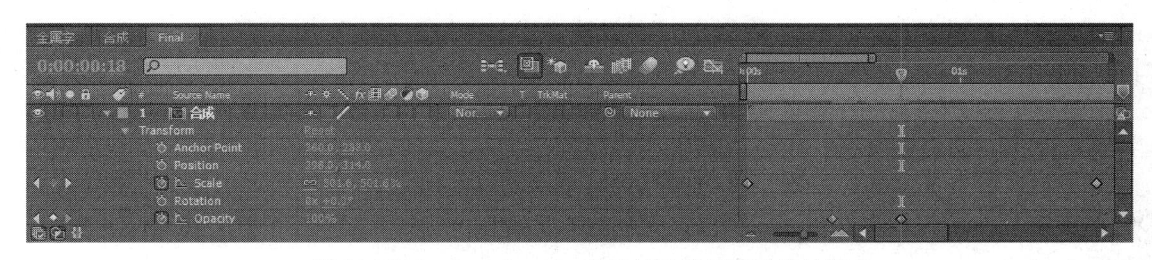

图 3.77　Scale、Opacity 关键帧参数设置及其效果

图 3.78　最终效果

3.6　案例六　“烟飘文字特效”

3.6.1　案例描述与分析

“烟飘文字”是影视制作中的文字特效经典特效。这项制作比前面的文字特效都要复杂，它主要是利用 Fractal Noise 特效、Compound Blur 特效以及 Displacement Map 特效来实现烟飘效果的文字动画。制作主要过程：先输入文字，运用 Fractal Noise 特效制作噪波动画，运用 Displacement Map 制作烟飘文字效果，最终效果如图 3.79 所示。

图 3.79　烟飘文字最终效果

3.6.2　案例训练

1．输入文字

创建一个新合成，命名为“Comp1”，设置大小为“720×576”，时间长度为“6”秒，如图 3.80 所示。

执行 Layer/New/Text 菜单命令，在“时间线”面板中新建一个文本层，然后在合成窗口中输入文字，并设置字体、颜色以及大小等属性，如图 3.81 所示。

为了让视觉效果更好一些，再执行 Effect/Perspective/Bevel Alpha 菜单命令，为文字添加立体效果，执行 Effect/Stylize/Glow 菜单命令，如图 3.82 所示。为文字添加 Glow 光效，如图 3.83 所示。

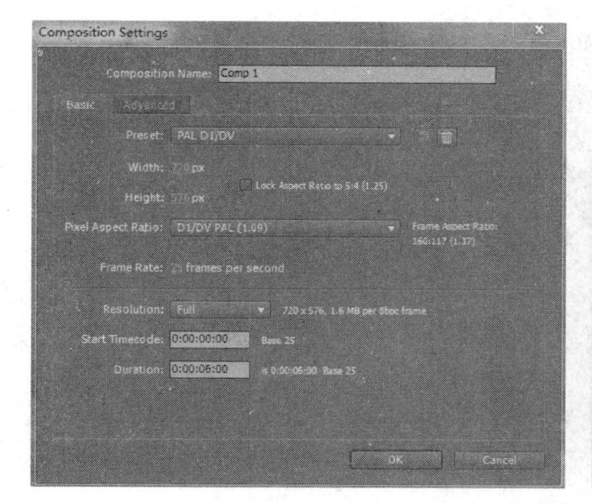

图 3.80　新建 Comp1 合成

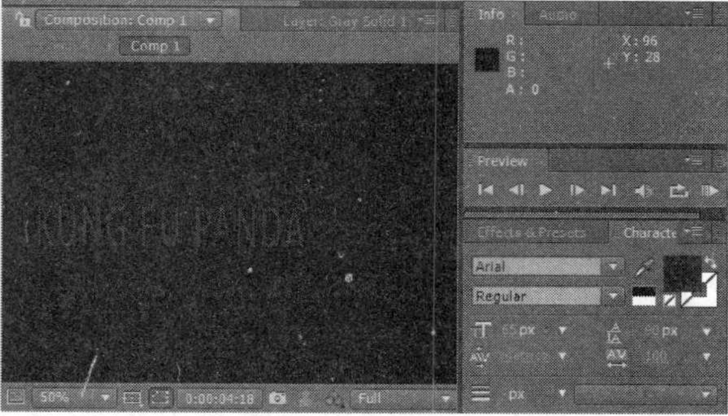

图 3.81　输入文字与设置参数

图 3.82　添加 Bevel Alpha 设置参数及效果

图 3.83　添加 Glow 设置参数及效果

2．制作噪波动画

（1）创建新合成

新建合成“Comp2”，大小为“720×576”，将制作噪波动画用于最后的置换动画。然后再新建一个 Solid 层，设置层颜色为灰色。选中该层，执行 Effect/Noise&Grain/Fractal Noise 菜单命令，使用默认参数即可。接下来为 Fractal Noise 的 Evolution 参数设置关键帧动画，在

0 秒的位置设置为 0，在 3 秒的位置为 4×0，如图 3.84 所示。

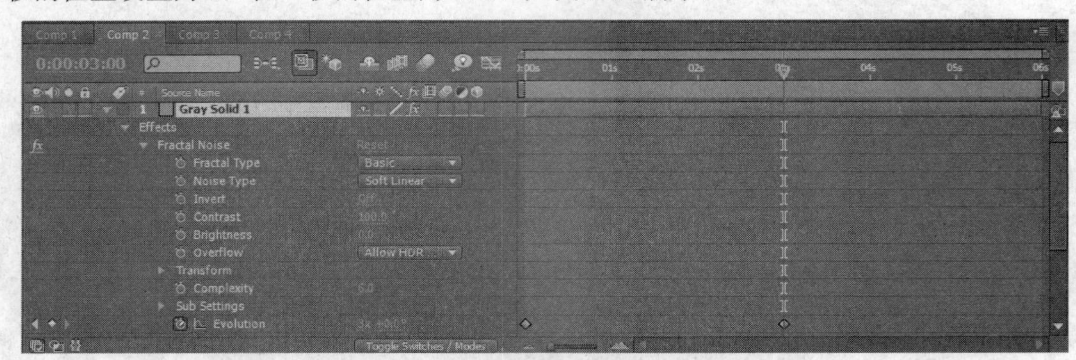

图 3.84　设置 Fractal Noise 的 Evolution 关键帧动画

（2）为噪波图层添加色阶特效

选择噪波图层，执行 Effect/Color Correction/Levels 菜单命令，为其添加“色阶”调节效果，然后调整 Green 通道的参数，Channel 选择“Green”，如图 3.85 所示。

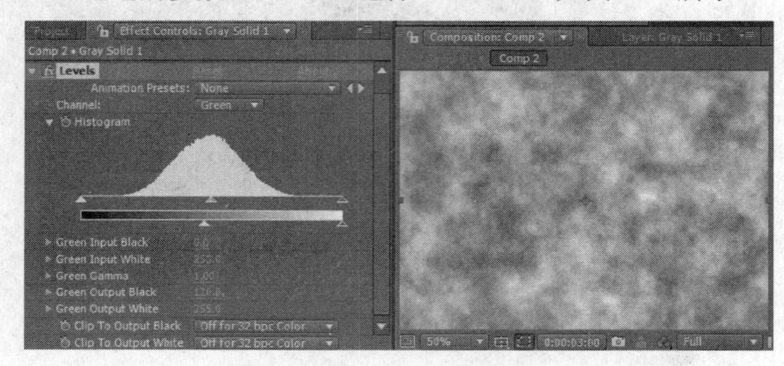

图 3.85　添加 Level（色阶）特效后调整 Green 通道

（3）为噪波图层绘制 Mask

使用工具箱中的 Rectangular Mask Tool（矩形遮罩）工具，为噪波绘制一个 Mask，如图 3.86 所示。

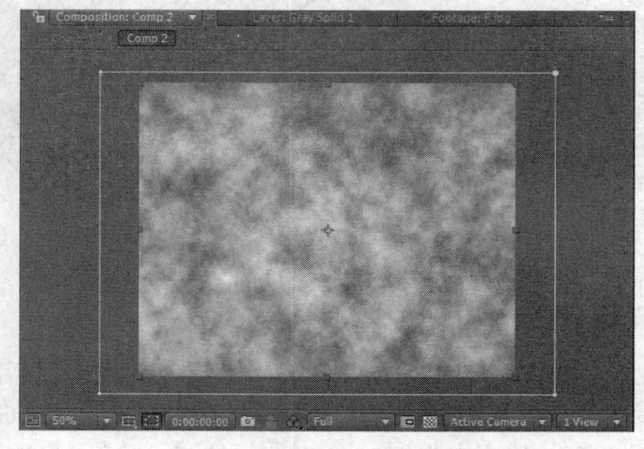

图 3.86　绘制 Mask

选中层，按“M”键展开 Mask 属性，在 0 秒时，单击 Mask Path 前面的关键帧码表记录下一个 Mask 关键帧；然后把时间标签移动到 4 秒的位置，在合成预览窗口中选择 Mask 左边的两个控制点，将 Mask 向右拖曳，如图 3.87 所示，这样将为 Mask 在 4 秒的位置再次记录下一个关键帧。

图 3.87　设置 Mask 关键帧动画

播放动画可以观察到一个简单的 Mask 动画已经完成，它将噪波由全部显示改变为全部遮住的状态，如图 3.88 所示。完成了上面的噪波动画后，还需要再制作一个同样的噪波动画用于后面的混合模糊的模糊层。

图 3.88　遮罩动画的中间状态

（4）新建合成

新建合成，命名为“Comp3”，设置大小为“720×576”，然后新建一个灰色 Solid 层，与前面制作噪波的操作步骤一样，为这个 Solid 层添加 Fractal Noise 和 Levels 特效。

（5）添加 Curves（曲线）特效

执行 Effect/Color Correction/Curves 菜单命令，增加图像的对比，如图 3.89 所示。

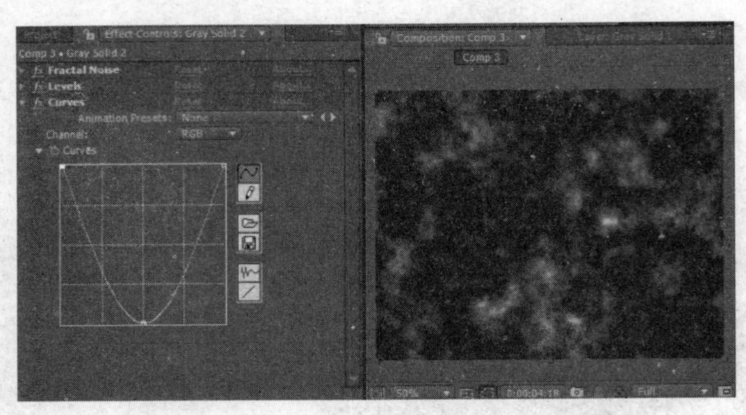

图 3.89 调节曲线

同样为这个噪波绘制 Mask，并设置与上一个噪波一样的 Mask 关键帧动画，可以直接选择 Comp 2 合成中的 Mask 属性，按“Ctrl+C”组合键将属性进行复制，然后选中的 Comp 3 中的层，按“Ctrl+V”组合键粘贴属性。

3．制作烟飘文字效果

下面就利用前面制作好的两个噪波动画来制作最后的烟飘文字动画。

（1）创建新合成

创建新合成，命名为“Comp 4”，与前面创建的合成参数相同，先将“天空背景”拖入，然后再将先前创建的 3 个合成全部拖入其中，另外添加“天空背景”缩放比例关键帧，形成从远到近感觉，如图 3.90 所示。

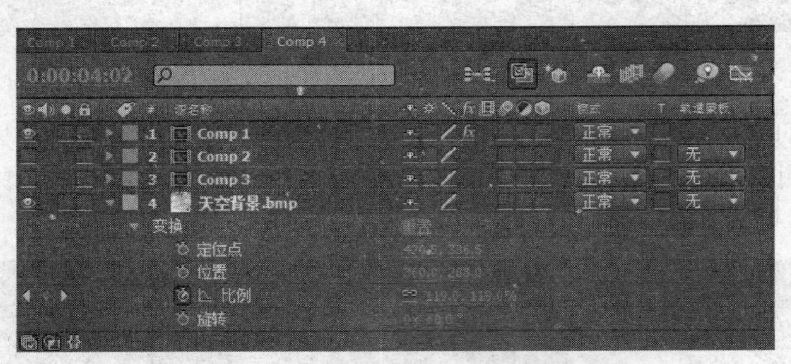

图 3.90 添加“天空背景”缩放比例关键帧

关闭 Comp 2 和 Comp 3 这两个层的显示开关，因为在下面将不需要 Comp 2 和 Comp 3 显示在合成预览窗口中，而只是将它们用做模糊层和置换层。

（2）添加 Compound Blur 特效

选中 Comp1 层，执行 Effect/Blur&Sharpen/Compound Blur 菜单命令。单击 Blur Layer 右边的按钮，在下拉列表中选择 Comp 2，也就是前面制作的噪波动画的一个合成，模糊值设置得越大，烟雾效果越明显，如图 3.91 所示。

（3）添加 Displacement Map 特效

再选择 Comp1 层，执行 Effect/Distort/Displacement Map 菜单命令，将 Displacement Map Layer 设置成另外一个噪波动画合成 Comp 2，目的是要通过噪波的动画来进行贴图的置换以

影响文字的最终效果。另外，因为在前面调节了噪波的色阶特效中的绿色通道，所以要将横向置换设置成为 Green，其参数设置如图 3.92 所示。

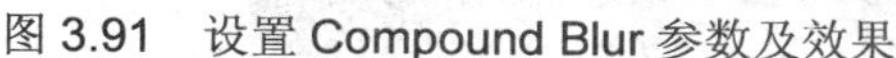

图 3.91　设置 Compound Blur 参数及效果

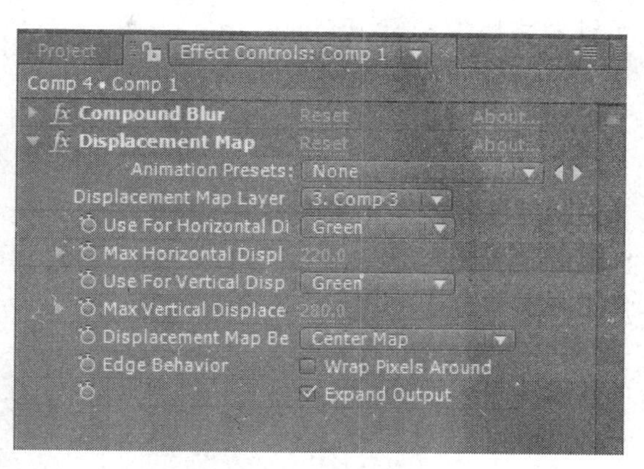

图 3.92　设置 Displacement Map 特效参数

至此，本案例全部完成，最终效果如图 3.79 所示。

3.6.3　小结

本案例主要掌握 Fractal Noise 特效、Compound Blur 特效以及 Displacement Map 特效，并配合动态遮罩的控制完成实现烟飘效果的文字动画。

3.6.4　举一反三案例训练

主要制作过程如下。

1．输入文字

创建一个新合成，命名为“Comp1”，设置大小为“720×576”，时间长度为“6”秒，执行 Layer/New/Text 菜单命令，在“Time line（时间线）”面板中新建一个文本层。然后在合成窗口中输入文字“EYES OF HFAVEN”，并设置字体、颜色以及大小等属性，为了让视觉效果更好一些，再执行 Effect/Perspective/Bevel Alpha 菜单命令，为文字添加立体效果，执行 Effect/Stylize/Glow 菜单命令，为文字添加 Glow 光效，如图 3.93 所示。

图 3.93　添加 Bevel Alpha、Glow 设置参数及效果

2．利用 Fractal Noise（分形噪波）制作云彩动画

利用 Fractal Noise 的变化特性，调整噪波的大小、形态等参数，并为“噪波变化”设置关键帧来模拟天空中云的流动。

（1）创建新合成

创建新合成，命名为“Comp2”，参数与“Comp1”一样。在“Time line（时间线）”面板中新建一个固态层，然后执行 Effect/Noise&Grain/Fractal Noise 菜单命令，在加入 Fractal Noise 特效后，调节相关参数，将 Frantial Type 设置为“Turbulent Sharp”、Noise Type 设置为 Spline，再展开 Transform，取消勾选 Uniform Scaling 选项。并将 Scale Width 设置为“300”，然后展开 Sub Settings，将 Sub Scaling 选项设置为“56”，如图 3.94 所示。

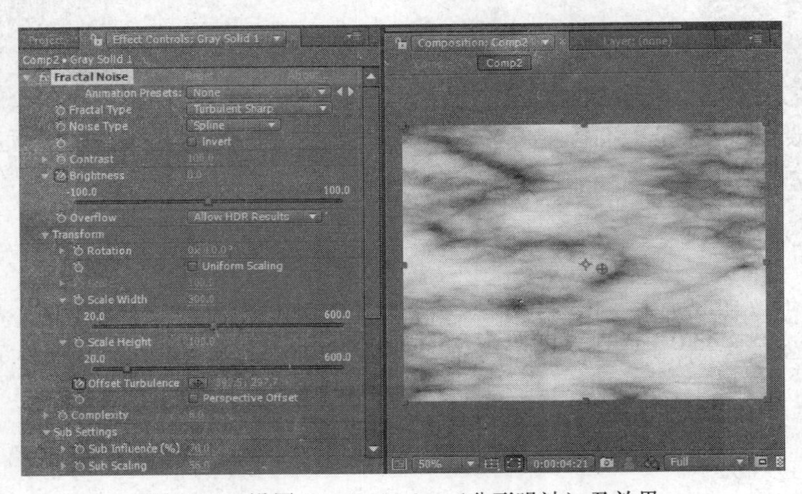

图 3.94　设置 Fractal Noise（分形噪波）及效果

（2）调亮画面

执行 Effect/Color Correction/Levels 菜单命令，然后调整色阶特效 Input Black 值，以增加画面的黑白对比，如图 3.95 所示。

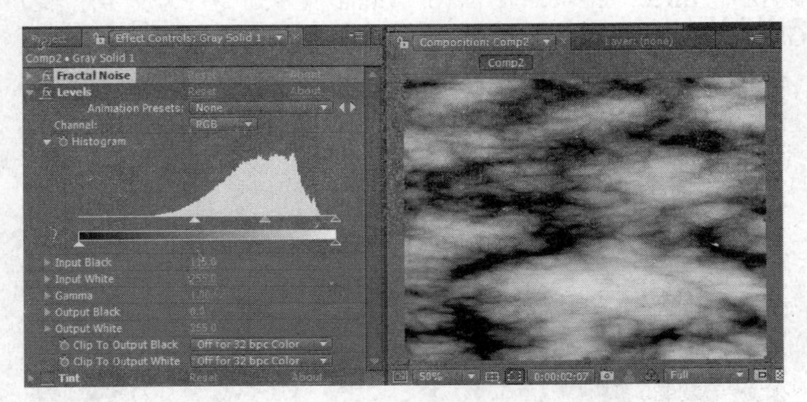

图 3.95　设置 Levels 参数与效果

（3）调整整体颜色

为了实现蓝天白云的效果，还要改变画面的整体颜色为蓝色。执行 Effect/Color

Correction/Tint 菜单命令，调整参数 Map Black to 的颜色为“蓝色”，将画面中的黑色部分转变为“蓝色”，如图 3.96 所示。

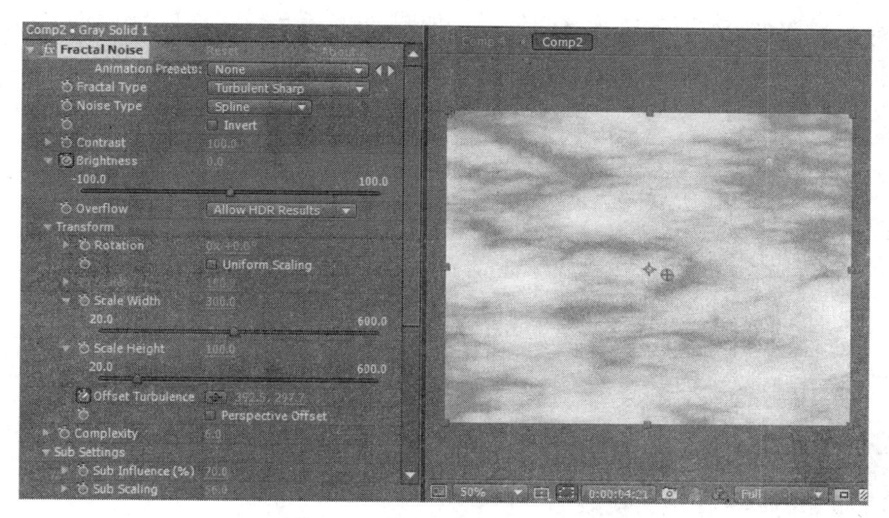

图 3.96　设置 Tint 参数与效果

（4）制作 Fractal Noise 关键帧

下面制作让白云飘动，将时间标签移动到 0 秒的位置，在特效面板中展开层的 Fractal Noise 特效，分别单击 Offset Turbulence 和 Evolution 左边的时间码表，为这两个参数分别创建一个关键帧。然后在 Timeline 面板中选择层，按“U”键展开关键帧的属性。在 0 秒设置关键帧，如图 3.97 所示。

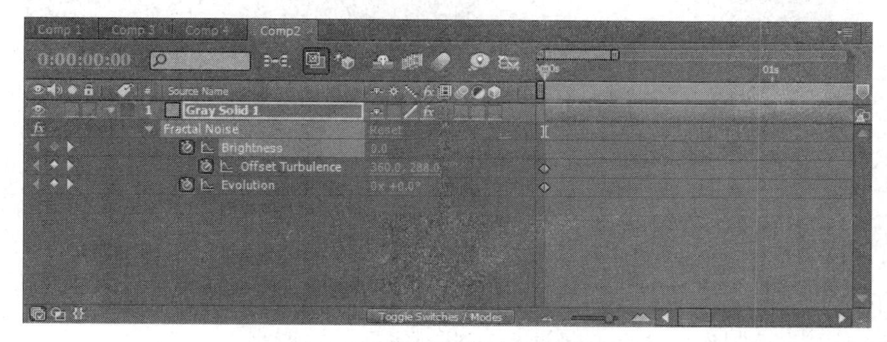

图 3.97　设置 0 秒时的关键帧

将时间标签移动到 6 秒的位置，然后在特效面板中调节 Fractal Noiser 的 Offset Turbulence 和 Evolution 两个参数控制噪波形态变化，值越大，变化越快。设置参数如图 3.80 所示。

3．制作 Mask 动画

（1）创建新合成

新建合成，命名为“Comp3”，设置大小为“720×576”，然后新建一个灰色 Solid 层，与前面制作噪波的操作步骤一样，为这个 Solid 层添加 Fractal Noise 和 Levels 特效。

（2）为噪波图层绘制 Mask，添加 Mask Path 关键帧

使用工具箱中的 Rectangular Mask Tool（矩形遮罩）工具，为噪波绘制一个 Mask，

选中层，按“M”键展开 Mask 属性，在 0 秒时，单击 Mask Path 前面的关键帧码表记录下一个 Mask 开键帧；然后把时间标签移动到第 6 秒的位置，在合成预览窗口中选择 Mask 左边的两个控制点，将 Mask 向右拖曳到时间位置，如图 3.98 所示，这样将为 Mask 在第 6 秒的位置再次记录下一个关键帧。

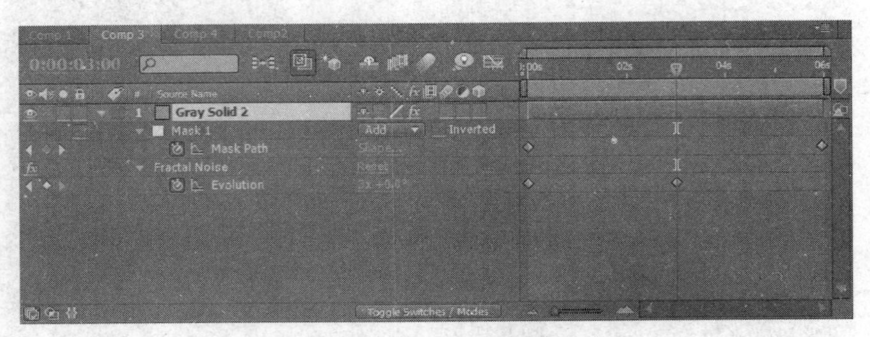

图 3.98　设置 Mask 关键帧动画

（3）添加 Curves（曲线）特效

执行 Effect/Color Correction/Curves 菜单命令，增加图像的对比，如图 3.99 所示。

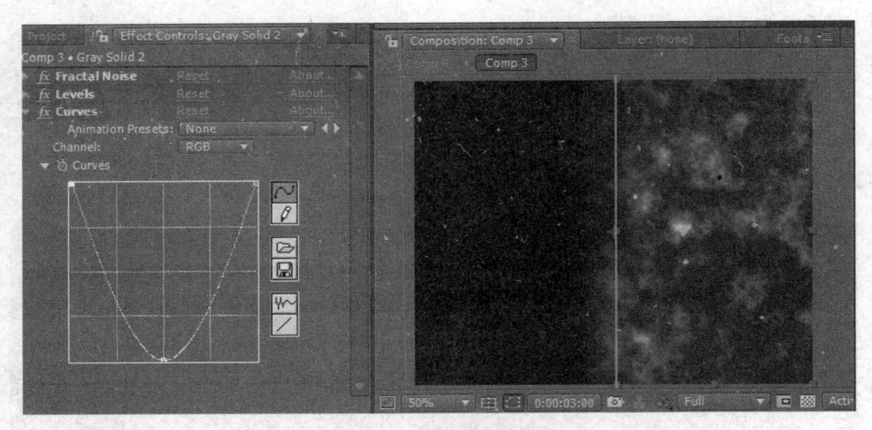

图 3.99　调节曲线

4．制作烟飘文字效果

下面就利用前面制作好的两个噪波动画来制作最后的烟飘文字动画。

（1）将 Comp 3 层作模糊层和置换层

关闭 Comp 3 层的显示开关，因为在下面将不需要 Comp 3 显示在合成预览窗口中，而只是将它们用作模糊层和置换层。

（2）添加 Compound Blur 特效

选中 Comp 1 层，执行 Effect/Blur&Sharpen/Compound Blur 菜单命令。单击 Blur Layer 右边的按钮，在下拉列表中选择 Comp 3，也就是前面制作的噪波动画的一个合成，模糊值设置得越大，烟雾效果越明显。

（3）添加 Displacement Map 特效

再选择 Comp 1 层，执行 Effect/Distort/Displacement Map 菜单命令，将 Displacement Map

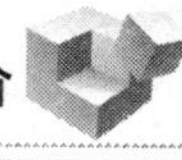

Layer 设置成另外一个噪波动画合成 Comp 3，目的是要通过噪波的动画来进行贴图的置换以影响文字的最终效果。其参数设置如图 3.100 所示。

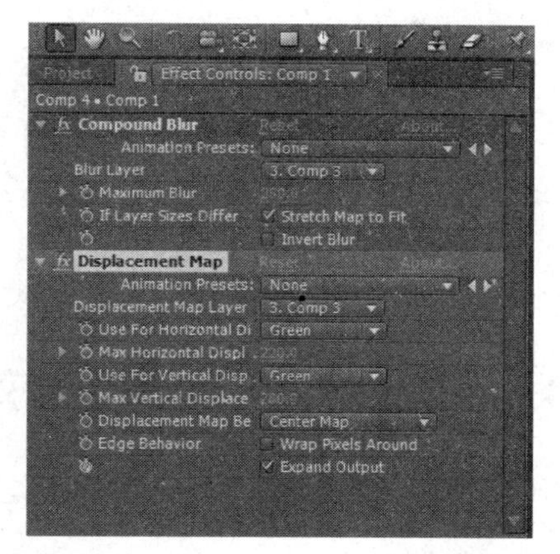

图 3.100　设置 Compound Blur、Displacement Map 特效参数

至此，本案例全部完成，最终效果如图 3.101 所示。

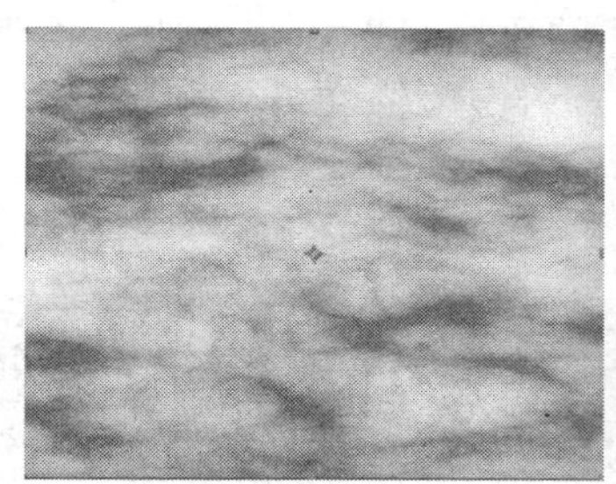

图 3.101　最终效果

本 章 小 结

本章主要对 After Effects 中的一些文字特效实现技术方法进行详细分析与讲解。通过本章的学习，学生可以了解 After Effects 制作特效基本流程，掌握文字特效制作技法与常用的特效命令，并能够灵活运用，做到举一反三，完成文字特效综合训练。

第 4 章　色彩特效进阶

4.1　案例一　单色保留特效

4.1.1　案例描述与分析

在本案例中主要通过对它的 Curves（曲线）、Leave Color（色阶颜色）、Hue/Saturation（色调/饱和度）等进行调整，实现图片保留单色效果。制作过程是：先导入图片素材 flower.jpg 到时间窗口，调整图片的 Curves 曲线，使图片的色彩轮廓更加清晰；再使用 Leave Color 特效，选择保留的红色，将其他颜色过滤掉；最后调整饱和度实现最终效果，如图 4.1 所示。

图 4.1　保留单色效果

4.1.2　案例训练

1．创建合成

创建一个新合成，运行 Adobe After Effects CS4 软件，执行菜单 Composition/New Composition 命令或按“Ctrl+N”组合键，弹出“新建合成”窗口，Preset（预置）选择“PAL D1/DV”制式，Width（宽度）设置为“720 px”，Height（高度）设置为“480 px”，Pixel Aspect Ratio（像素纵横比）选择为“D1/DV PAL（1.09）”，Frame Rate 帧速率为“25”，Resolution（分辨率）选择“Full（全屏）”，Duration（持续时间）设置为“0:00:06:00”，如图 4.2 所示。

2．导入素材

选择 File/Import/File 命令，选中图片素材“flower.jpg”，单击“打开”按钮将它导入，并拖入到合成窗口中。

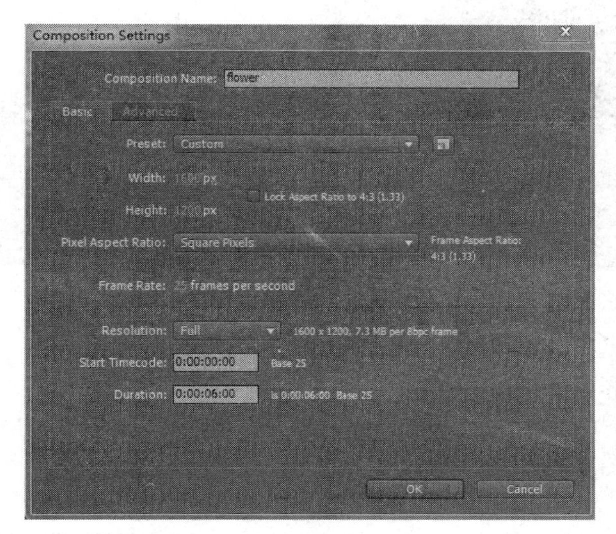

图 4.2　新建合成

3．保存项目文件

选择菜单命令 File/Save（“Ctrl+S”组合键），保存项目文件，命名为“单色保留”。

4．调整图片色彩轮廓

观察图片素材，图片上主题颜色只有绿色和红色。这样完全符合对图片的要求，只需要将花的颜色保留下来。在时间窗口中选择图片文件，选择菜单命令 Effects/Color Correction/Curves（曲线），在弹出的特效面板中适当调整图片曲线，使图片色彩轮廓明显些，如图 4.3 所示。

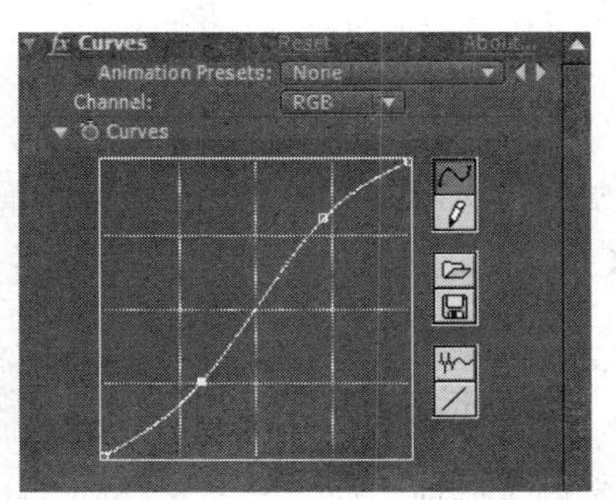

图 4.3　调整图片色彩轮廓

5．制作单色保留

执行 Effect/Color Correction/Leave Color（色阶颜色）命令，设置 Amount to Decolor 为“100%”，Color to Leave 为“红色”，Tolerance 为“45%”，Edge Softness 为“1.0%”，Match Colors

为“Using RGB”，如图 4.4 所示。

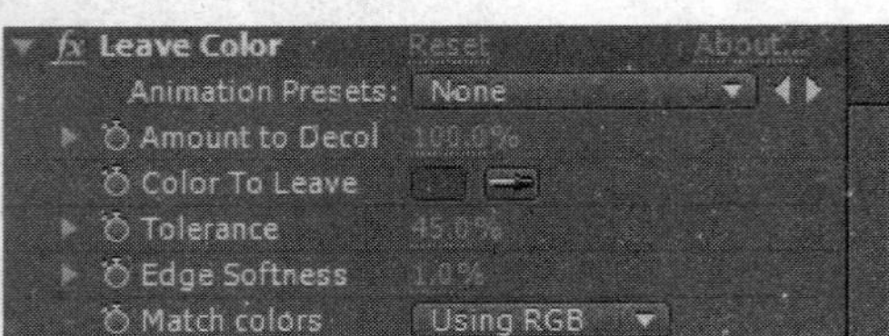

图 4.4　制作单色保留

6．调整图片色彩饱和度

选择 Effect/Color Correction/Hue/Saturation（色调/饱和度），设置 Master Saturation（主饱和度）为“50”，如图 4.5 所示。

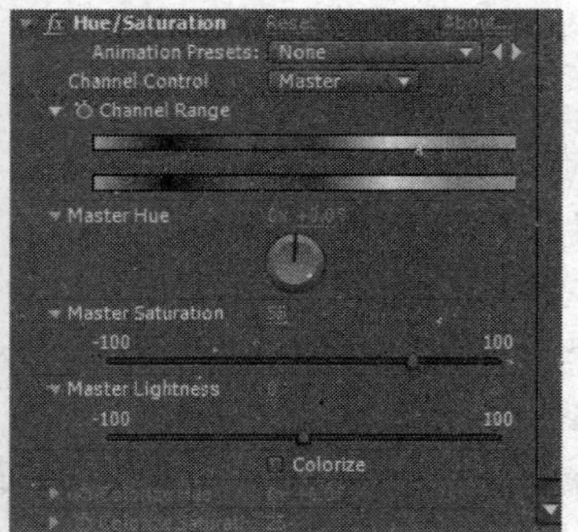

图 4.5　调整图片色彩饱和度

4.1.3　小结

本案例主要学习调整图片单色，掌握 Curves（曲线）特效使图片的色彩轮廓更加清晰。Leave Color（色阶颜色） 特效保留图片单色；Hue/Saturation（色调/饱和度）调整图片色彩饱和度。

4.1.4　举一反三案例训练

本案例主要训练使用 Leave Color 特效制作单色保留效果的方法。

主要制作过程如下。

① 将导入的素材拖到 Timeline 窗口中。

② 为素材添加 Leave Color 特效，保留花朵的颜色，将其转换成黑白色。然后添加 Curves、Hue/Saturation 特效，使对比更加明显。最终效果如图 4.6 所示。

图 4.6　Leave Color 特效制作单色保留效果

4.2　案例二　水墨效果特效

4.2.1　案例描述与分析

在本案例中将介绍如何把一副风景图片转换成水墨效果。制作过程是：先导入图片素材并应用 Hue/Saturation 特效将图片更改为黑白图片，然后应用 Brightness&Contrast 特效来增加图片的对比度，通过 Find Edges 查找边缘特效来实现最初的水墨效果，再通过 Levels（色阶）调整，使黑白效果更加鲜明，水墨效果更加厚重，Gaussian Blur（高斯模糊）及 CompoundBlur（复合模糊）特效为风景图片模拟水墨的效果，最后通过 Tint 特效将画面黑色部分与白色部分替换成棕色，实现最终的水墨效果，如图 4.7 所示。

图 4.7　安徽黄山水墨效果

4.2.2　案例训练

1．创建合成

创建一个新合成，运行 Adobe After Effects CS4 软件，执行菜单 Composition/New Composition 命令或按“Ctrl+N”组合键，弹出“新建合成”窗口，把合成命名为“水墨效果”，Preset（预置）选择“PAL D1/DV”制式，Width（宽度）设置为“360 px”，Height（高度）设置为“288 px”，Pixel Aspect Ratio（像素纵横比）选择为“D1/DV PAL（1.09）”，Frame Rate

帧速率为“25”，Resolution（分辨率）选择“Full（全屏）”，Duration（持续时间）设置为“0:00:06:00”，如图 4.8 所示。

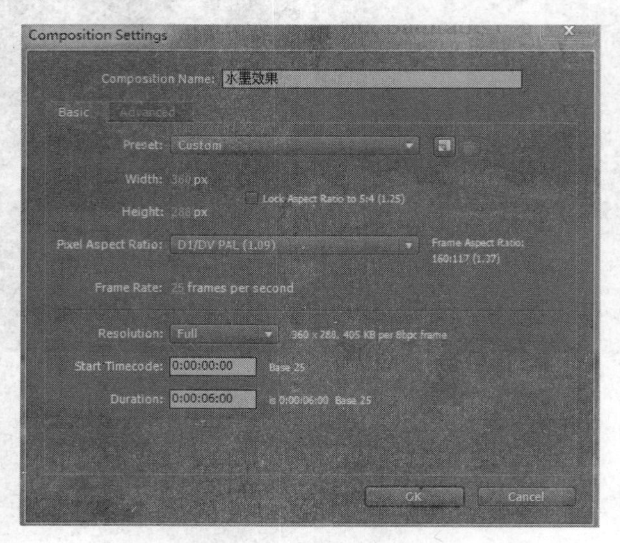

图 4.8　新建合成

2．导入素材

选择 File/Import/File 命令，选中图片素材安徽黄山，单击“打开”按钮将它导入。并拖入到合成窗口中，按“Ctrl+D”组合键复制背景层，作为后面步骤复合模糊特效的模糊层。

3．设置风景图片变为黑白的颜色

一般情况下，水墨画多为黑白效果，需要调整一下图片的颜色和饱和度，将影片调整成黑白效果。选择 Effect/Color Correction/Hue/Saturation 命令，在 Effect Control 面板中设置 Master Saturation 选项的数值为“-100”，如图 4. 9 所示。

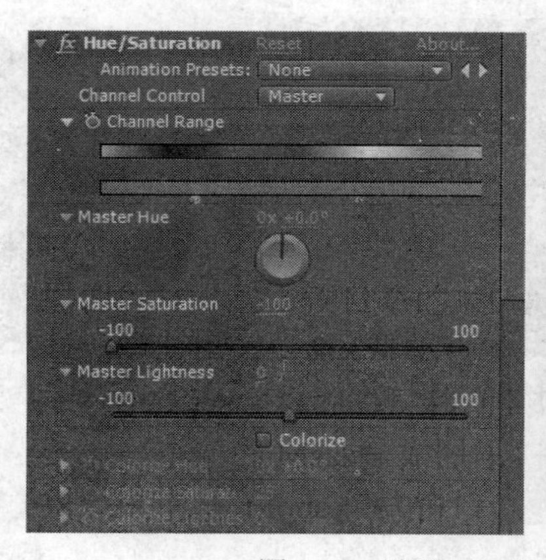

图 4. 9　设置 Hue/Saturation 特效的数值与应用效果

4．调节亮度与对比度

选择 Effect/Color Correction/Brightness&Contrast 命令，设置 Brightness（亮度）选项的数值为“22”，设置 Contrast（对比度）选项的数值为“44”，设置完成的效果如图 4.10 所示。

图 4.10　设置 Brightness&Contrast 特效的数值与应用效果

5．添加查找边缘特效，形成水墨画的雏形

选择 Effect/Stylize/Find Edges 命令，如图 4.11 所示。

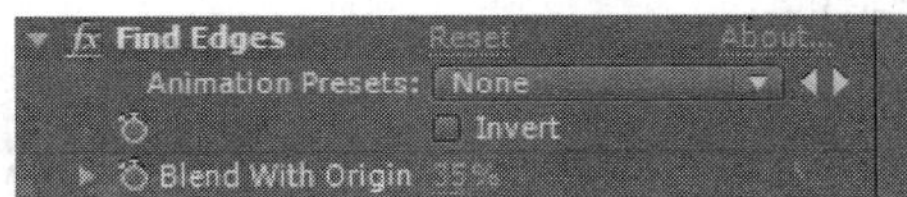

图 4.11　设置 Find Edges 特效的数值与应用效果

6．添加色阶特效

为了让山的层次明显一些，需要通过调整图片的色阶来达到目的。选择 Effect/Color Correction/Levels 命令，设置 Input Black 选项的数值为“36”，设置 Input White 选项的数值为“221”，设置 Gamma 选项的数值为“1”，如图 4.12 所示。

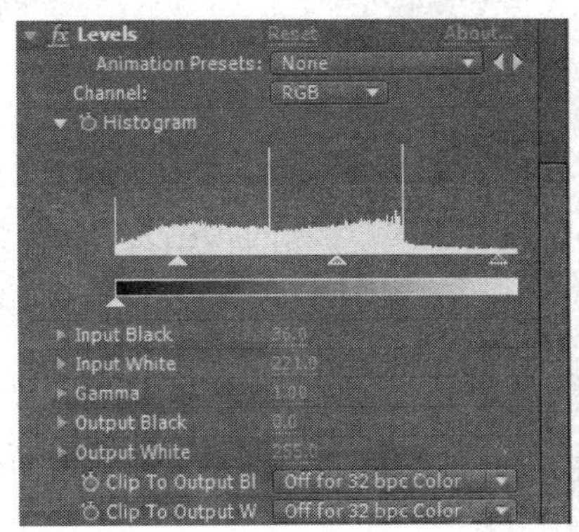

图 4.12　设置 Levels 特效的数值与应用效果

7．添加高斯模糊特效

选择 Effect/Blur&Sharpen/Gaussian Blur 命令，设置 Blurriness 选项的数值为“2”，在 Blur Dimensions 下拉列表框中选择 Horizontal and Vertical 选项，如图 4.13 所示。

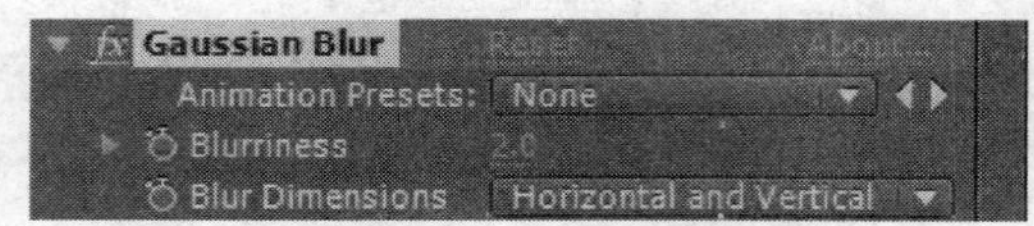

图 4.13　设置 Gaussian Blur 特效的数值与应用效果

8．添加复合模糊特效

选择 Effect/Blur&Sharpen/Compound Blur 命令，设置 Maximum Blur 选项的数值为“0.5”，选择“Stretch Map to Fit”复选框，如图 4.14 所示。

图 4.14　设置 Compound Blur 特效的数值与应用效果

9．添加染色特效

选择 Effect/Color Correction/Tint 命令，设置 Map Black To 选项的颜色为“深棕色（R:59，G:42，B:21）”，设置 Map White to 选项的颜色为“白色”，如图 4.15 所示。

10．实现将一副风景图片转换水墨效果

选择“安徽黄山.jpg”第一层图片，按下“T”键展开 Opacity（不透明度）设定菜单，将时间指示器移动到 0 秒的位置，设置其数值为 0%，并为其打上关键帧；然后将时间指示器移动到 2 秒的位置，设置其数值为 100%。

至此，完成整个案例的制作。

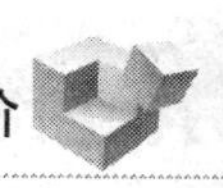

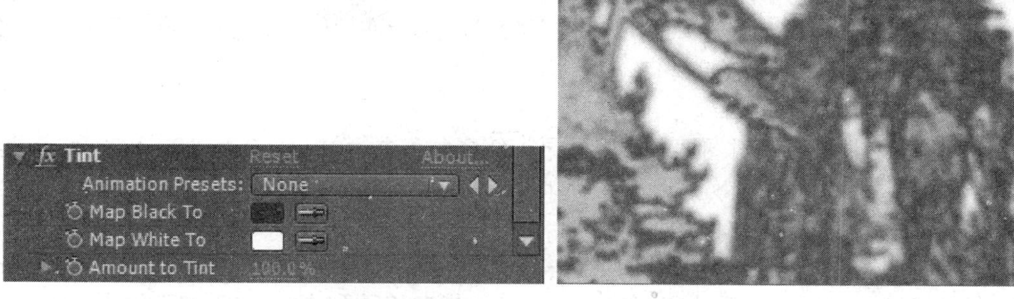

图 4.15　设置 Tint 特效的数值与应用效果

4.2.3　小结

本案例主要学习如何实现将一副风景图片转换水墨效果。主要通过 Find Edges 查找边缘特效，强化边缘过渡像素产生彩色线条，模拟出勾边特效，能很好地显示出图像中各部分间的边缘和过渡特效。通过 Hue/Saturation 调整色调、饱和度，调节色彩的平衡。Levels 特效用于修改图像的亮度、暗部以及中间色调，可以将输入的颜色级别重新映像到新的输出颜色级别，这也是调色中经常用到的特效之一。

4.2.4　举一反三案例训练

训练一：主要训练综合使用各种特效，制作水墨效果的场景。主要制作过程如下。

1．创建合成

首先创建一个新的合成，如图 4.16 所示。

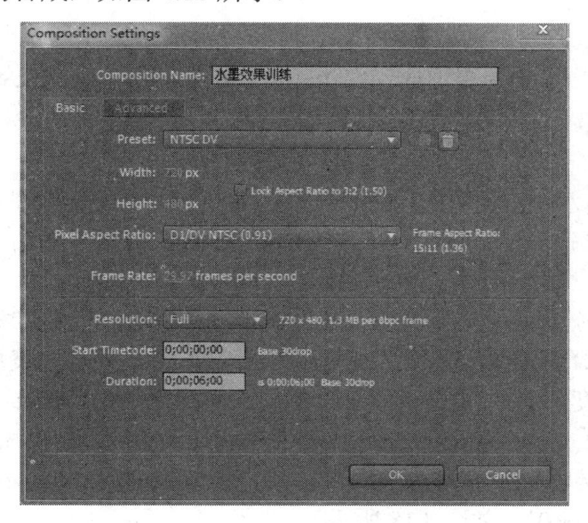

图 4.16　新建合成

2．导入“水墨效果训练素材”，添加特效

综合使用 Find Edges、Curves、Gaussian Blur、Equalize（主要用于均衡颜色，使图像中的亮度和色彩变化平均化）、Levels、Hue/Satruation 等特效使素材变成水墨山水动画。

3．编辑图片关键帧动画

在 Timeline 窗口中按下“P”键，确认时间指针在“0:00:00:00”位置，单击时间码按钮。添加一个关键帧，设置其参数为“(−2216，240)”，指针在“0:00:05:30”位置再添加一个关键帧，设置其参数为“(2933，240)”。

4．复制图层

按下“Ctrl+D”组合键对图层“水墨效果训练素材”进行复制。打开 Effect Controls 面板，取消 Levels 特效外的其他特效显示。

5．编辑图像淡入淡出效果

展开复制图层的 Opacity 选项，将时间指针移动到“0:00:00:00”位置，单击时间码按钮，添加一个关键帧，设置其参数为“100%”，将时间指针移动到“0:00:03:00”位置，添加一个关键帧，设置其参数为“0%”。

最终效果如图 4.17 所示。

图 4.17 特效制作水墨效果

训练二：在训练一的基础上，综合使用各种特效，制作水墨效果叠加到宣纸上面，最后配上书法字。主要制作过程如下。

1．制作水墨背景

（1）新建合成

新建合成，命名为“水墨效果训练二”，Prese 设置为（PAL D1/DV，1260×1000），Duration 为 6 秒。

（2）导入素材

选择导入素材“山水画.jpg”层，Edit/Duplicate（复制）或直接按“Ctrl+D”组合键，将该层复制一层留作备用。

（3）添加特效

再一次选中“山水画.jpg”层，选择 Effect/Stylize/Find Edges 查找边缘特效，设置 Blend With Original 为“60%”。选择 Effect/Color Correction/Hue/Satruation 将图片变成黑白色，设置 Master Saturation（主要的饱和度）为“−100”。为了让山的层次更明显，选择 Effect/Color Correction/Levels 调整图片色阶来达到目的，设置 Input Black 为“30”，Input White 为“230”。将该层作水墨画的背景，还需要为这一层添加一个模糊的效果，选择 Effect/Blur/Sharpen/Gaussian Blur，设置 Blurriness 模糊效果为“10.0”，如图 4.18 所示。

2．制作水墨画前景层

调整复制层特效：选择“山水画.jpg”复制层，修改 Find Edges 中参数 Blend With Original 为“40%”，选择 Effect/Color Correction/Hue/Satruation 将图片变成黑白色，设置 Master Saturation（主要的饱和度）为“−100”。为了让前景图片的层次更明显，调整 Levels 设置 Input

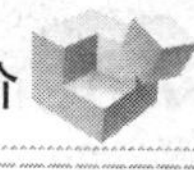

Black 为“0.3”，Input White 为“160”。选择 Effect/ Blur/Sharpen/Fast Blur，设置 Blurriness 模糊效果为“2.0”，如图 4.19 所示。

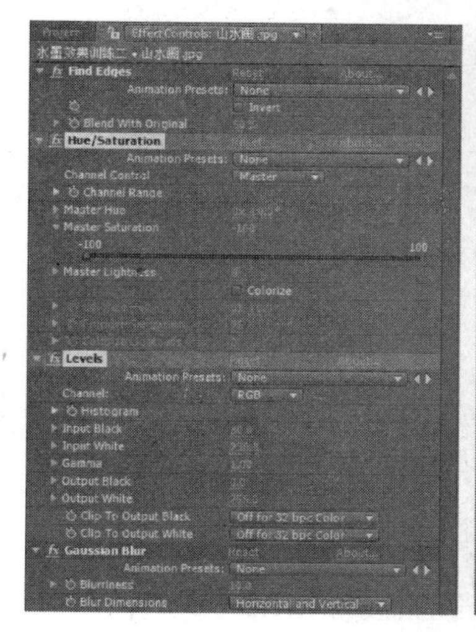

图 4.18　制作水墨背景特效参数及其效果

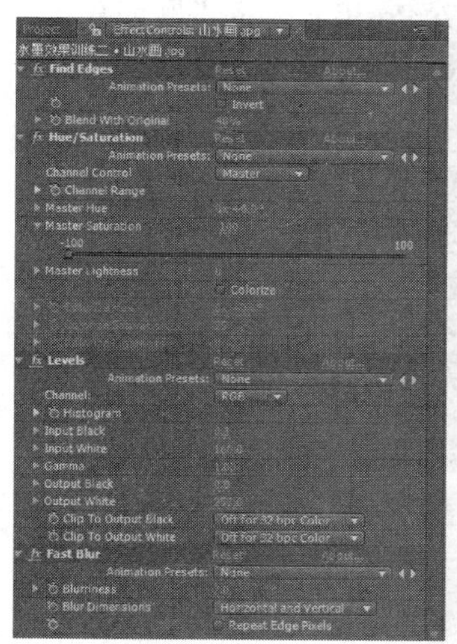

图 4.19　制作水墨前景特效参数及其效果

3．最后合成

（1）改变图层显示模式

现在观看图片，虽然有一些水墨效果，但离想要的效果还有差距。选择制作“风景.jpg”两层，在时间线控制面板将 Mode 面板的 Normal（正常叠加）模式改为“Multiply”（正面）叠底模式，如图 4.20 所示。

After Effects CS4 可以通过层模式调整上层和下层的融合效果，当使用层模式时，使用层模式的层会根据下面的通道发生变化，产生不同的融合效果。Multiply 正面叠底模式是将底色与层颜色相乘，相当于一种光线透过两张叠加在一起的幻灯片效果，结果显示出一种较暗的效果。任何颜色与黑色相乘产生黑色，与白色相乘则保持不变。

图 4.20　图层叠加模式

（2）修改透明度值

此时已经有几分水墨的效果了，只是墨太浓了。解决办法是将两层的透明度降低一些，展开第一层的 Transform 属性栏，设置 Opacity（透明度）为“60%”，展开第二层的 Transform 属性栏，设置 Opacity（透明度）为“40%”。

（3）新建调节层，添加 Fast Blur 特效

为了增加水墨的真实效果，选择菜单命令 Layer/New/Adjust Layer 将在时间线上添加一个调节层，把它放置在所有图层的上面，选择 Effect/Blur&Sharpen/Fast Blur，设置 Bluriness 模糊效果为“10”。

（4）导入文字层图片

复制两层“风景.jpg”，一般水墨画底层为宣纸，旁边都有作者的书法题词或者一段名句。这里为了增强效果，同样也准备了宣纸和题词。在项目窗口，将项目窗口“宣纸.jpg”、“题词.psd”拖放到时间线，更改“题词.psd”大小 Scale 与位置 Position，将“题词.psd”放在最右上方，并将文字周围处理干净，选择 Effect/Color Correction/Brightness&Contrast 命令，设置 Contrast 为“100.0”。各图层属性参数设置如图 4.21 所示。

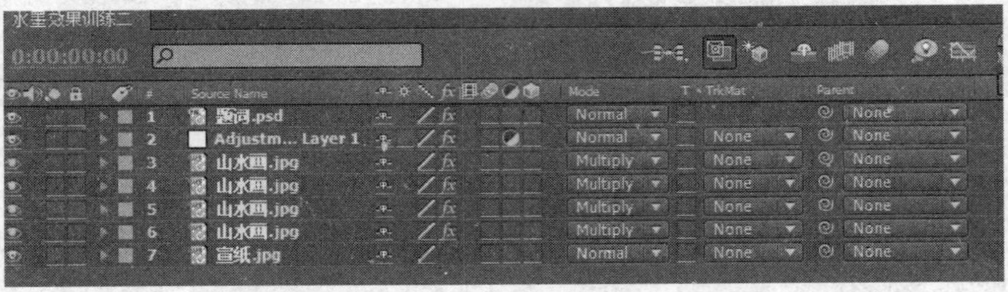

图 4.21　各图层属性参数设置

至此，本训练完成。水墨画效果图如图 4.22 所示。

图 4.22　水墨画效果图

4.3　案例三　逆光修复

4.3.1　案例描述与分析

逆光是镜头对着光源拍摄。在强烈的逆光下拍摄出来的影像主体容易形成剪影状，主体发暗而周围明亮，被摄主体的轮廓线条表现得尤为突出。逆光有助于突出物体的外部轮廓，因此，逆光的拍摄能够将普通的物品变为极具视觉冲击力的艺术品。一般在不追求特别的效果时，逆光拍摄是摄影的一大忌。逆光拍摄容易使人物的脸部太暗，或者阴影部分看不清楚。

在本案例中重点介绍对色彩的分析和调整，将一幅图片的逆光色彩调整到一个相对较清晰的效果。调色主要是对暗部细节和色彩进行调试的过程。

制作过程是：先导入图片素材，观察并分析图片，分析图片色彩，然后调整人与背景颜色，主要应用暗部与亮部特效。最终效果如图 4.23 所示。

图 4.23　逆光修复效果

4.3.2　案例训练

1．创建合成

运行 Adobe After Effects CS4 软件，执行菜单 Composition/New Composition 命令或按“Ctrl+N”组合键，弹出“新建合成”窗口，把合成命名为“逆光修复”，Preset（预置）选择“PAL D1/DV”制式，Width（宽度）设置为“640 px”，Height（高度）设置为“480 px”，Pixel Aspect Ratio（像素纵横比）选择为“D1/DV PAL（1.09）”，Frame Rate 帧速率为“29.97”，Resolution（分辨率）选择“Full”（全屏），Duration（持续时间）设置为“0:00:10:00”，如图 4.24 所示。

2．导入素材

选择 File/Import/File 命令，选中图片素材“调色图片.jpg”，单击“打开”按钮将它导入，并拖入合成窗口中。

3．需要调亮暗部色彩及丰富细节表现

观察素材，图片显得暗淡无光，曝光不足。为合成添加特效 Effect/ColorCorrection/

Shadow/Highlight（阴影高光），将暗部调亮，去除“Auto Amounts（自动处理）”勾选项，将Shadow Amount（阴影值）调为“94”，如图 4.25 所示。调亮图片的效果对比，如图 4.26 所示。

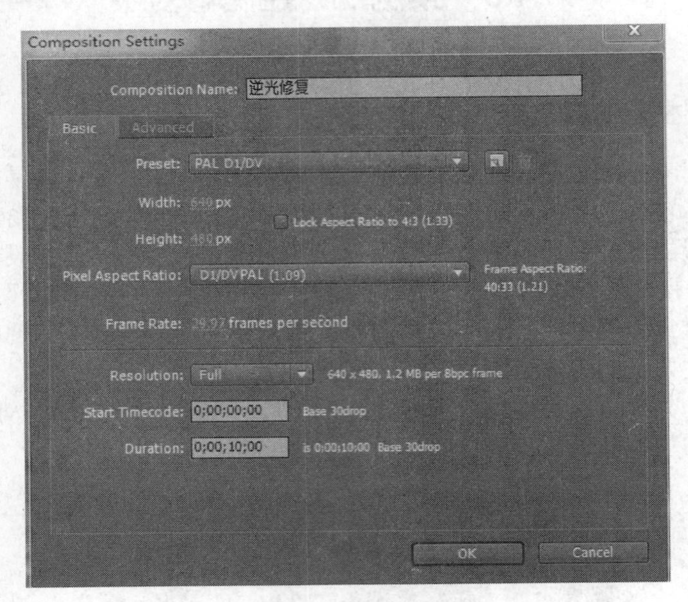

图 4.24　新建合成

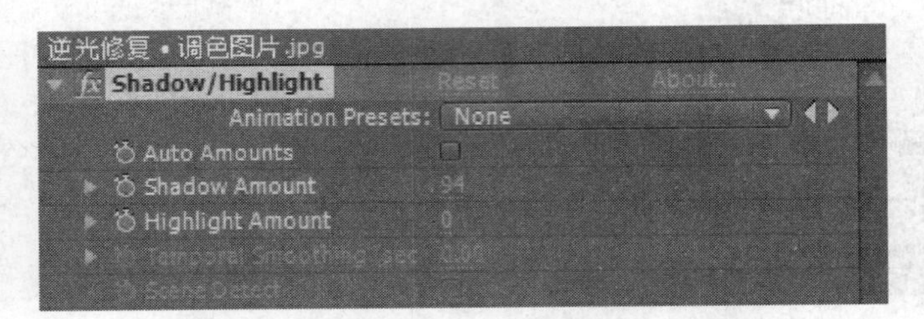

图 4.25　Shadow/Highlight（阴影高光）

图 4.26　调亮图片的效果前后对比

4．调整 Shadow/ Highlight Radius（阴影/高光半径）参数

该特效控制对高光和阴影部分的影响半径。值越大，阴影处越亮，高光处则越暗。将 Shadow Radius 改为“100”，Highlight Radius 改为“100”，丰富逆光部分的细节呈现，如图 4.27 所示。

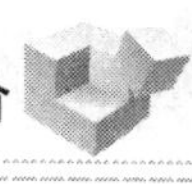

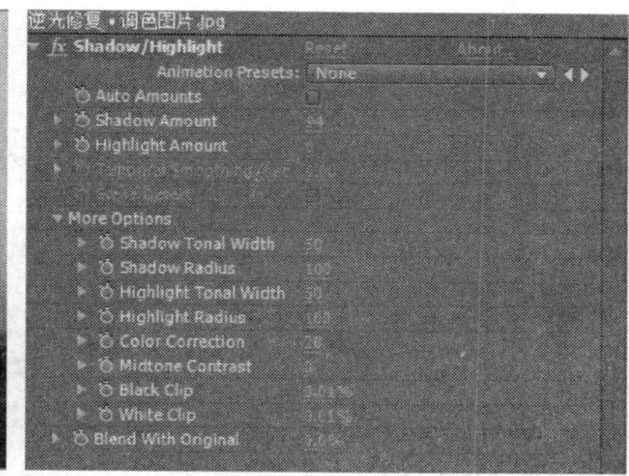

图 4.27　调整 Shadow/ Highlight Radius（阴影/高光半径）参数

至此，整个案例制作完成。

4.3.3　小结

本案例主要学习应用 Effect/ColorCorrection/Shadow/Highlight（阴影高光）逆光修复图片。

4.3.4　举一反三案例训练

本案例分别应用 Effect/ColorCorrection/Shadow/Highlight（阴影高光）与 Levels 特效修复逆光图片，实现最终效果，如图 4.28 所示。

图 4.28　逆光修复图片

选择菜单命令 Effect/Color Correct/Levels（色阶）特效，用于修改图像的亮度、暗部以及中间色调。应用 Gamma（伽马）值对图像逆光部分进行相应处理，Gamma 增大，图像变亮；Gamma 减小，图像变暗。

4.4　案例四　调色特效

4.4.1　案例描述与分析

在本案例中实现如何调整图片色彩达到相对较好的效果，重点在于对图像的分析和调整。如何能将一幅图片的色彩调整到一个相对较好的效果，最重要就是对图像的分析。调色主要是对图像和色彩的理解程序。制作过程是：先导入图片素材，观察并分析图片，将图片中的天空和物体分开，然后调整建筑与天空的色彩，实现调色效果。应用多种固态层的叠加，应用 Brightnest、Hue/Saturation 等特效，实现最终的水墨效果，如图 4.29 所示。

图 4.29　图片调色效果

4.4.2　案例训练

1．创建合成

运行 Adobe After Effects CS4 软件，执行菜单 Composition/New Composition 命令或按“Ctrl+N”组合键，弹出“新建合成”窗口，把合成命名为“调色效果”，Preset（预置）选择“Custom”制式，Width（宽度）设置为“300 px”，Height（高度）设置为“225 px”，Pixel Aspect Ratio（像素纵横比）选择为“Square Pixels”，Frame Rate 帧速率为“25”，Resolution（分辨率）选择“Full”（全屏），Duration（持续时间）设置为“0:00:06:00”，如图 4.30 所示。

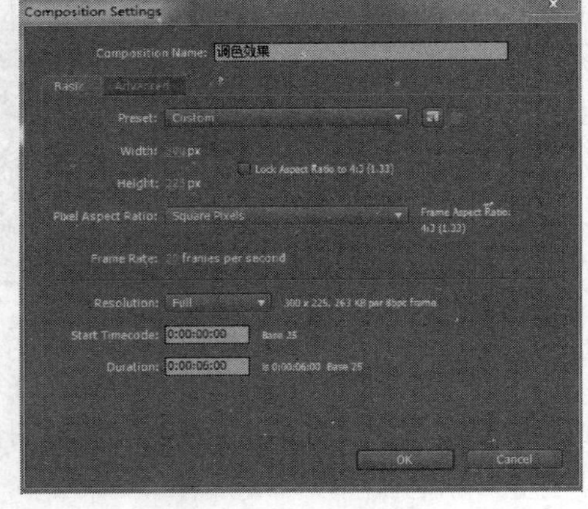

图 4.30　新建合成

2．导入素材

选择 File/Import/File 命令，选中图片素材“调色图片.jpg”，单击“打开”按钮将它导入，并拖入合成窗口中。

3．图片复制一层，将图片风景与天空剥离

观察素材，图片显得灰白，整个建筑物和周围的树林看起来都蒙着一层灰，而且天空是灰白，整个画面没有层次感，让人感觉很沉闷。画面整体就分为两个部分，一部分就是天空，另一部分是建筑和树林，需要将它们分开进行调整。

选择“调色图片.jpg”层，按 Enter 键将其命名为“天空”层。选择菜单命令 Edit/Duplicate（复制）或按“Ctrl+D”组合键将图片复制一层，按“Enter”键将其命名为“风景”。

4．建筑与天空分离后，单独进行调色

在时间线窗口中关闭“天空”层的显示。选择“风景”层，选择菜单命令 Effect/Keying/Color Key（色键），设置 Key Color 为“(246，246，246)”，Color Tolerance 为“100”，Edge Feather 为“36.0”。这样天空已基本被去除，只剩下风景本身了，如图 4.31 所示。

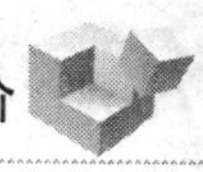

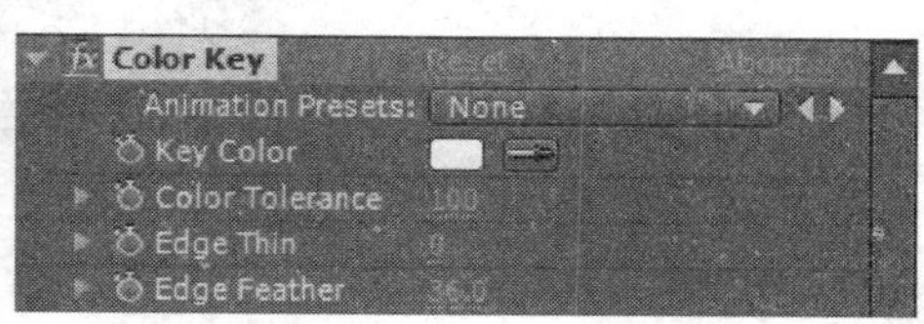

图 4.31　分离“风景”层与“天空”层

5．将“风景”层调亮一点，调整该层色阶

选择菜单命令 Effects/Color Correction/Leves，设置 Input White 为“185.0”，Gamma 为“1.40”，如图 4.32 所示。

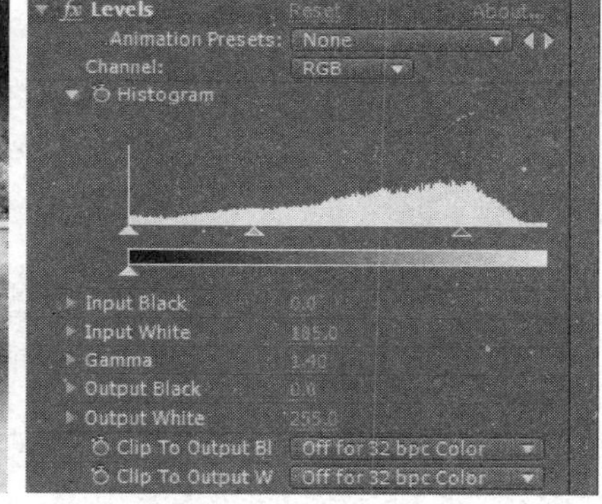

图 4.32　调亮“风景”层

6．调整图片色彩饱和度

通过观察图片效果，图片颜色有点发黄。选择菜单命令 Effects/Color Correction/Hue/Saturation，设置 Master Hue 为“（0，8.0）”，Master Saturation 为“21”，如图 4.33 所示。

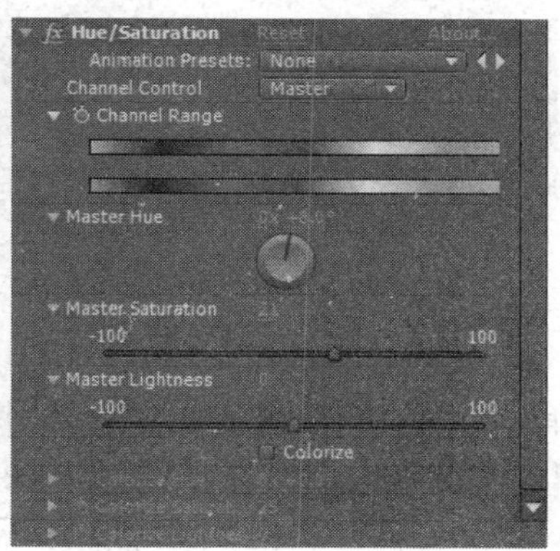

图 4.33　调“风景”层色彩饱和度

7．设置变亮模式

在时间线窗口中，打开“天空”层的显示。将“风景”层的 Normal（正常）模式设置为“Lighten”（变亮）模式，如图 4.34 所示。

图 4.34　设置“风景”层的变亮模式

8．天空层调色

现在看到的天空基本是白色的，首先需要调整天空蓝色调。选择菜单命令 Layer/New Solid（固态层），单击 Size，将 Color 设置为 RGB“(64，165，237)”，如图 4.35 所示。将固态层移动到“风景层”下面。

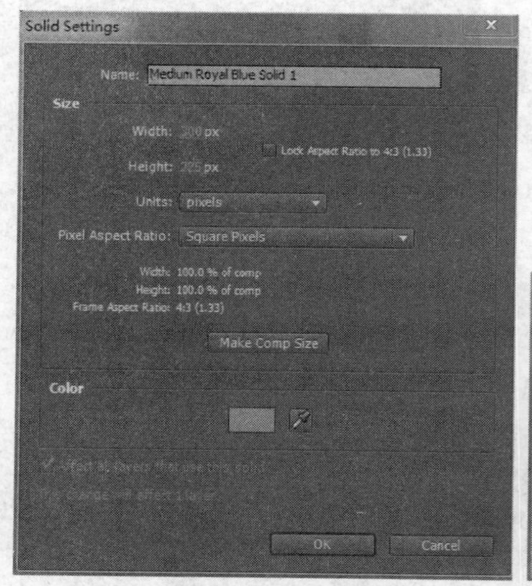

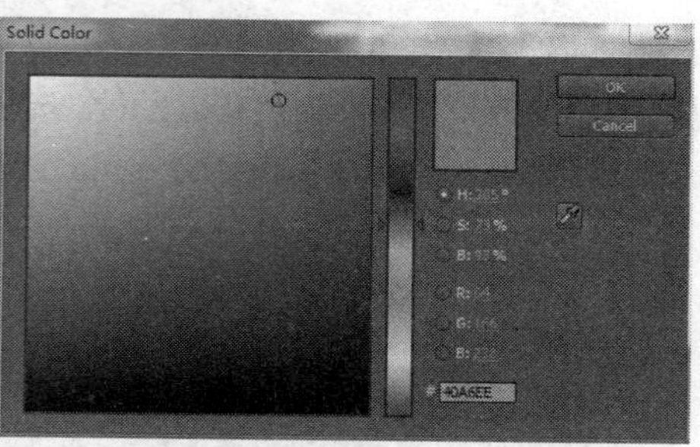

图 4.35　创建固态层，天空层为蓝色调

9．得到比较自然的蓝天背景

选择工具栏中的钢笔工具，在固态层上绘制一个新的 Mask，如图 4.36 所示。展开 Masks/Mask1 选项，设置 Mask Feather 羽化为“(38，38)”，在 Mode 模式窗口，将固态层的 Normal（正常）模式改为“Multiply”（正片叠底）模式。这样就得到比较自然蓝天，如图 4.37 所示。

图 4.36　绘制固态层的 Mask

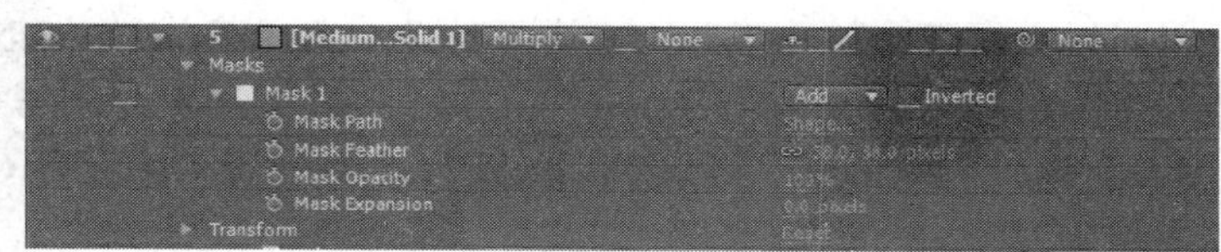

图 4.37　设置 Mask 的羽化效果和图层叠加的效果

10．增加天空立体感

选择菜单命令 Layer/New/Solid，将 Color 设置为“(236，236，236)”，将固态层移到“风景”层下面。选择工具栏中的矩形工具，在固态层上绘制一个新的 Mask，如图 4.38 所示。展开 Masks/Mask1 选项，设置 Mask Feather（遮罩羽化）为“(400.0，400.0)”，展开 Transform 选项，设置 Opacity（透明度）选项为“25%”，在 Mode 模式窗口，将固态层的 Normal（正常）模式改为“Add（加）”模式。这样就得到更加立体的天空。

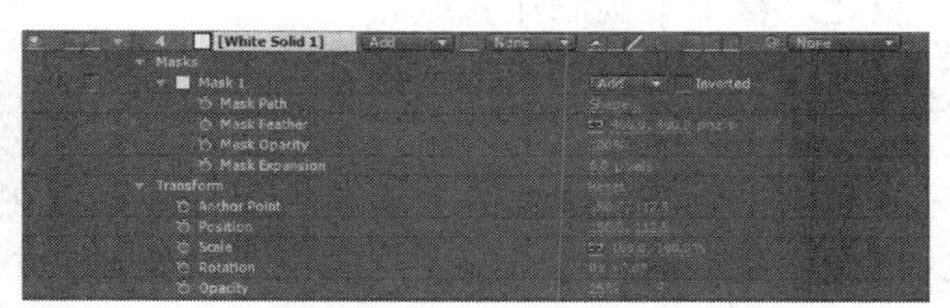

图 4.38　绘制固态层的 Mask 与设置羽化、图层叠加效果

11．突出画面的主体结构

选择菜单 Layer/New/Solid，将 Color 设置为“黑色”，选择工具栏中的椭圆形绘制工具，在固态层上绘制一个新的 Mask，再配合使用和工具，对 Mask 进行适当调整，如图 4.39 所示。展开 Masks/Mask1 选项，勾选“Inverted（反转）”选项，设置 Mask Feather（遮罩羽化）为“(300.0，300.0)”，展开 Transform 选项，设置 Opacity（透明度）选项为“38%”，这

样就将影响视觉的部分遮盖了。

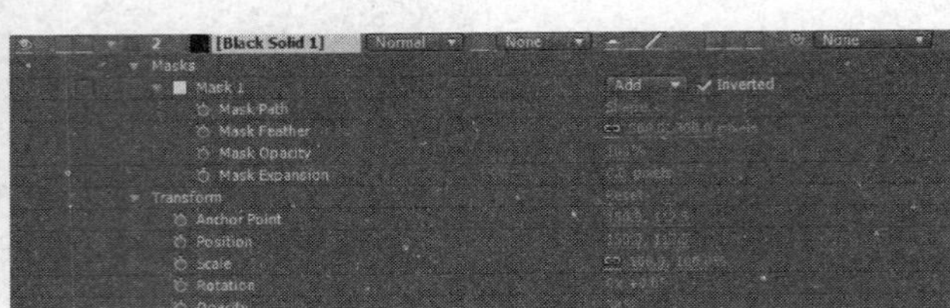

图 4.39　绘制固态层的 Mask 与设置羽化、图层叠加效果

12．让画面更通透

对以上压下去的一部分天空进行处理，选择菜单 Layer/New/Solid，将 Color 设置为“白色”，选择工具栏中的椭圆形绘制工具，在固态层上绘制一个新的 Mask，设置 Mask Feather（遮罩羽化）为“(200.0，200.0)”，展开 Transform 选项，设置 Opacity（透明度）选项为“25%”，如图 4.40 所示。

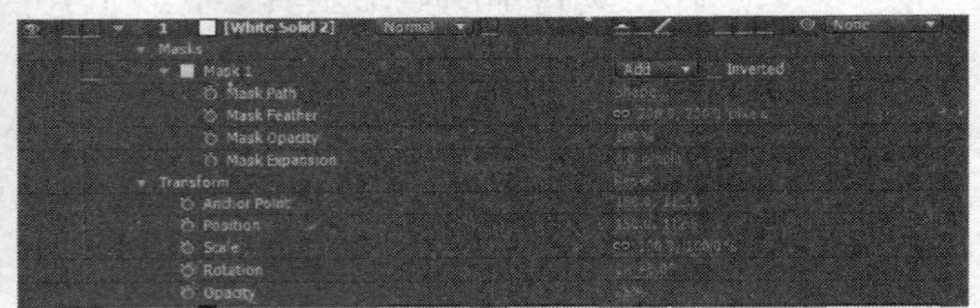

图 4.40　绘制固态层的 Mask 与设置羽化、图层叠加效果

至此，整个案例制作完成。

4.4.3　小结

本案例主要学习观察并分析调色图片，重点在于多种固态层的叠加，对色彩亮度、饱和度的把握，最后能够将一幅图片的色彩调整到一个较好的效果。

4.4.4　举一反三案例训练

本案例主要训练分析图片色彩，将图片中的天空和景物体分开，调整色彩、亮度、饱和度，并将整体图片色彩调到较好效果。主要制作过程如下。

1．创建合成

运行 Adobe After Effects CS4 软件，在项目窗口中空白处双击，导入素材“调色图片训练.jpg”，选择并将其拖放到项目窗口下方的按钮，创建一个新的合成，这样所创建的合

成是根据图像的尺寸创建的，使图像尺寸正好符合合成的大小。选择菜单命令 File/Save（“Ctrl+S”组合键），保存项目文件，命名为“调色图片训练”。

2．分析素材

图片显得很灰暗，整个景物好像蒙上一层灰色，而且天空也变得很灰暗，整个画面层次感不够。画面的整体分为两个部分，一部分是天空，另一部分是景物，需要将它们分开调整。

3．复制图层

图片复制一层，将图片风景与天空剥离。选择“调色图片训练.jpg”层，按“Enter”键将其命名为“天空”层。选择菜单命令 Edit/Duplicate（复制）或按“Ctrl+D”组合键将图片复制一层，按“Enter”键将其命名为“景物”。

4．分离图层

建筑与天空分离后，单独进行调色。在时间线窗口中关闭“天空”层的显示。选择“景物”层，选择菜单命令 Effect/Keying/Color Key（色键），设置 Key Color 为 RGB“（223，226，241）”，Color Tolerance 为“64”，Edge Feather 为“5.0”。这样天空已基本被去除，只剩下风景本身了，如图 4.41 所示。

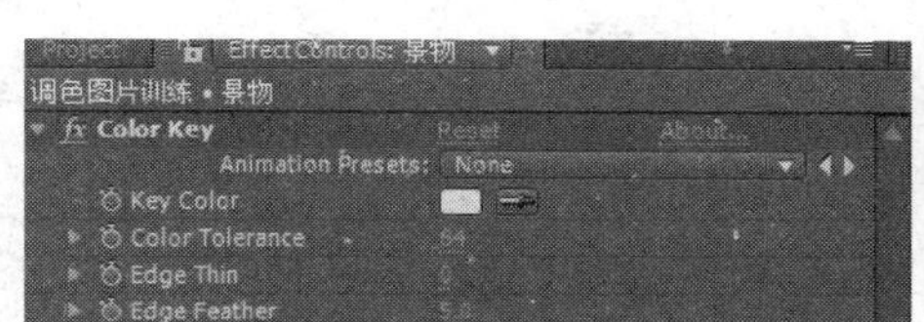

图 4.41　分离“景物”层与“天空”层

5．调整色阶

将“景物”层调亮一点，调整该层色阶。选择菜单命令 Effects/Color Correction/Leves，设置 Input White 为“190.0”，Gamma 为“1.42”，如图 4.42 所示。

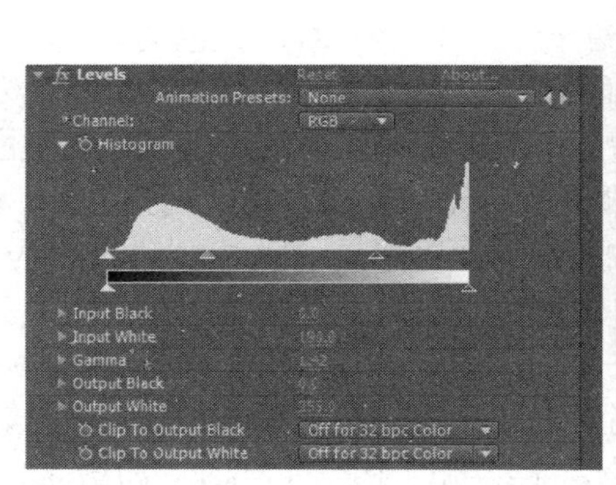

图 4.42　调亮“景物”层

6．调整图片色彩饱和度

通过观察图片效果，图片颜色有点发黄。选择菜单命令 Effects/Color Correction/Hue/Saturation，设置 Master Hue 为“(0，7.0)”，Master Saturation 为“22”，如图 4.43 所示。

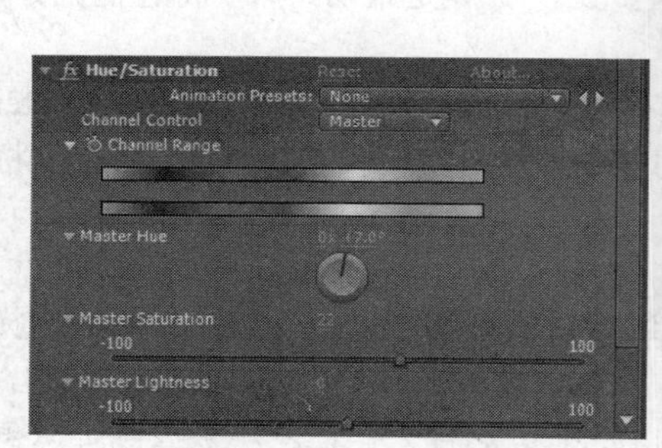

图 4.43　调“风景”层色彩饱和度

7．设置模式

在时间线窗口中，打开“天空”层的显示。将“景物”层的 Normal（正常）模式设置为“Lighten”（变亮）模式，如图 4.44 所示。

图 4.44　设置“景物”层的变亮模式

8．调色

天空层调色，得到比较自然的蓝天背景。现在看到的天空基本是白色的，首先需要调整天空蓝色调。选择菜单命令 Layer/New Solid（固态层），单击 Size，将 Color 设置为 RGB“(64，165，237)”，并将固态层移动到“景物”层下面。选择工具栏中的钢笔工具，在固态层上绘制一个新的 Mask，如图 4.45 所示。展开 Masks/Mask1 选项，设置 Mask Feather 羽化为（38，38），在 Mode 模式窗口，将固态层的 Normal（正常）模式改为 Multiply（正片叠底）模式。这样就得到比较自然蓝天，如图 4.46 所示。

9．增加天空立体感

选择菜单命令 Layer/New/Solid，将 Color 设置为“(236，236，236)”，将固态层移到“景物”层下面。选择工具栏中的矩形工具，在固态层上绘制一个新的 Mask，如图 4.47 所示。展开 Masks/Mask1 选项，设置 Mask Feather（遮罩羽化）为“(400.0,400.0)”。展开 Transform

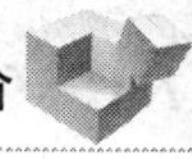

选项，设置 Opacity（透明度）选项为“25%”，在 Mode 模式窗口，将固态层的 Normal（正常）模式改为“Add”（加）模式。这样就得到更加立体的天空。

图 4.45　绘制固态层的 Mask

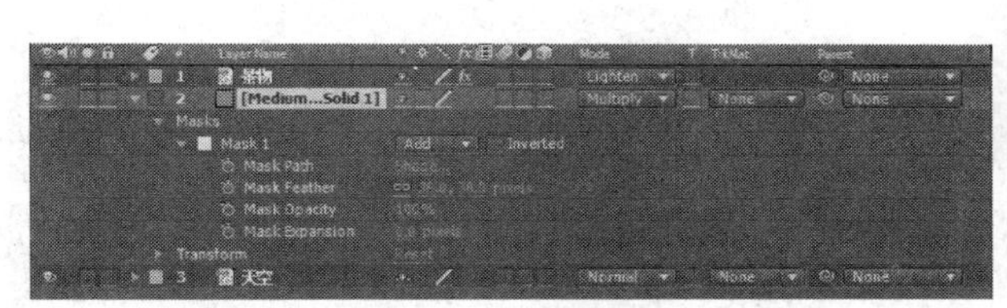

图 4.46　设置 Mask 的羽化效果和图层叠加的效果

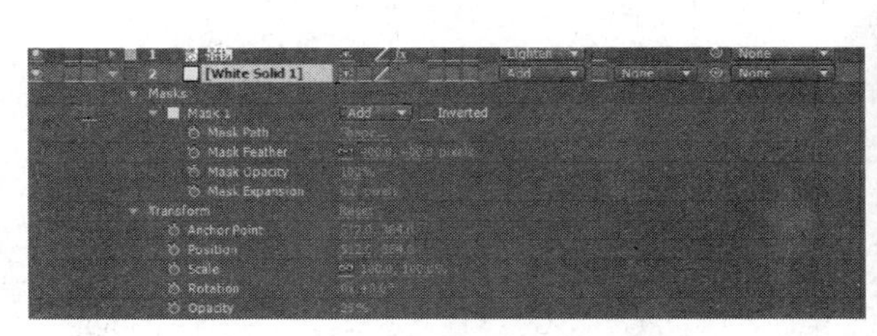

图 4.47　绘制固态层的 Mask 与设置羽化、图层叠加效果

10．突出画面的主体结构

选择菜单 Layer/New/Solid，将 Color 设置为“黑色”，选择工具栏中的椭圆形绘制工具，在固态层上绘制一个新的 Mask，再配合使用和工具，对 Mask 进行适当调整，如图 4.48 所示。展开 Masks/Mask1 选项，勾选“Inverted（反转）”选项，设置 Mask Feather（遮罩羽化）为“（300.0，300.0）”，展开 Transform 选项，设置 Opacity（透明度）选项为“38%”，这样就将影响视觉的部分遮盖了。

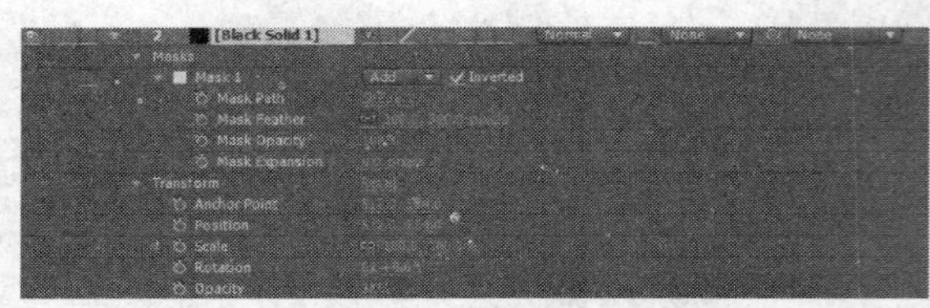

图 4.48 绘制固态层的 Mask 与设置羽化、图层叠加效果

11．让画面更通透

对以上压下去的一部分天空进行处理，选择菜单 Layer/New/Solid，将 Color 设置为“白色”，选择工具栏中的椭圆形绘制工具，在固态层上绘制一个新的 Mask，设置 Mask Feather（遮罩羽化）为“(200.0，200.0)”，展开 Transform 选项，设置 Opacity（透明度）选项为“25%”，如图 4.49 所示。

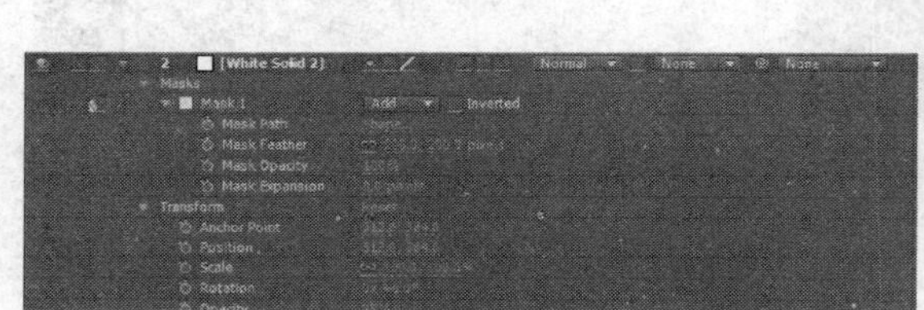

图 4.49 绘制固态层的 Mask 与设置羽化、图层叠加效果

至此，整个项目制作完成。比较图片处理前后效果如图 4.50 所示。

图 4.50 比较图片处理前后的效果

4.5　案例五　绚丽动画特效

4.5.1　案例描述与分析

本案例主要结合 Fractal Noise 特效、Polar Coordinates 特效和 Hue/Saturation 特效来制作出奥运光环，并通过对 Transform 卷展栏中各项的数值的设置来实现光环的动画效果。主要制作过程如下。

① 结合 Fractal Noise 特效、Polar Coordinates 特效制作奥运圆环的形状。

② 结合 Hue/Saturation 特效和矩形遮罩为奥运圆环上色。

③ 打开图层的三维开关，为 Position（位移）、Scale（缩放比例）和 Orientation（方向）选项打上关键帧控制光环的移动。

④ 输入文本并为其添加 Drop Shadow 特效和 Bevel Alpha 特效制作立体文本的效果。

案例实现最终效果如图 4.51 所示。

图 4.51　最终效果

4.5.2　案例训练

1．新建“circle”合成

（1）新建“circle”合成，导入素材

打开 After Effects 软件，选择 Composition/New Composition 命令，并将其命名为 circle，如图 4.52 所示。选择 File/Import/File，从指定目录导入素材“背景.jpg”。

（2）新建“circle”固态层

设置背景颜色为“黑色”，其他参数如图 4.53 所示。

（3）为“circle”固态层添加噪波特效

选中“circle”固态层，选择 Effect/Noise&Grain/Fractal Noise 命令，添加噪波特效，在 Fractal Type 下拉列表框中选择“Turbulent Smooth”选项，在 Noise Type 下拉列表框中选择“Soft Linear”选项，展开 Transform 卷展栏。取消对“Uniform Scaling”复选框的选择，设置 Scale Width 选项的数值为“10000”，设置 Scale Height 选项的数值为“22”，设置 Offset Turbule 选项的数值为“（180，144）”，设置 Complexity 选项的数值为“4”，设置 Evolution 选项的数值为“340”，如图 4.54 所示。

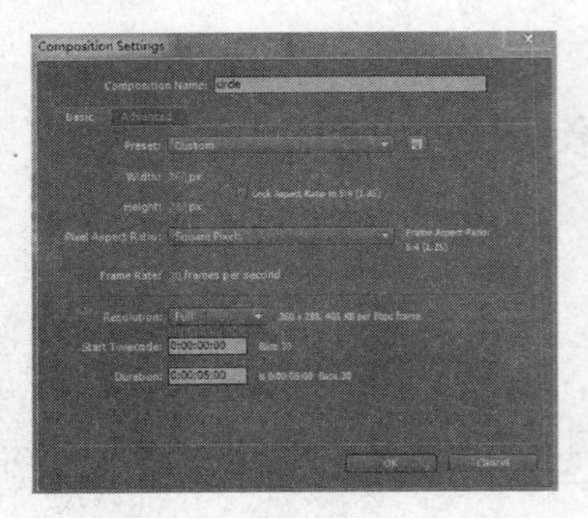

图 4.52　新建“circle”合成

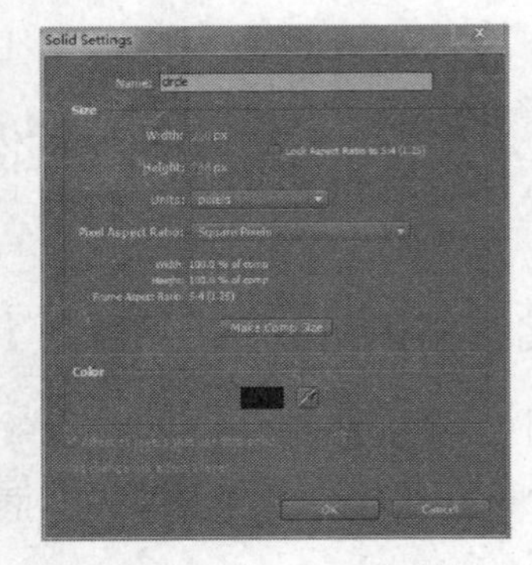

图 4.53　新建“circle”固态层

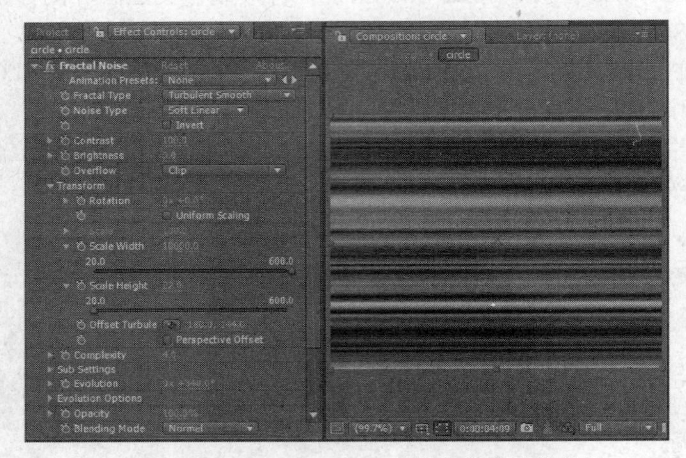

图 4.54　设置 Fractal Noise 特效的数值及其效果

（4）“circle”层绘制矩形遮罩

在工具箱中选择“矩形选框工具”，然后在 Composition 窗口中绘制一个矩形，展开 Masks 卷展栏，设置 Mask1 的 Mask Feather 选项的数值为“(100，0)”，表示值为其应用横向的模糊效果，如图 4.55 所示。

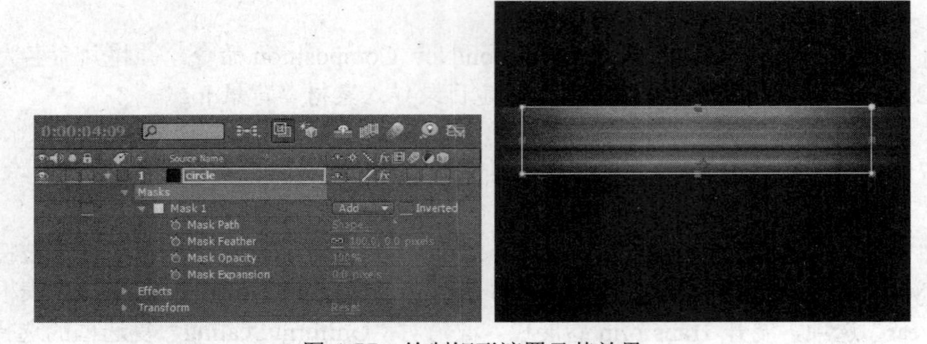

图 4.55　绘制矩形遮罩及其效果

（5）为“circle”添加 Polar Coondinates 特效

选择 Effect/Distort/Coondinates 命令，设置 Interpolation 选项的数值为“100%”，在 Type of

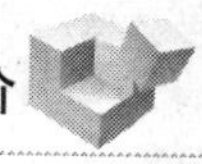

Conversion 下拉列表框中选择“Rect to Polar”选项，此时矩形长条自动变为了环形，如图 4.56 所示。

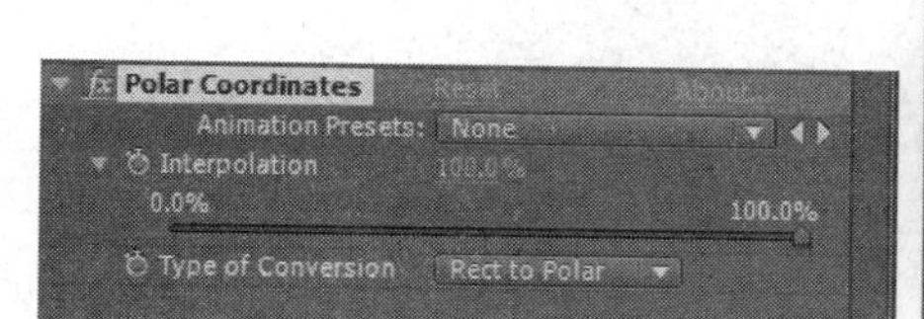

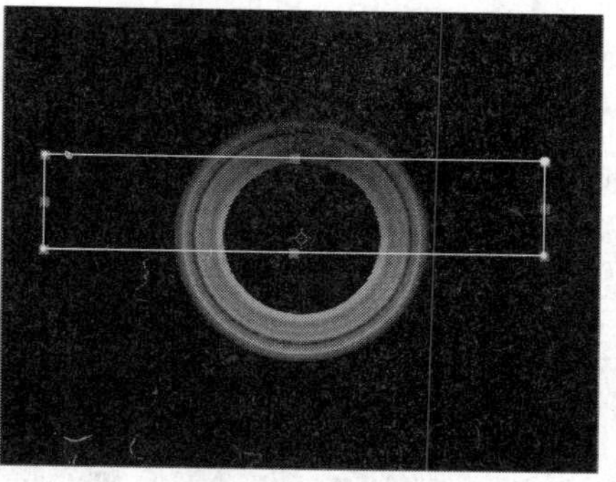

图 4.56　添加 Polar Coondinates 特效及其效果

2．新建 5 个合成，并添加 Hue Saturation 特效

（1）新建 5 个合成

分 5 次选择 Composition/New Composition 命令，弹出 Composition Settings 对话框，设置尺寸为“360×288”，时间长度为“5 秒”，依次将其命名为“red”、“green”、“black”、“yellow”，单击按钮保存设置。

（2）打开 red 合成并添加特效

在 Project（项目）窗口中双击“red”合成将其打开，将前面制作的“circle”合成拖入其中，在工具栏中选择“椭圆形工具”，按住“Shift”键的同时绘制一个圆形 Mask，在 Mask1 右侧的下拉列表框中选择“Subtract”选项。选择 Effect/Color Correction/Hue Saturation 命令，选择“Colorize”复选框，设置 Colorize Saturation 选项的数值为“100”，在 Effect Controls 面板中设置参数与效果，如图 4.57 所示。

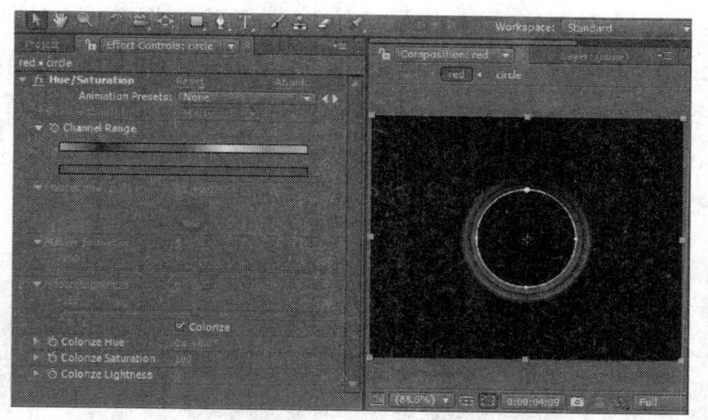

图 4.57　在 red 合成中 Hue Saturation 特效设置参数与效果

（3）打开 yellow 合成并添加特效

在 Project（项目）窗口中双击“yellow”合成将其打开，将前面制作的“circle”合成拖入其中，同样按住“Shift”键的同时绘制一个圆形 Mask，在 Mask1 右侧的下拉列表框中选择“Subtract”选项。选择 Effect/Color Correction/Hue Saturation 命令，在 Effect Controls 面板中设置参数与效果，如图 4.58 所示。

（4）打开 green 合成并添加特效

在 Project（项目）窗口中双击“green”合成将其打开，将前面制作的“circle”合成拖入其中，同样按住“Shift”键的同时绘制一个圆形 Mask，在 Mask 1 右侧的下拉列表框中选择“Subtract”选项。选择 Effect/Color Correction/Hue Saturation 命令，选择“Colorize”复选框，设置 Colorize Saturation 选项的数值为“100”，设置 Colorize Hue 选项的数值为“82”。在 Effect Controls 面板中设置参数与效果，如图 4.59 所示。

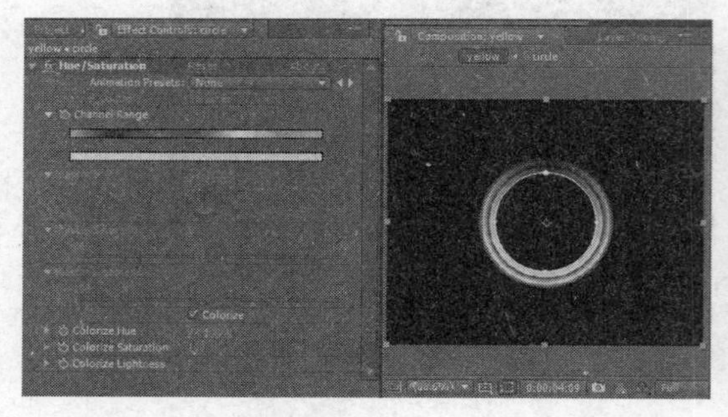

图 4.58　在 yellow 合成中 Hue Saturation 特效设置参数与效果

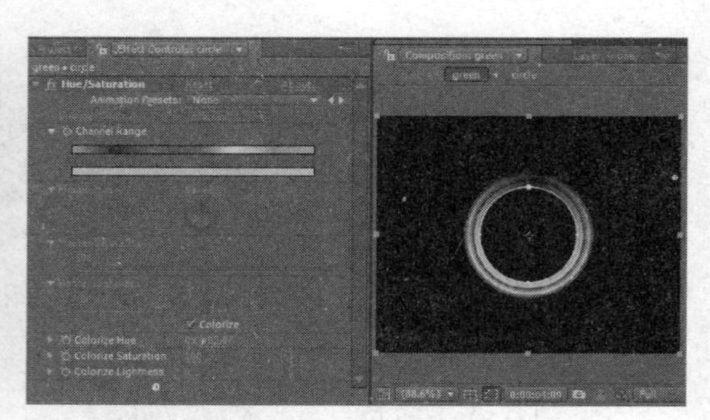

图 4.59　在 green 合成中 Hue Saturation 特效设置参数与效果

（5）打开 blue 合成并添加特效

在 Project（项目）窗口中双击“blue”合成将其打开，将前面制作的“circle”合成拖入其中，同样按住“Shift”键的同时绘制一个圆形 Mask，在 Mask 1 右侧的下拉列表框中选择“Subtract”选项。选择 Effect/Color Correction/Hue Saturation 命令，选择“Colorize”复选框，设置 Colorize Saturation 选项的数值为“100”，设置 Colorize Hue 选项的数值为“232”。在 Effect Controls 面板中设置参数与效果，如图 4.60 所示。

（6）打开 black 合成并添加特效

在 Project（项目）窗口中双击“black”合成将其打开，将前面制作的“circle”合成拖入其中，同样按住“Shift”键的同时绘制一个圆形 Mask，在 Mask 1 右侧的下拉列表框中选择“Subtract”选项。选择 Effect/Color Correction/Hue Saturation 命令，选择“Colorize”复选框，设置 Master Saturation 选项的数值为“−100”，设置 Master Hue 选项的数值为“−32”。在 Effect Controls 面板中设置参数与效果，如图 4.61 所示。

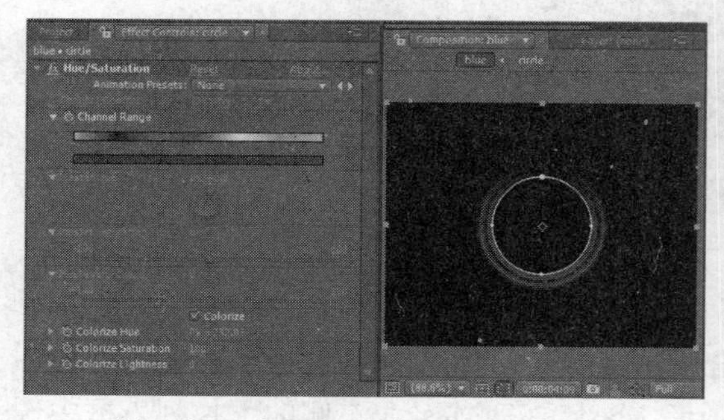

图 4.60　在 blue 合成中 Hue Saturation 特效设置参数与效果

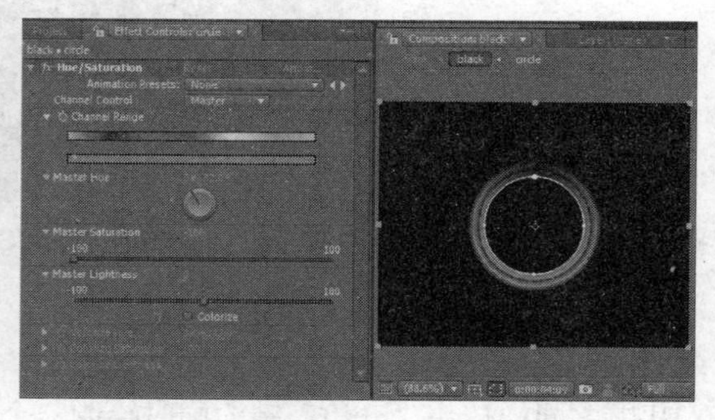

图 4.61　在 black 合成中 Hue Saturation 特效设置参数与效果

3．新建 Final 合成，实现最终效果

（1）新建 Final 合成，并导入素材

选择 Composition/New Composition 命令，弹出 Composition Settings 对话框，设置尺寸为“360×288”，时间长度为“5 秒”，将命名为“Fina”。将“背景.jpg”拖入 Timeline 时间线中。

（2）拖入合成

将上述 5 个合成拖入，设置 Transform 选项。依次将“red”、“green”、“black”、“yellow”和“blue”合成拖入新建的 final 合成窗口中，打开它们的三维开关，如图 4.62 所示。

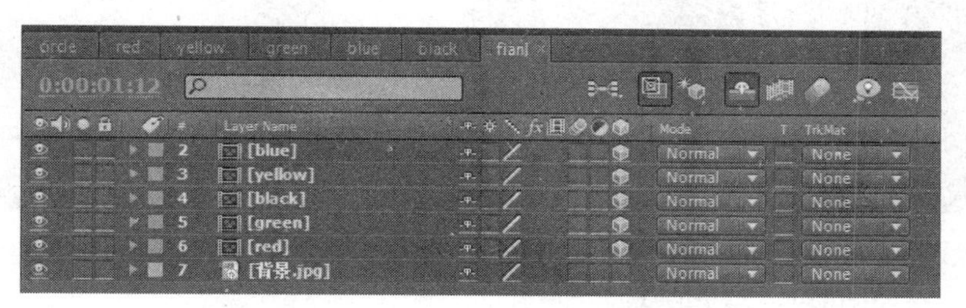

图 4.62　将合成拖入 final 合成窗口中并排列

（3）对 5 个合成设置关键帧

将时间指示器移动到 0 秒的位置，设置 blue 层至 red 层的 Position（位移）选项，Scale（缩放比例）选项和 Orientation（方向）选项的数值，并为这几项打上关键帧，如图 4.63 所示。

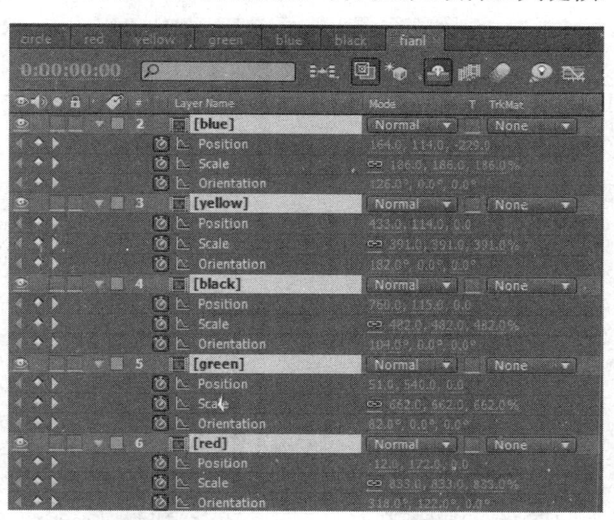

图 4.63　设置 0 秒各图层的 Position、Scale 和 Orientation 选项的数值

将时间指示器移动到 2 秒 15 帧的位置，设置 blue 层至 red 层的 Position（位移）选项，Scale（缩放比例）选项和 Orientation（方向）选项的数值，并为这几项打上关键帧，如图 4.64 所示。

（4）添加文本“百年梦想”

在工具箱中选择“文本工具”，输入文本“百年梦想”，设置起始位置 2 秒 15 帧，设置参数如图 4.65 所示。

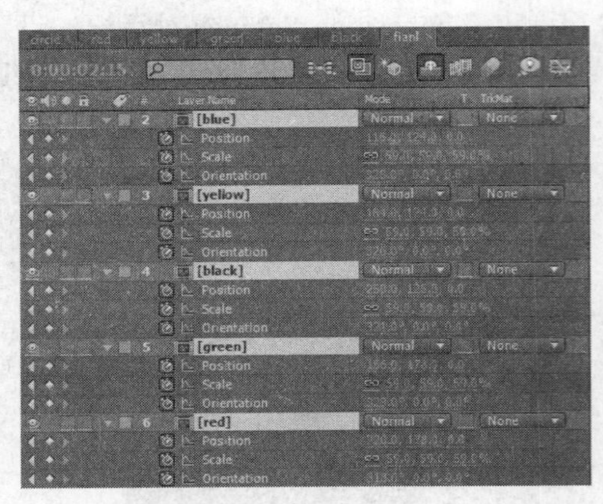

图 4.64　设置 2 秒 15 帧各图层的 Position、Scale 和 Orientation 选项的数值

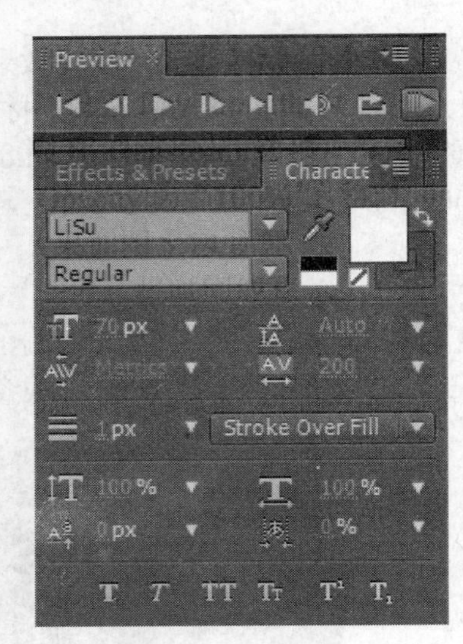

图 4.65　设置 Character 面板

（5）为文本添加特效

选择 Effect/Perspective/Drop Shadow 命令和 Effect/Perspective/Bevel Alpha 命令，设置 Edge Thickness 选项的数值为“3.4”，设置 Light Intensity 选项的数值为“0.66”，设置 Softness 选项的数值为“5”，设置参数如图 4.66 所示。

将时间指示器移动到 2 秒 15 帧的位置，选择 Effect/Blur&Sharpen/Radial Blur 命令，设置 Amount 选项的数值为“118”，并为此项打上关键帧；在 Type 下拉列表框中选择 Zoom 选项，在 Antialiasing 下拉列表框中选择 High 选项，如图 4.67 所示。将时间指示器移动到 4 秒的位置，设置 Amount 选项的数值为“0”。至此，完成整个案例动画的制作。

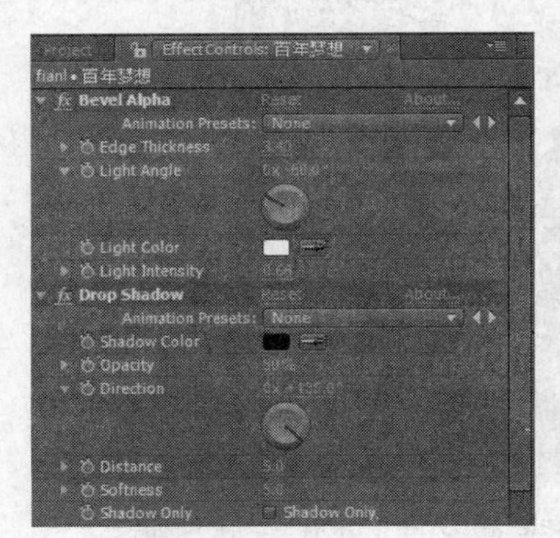

图 4.66　设置 Drop Shadow、Bevel Alpha 特效的数值

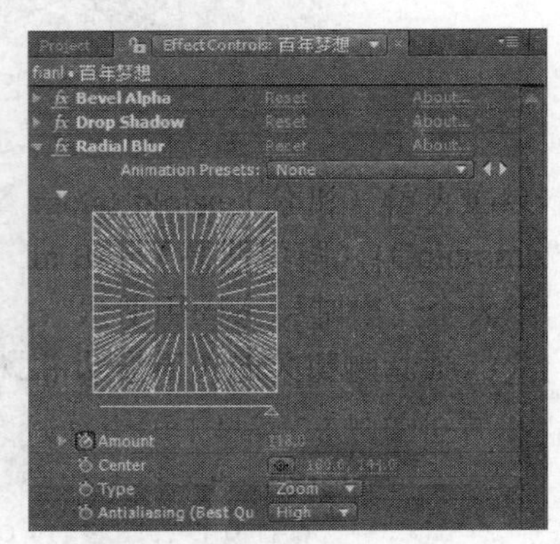

图 4.67　设置 Radial Blur 特效的数值

4.5.3　小结

本案例主要结合 Fractal Noise 特效、Polar Coordinates 特效和 Hue/Saturation 特效来制作出奥运光环，并通过对 Transform 卷展栏中各项的数值的设置来实现光环的动画效果。

4.5.4　举一反三案例训练

训练一：掌握 Warp（弯曲）、Basic 3D、Hue/Saturation（色相/饱和度）等特效让飘带产生空间效果。

主要制作过程：首先建立一个固态层，使用遮罩将固态层制作成条状，并为其设置动画，再使用 Warp（弯曲）变形工具制作飘带效果，Basic 3D 让飘带产生空间效果。使用 Hue/Saturation（色相/饱和度）特效设置不同的彩色飘带，使用调节层来制作飘带的合成动画，最后将这些动画视频进行合成，最终完成彩带舞动的效果。

1．制作渐变线条

（1）新建“飘带”合成

其参数设置如图 4.68 所示。选择菜单命令 File/Save（“Ctrl+S”组合键），保存项目文件，命名为“飘带”。

（2）添加 Ramp 渐变特效

选择菜单命令 Layer/New/Solid，新建一个固态层，设置 Width 为“720”，Height 为“576”，Color 为“白色”。选择菜单命令 Effect/Generate/Ramp 为该固态层添加一个渐变效果，这样固态层就会有黑白渐变的效果，其他保持默认值不变。

（3）绘制遮罩

选择工具面板中的钢笔工具，在固态层上绘制一个遮罩，可以配合使用选择并移动工具，选择一个点按键盘的方向键进行微调，如图 4.69 所示。

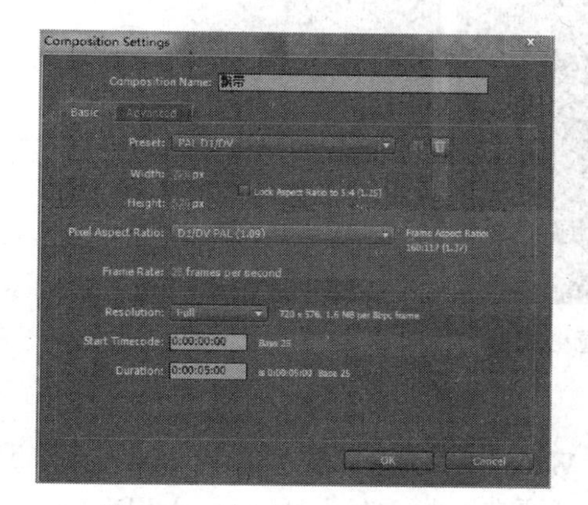

图 4.68　新建“飘带”合成

图 4.69　绘制一个遮罩

（4）设置关键帧

将时间线移动到第 1 秒的位置，展开固态层的 Masks/Mask1 选项，打开 Mask Shape（遮罩外形）前面的码表，在第 1 秒的位置插入一个空白关键帧，如图 4.70 所示。将时间线移动到第 0 帧的位置，使用工具面板中的选择移动工具，选择左下角的两个控制点，将它们移动到左上角的位置，与右上角的两个控制点重合，如图 4.71 所示。

按下键盘上的“0”键预览动画，彩条从右上角移动到左下角，这样基本上完成了彩带的制作，如图 4.72 所示。

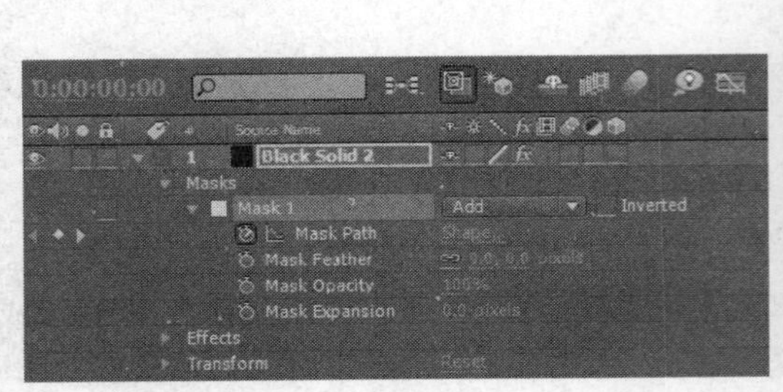

图 4.70　第 0 帧 Mask 参数设置及其效果

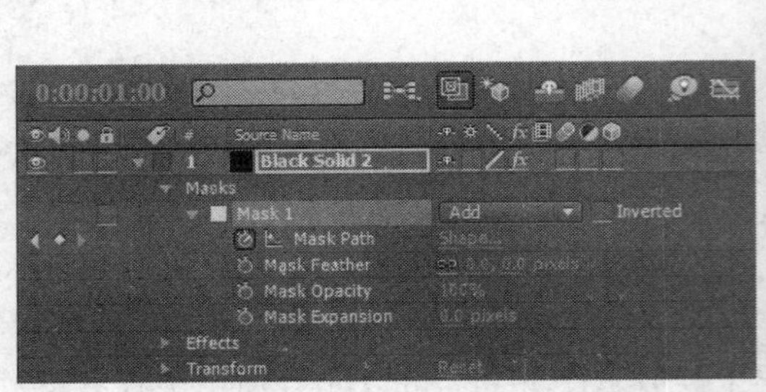

图 4.71　第 1 秒 Mask 参数设置及其效果

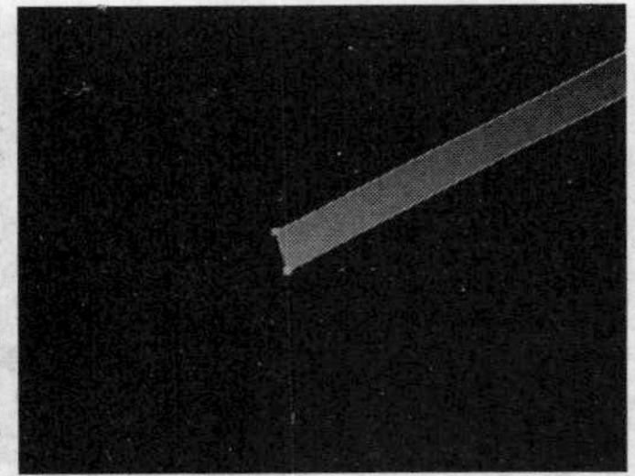

图 4.72　蒙版动画效果

（5）线条变形

选择菜单命令 Effect/Distort/Warp（弯曲），设置 Warp Style（弯曲类型）为“Arc（弧形）”，Warp Aric（弯曲轴）为“Horizontal（水平）”，Bend（弯曲）为“40”，Horizontal Distort（水平弯曲）为“−40”，Virical Distortion（垂直弯曲）为“15”。

2．制作彩色飘带

（1）新建“飘带 01”合成

参数设置与“飘带”合成相同。

（2）添加 3 个特效

在项目窗口选择“飘带 01”合成，将其拖放到时间线控制面板中，设置 Transform 选项的 Position 为“(646.2，256.0)”，Scale 为“(−90.0，−60.0)”，Rotation 为“(0.0，10.0)”。选择菜单命令 Effect/Distort/Warp，设置 Warp Style 为“Fish”，Bend 为“80”，Horizontal Distort（水平弯曲）为“100”。选择菜单命令 Effect/Perspective/ Basic 3D，设置 Tilt（倾斜）为“(0，

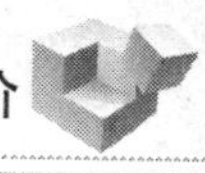

25.0)”，Distance to image（控制观察者与图像的距离）为“-50.0”。选择菜单命令 Effect/Color Correct/Hue& Saturation，选择 Colorize（色彩）选项，设置 Colorize Hue（色彩相位）为“(0，-70.0)”，Colorize Saturation 为“100”，Colorize Lightness 为“50”，这样刚刚制作的黑白线，经过 Hue/ Saturation 的调整，就制作了彩色飘带的效果，如图 4.73 所示。

Basic 3D 特效可以建立一个虚拟的三维空间，在三维空间中对对象进行操作。可以沿水平坐标或垂直坐标移动图层制作远近效果，同时，该效果可以建立一个增强亮度的镜子，反射旋转表面的光芒。

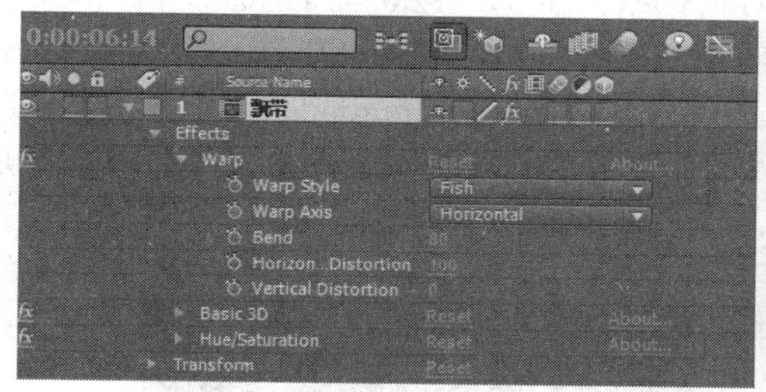

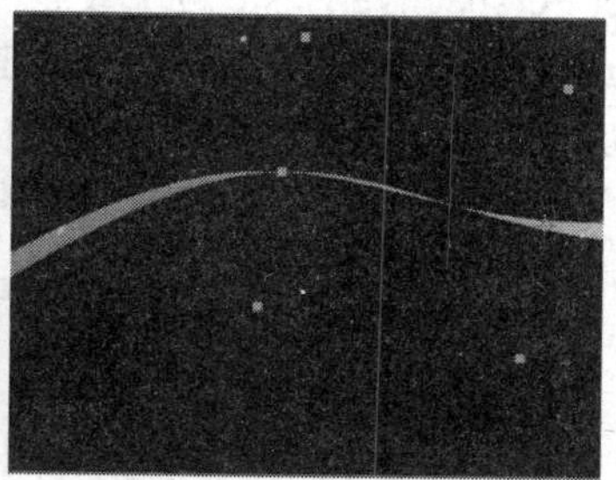

图 4.73　“飘带 01”合成添加 3 个特效后效果

以下是根据上面“飘带 01”彩色飘带的效果制作“飘带 02”、“飘带 03”、“飘带 04”，与上面的制作方法相同，不同的是参数上的变化。

（3）新建“飘带 02”合成

参数设置与“飘带”合成相同。

（4）添加 3 个特效

在项目窗口选择“飘带 02”合成，将其拖放到时间线控制面板中，设置 Transform 选项的 Position 为“(670.0，256.0)”。选择菜单命令 Effect/Distort/Warp，设置 Warp Style（弯曲类型）为“Fish”，Warp Axis（弯曲轴）为“Horizonta（水平）”，Bend 为“90”，Horizontal Distort（水平弯曲）为“100”，Vertical Distortion（垂直弯曲）为“-10”。选择命令菜单 Effect/Perspective/Basic 3D，设置 Tilt 为“(0，25.0)”，Distance to image（控制观察者与图像的距离）为“-60”。选择菜单命令 Effect/Color Correction/Hue/Stauration，选择 Colorize 选项，设置 Colorize Hue（色彩相位）为“(0，200.0)”，Colorize Stauration（色彩饱和度）为“100”，Colorize Lightness 为“50”。这样就制作了“飘带 02”彩色飘带的效果，如图 4.74 所示。

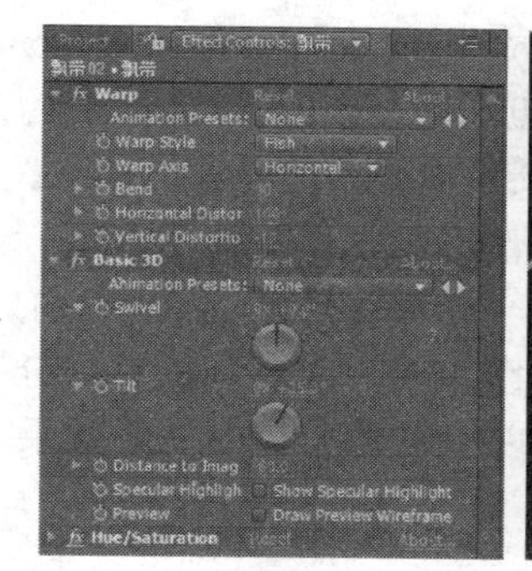

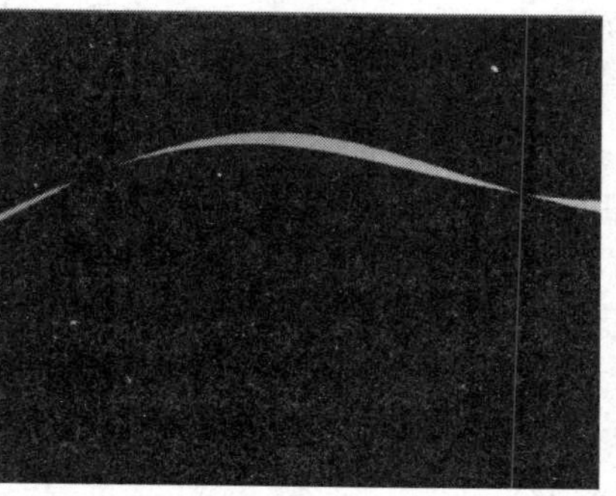

图 4.74　“飘带 02”合成添加 3 个特效后效果

（5）新建“飘带 03”合成

参数设置与“飘带”合成相同。

（6）添加 3 个特效

在项目窗口选择“飘带 03”合成，将其拖放到时间线控制面板中，设置 Transform 选项的 Position 为“(590.0，412.0)”，Scale 为“(100.0，50.0)”，Rotation 为“(0，20.0)”。选择菜单命令 Effect/Distort/Warp，设置 Warp Style 为“Fish”，Warp Axis 为“Horizontal”，Bend 为“-100”，Horizontal Distorrt 为“-65”，Vertical Distortion（垂直弯曲）为“20”。选择命令菜单 Effect/Perspective/Basic 3D，设置 Tilt（倾斜）为“(0，12.0)”，Distance to image 为“-50”。选择菜单命令 Effect/Color Correction/Hue&Stauration（色调&饱和度），选择“Colorize”选项，设置 Colorize Hue（色彩相位）为“(0，0.0)”，Colorize Stauration（色彩饱和度）为“100”，Colorize Lightness 为“20”。这样就制作了“飘带 03”彩色飘带的效果，如图 4.75 所示。

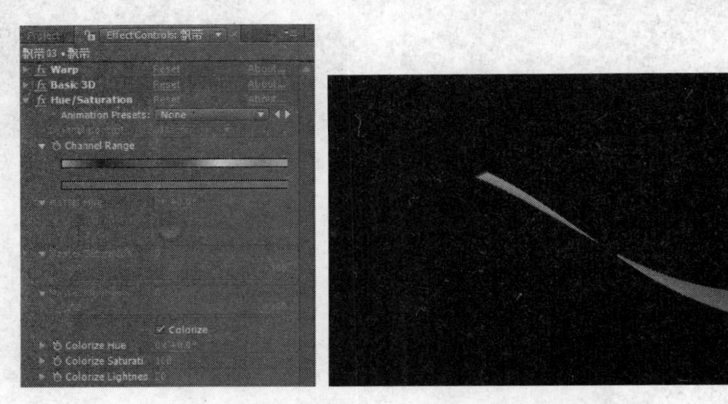

图 4.75 “飘带 03”合成添加 3 个特效后效果

（7）新建“飘带 04”合成

参数设置与“飘带”合成相同。

（8）添加 3 个特效

在项目窗口选择“飘带 04”合成，将其拖放到时间线控制面板中，设置设置 Transform 选项的 Position 为“(435.0，322.0)”，Scale 为“(-80.0,50.0)”，Rotation 为 (0，-13.0)。选择菜单命令 Effect/Distort/Warp，设置 Warp Style 为“Fish”，Warp Axis 为“Horizontal”，Bend 为“80”，Horizontal Distort 为“100”，Vertical Distortion 为“10”。选择菜单命令 Effect/Perspective/Basic 3D，设置 Tilt 为“(0，10.0)”，Distance to image 为“-55”。选择菜单命令 Effect/Color Correction/Hue&Stauration，选择 Colorize 选项，设置 Colorize Hue 为“(0，-300.0)”，Colorize Stauration 为“100”，Colorize Lightness 为“10”。这样就制作了“飘带 04”彩色飘带的效果，如图 4.76 所示。

提示：以上建立了 4 个飘带合成，只需要对飘带的色彩和变形角度进行改变，即可得到想要的结果。一般遇到这种情况时，可以通过建立了一个飘带合成，在项目窗口中按“Ctrl+D”组合键，将飘带复制 3 个，使用“Enter”键将它们修改成合成名称，然后分别将它们拖入时间线控制面板中，对其特效参数依次进行修改就可以得到本项目的最终效果。

3．制作飘带合成

（1）新建“飘带合成”

新建“飘带合成”，参数设置如图 4.77 所示。

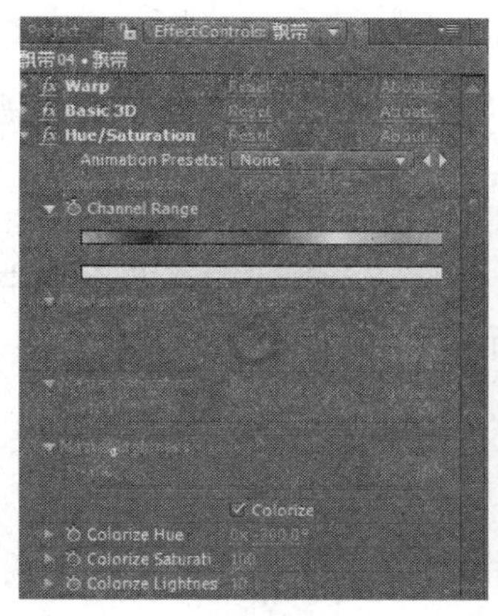

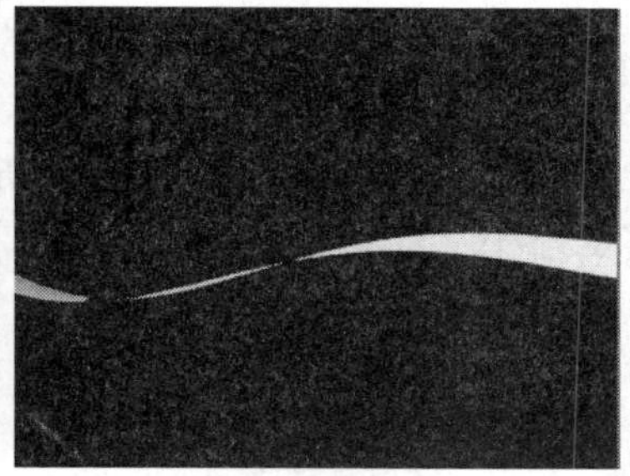

图 4.76　“飘带 04”合成添加 3 个特效后效果

（2）制作背景层

选择菜单命令 Layer/New/Solid，命名为“背景 01”，参数设置如图 4.78 所示。选择菜单命令 Layer/New/Solid，命名为“背景 02”，参数设置如图 4.79 所示。

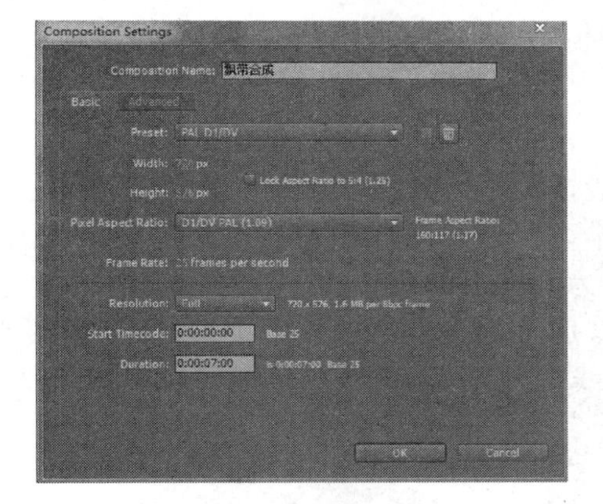

图 4.77　新建“飘带合成”

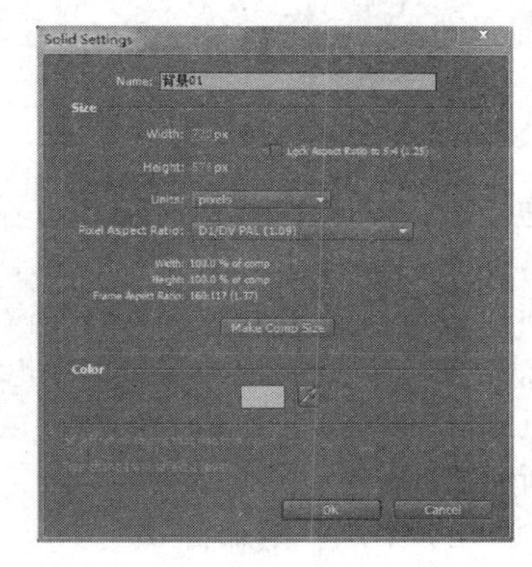

图 4.78　新建“背景 01”固态层

选择工具面板中的圆形工具，在“背景 02”图层上绘制蒙版，设置 Mask Feather 为“(400.0，400.0)”，效果如图 4.80 所示。

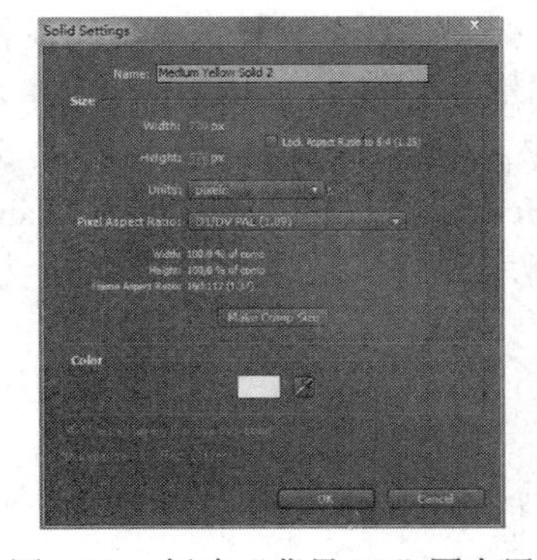

图 4.79　新建“背景 02”固态层

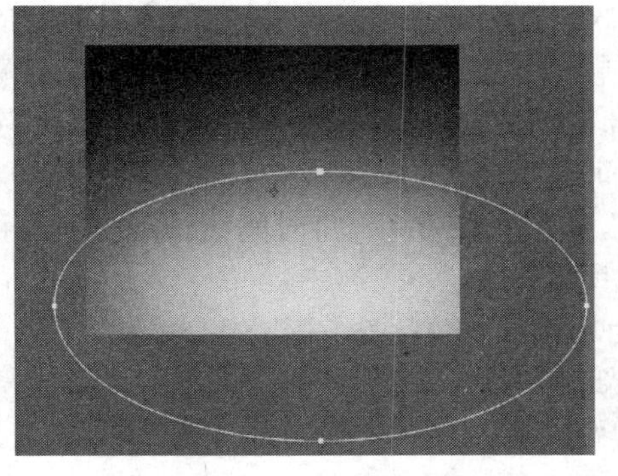

图 4.80　“背景 02”绘制蒙版效果

（3）制作以上 4 个飘带播放顺序

在项目窗口中，按“Ctrl”键将前面制作的“飘带 01”、“飘带 02”、“飘带 03”、“飘带 04”4 个合成选择，并将其拖入时间线控制面板中。观察时间线控制面板，发现所有的飘带都是同时出现的，需要使它们依次出现，使用工具面板中的选择并移动工具，拖动时间线滑杆，使“飘带 01”完全出现后，开始“飘带 02”的播放，依次完成几个飘带的播放，让它们首尾相接，这样 4 个线条依次出现，如图 4.81 所示。

图 4.81　调整图层位置及其效果

在拖动时间线进行预览时注意，在一般情况下，系统默认的是标准预览方式，这样预览非常慢，同时也会影响工作效率，通常可以通过降低预览品质来提高预览的速度，在预览窗口设置预览方式 Full（全分辨率）为 Quarter（四分之一分辨率）方式进行预览，这样拖动起来就会很流畅，同时也可以应用线框方式进行预览，选择菜单命令 Composition/ Preview/Wireframe Preview（线框预览），这样预览就可以以矩形框代替场景中的所有合成。

（4）新建调节层，添加特效

选择菜单命令 Layer/New/Adjustment Layer（调节层），通过对调节层添加效果来影响下面几个彩条合成，需要注意的是，此调节层必须在彩条的上层。选择菜单命令 Effect/Blur&Sharper/Blur（快速模糊），为调节层添加一个模糊效果，设置 Blur Dimentsions（模糊方式）为“Horizontal（水平）”，这样在水平方向上产生模糊，将时间线移动到第 2 秒第 24 帧的位置，即飘带全部出现的时候，打开 Blurriness（模糊效应）前面的码表，插入一个关键帧，将时间线移动到第 4 秒第 24 帧的位置，设置 Blurrinessyl 200。将模糊后的彩条制作成一个线条，选择菜单命令 Effect/Distort/Transform（变换），为调节层添加变换效果。取消“Uniform Scale”复选框的选择。将时间线移动到第 2 秒第 24 帧位置，打开 Scale Height 前面的码表，设置 Scale Height 为“100.0”，如图 4.82 所示。将时间线移动到第 4 秒第 24 帧的位置，设置 Scale Height 为“10.0”，如图 4.83 所示。

4．为场景添加文字金属字效果

（1）新建“文字”层

新建“文字”层，设置参数如图 4.84 所示。在项目窗口中，按“Ctrl”键将前面制作的“飘带合成”及固态层“背景 01”、“背景 02”拖入时间线控制面板中。

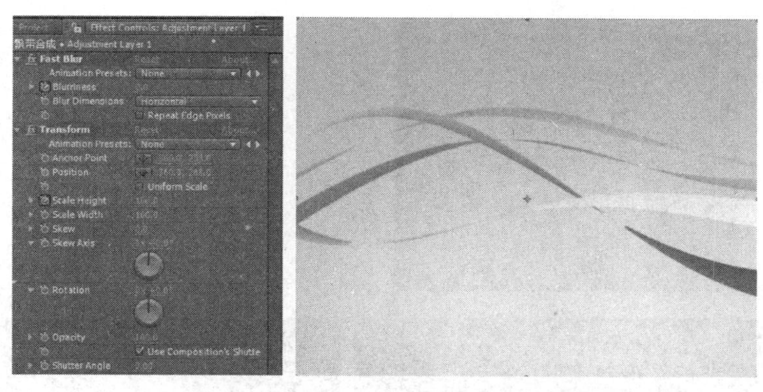

图 4.82　第 2 秒第 24 帧动画参数设置及其效果

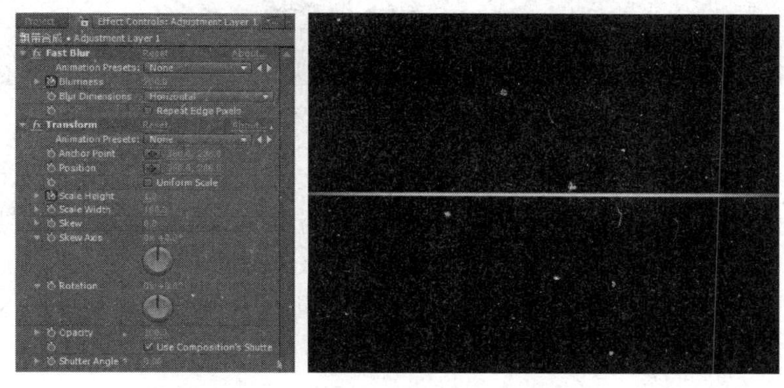

图 4.83　第 4 秒第 24 帧动画参数设置及其效果

（2）添加文字与效果

选择工具面板中的文字编辑工具，输入“After Effects”，添加文字层参数设置及其效果，如图 4.85 所示。

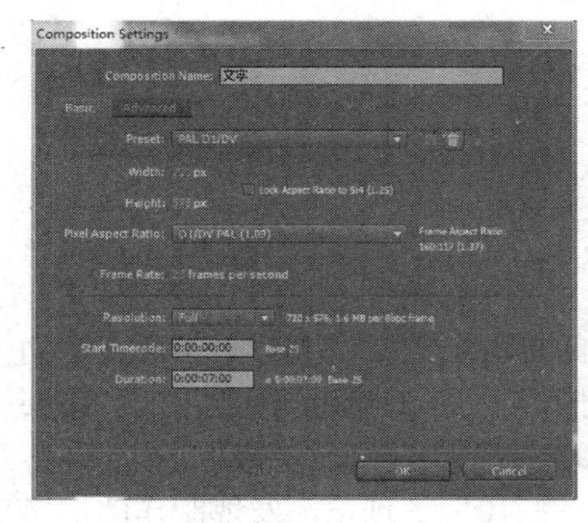

图 4.84　新建“文字”层

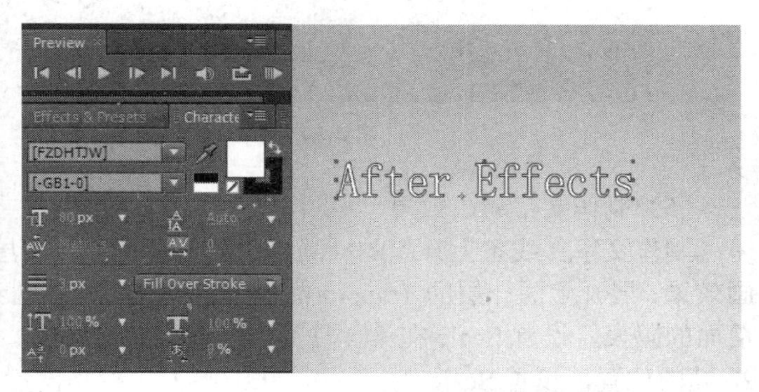

图 4.85　添加文字层参数设置及其效果

（3）为文字层添加 3 个特效，制作金属字效果

为“After Effects”文字层分别添加 Ramp、Bevel Alpha 和 Curves 效果，参数设置面板及效果如图 4.86 所示。

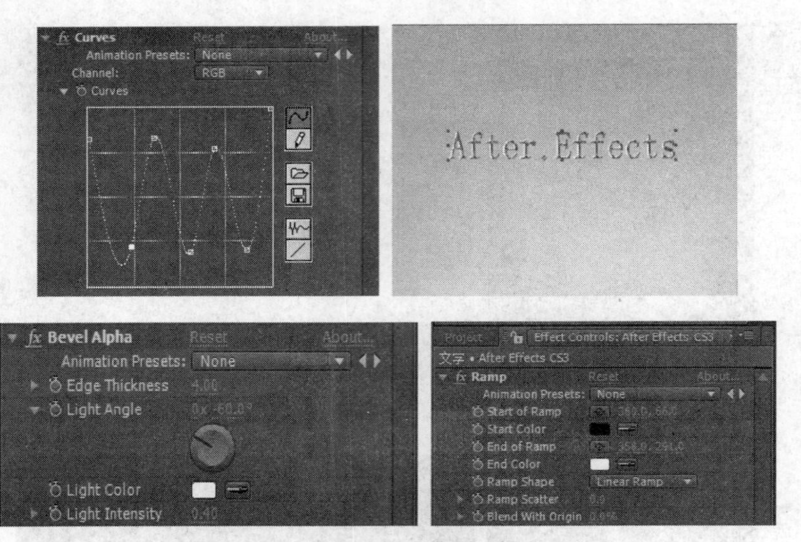

图 4.86　文字层添加 3 个特效设置参数及其效果

（4）制作文字的合影

选择文字层，按下“Ctrl+D”组合键，复制一个文字层，展开新复制的文字层的 Transform 选项，设置 Scale 为“（−100，100%）”，Rotation 为“（0，180.0）”，Opacity 为“40%”。对文字进行不等比例缩放时，需要断开 Scale 数值前面的链接，不然无论如何输入数值，都是进行等比例缩放，如图 4.87 所示。

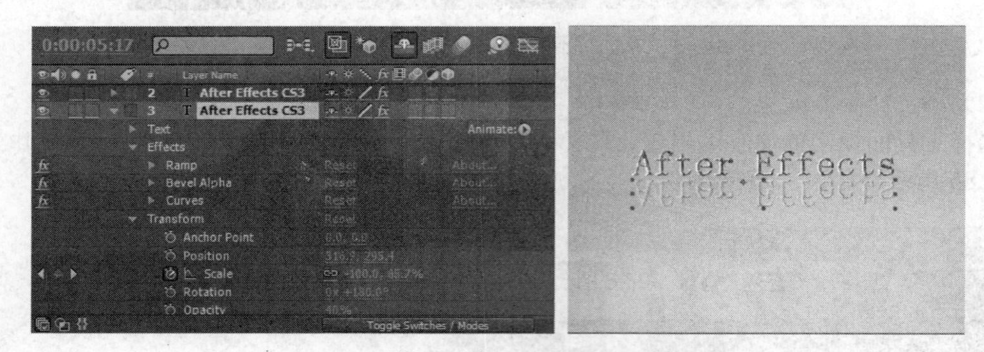

图 4.87　制作文字倒影参数设置及其效果

（5）制作文字动画效果

制作文字在线条上升起的动画，只要通过调整文字层的 Scale 关键帧参数来实现文字动画效果。展开上面一层的 Transform 选项，将时间线移动到第 4 秒第 24 帧的位置，打开 Scale 前面的码表，设置 Scale 在第 4 秒第 24 帧时为“（100.0，0.0%）”，将时间线移动到第 5 秒第 20 帧的位置，设置 Scale“（100.0，100.0%）”。按小键盘上的“0”键预览，发现制作的倒影没有跟随文字一起运动。下面还要对倒影进行动画关键帧参数的设置。选择被复制的文字层，展开下面文字的 Transform 选项，将时间线移动到第 4 秒第 24 帧的位置，打开 Scale 前面的码表，设置 Scale 在第 4 秒第 24 帧时为“（−100.0，0.0%）”，如图 4.88 所示。将时间线移动到第 5 秒第 20 帧的位置，设置 Scale 为“（−100.0，100.0%）”，如图 4.89 所示。

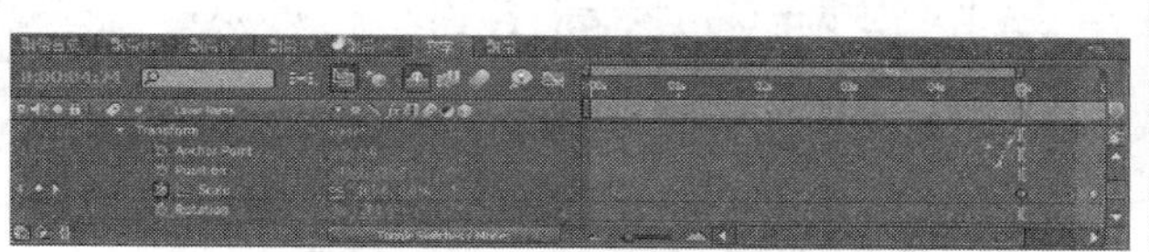

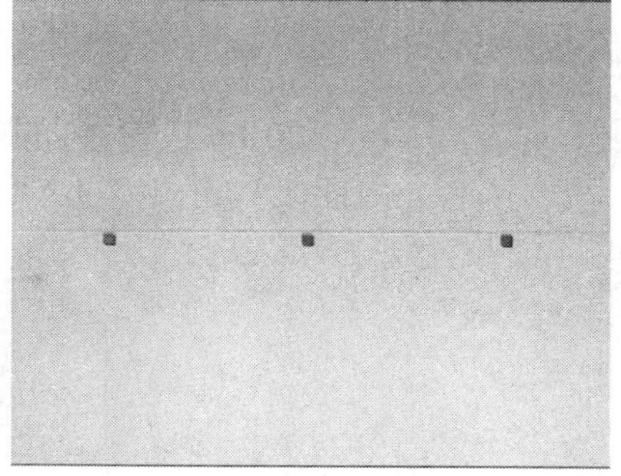

图 4.88　第 4 秒第 24 帧参数设置复制文字层动画及其效果

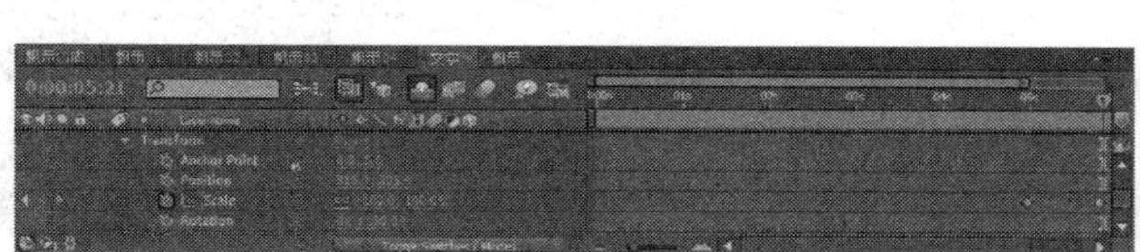

图 4.89　第 5 秒第 20 帧参数设置复制文字层动画及其效果

按小键盘上的“0”键预览，即可得到本训练的最终效果，如图 4.90 所示。

图 4.90　最终效果

本 章 小 结

色彩的合理搭配、适度地调整，能够体现一部作品的美感，增强了作品的欣赏价值。本章主要对 After Effects 中的一些色彩特效实现技术方法进行详细分析与讲解。通过本章的学习，学生可以了解 After Effects 中色彩的运用技巧，掌握各种色彩调整特效的应用，并能够灵活运用，做到举一反三，完成色彩特效综合训练。

第 5 章　仿真与抠像特效案例进阶

5.1　案例一　爆炸文字仿真

5.1.1　案例描述与分析

本案例主要学习使用 Shatter（碎片）特效、Ramp（渐变）特效、Shine（发光）特效等完成文字爆炸特效的制作。Shatter（碎片）特效可以对图像进行爆炸处理，使其产生文字爆炸飞散的效果，可以控制爆炸的位置、力量和半径等。制作过程是：先建立所需要的文字，再建立一个渐变层和一个文字参考层，然后再利用仿真特效将文字炸开，最后为突出效果创建一个光晕。

仿真爆炸文字效果如图 5.1 所示。

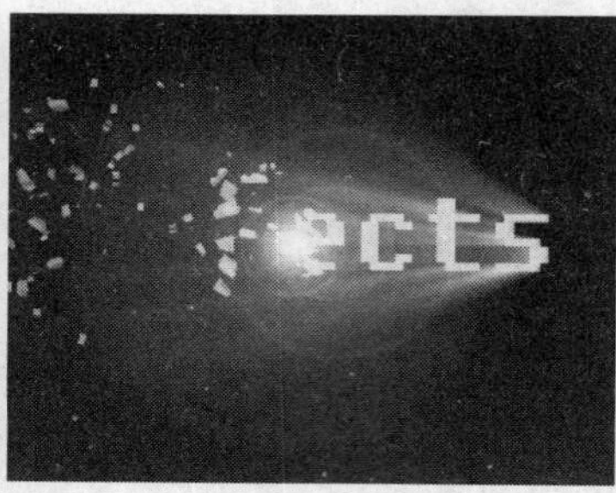
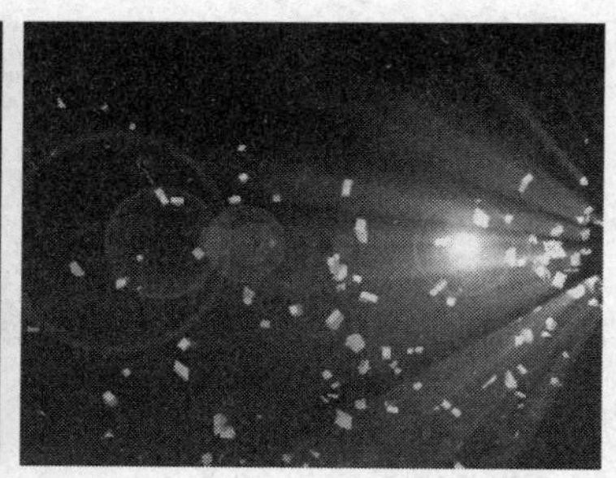

图 5.1　仿真爆炸文字效果

5.1.2　案例训练

1．新建合成

首先创建一个新的合成，如图 5.2 所示。

2．设置文字层参数

选择菜单命令 Layer/New/Text（文字），新建文字层，输入“Effects”，在 Character 面板中，将文字的颜色设置为“RGB（219，195，32）”，尺寸设为“160 px”，字体为“Fixedsys”，在 Paragraph 面板中将文字的对齐方式设为“居中”并将文字的 Position 值设为“（360，330）”，如图 5.3 所示。

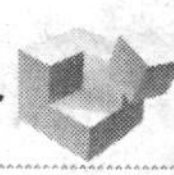

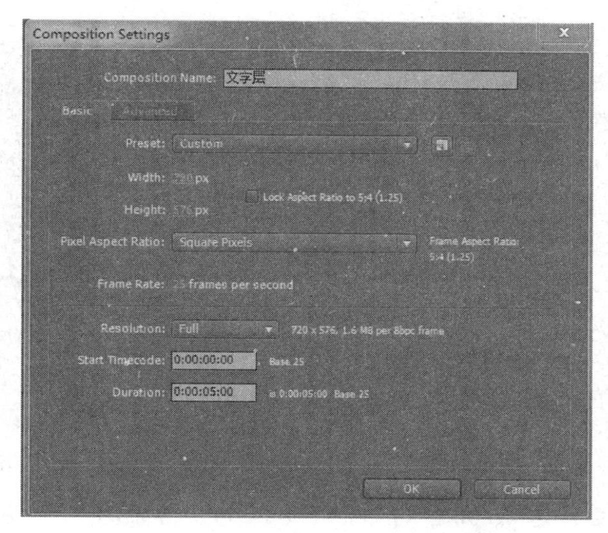

图 5.2　新建合成

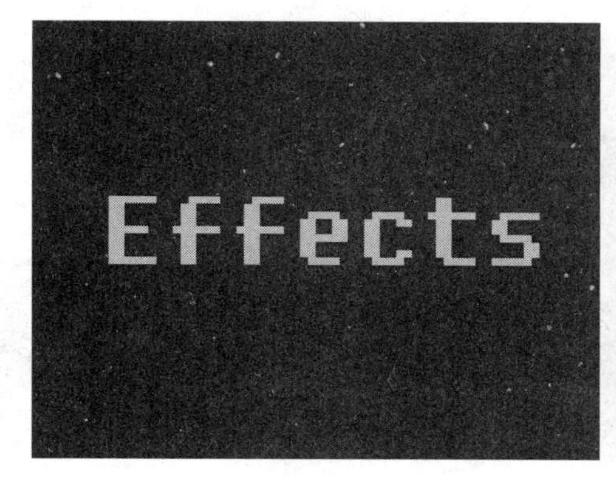

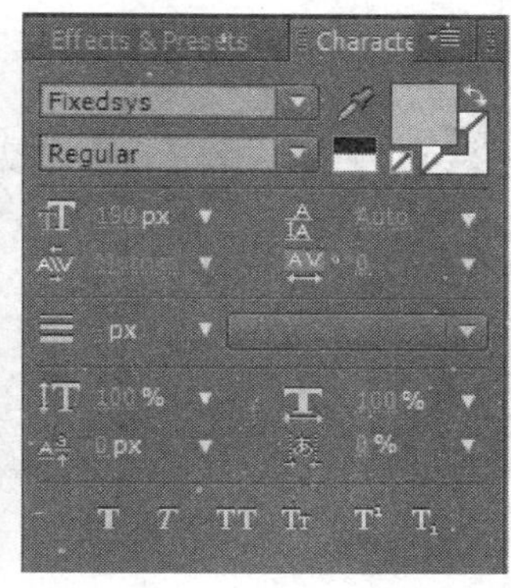

图 5. 3　创建文字层并进行相关设置

3．建立渐变层

新建一个合成，命名为“渐变层”，参数与“文字层”相同。选择菜单命令 Layer/New Solid，新建一个黑色的固态层，命名为“渐变”，选中该层添加渐变特效，执行 Effects/Generate/Ramp（渐变）命令，将 Start of Ramp 设为“（0.0，288.0）”，End of Ramp 设为“（720.0，288.0）”。

4．建立爆炸文字层

新建合成，命名为“爆炸文字”，参数与“文字层”相同。选择选择菜单命令 Layer/New Solid，新建一个黑色的固态层，命名为“背景”，选中该层添加渐变特效，执行 Effects/Generate/Ramp（渐变）命令，将 End Color 设为 RGB“（100，0，0）”，然后在 Project 窗口中，分别将“渐变层”、“文字层”依次拖放到“爆炸文字”的时间线中，并关闭“渐变层”的显示，如图 5.4 所示。

图 5.4　添加素材到“爆炸文字”合成中

5．制作爆炸特效

选择“文字”图层，选择菜单命令 Effects/Simulation/Shatter（爆炸），添加一个爆炸特效，将 View 设置为“Rendered”；展开 Shape 选项，将 Pattern 设为“Glass”，Repetitions 设为“50”；展开 Gradient 选项，将 Gradient Layer 设为渐变，勾选“Invert Gradient”，如图 5.5 所示。

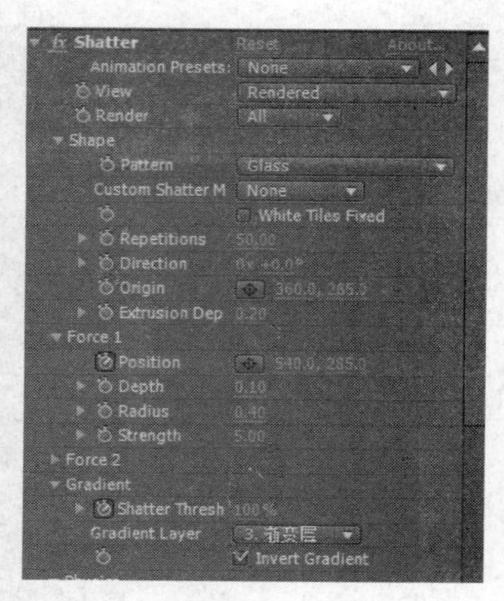

图 5.5　添加爆炸特效

6．设置爆炸特效关键帧

将时间移到 0 帧位置，分别打开 Force 下的“Position”，Gradient 下的“Shatter Threshold”，Physics 下的“Gravity”和 Gravity Direction 前面的码表，设置动画关键帧，Position 第 0 帧为“(115.0，285.0)”，第 2 秒为“(540.0，285.0)”；Shatter Threshod 第 0 帧为“0.00%”，第 2 秒为“100.00%”；Gravity 第 0 帧为“0.00”，第 2 秒为“5.00”；Gravity Direction 第 0 帧为“(1，0.0)”，第 2 秒为“(0，180)”，如图 5.6 所示。

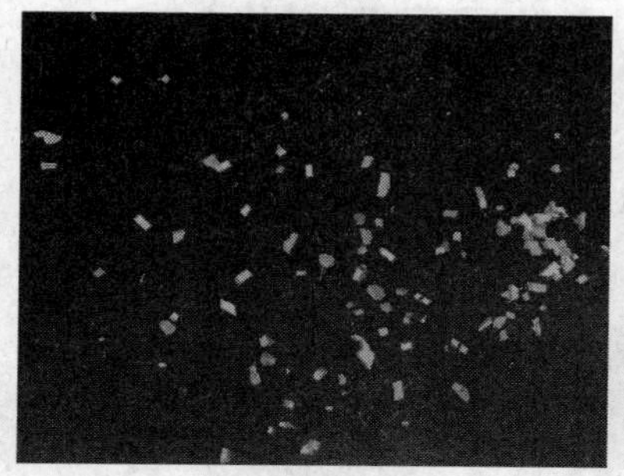

图 5.6　设置爆炸特效关键帧

7．添加光效

为增加爆炸的效果，需要为爆炸的碎片增加一个光效。确定“文字”层在激活状态，选择菜单命令 Effects/Trapcode/Shine（发光），添加一个发光特效。展开 Pre-porcess（预先处理），勾选“Use Mask（使用遮罩）”，将 Ray Length（光线长度）设置为“6.0”，Boost Light（提升光）设置为“2.0”；将 Colorize（彩色化）设置为“None”，Transfer Mode（叠加模式）设置为“Add”模式，如图 5.7 所示。

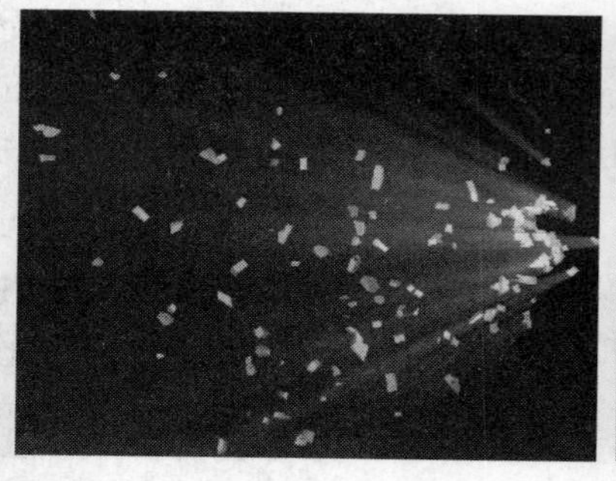

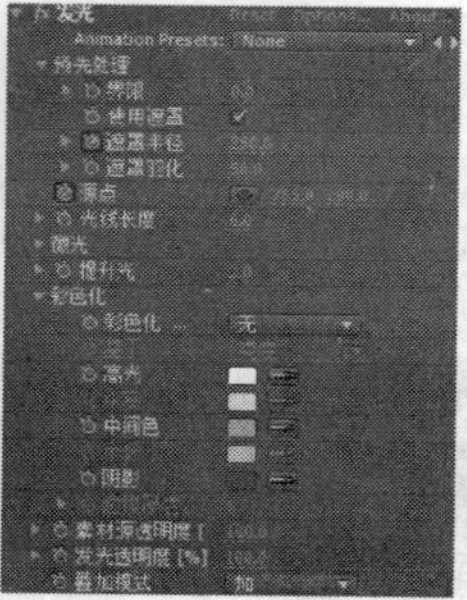

图 5.7　添加光效

8．添加光效动画

将时间移动到 0 秒位置，展开 Pre-porcess 选项，打开 Mask Radius 和 Source Point 前面的码表，设置动画关键帧。Mask Radius 在第 0 秒为“0”，第 1 秒时为“250”，Source Point 在第 0 秒为“(158.6，290)”，在第 1 秒为“(398，290)”，如图 5.8 所示。

图 5.8　添加光效动画

9．添加光晕效果

为把爆炸显得更逼真，还需要再添加一个光晕效果跟随着文字一起爆炸。选择菜单命令 Layer/New/Solid，新建一个黑色的固态层，命名为“光晕”。选中“光晕”层，在时间线窗口将叠加模式改为“Add”模式，选择菜单 Effects/Generate/Lens Flare（镜头眩光），添加一个光晕特效，将时间移到 10 帧位置，打开 Flare Center 前的码表，Flare Center 第 10 帧为“(160，290)”，第 1 秒 15 帧时为“(545，290)”。按小键盘“0”键预览，即可得到本案例的最终动画效果。

5.1.3　小结

本案例主要学习通过在固态层上添加一个文字效果，掌握 Shatter（碎片）特效、Shine（发光）特效等完成文字爆炸特效的制作。

5.1.4　举一反三案例训练

本案例主要训练使用 Shatter（碎片）特效产生散落的文字，通过 Shine（发光）光效产生光线慢慢聚集的效果，设置关键帧，使画面最终形成飞舞的光效文字。制作过程主要包括以下几个环节。

1．新建“文字”合成

选择菜单命令 Layer/New/Solid，颜色为“黑色”，为固态层添加一个文字效果，选择菜单命令 Effect/Text/Basic Text，设置 Display Opacity 选项为“Fill Over Stroke”，设置 Fill Color 的 RGB 为“(255，0，0)”，Stroke Color 的 RGB 为“(255，255，255)”，Storke Width 为“7.2”，Size 为“99.0”，如图 5.9 所示。

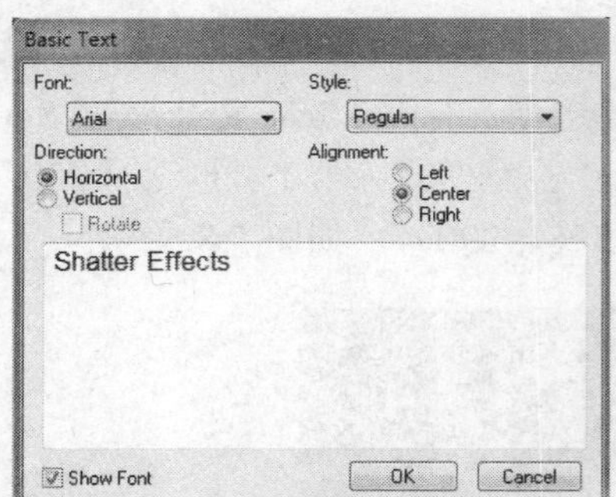

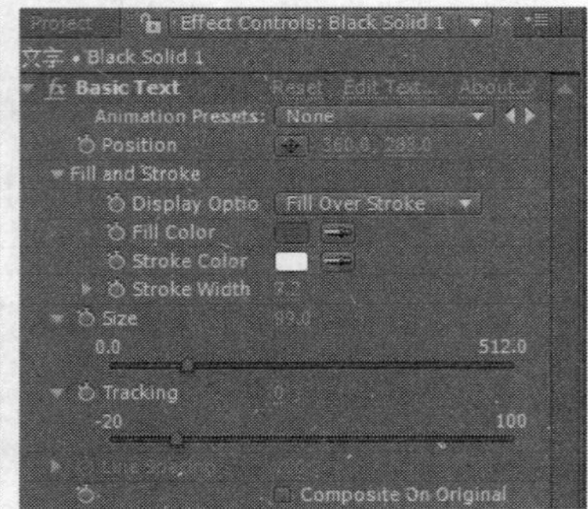

图 5.9　文字参数设置

选择菜单命令 Effect/Perspective/Bevel Alpha，为文字层添加立体文字效果，设置参数如图 5.10 所示。

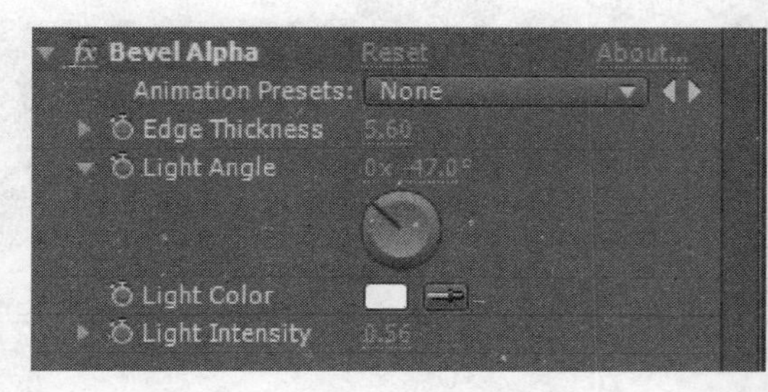

图 5.10　设置 Bevel Alpha 参数与文字效果

2．新建“飞舞光效”层

在项目窗口中选择“文字”合成，将其拖入时间线控制面板中，为文字层添加一个爆炸效果，选择菜单命令 Effect/Simulation/Shatter，为文字添加一个爆炸效果，设置 View 选项为“Rendered”，展开 Shape 选项，设置“Pattern”的类型为“Custom”，设置 Custom Shetter Map 为“文字”，展开 Physics 选项，设置 Rotation Speed 为“1.00”，Randomness 为“0.00”，Viscosity 为“0.00”，Mass Variance 为“30%”，Gravity 为“9.00”，Gravity Direction 为“(0，180.0)”，Gravity Inclination 为“90.00”，展开 Texture 选项，设置 Side Mode 为“Color+Opacity”，如图 5.11 所示。

3．设置关键帧

选择“文字”图层，将时间线移动到第 0 帧的位置，展开 Force1 选项下面的 Position 和 Camera Position 选项下面的 X Rotation，Y Rotation，Z Position 的属性，单击各属性前面的码表设置关键帧，设置 Position 为“(233.0，256.0)”，X Rotation 为“(0，−0.1)”，Y Rotation 为“(0，−8.8)”，Z Position 为“2.16”，然后将时间线移动到第 3 秒的位置，设置 Position 为“(720.3，256.0)”，X Rotation 为“(0，−0.0)”，Y Rotation 为“(0，−0.1)”，Z Position 为“2.00”。

4．设置文字出现倒放效果

继续选择“文字”图层，单击时间线控制面板中的按钮，将 Stretch 面板中的 100% 更改为“−150%”，使文字出现倒放的效果，如图 5.12 所示。

5．为文字图层添加光效

选择 Effect/Tracode/Shine，设置 Boost Light（提升光）为“2.0”，展开 Colorize（彩色化）选项，设置 Colorize 为“Electric（电光）”，如图 5.13 所示。

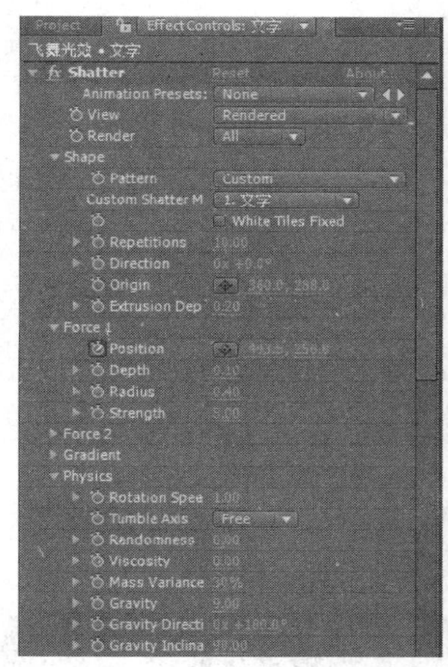
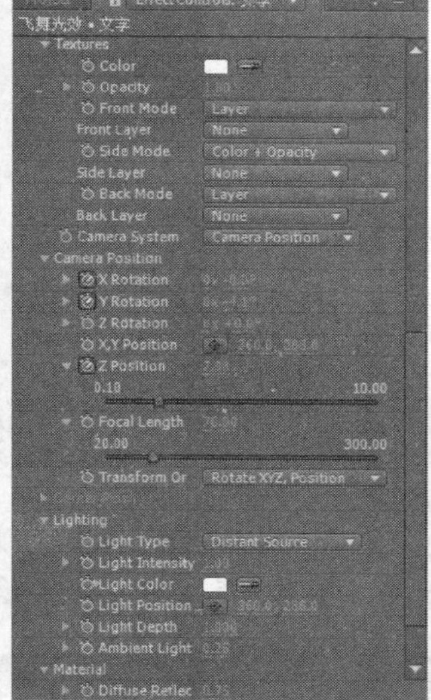

图 5.11　Shatter 特效参数设置及其效果

图 5.12　时间线控制面板

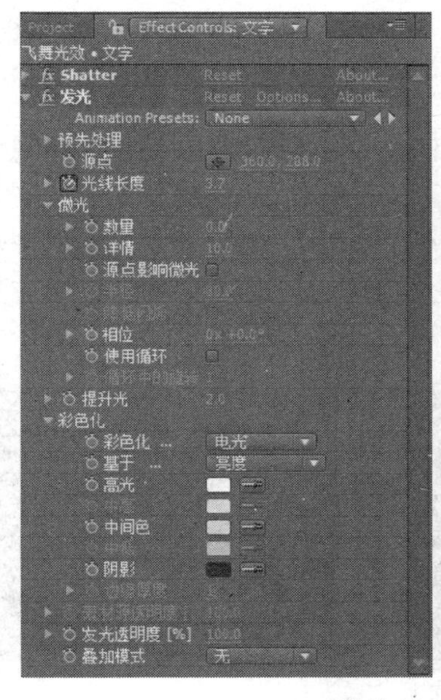

图 5.13　Shine 特效参数设置及其效果

打开 Ray Length（光线长度）前面的关键帧，将时间线移动到第 0 帧的位置，设置 Ray Length 为“9.0”，将时间线移动到第 2 秒第 8 帧的位置，设置 Ray Length 为“0.0”。最后再将项目窗口中的“文字”合成拖入时间线控制面板中，展开 Transform 选项，单击 Opacity 前面的码表，将时间线移动到第 2 秒第 9 帧的位置，设置 Opacity 为“100%”，将时间线移动到第 3 秒的位置，设置 Opacity 为“0%”，参数设置及其效果如图 5.14 所示。

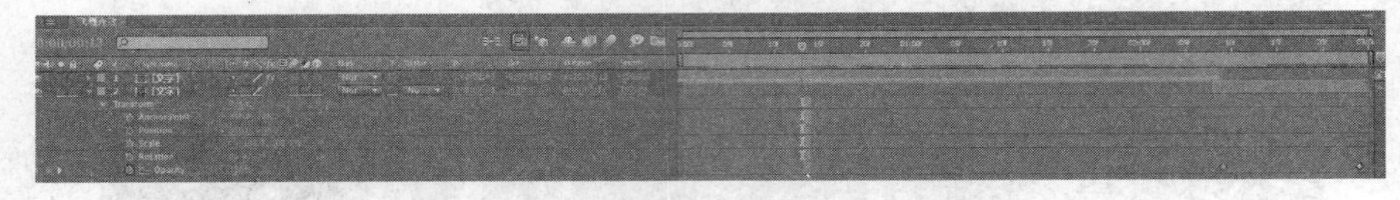

图 5.14 “文字”合成参数设置及其效果

按小键盘上的“0”键预览，即可得到本训练的最终效果，如图 5.15 所示。

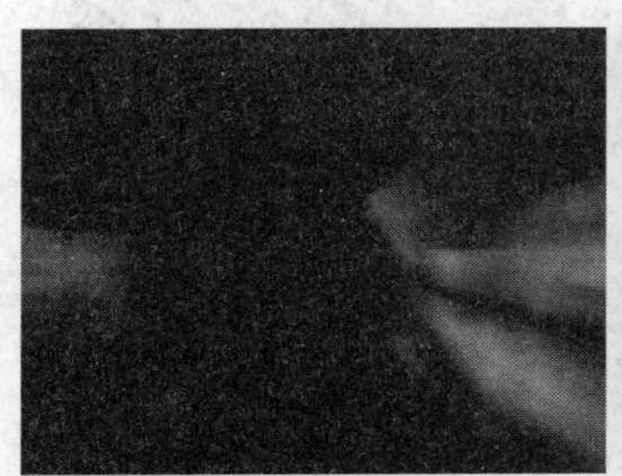
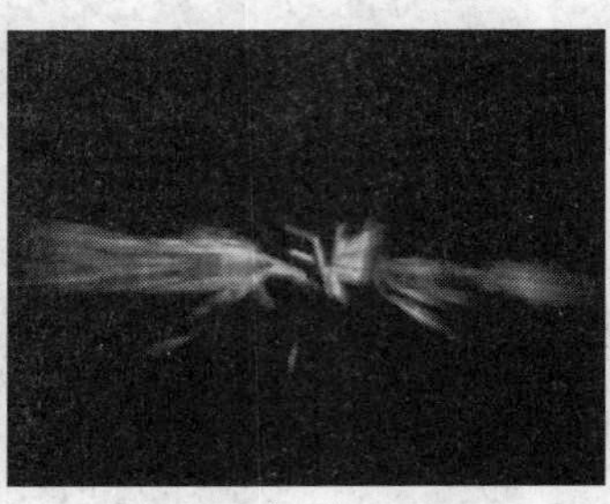

图 5.15 最终效果图

5.2 案例二 火焰仿真

5.2.1 案例描述与分析

本案例主要学习使用 Foam（水泡）仿火焰、Fractal Noise（分形）仿火焰纹理制作火焰仿真，采用 Displacement Map（置换贴图）、Gaussian Blur（高斯模糊）、Colorama（彩光）与 Glow（辉光特效）制作逼真火焰效果。制作过程是：先使用固态层制作一个火焰遮罩层，运用 Foam 特效制作火焰，然后通过火焰添加特效，并设置相关的关键帧动画。火焰仿真效果如图 5.16 所示。

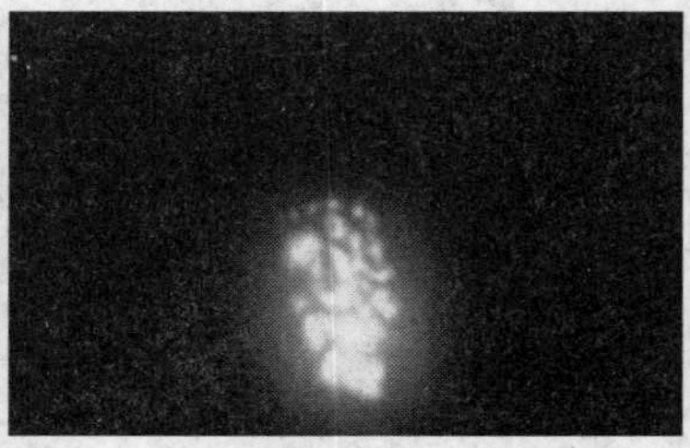

图 5.16 火焰仿真效果

5.2.2　案例训练

1．新建合成

首先创建一个新的合成，如图 5.17 所示。

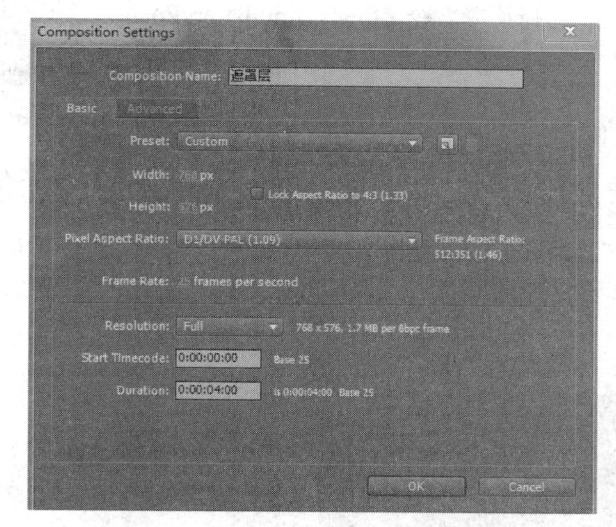

图 5.17　新建合成

2．制作火焰遮罩层

创建灰色固态层，选择菜单命令 Layer/New Solid（固态层），单击固态层的颜色为“灰色”，即 RGB“（126，126，126）”，如图 5.18 所示。选择工具栏中的椭园遮罩绘制工具，同时按住“Ctrl”键，在新建的固态层上绘制一个圆形 Mask，如图 5.19 所示。展开 Masks 下的 Mask 1 选项，设置 Mask Feather（遮罩羽化）为“（150.0，150.0pixels）”。

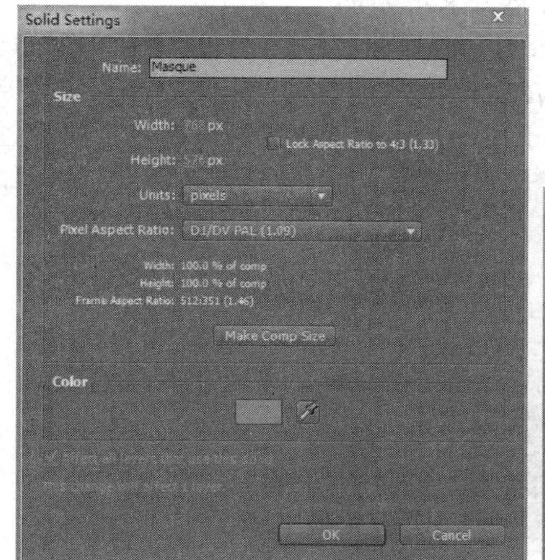

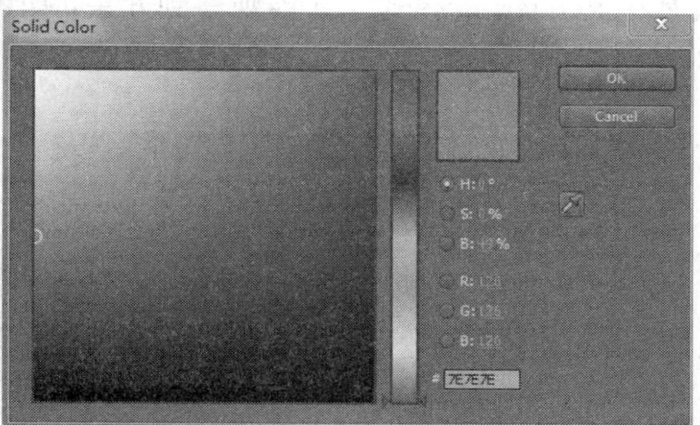

图 5.18　创建固态层

3．新建仿真火焰层

新建一个合成，命名为“仿火焰层”，参数与前面相同。将前面制作“遮罩层”拖放到时间线中，并将“遮罩层”的显示关闭。选择菜单命令 Layer/New/Solid，新建固态层命名为“Foam”，选择该固态层，选择菜单命令 Effects/Simulation/Foam（水泡），设置 View 为“Rendered”模式，该模式可以查看气泡的最终效果。

图 5.19　绘制 Mask

4．设置选项参数值

展开 Producer（粒子发射器）选项，设置 Producer Point（发射位置）为“（384.0,480.0）”，Production Rate（发射速度）为“3.0”。展开 Bubbles（气泡）选项，设置 Size Variance（大小差异）为“1.0”，Lifespan（生命）为“60.0”，Bubble Growth Speed（生长速度）为“1.0”，在 Bubbles 选项中可以对气泡粒子的大小、生命及强度等进行控制，如图 5.20 所示。

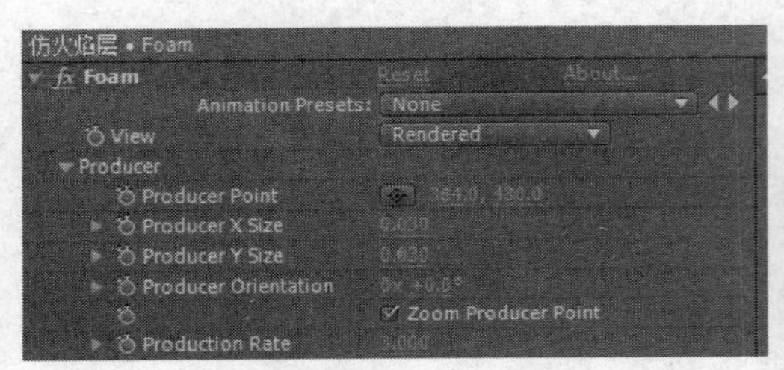

（a）设置粒子发射器

（b）设置气泡大小

图 5.20　设置选项参数值

展开 Physics（物理学）选项，设置 Initial Speed（初始速度）为“2.0”，Wind speed（风速）为“2.0”，Wind Direction（风方向）为“（0，20）”，Turbulence（混乱度）为“1.0”，Wobble Amount（摇晃）为“0”，Stickiness 为“2.0”。展开 Rendering（渲染）选项，设置 Bubble Texture（气泡纹理）为“用户定义”，Bubble Texture Layer（气泡纹理层） 设置为“遮罩层”，Bubble Orientation（气泡方向）设置为“Bubble Velocity（气泡速度）”。在 Rendering 控制栏中可以设置粒子的渲染属性，如融合模式、粒子纹理、反射效果等。该参数栏的设置效果只有在 Rendering 模式下才能观察到效果，如图 5.21 所示。设置好后时间线与效果如图 5.22 所示。

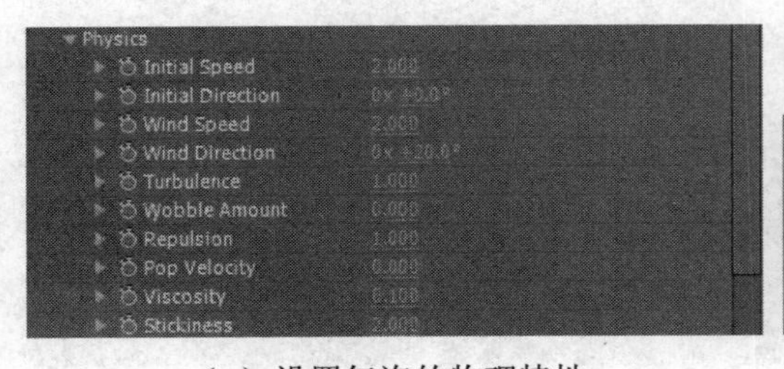

（a）设置气泡的物理特性

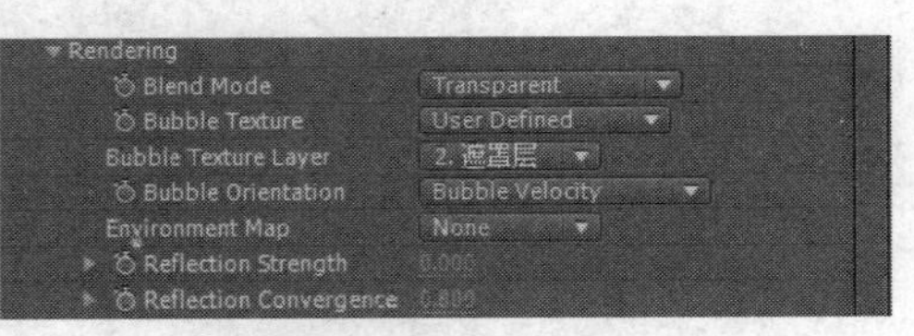

（b）设置折射纹理

图 5.21　设置参数

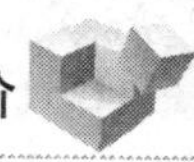

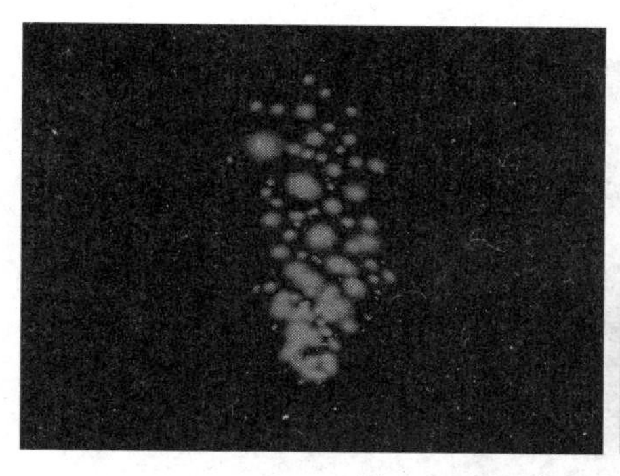

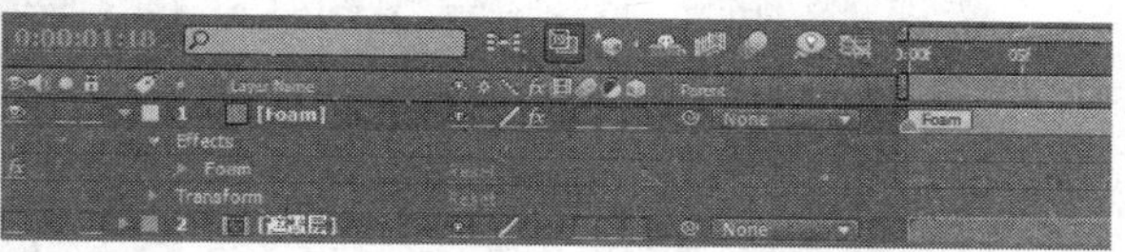

图 5.22　新建“仿真火焰”层效果图与时间线设置

5．新建火焰纹理层

新建一个合成，命名为“火焰纹理”，参数与前面相同。执行 Layer/New/Solid 命令，创建一个固态层，命名为“Fractal Noise”，将其颜色设为“黑色”。选择该层，执行 Effect/Noise&Grain/Fractal Noise 命令，加入 Fractal Noise（分形噪波）特效。设置 Overflow（溢出处理）为“Clip（修剪）”。展开 Transform 属性，取消勾选“Uniform Scaling”复选框，就取消了它的等比例缩放，将它 Scale Width（宽度）与 Scale Height（高度）分别设成“30”和“60”。设置 Evolution 参数，制作动态火焰效果。在第 0 帧处单击 Evolution 前面的码表“(0，0)”，然后将时间滑块移动到最后一帧处，将其相位变化数值改为“(9，0)”。如图 5.23 所示。

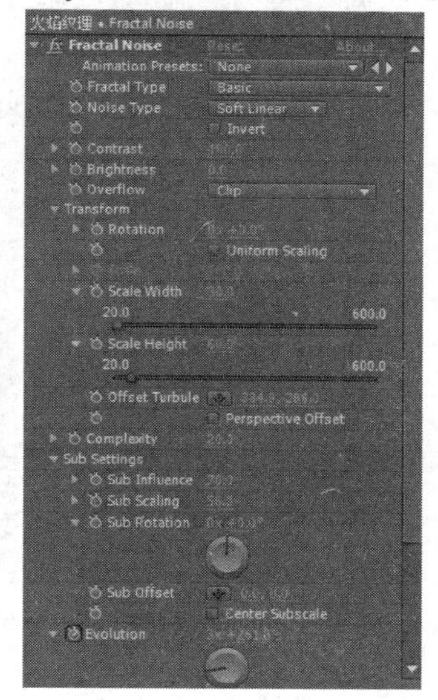

图 5.23　Fractal Noise（分形噪波）特效参数设置

6．新建火焰逼真层

新建一个合成，命名为“火焰逼真”，参数与前面相同。分别将前面制作“火焰纹理”层与“仿火焰层”拖放到时间线中，并将“火焰纹理层”关闭，选中上层“仿火焰层”执行 Effect/Distort/Displacement Map（置换贴图）命令，设置 Displacement Map Layer（置换贴图层）为“2.火焰纹理”置换贴图的层。设置 Max Horizontal/Vertical Displacement（最大水平/垂直置换）为“10.0”与“30.0”，设置 Edge Behavior（边缘动作）打开 Wrap Pixels Around（像素包围），关闭 Expand Output（扩展输出）。继续执行 Effects/Blur&Sharpen/Gaussian Blur（高斯模糊），使火焰增加模糊效果，设置 Blurriness（模糊效应）为“4.0”，如图 5.24 所示。

7．新建最终效果层

新建一个合成，命名为“最终效果”，参数与前面相同。将前面制作“火焰逼真”层拖放到时间线中，执行 Effects/Color Correction/Colorama（彩光）、Effects/Color Correction/Hue/Saturation（色相/饱和度），设置主 Master Hue（饱和度）为“−30”，执行 Effects/Blur&Sharpen/Gaussian Blur（高斯模糊），使火焰增加模糊效果，设置 Blurriness（模糊效应）为“5.0”。继续添加 Effects/Stylize/Grow（辉光），设置辉光效果的发光程度 Glow Threshold（辉光阈值）为“50.0%”，Glow Radius（辉光半径）为“150”，Glow Intensity（辉光强度）为“4.0”，Color A（颜色 A）为“黄色”，Color B（颜色 B）为“红色”。至此，整个案例全面制作完成，参数设置及效果图如图 5.25 所示。

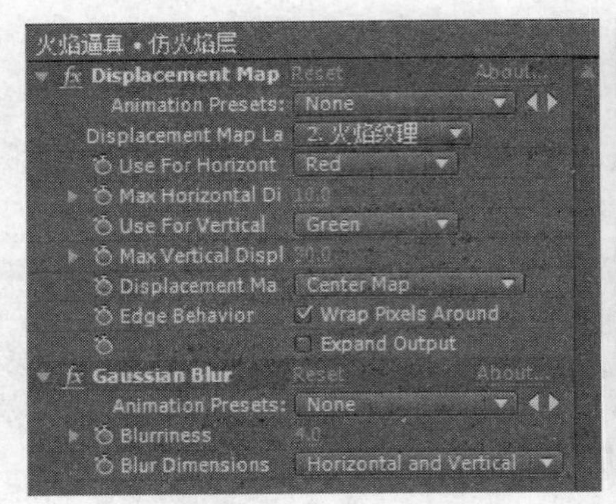

图 5.24　“火焰逼真”层特效参数与效果图

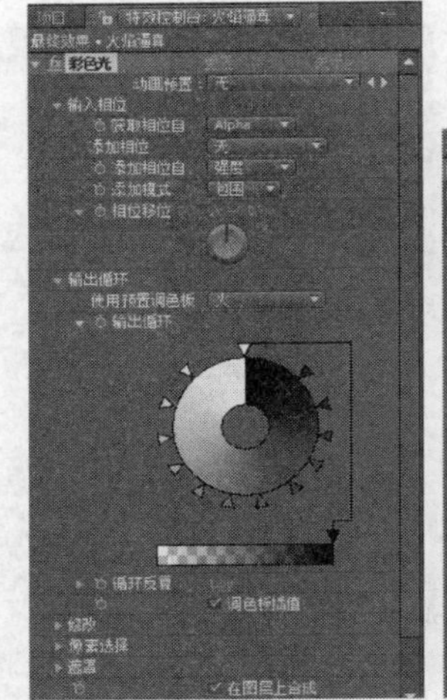
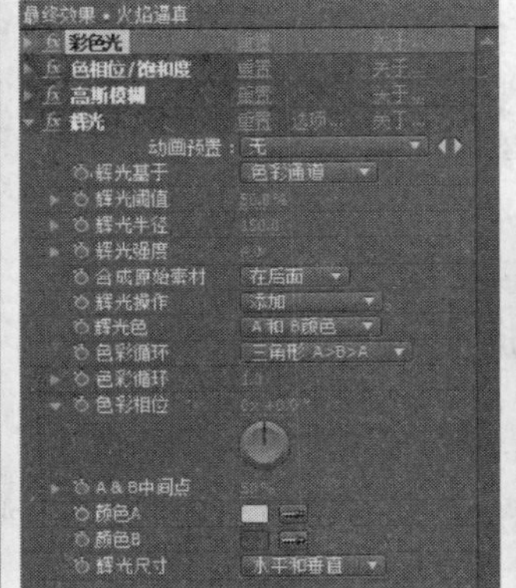

图 5.25　最终效果层特效参数设置与效果图

5.2.3　小结

本案例主要掌握 Foam（水泡）仿火焰、Fractal Noise（分形）仿火焰纹理制作火焰仿真。

5.2.4　举一反三案例训练

1．导入素材，新建合成

启动 After Effect 软件，在 Project 窗口的空白处双击，打开 Import File 窗口，选择素材文件“HBG.jpg”将其导入项目窗口。选择该素材文件，将其拖放到项目窗口下方的创建项目合成钮上。这样就根据图片素材的尺寸等属性，自动创建了一个项目合成。然后第二次再将该素材拖入时间线窗口中。

2．制作气泡

选择最上一层图片素材，选择菜单命令 Effects/Simulation/Foam（气泡），设置 View 为“Rendered”，在 View 的下拉列表中可以选择气泡效果的显示。Draft 方式以草图模式渲染气泡效果，在该模式不能看到气泡的最终效果，但是可以查看气泡的运动方式和设置状态，查

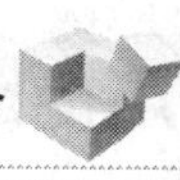

看气泡的最终效果，这种方式计算速度较慢，如图 5.26 所示。

展开 Porducer（粒子发射）选项：设置 Producer X Size（*X* 轴发射器大小）为“0.450”，Producer Y Size（*Y* 轴发射器大小）为“0.450”；设置 Production Rate（发射速度）为“1.0”。一般情况下，较高的数值发射速度较快，单位时间内产生的气泡粒子也较多，当数值为 0 时，不发射粒子。

展开 Bubbles（气泡）选项：设置 Size（大小）为“0.500”，Size Variance（大小差异）为“0.500”，Liftspan（生命）为“300.000”，Bubble Growth Speed（生长速度）为“0.100”，在 Bubbles 选项中可以对气泡粒子的大小、生命以及强度等进行控制，如图 5.27 所示。

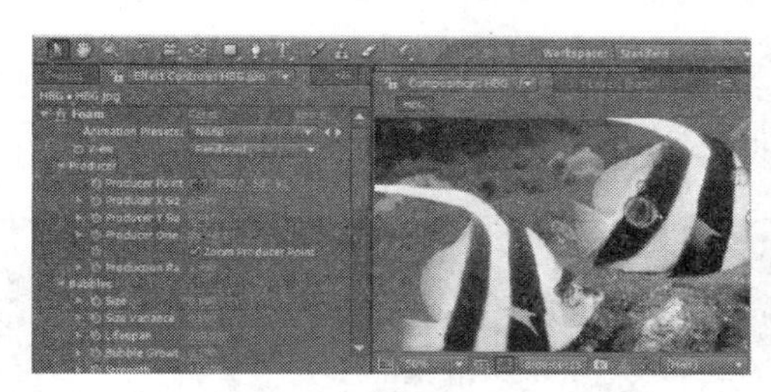

图 5.26　设置气泡的显示模式

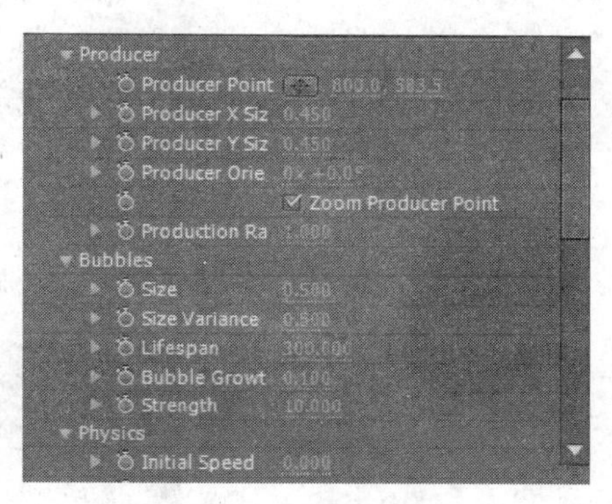

图 5.27　设置粒子发射器及气泡大小

展开 Physics（物理学）选项，设置 Wobble Amount（摇晃）为“0.070”，可以让粒子产生摇摆变形，Physics 选项可以控制粒子的运动因素，如初始速度、风速、混乱度、活力等，如图 5.28 所示。

展开 Rendering（渲染）选项，设置 Bubble Texture（气泡纹理）为“Water Beads（水珠）”，Reflection Strength（反射强度）为“1.000”，Reflection Converge（聚焦度）为“1.000”，在 Rendering 控制栏中可以设置粒子的渲染属性，如融合模式、粒子纹理、反射效果等。该参数栏的设置效果只有在 Rendering 模式下才能观察到，如图 5.29 所示。

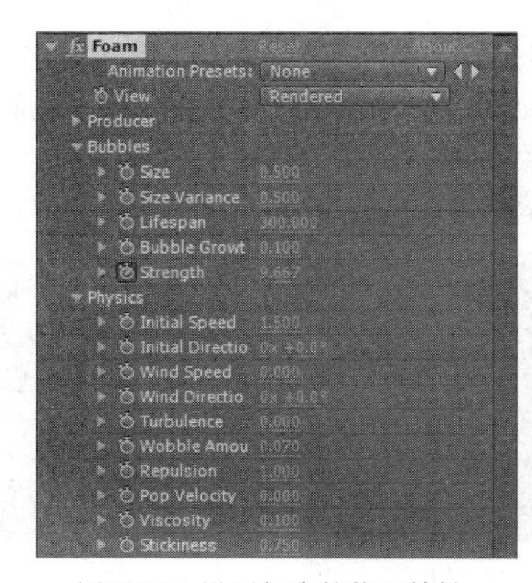

图 5.28　设置气泡的物理特性

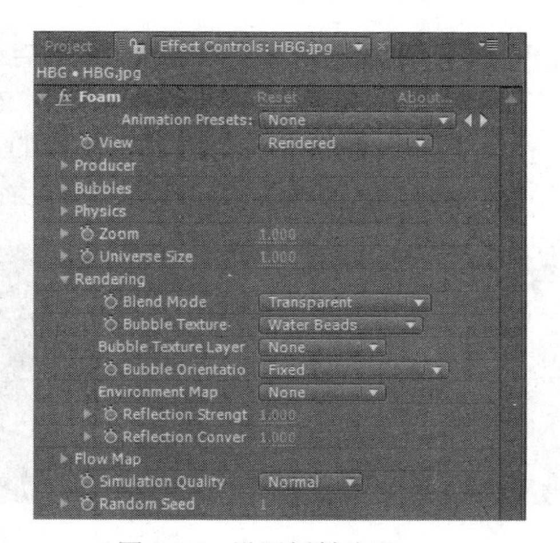

图 5.29　设置折射纹理

3．制作气泡消失动画

将时间移动到 8 秒位置，展开 Bubbles 选项，打开 Strength 前面的码表，设置 2 秒位置 Strength 为“10.000”，3 秒位置 Strength 为“0.000”，这样就完成气泡逐渐消失的动画，如图 5.30 所示。

图 5.30　制作气泡动画

按小键盘“0”键预览，即可观察本训练的最终效果动画，如图 5.31 所示。

图 5.31　最终效果动画

5.3　案例三　流星雨仿真

5.3.1　案例描述与分析

本案例在制作过程中用数字取代粒子，然后经过发光等特效处理，从而产生数字下雨的动画。效果制作过程是：先创建一个固态层，应用 Particle Playground（粒子）特效来生成粒子块，使用数字和字母取代粒子块，初步生成数字雨的效果，然后使用 Glow 特效来为粒子文本添加光效，最后添加 Echo（画面延续）特效产生拖影或动感模糊的效果，如图 5.32 所示。

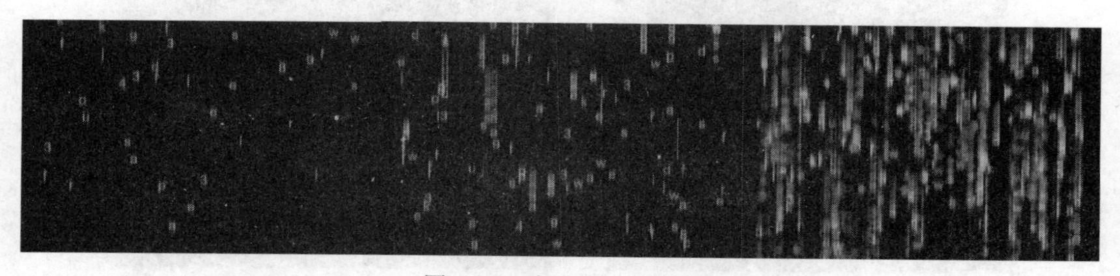

图 5.32　流星雨仿真效果

5.3.2　案例训练

1．新建合成

首先创建一个新的“text”合成，如图 5.33 所示。

2．添加粒子特效

选择 Layer/New Solid 命令，新建一个固态层，设置背景颜色为“黑色”，选择 Effect/Simulation/Particle Playground 命令，设置 Position（粒子发身源的位置）选项的数值为“(360，10)”，设置 Barrel Radius（粒子的活动半径）选项的数值为“300.00”；设置 Particles Per Second（每秒钟发射的粒子数量）选项的数值为“70.00”；设置 Direction（粒子发射方向）的数值为“(0，180)”；设置 Velocity（粒子发射的速度）选项的数值为“30.00”；设置 Color（颜色）选项为“绿色”(R:50，G:96，B:20)，设置 Force（重力大小）选项的数值为“700.00”，Particle Radius 为“25.00”；设置参数与效果如图 5.34 与图 5.35 所示。

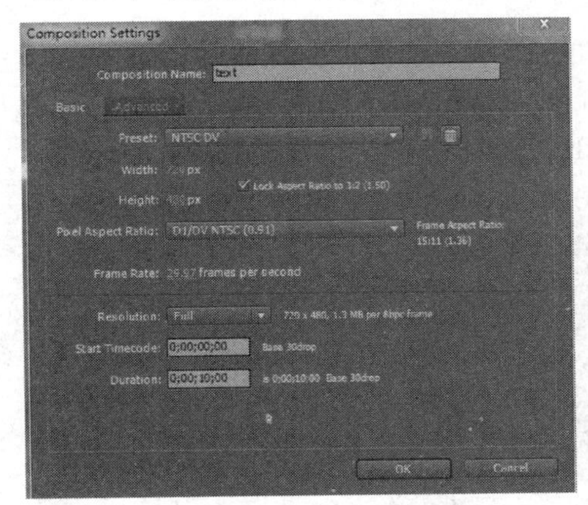

图 5.33　新建合成

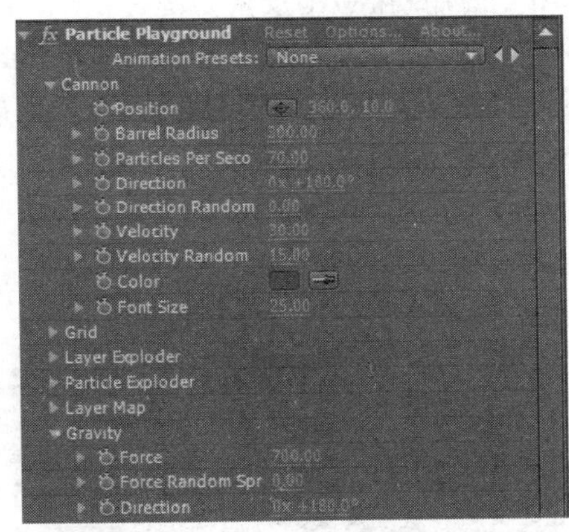

图 5.34　设置 Particle Playground 面板数值

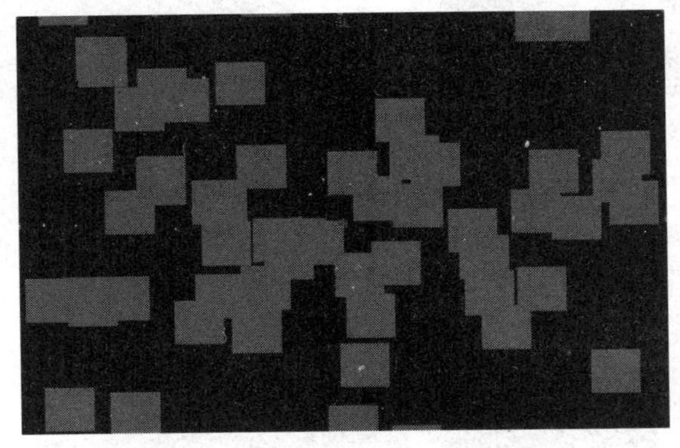

图 5.35　应用 Particle Playground 的效果

3．用数字和字母取代粒子

单击 Particle Playground 特效项目右边的 Options 文字按钮，弹出如图 5.36 所示的粒子设置对话框，单击面板中的 Edit Cannon Text 按钮，弹出如图 5.37 所示的编辑粒子对话框。

在对话框的文字输入区中输入任意数字与字母，单击两次“OK”按钮后保存设置，返回 After Effect 工作界面，此时，在合成窗口中将出现从上往下着落的随机顺序的数字与字母，效果如图 5.38 所示。

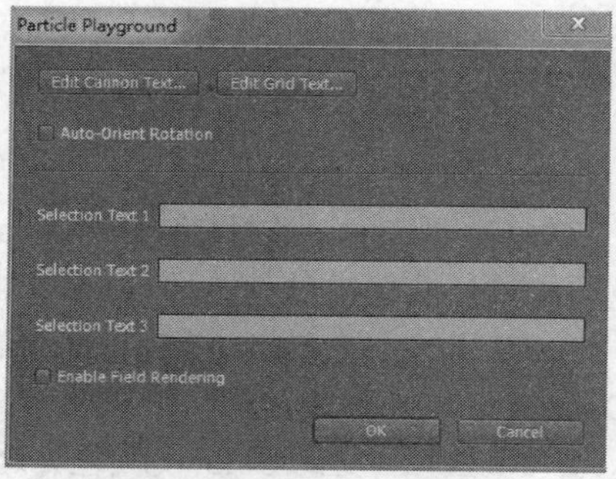

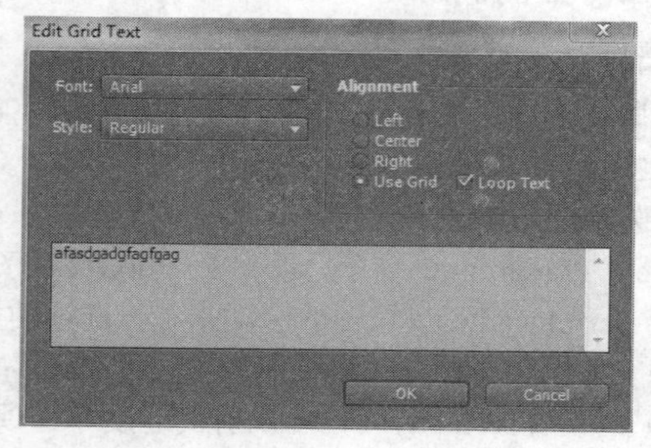

图 5.36　粒子设置面板

图 5.37　Edit Cannon Text 文字编辑对话框

4．增加 Glow（发光）特效

确保 Solid 层处于选中状态，执行 Effect/Stylize/Glow 命令，添加 Glow 特效，即可使数字粒子产生发光效果。在本例中设置各选项数值如图 5.39 所示，设置 Glow Threshold 数值为“50.0%”，Glow Radius 数值为“20.0”，Glow Intensity 数值为“1.5”。设置完成的效果如图 5.40 所示。

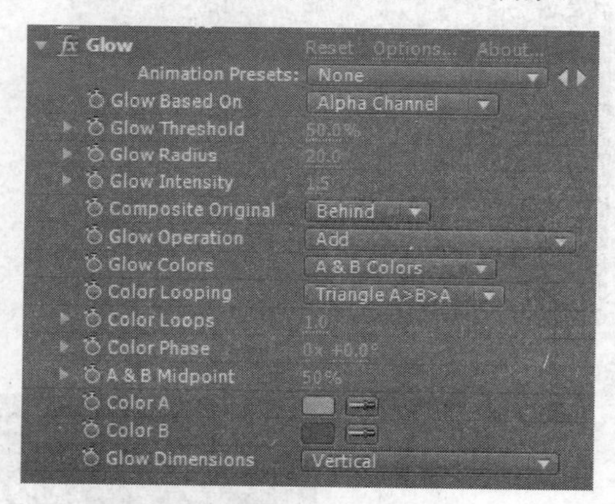

图 5.38　输入文本后的效果

图 5.39　设置 Glow 选项的数值

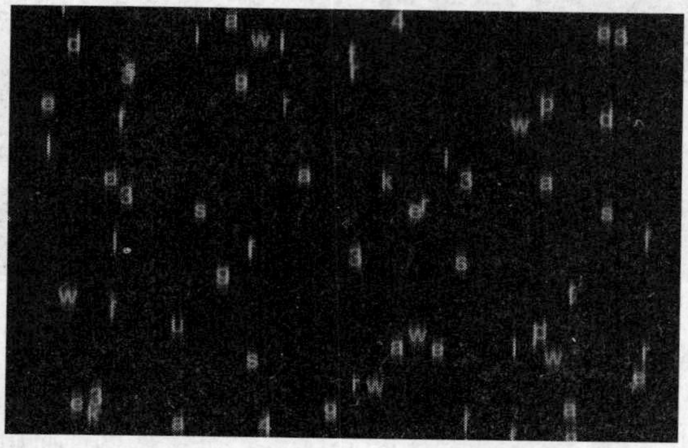

图 5.40　应用 Glow 特效后的效果

5．新建“Echo”合成

新建一个“Echo”合成，参数设置与“text”相同。将 text 合成拖入 Echo 合成中，执行

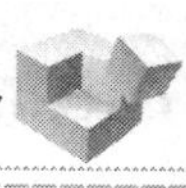

Effect/Time/Echo 命令，添加 Echo（画面延续）特效，此特效在层的不同时间对前后帧进行混合，产生拖影或动感模糊的效果。设置 Echo Time 选项的数值为“−0.050”，设置 Number of Echoes 选项的数值为“15”，设置 Starting Intensity 选项的数值为“1.00”，设置 Decay 选项的数值为“0.80”，在 Echo Operator 下拉列表框中选择“Add”选项，如图 5.41 所示。设置完成后的效果如图 5.42 所示。

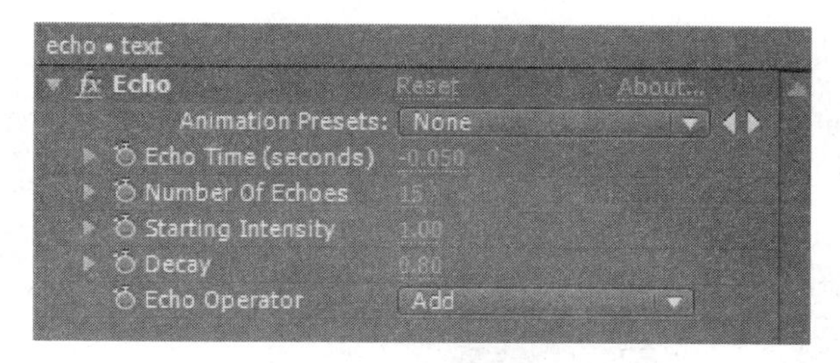

图 5.41　设置 Echo 选项的数值

图 5.42　应用 Echo 特效后的效果

6．新建“Comp3”和“Copm4”

新建“Comp3”和“Comp4”，将它们分别命名为“echo2”和“echo3”，同样将 text 合成拖入它们的时间线中，并且应用 Echo 特效。在 Echo2 合成中设置 Echo Time 选项的数值为“−0.050”，设置 Number Of Echoes 选项的数值为“10”，设置 Starting Intensity 选项的数值为“1.00”，设置 Decay 选项的数值为“0.70”，在 Echo Operator 下拉列表框中选择“Add”选项，如图 5.43 所示。

在 Echo3 合成中设置 Echo Time 选项的数值为“−0.050”，设置 Number Of Echoes 选项的数值为“20”，设置 Starting Intensity 选项的数值为“1.00”，设置 Decay 选项的数值为“0.70”，在 Echo Operator 下拉列表框中选择“Add”选项，如图 5.44 所示。

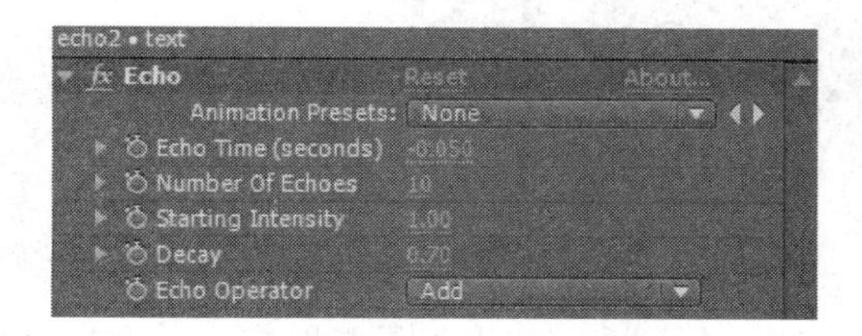

图 5.43　设置 echo2 的数值

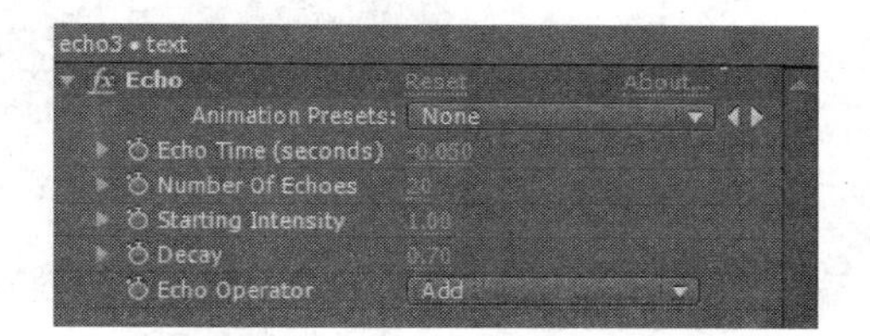

图 5.44　设置 echo3 的数值

7．新建“final”合成

最后建一个“Comp5”，将它命名为 final，然后按照先后顺序将 text 合成、echo 合成、echo2 合成、echo3 合成拖入时间线窗口中，排列如图 3.41 所示。设置 echo 合成的起始位置为 1 秒 15 帧，设置 echo2 合成的起始位置为 3 秒，设置 echo3 合成的起始位置为 4 秒 15 帧，如图 5.45 所示。

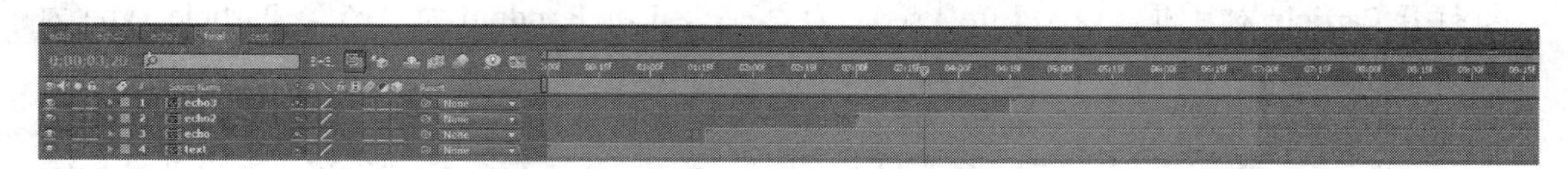

图 5.45　在 Timeline（时间线）窗口进行设置

至此，完成整个案例的制作。最终效果如图 5.32 所示。

5.3.3 小结

本安例主要学习应用 Particle Playground（粒子）特效来生成粒子块。它的主要功能是独立设置数量众多相似的物体，模拟仿真在电影中是常用的特效。

5.3.4 举一反三案例训练

训练一：主要训练通过学习 Particular 特效来制作流星雨特效。

1. 新建合成“流星雨 1”

（1）新建合成“流星雨 1”

新建合成“流星雨 1”，设置参数如图 5.46 所示。

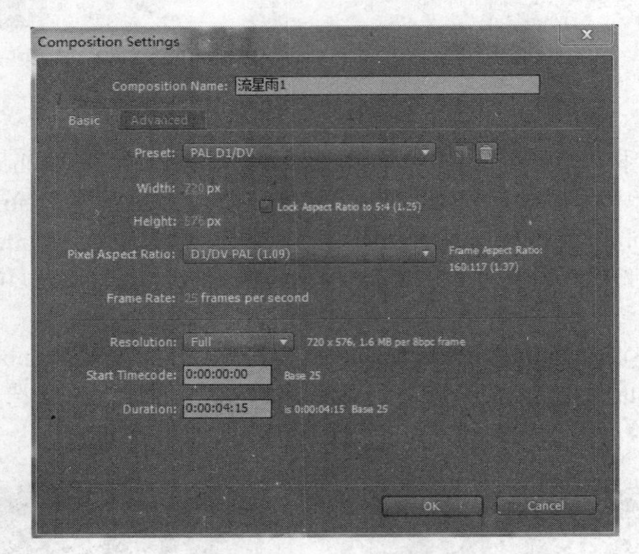

图 5.46 新建合成“流星雨 1”

（2）新建固态层，添加 Particular 特效

执行“Layer/New/Solid”命令，打开 Solid Setting 对话框，在对话框中将 Name 设为“流星雨”，Color 设为“黑色”，然后单击“OK”按钮。执行 Effect/Trapcode/Particular，设置参数如图 5.47 所示。

打开 Emitter 对话框，设置 Particles/sec 为“40”，Emitter Type 设置为“Point”，设置 PositionXY 为“(360，0.0)”，PositionZ 为“−850.0”，Direction 设置为“Disc”，Direction Spread 设置“35.0”，X Rotation 为“(0，+30)”，Y Rotation 为“(0，+60)”，Z Rotation 为“(0，+220)”，Velocity 为“400.0”，Velocity Rand 为“5.0”，Velocity from 为“20.0”。

打开 Particle 对话框，设置 Life［sec］为“7.5”，Life Random 为“95”，Particle Type 为“Glow Sphere”，Set Color 为“Over Life”，Transfer Mode 为“Add”。打开 Physics 对话框，设置 Physics Model 为“Air”，Gravity 为“180.0”。打开 Aux System 对话框，设置 Emit 为“From Main Particles”，Particles/sec 为“60”，Lift［sec］为“0.9”，Size 为“3.0”。执行 Particular 特效后效果如图 5.48 所示。

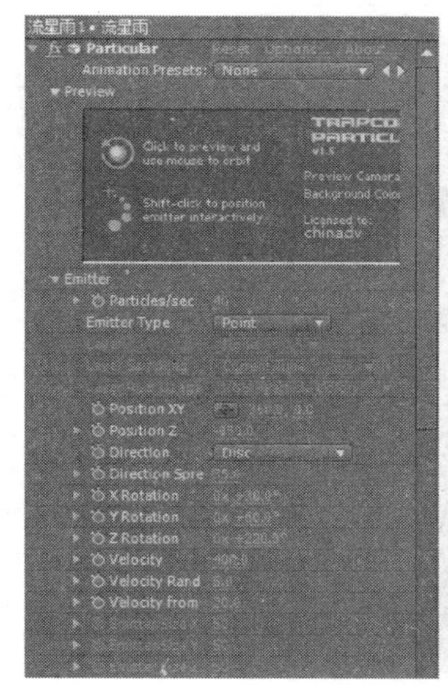

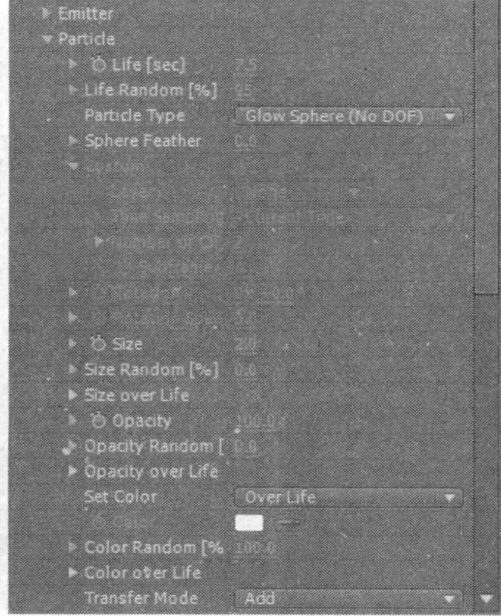

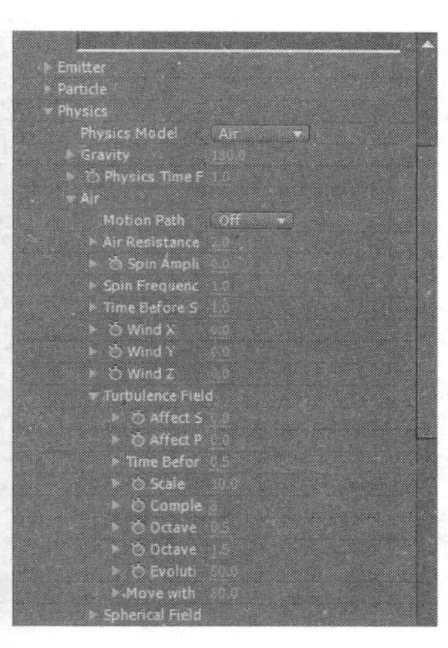

图 5.47　设置参数 Particular

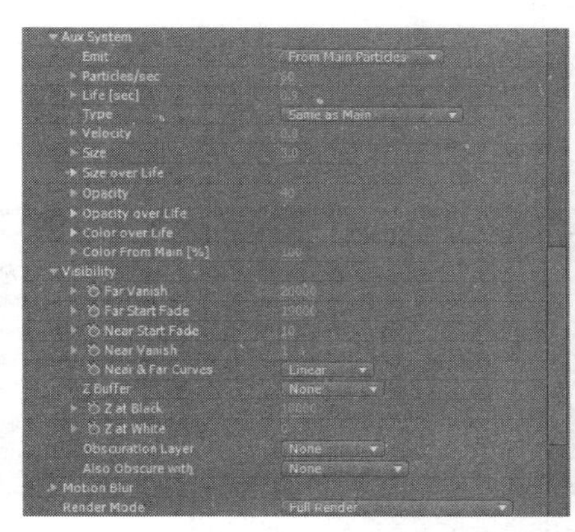

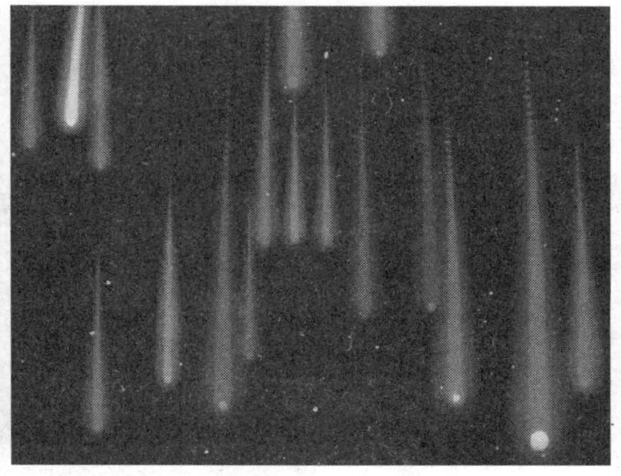

图 5.48　执行 Particular 特效后效果

（3）设置“流星雨”固态层 Transform 属性

设置 Scale 为“（100，167）”，Rotation 为“（0，74）”，如图 5.49 所示。

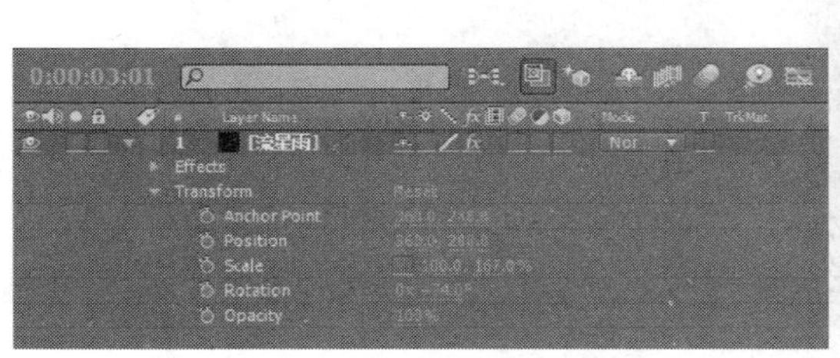

图 5.49　设置“流星雨”固态层 Transform 属性后效果

2．新建合成“流星雨 2”

新建合成“流星雨 2”与新建合成“流星雨 1”操作相同，参数略微改变，如图 5.50 所示。

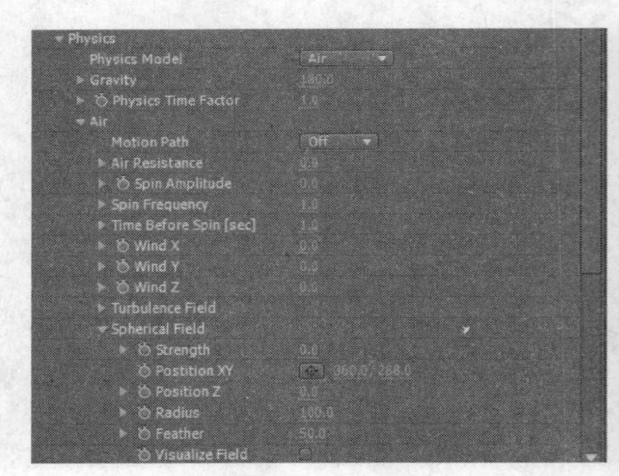

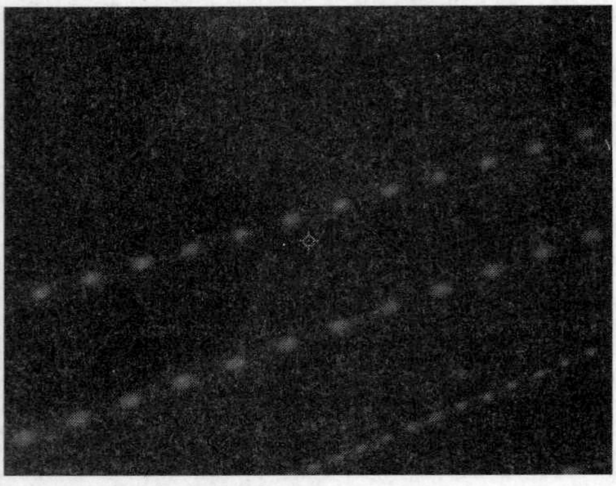

图 5.50　设置参数 Particular 及效果

3．新建“最后合成”

导入素材“夜空”、“流星雨 1”与“流星雨 2”，并设置透明度关键帧，如图 5.51 所示。实现最终效果如图 5.52 所示。

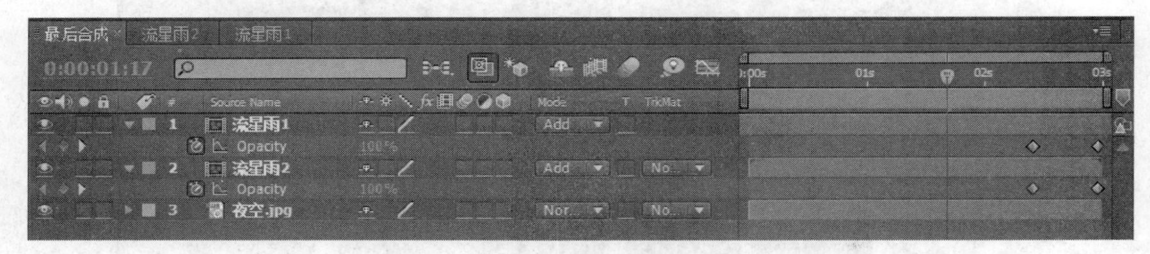

图 5.51　设置透明度关键帧

训练二：制作粒子特效。

1．导入素材

导入素材，新建合成，命名为“文字”，设置参数如图 5.53 所示。

图 5.52　流星雨最终效果

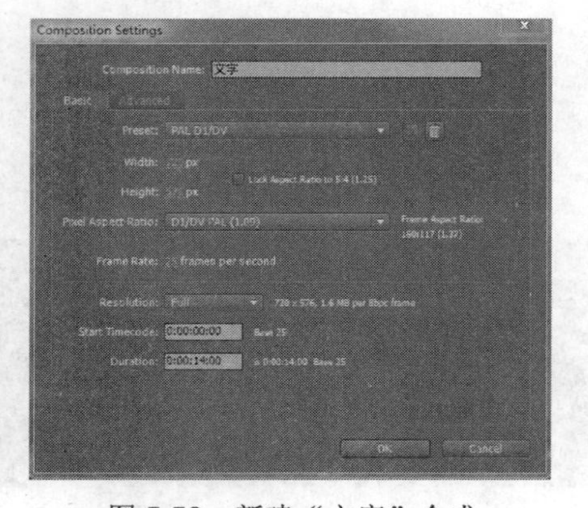

图 5.53　新建“文字”合成

按下“Ctrl+S”组合键，将项目文件命名为“粒子特效训练”，并保存到指定的目录。双击 Project 窗口中的空白区域，导入“白莲花.jpg”素材。

2．组合并编辑素材

执行“Layer/New/Solid”命令打开 Solid Setting 对话框，在对话框中将 Name 设为“粒子”，Color 设为“白色”，然后单击“OK”按钮。

从 Project 窗口中拖动素材“白莲花.jpg”到 Timeline 窗口中，并将其放在“粒子”图层的下面，如图 5.54 所示。

选择工具栏上的钢笔工具，在 Composition 窗口中画出窗口上半部矩形，如图 5.55 所示。

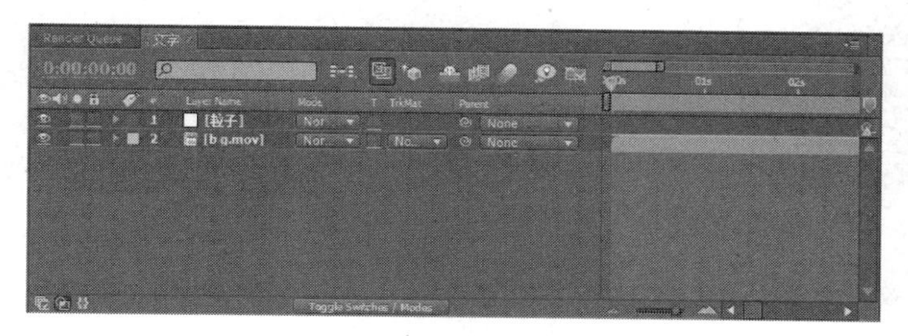

图 5.54　拖放素材到 Timeline 窗口

图 5.55　绘制一个遮罩矩形

3．添加 Particle Playground（粒子）特效

选中“粒子”层，执行“Effect/Simulation/Particle Playground”命令，为其添加一个 Particle Playground，接着在特效设置面板中单击“Options”选项，打开 Particle Playground 对话框，然后单击“Edit Grid Text”按钮，如图 5.56 所示。

在打开的 Edit Grid Text 对话框中设置字体为“Arial”，在 Alignment 栏中选择“Center”单选按钮，在下面的文本框中输入文字内容，然后单击“OK”按钮。

展开特效设置面板中的 Cannon 和 Grid 项，将 Particles Per Second 设置为“0.00”，Font Size 设置为“2.00”，如图 5.57 所示。展开特效面板中的 Repel、Affects 和 Wall 项，然后将 Force Radius 设置为“15.00”，Selection Map 设置为“2.白莲花.jpg”，Boundary 设置为“Mask1”，如图 5.58 所示。

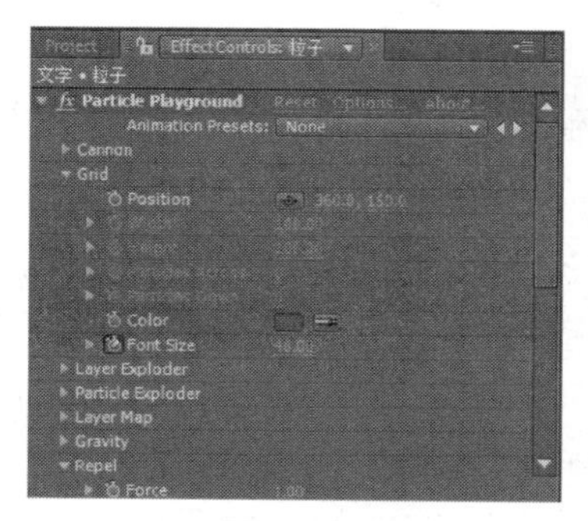

图 5.56　添加 Particle Playground 特效

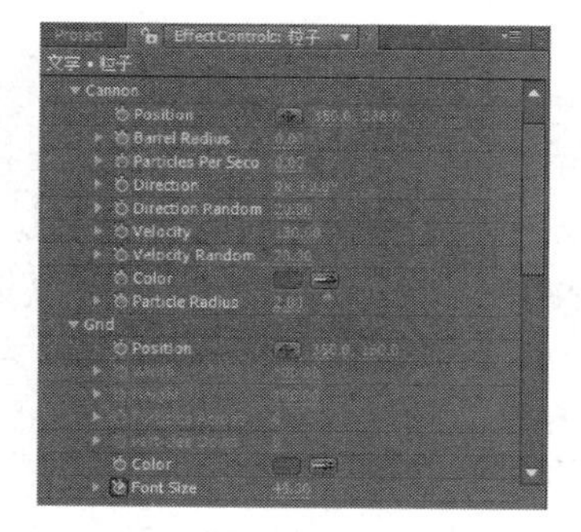

图 5.57　设置特效面板中的 Cannon 和 Grid 项

在 Timeline 窗口中展开“粒子”图层的“Effects/ Particle Playground/Grid”项目，将时间指针移到“0:00:00:00”位置，然后单击 Font Size 前面的时间码按钮，添加一个关键帧，并将值设置为“48.00”。将时间指针移到“0:00:00:01”位置，然后单击 Font Size 前面的时间码

按钮，添加一个关键帧，并将值设置为“0.00”，如图 5.59 所示。

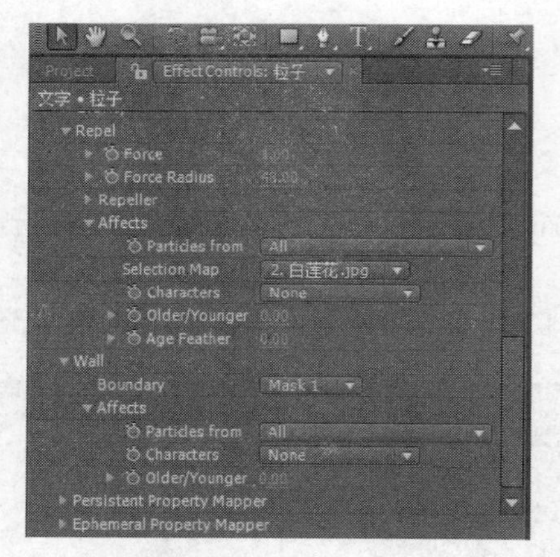

图 5.58　设置特效面板中的 Repel、Affects 和 Wall 项

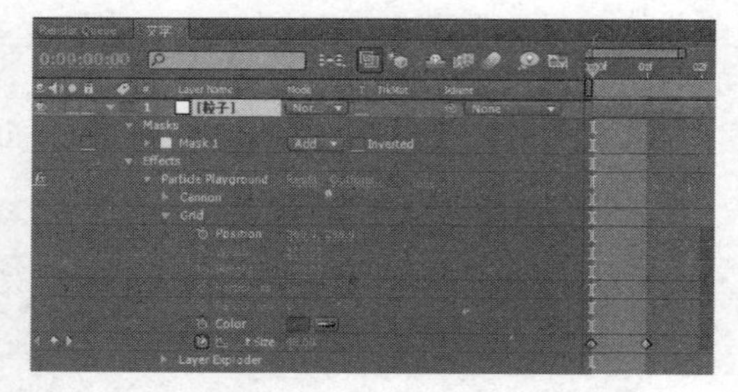

图 5.59　设置关键帧

至此，本训练结束，最终效果如图 5.60 所示。

图 5.60　最终效果

训练三：主要训练通过学习 Particle Playground（粒子）来掌握烟花粒子爆破效果方法，掌握光效插件 Shine（发光）特效应用。制作过程是：首先导入素材，为素材添加 Particle Playground 特效，然后编辑关键帧，完成动画制作。

1．烟花 1 制作

（1）新建合成“烟花 1”

新建合成“烟花 1”，参数设置如图 5.61 所示。选择菜单命令 File/Save（“Ctrl+S”）组合键，保存项目文件，命名为“粒子特效训练二”。

（2）新建固态层并添加粒子特效

选择菜单 Layer/New/Solid，将其命名为“礼花”，颜色设置为“黑色”。选择菜单命令 Effect/Simulation/Particle Playground，为固态层添加一个粒子效果，如图 5.62 所示

（3）为粒子制作动画关键帧

首先将时间线移至第 0 帧的位置，打开相关属性的关键帧，设置 Position 为“(110.0，416.0)”，Particles per second 为“0”，然后将时间线移至第 22 帧的位置，设置 Position 为“(110.0，120.0)”，Barrel Radius 为“0”，Particles per second 为“500”，Direction 为“(1，0.0)”，Direction Random Spread 为“360”，Particle Radius 设置为“1.50”，Color 的 RGB 设置为“(255，0，0)”，再将时间线移至第 1 秒第 12 帧的位置，设置 Color 的 RGB 选项为“(255，252，0)”，将时间线移至第 2 秒的位置，设置 Barrel Radius 为“−255”，Direction

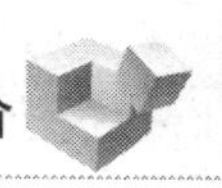

为“(2，141.0)”，Direction Random Spread 为“20”，设置 Color 的 RGB 选项为“(0，255，30)”，Particle Radius 设置为“2”。按小键盘中的“0”键观看效果，发现烟花粒子的爆破不是很自然，根据需要将关键帧移至时间线第 22 帧的位置，Force 设置为“120.00”，Force Random 设置为“0.00”，Direction 设置为“(0，180.0)”，将时间线移至第 0 秒的位置，Force 设置为“10.00”，如图 5.63 所示。

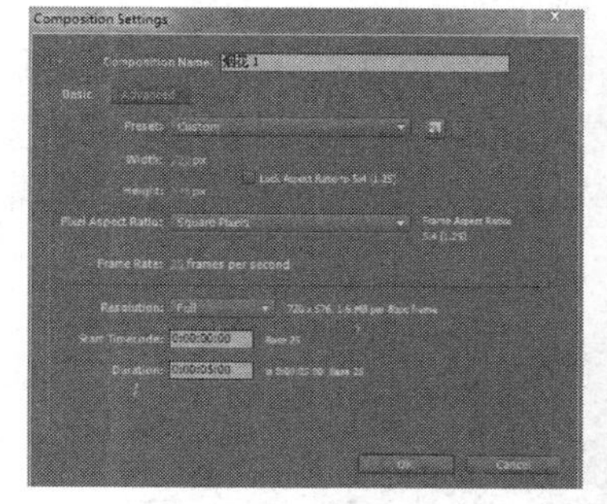

图 5.61　新建合成“烟花 1”

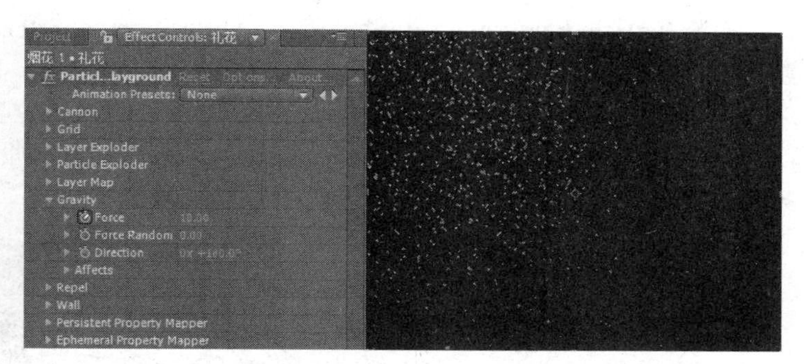

图 5.62　为固态层添加粒子效果

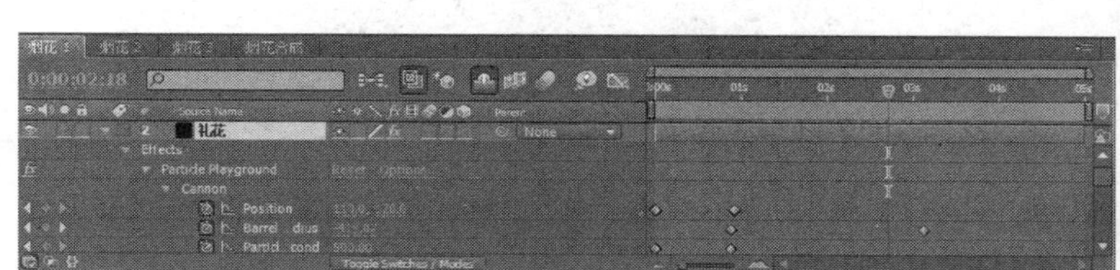

图 5.63　烟花粒子爆破设置及其效果

(4) 为粒子添加 Shine 特效

选择菜单命令 Effect/Trapcode/Shine，为粒子添加一个 Shine 光效，展开 Colorize（彩色化）选项，将 Midtones（中间色） 的 RGB 设置为“(255，255，255)”，Shadows 的 RGB 设置为“(246，255，0)”。将时间线移至第 0 帧位置，设置 Boost Light 为“0.0”，然后将时间线移至第 22 帧位置，设置 Boost Light 为“24.0”。由于烟花的升起过程是逐渐变亮直至消失，将时间线移至第 2 秒第 12 帧的位置，展开 Transform 选项，设置 Opacity 为“100%”，将时间线移至第 3 秒第 12 帧的位置，设置 Opacity 为“0%”，如图 5.64 所示。

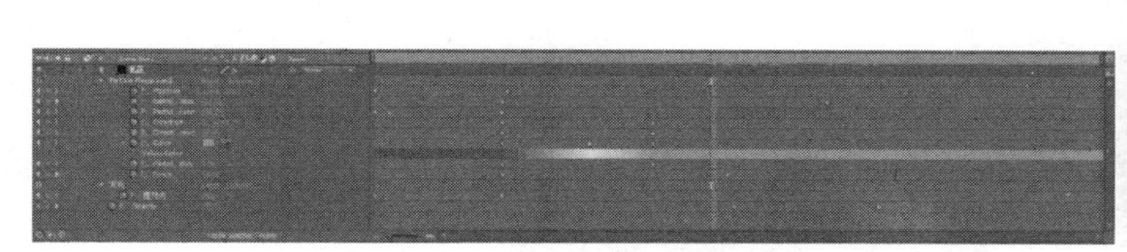

图 5.64　烟花 1 爆破参数设置及其效果

制作完成第一个烟花之后，按“Ctrl+D”组合键复制烟花层，使烟花的爆破效果更加明亮。

2．烟花 2 制作

新建合成“烟花 2”，参数设置与“烟花 1”相同。

复制“烟花 1”的烟花层，将其粘贴在“烟花 2”的时间线控制面板中，选择菜单命令 Eddect/Color Correction/Hue/Saturation，为“烟花 1”的图层添加一个色相/饱和度效果，设置 Master Hue 为“（0，−160.0）”。

调整 Particle Playground 和 Shine 选项的 Position 属性值，将时间线移至第 0 帧位置，设置 Particle Playground 选项的 Position 为“（234.0，347.0）”，Shine 选项的 Source Point（源点）为“（234.0，100）”，将时间线移至第 1 秒第 22 帧的位置，设置 Particle Playground 选项的 Position 为“（234，100）”。按“Ctrl+D”组合键复制烟花层，使烟花的爆破效果更加明亮，如图 5.65 所示。

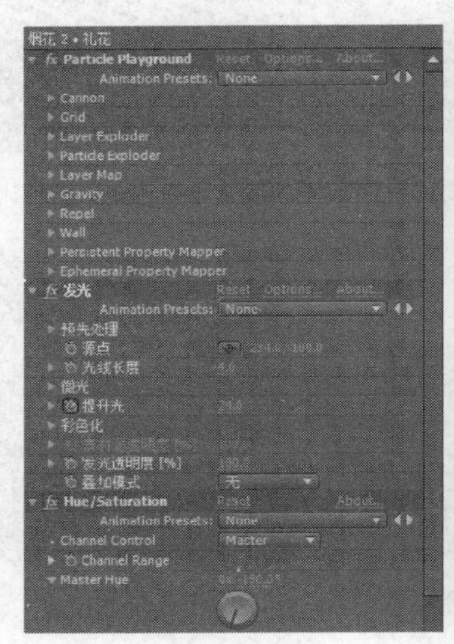

图 5.65　“烟花 2”爆破参数设置及其效果

3．“烟花 3”制作

新建合成“烟花 3”，参数设置与“烟花 1”相同。

复制“烟花 2”的烟花层，将其粘贴在“烟花 3”的时间线控制面板中，选择菜单命令 Eddect/Color Correction/Hue/Saturation，为“烟花 1”的图层添加一个色相/饱和度效果，设置 Master Hue 为“（0，−53.0）”。

将时间线移至第 0 帧位置，设置 Particle Playground 选项的 Position 为“（342.0，416.0）”，Shine 选项的 Source Point 为“（234.0，54）”，将时间线移至第 1 秒第 22 帧的位置，设置 Particle Playground 选项的 Position 为“（234，54）”。选择菜单命令 Effect/Stylize/Glow，为图层添加一个发光特效，如图 5.66 所示。

4．最终合成

新建合成“烟花合成”，参数设置与“烟花 1”相同。

导入素材，拖入以上合成。在项目窗口中的空白处单击，导入“夜景.jpg”文件，将与“烟花 1”、“烟花 2”、“烟花 3”一起拖入时间线控制面板中，将“烟花 1”和“烟花 2”的叠加模式调整为“Add”，并且调整它们在时间线中的前后顺序，如图 5.67 所示。按小键盘的“0”键预览最终效果，如图 5.68 所示。

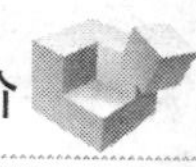

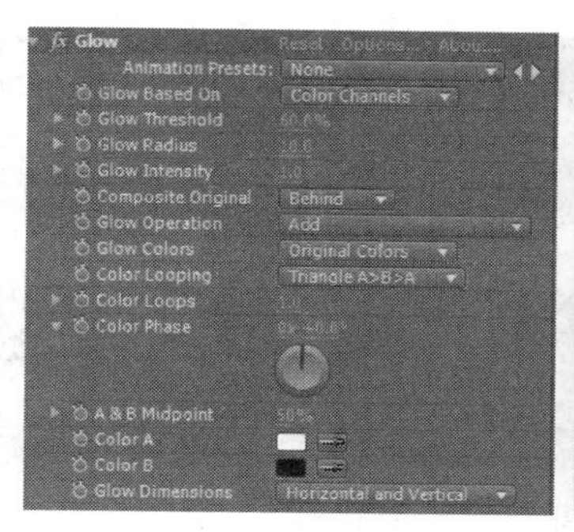

图 5.66　发光特效参数设置及其效果

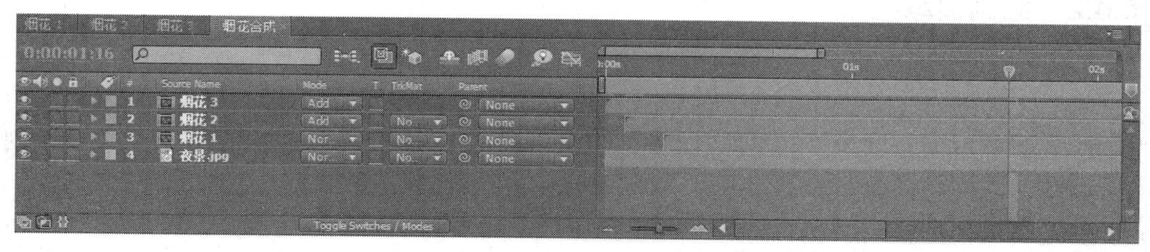

图 5.67　调整各图层顺序及其效果

图 5.68　最终效果

5.4　案例四　“水波发光文字特效”

5.4.1　案例描述与分析

本案例主要使用 Wave World 特效来模拟文字水波效果。首先对文字层绘制 Mask，制作 Mask 关键帧动画，最后使用 Caustics 特效完成效果。制作过程是：①先将创建文字，并输入文字；②将“文字”合成导入“文字遮罩”合成中，然后为文字层绘制 Mask，初步模拟水波效果；③创建“波纹”合成，为其添加 Wave World 波纹特效，并设置参数及关键帧动画使文字产生波纹效果；④创建“波纹文字”合成，将“文字遮罩”和“波纹”层进行导入，对“文字遮罩”层加入 Caustics 特效，模拟真实水波效果；⑤创建“最终合成”，将“波纹文字”合成进行导入，并为其添加 Glow 发光特效，使文字产生晕效果，完成最终效果，如图 5.69 所示。

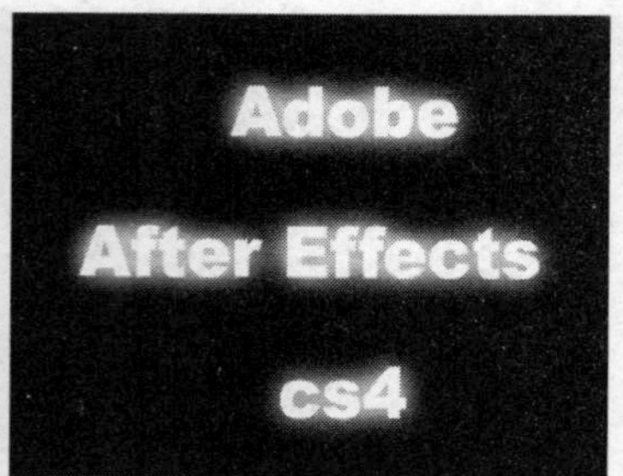

图 5.69 “水波发光文字特效” 最终效果

5.4.2 案例训练

1．创建“文字”合成，并输入文字

执行 Composition Settings 菜单命令，创建一个预置为 PAL D1/DV 的合成，将其命名为“文字”，设置时间长度为“5”秒，如图 5.70 所示。在“文字”合成的“时间线”面板中创建一个固态层，将其命名为“文字”，设置 Color 为“黑色”。在“文字”合成的“时间线”面板中选择固态层“文字”，并为其添加 Effect/Obsolete/Basic Text 特效，输入“Adobe”、“Affter Effects”、“cs4”，设置 Font 为“Arial”，最后单击“OK”按钮，如图 5.71 所示。在特效控制窗口中设置 Fill Color 为“白色”，Size 的值为“39.0”。

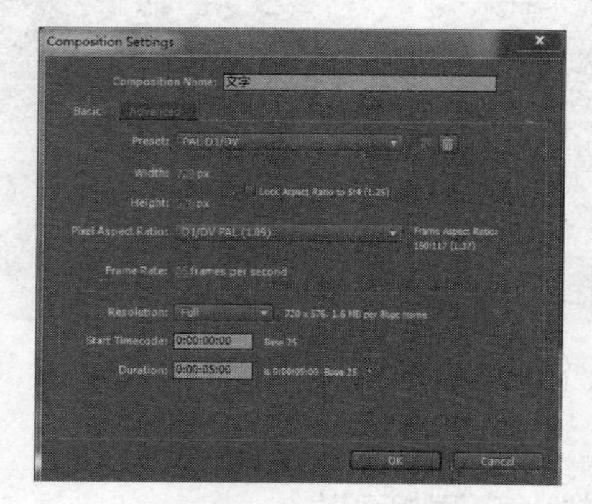

图 5.70 创建合成“文字”

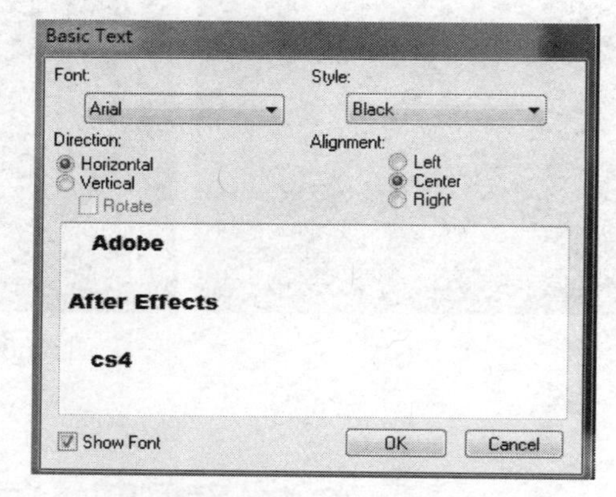

图 5.71 输入文字

2．创建“文字遮罩”层

将“文字”合成导入“文字遮罩”合成中，在“文字遮罩”合成的“时间线”面板中选择“文字”图层，使用“椭圆工具”为其绘制椭圆形 Mask，展开 Mask 参数栏，设置 Mask Feather 的值为“50.0”，在“0:00”秒处单击“MASK Path”关键帧记录按钮，调整 Mask 大小，如图 5.72 所示。关键帧的设置如图 5.73 所示。

3．产生波纹效果

创建一个新的合成“波纹”，产生波纹效果。在“波纹”合成中，再创建一个固态层，命名“波纹”，为该固态层添加 Effect/Simulation/Wave World 特效，设置 Horizontal Rotation 的值为“29”，Vertical Rotation 的值为“29”，Contrast 的值为“0.2”，Transparency 的值为“0”，Grid Resolution 的值为“80”，取消勾选“Grid Res Downsamples”选项，设置 Height/Length 的值为“0.12”，Width 的值为“0.12”，Amplitude 的值为“0.5”，Frequency 的值为“0.5”，如图 5.74

所示。在“00:00”秒处单击“Amplitude”关键帧记录按钮，将参数设置为“0.500”；在“3:20”秒处单击 Amplitude 的值为“0.000”；在“2:24”秒处单击“Opacity”关键帧记录按钮，设置 Opacity 的值为“100%”；在“3:20”秒设置 Opacity 的值为“0%”，如图 5.75 所示。

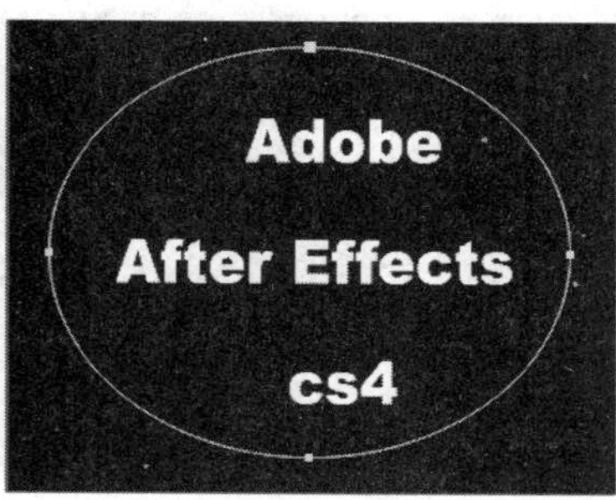

图 5.72　Mask 大小调整

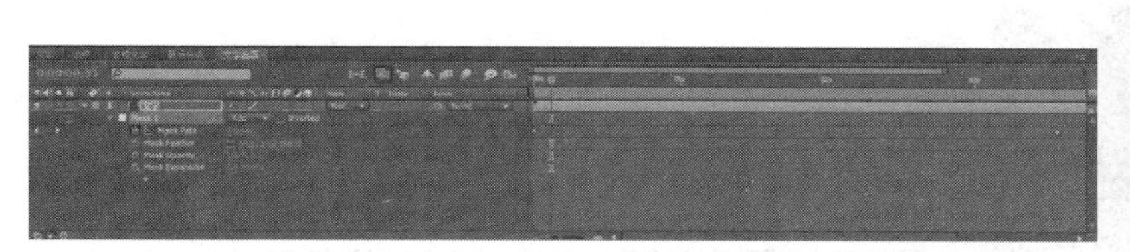

图 5.73　关键帧的设置

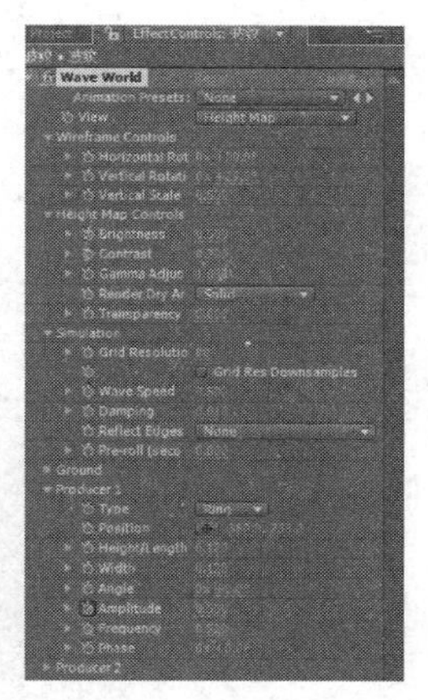

图 5.74　为“波纹”固态层添加 Wave World 特效

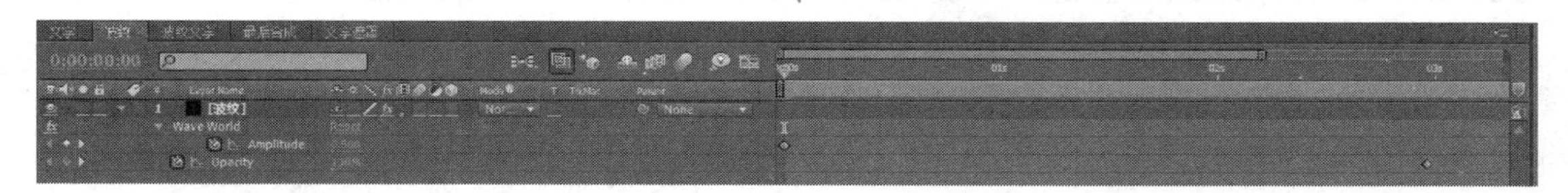

图 5.75　关键帧的设置

Wave World 特效用于创造液体波纹效果。系统从效果点发生波纹，并与周围环境相互影响，可以设置波纹的方向、力量、速度、大小。Wave World 产生一个灰度位移图，可以配合 Caustics 特效产生更加真实的水波纹效果。Caustics 特效可以模拟水中的折射和反射的自然效果。一般在 Bottom 的下拉列表中设置水底层的图像，在默认情况下，系统指定当前层为水下图像，在 Water 的下拉列表中，可以指定一个参考层为水波纹层。Sky 的下拉列表中可以指定一个水波层为天空反射层。在 Lighting 的下拉列表中，可以设置特效中的灯光参数。Material 可以设置场景中的材质属性。

4．模拟真实水波效果

创建一个新的合成“波纹文字”，模拟真实水波效果。在“波纹文字”合成中，将“文字遮罩”和“波纹”合成导入“时间线”面板中，如图 5.76 所示。

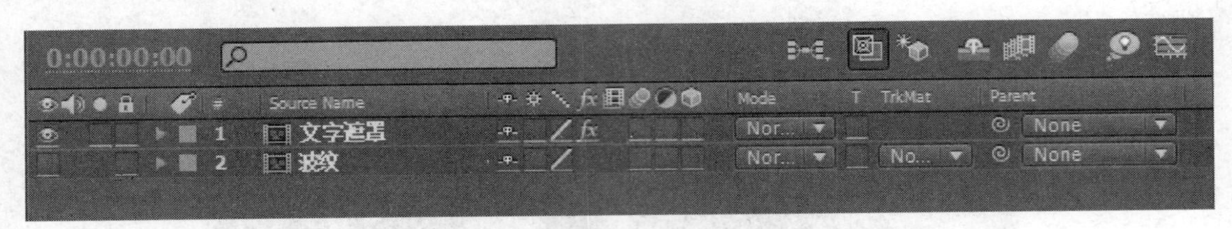

图 5.76　创建合成“波纹文字”

选择“文字遮罩”层，为其添加 Effect/Simulation/Caustic 特效，设置 Water Surface 为“2. 波纹”，Smoothing 的值为“10.000”，Water Depth 的值为“0.250”，Refractive Index 的值为“2.000”，设置 Surface Color 为“白色”，Surface Opacity 的值为“0.000”，Caustics Streng 的值为“1.500”，具体参数设置如图 5.77 所示。

选择“波纹”层，关闭该层的显示开关，如图 5.78 所示。

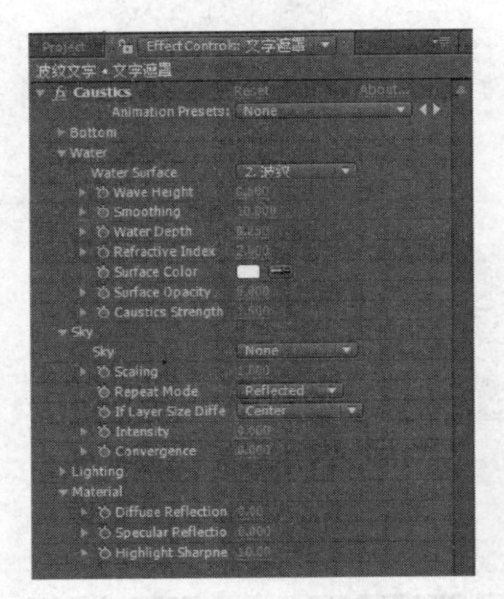

图 5.77　添加 Caustic 特效

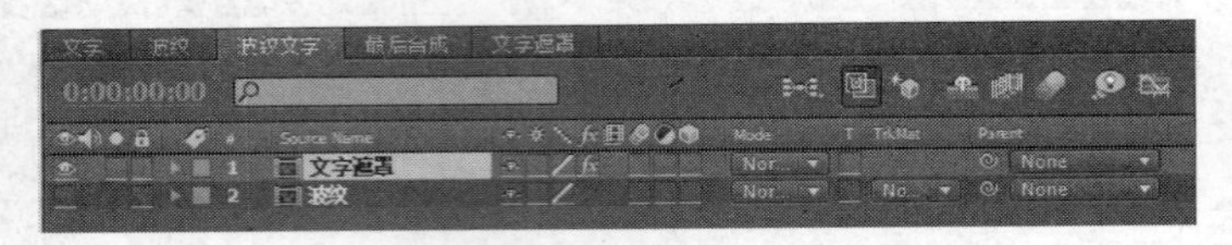

图 5.78　关闭“波纹”层的显示开关

5．创建一个新的合成“最后合成”

将“波纹文字”合成导入该合成中，然后为其添加 Effect/Stylize/Glow 特效。设置 Glow Threshold 的值为“25%”，Glow Radius 的值为“44.0”，Glow Intensity 的值为“3.0”，Glow Colors 为“A&B”模式；设置 Color A 为“黄色”，Color B 为“红色”，如图 5.79 所示。

至此，本案例全部制作完成。

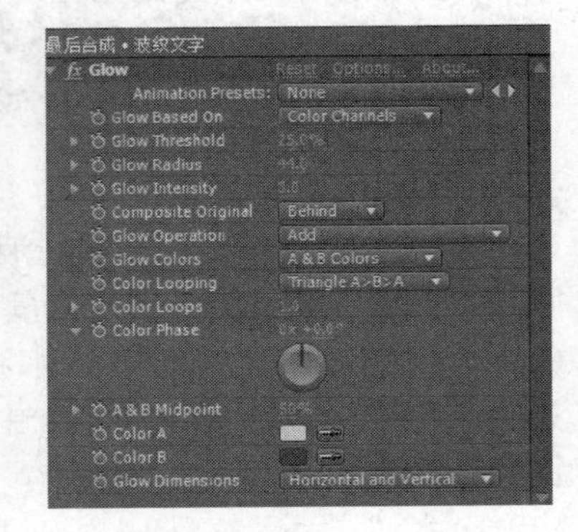

图 5.79　添加 Glow 特效

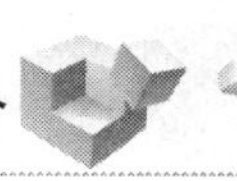

5.4.3　小结

本案例主要学习采用 WaveWorld、Caustics、Glow、Light Factory EZ、Basic Text 特效，完成水波发光文字效果。

5.4.4　举一反三案例训练

训练一：先建立文字层和网络层，然后利用仿真系统的水世界建立水波纹层，最后使用仿真系统的散焦制作逼真水波。制作过程如下。

1．新建合成

新建一个合成，选择菜单命令 Composition/New Composition（"Ctrl+N" 组合键），命名为"文字"，Preset 使用 PAL 制式"（PAL D1/DV，720×576）"，Duration 为"5"秒，选择菜单命令 File/Save"（Ctrl+S 组合键）"，保存项目文件，命名为"波浪文字"。

2．制作文字层

选择菜单命令 Layer/New/Solid，新建一个固态层，设置 Size 下的 Width 为"720"，Height 为"576"。选择菜单 Effects/Generate/Grid（网格），为固态层添加一个网络效果，设置 Anchor 为"（0.0，0.0）"，Corner 为"（175.0，95.0）"，如图 5.80 所示。

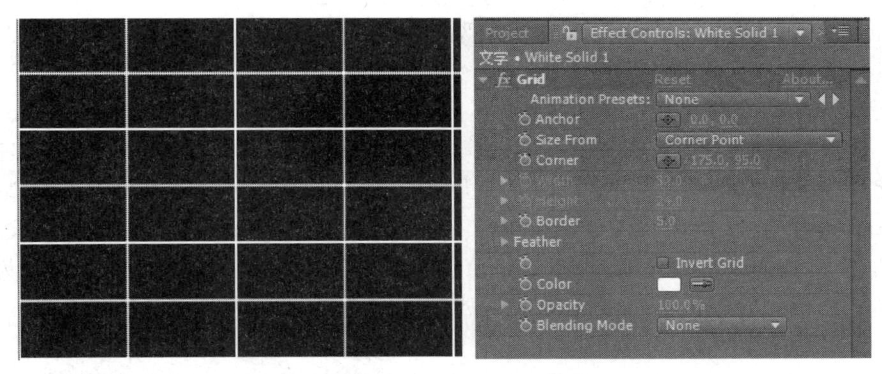

图 5.80　为固态层添加网格效果

选择菜单命令 Layer/New/Text，新建文字层，输入"After Effect CS4"。在 Character 面板中，将文字的颜色设为 RGB"（255，0，0）"，尺寸为"80 px"，如图 5.81 所示。

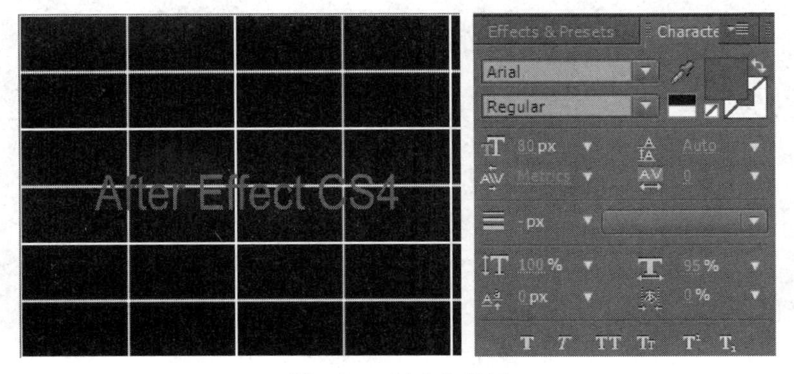

图 5.81　创建文字层

选择菜单命令 Effect/Perspective/Bevel Alpha，为文字层添加 Bevel Alpha 特效，设置参数如图 5.82 所示。展开文字层 Transform 选项，将时间移到 0 帧位置，打开 Position 前的码表，设置 Position 为“(−200，330)”，将时间移到 5 秒位置，设置 Position 为“(950，330)”。

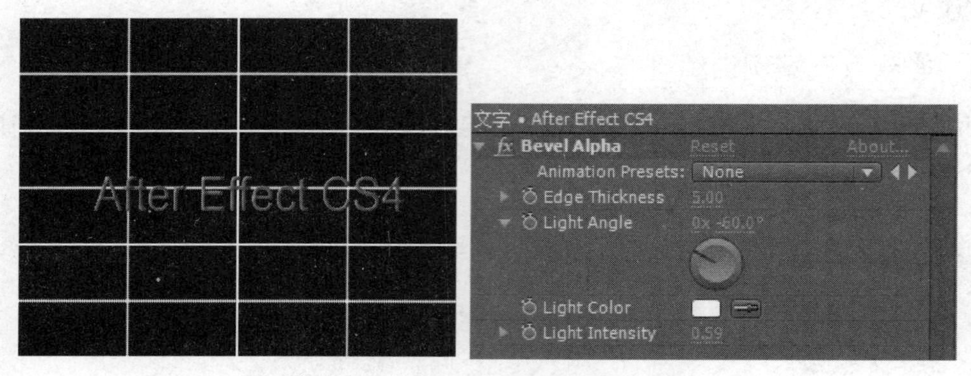

图 5.82　文字层添加 Bevel Alpha 特效

3．新建合成“旋转文字”

新建一个合成命名“旋转文字”，将文字层拖放到时间线合成中，展开 Transform 选项，设置 Position 为“(4000.0，250.0)”，Scale 为“(135.0，135.0)”，Rotation“(0，25.0)”。

4．制作水波层

制作水波层，命名“水波”。新建固态层，选择菜单命令 Effect/Simulation/Wave World（水世界），为固态层添加一个 Wave World 效果。设置 View 为“Height Map”。展开 Height Map Controls 选项，设置 Contrast 为“0.150”；展开 Simulation 选项，设置 Wave Speed 为“0.300”，Pre-roll（seconds）为“2.000”；展开 Producer 1 选项，设置 Position 为“(0.0，0.0)”，Amplitude 为“1.000”；展开 Producer 2 选项，设置 Position 为“(720.0，580.0)”，Height/Length 为“0.100”，Width 为“0.100”，Amplitude 为“1.000”，如图 5.83 所示。

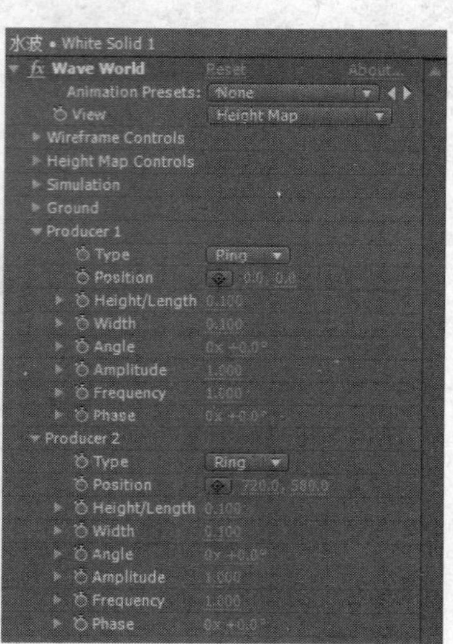

图 5.83　制作水波效果

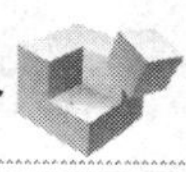

5．制作波浪文字层

新建一个合成，命名为“波浪文字”。选择菜单命令 Layer/New Solid，新建一个固态层，设置 Size 下的 Width 为“720”，Heitht 为“576”，设置 Color（色彩）为 RGB“（70，90，170）”。在 Project 窗口中，分别将“水波”和“旋转文字”拖放到“波浪文字”时间线中，并关闭其显示，如图 5.84 所示。

图 5.84　拖动合成到当前时间线中

选择菜单命令 Layer/New/Solid，为固态层添加一个焦散特效。执行 Effects/Simulation/Caustics（焦散）命令，展开 Bottom 选项，设置 Bottom 为“旋转文字”层，Repeat Mode 为“Once”；展开 Water 选项，设置 Water Surface 为“水波”层，Wave Height 为“0.300”，Smoothing 为“8.000”，Water Depth 为“0.500”，Refractive Index 为“1.200”，Surface Opacity 为“0.000”，Caustics Strength 为“0.400”；展开 Lighting 选项，设置 Light Type 为“Point Source”，Light Intensity 为“2.00”，Light Height 为“2.000”；展开 Material 选项，设置 Specular Reflection 为“0.200”，Highlight Sharp 为“5.00”，如图 5.85 所示。最终结果如图 5.86 所示。

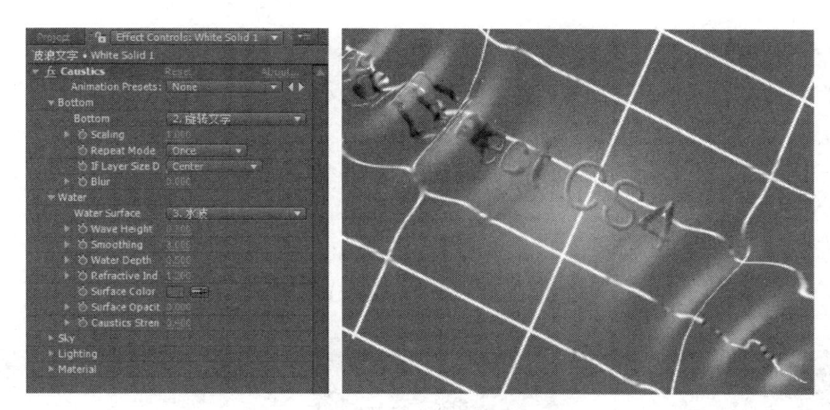

图 5.85　为固态层添加焦散效果

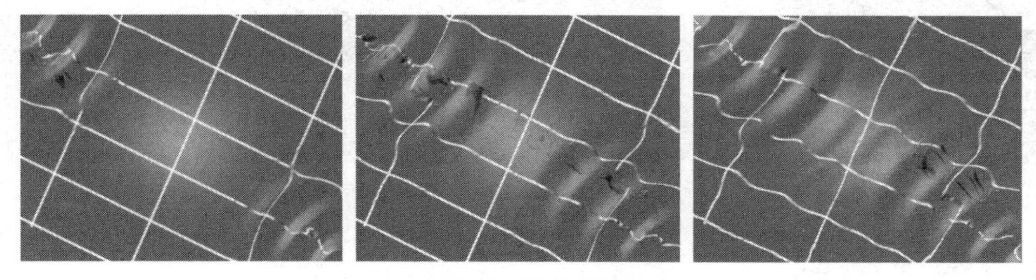

图 5.86　最终结果

至此，本训练结束。

训练二：利用 Wave World 特效制作水波波纹，然后用 Caustics 特效完成水波文字的动画。制作过程如下。

1．新建合成“Comp 1”

创建一个新的合成，命令为“Comp 1”，选择预设设置的 PAL D1/DV，如图 5.87 所示。

2．输入文字

使用“文字工具” 在合成预览窗口中输入文字，文字的大小和字体可根据实际需要进行设置，如图 5.88 所示。

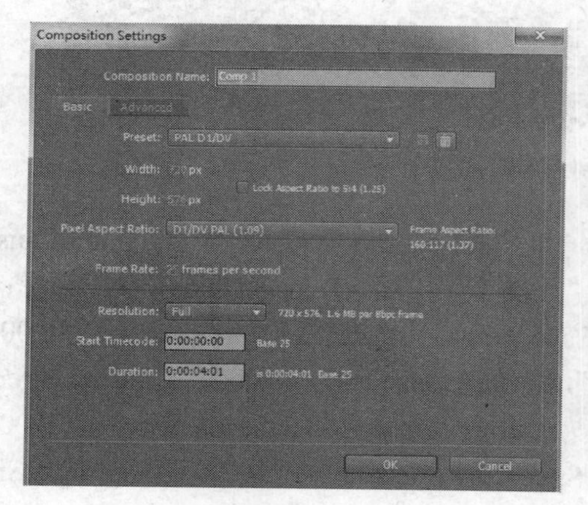

图 5.87　新建合成“Comp1”

图 5.88　添加文字

3．新建合成“Comp 2”

创建新的合成“Comp 2”，并将 Comp1 拖曳到 Comp2 中，然后在 Eillipse Tool（椭圆工具）在 Comp1 层上绘制一个遮罩，然后调整遮罩的形状，如图 5.89 所示。为 Comp 1 层的遮罩设置动画，让文字逐渐显示出来，将时间标签移动到 0 秒位置。

4．设置关键帧

将时间标签移动到第 4 秒的位置，改变 Mask Feather（遮罩羽化）和 Mask Expansion（蒙版扩展范围）的值，使文字完全显示出来。其参数设置如图 5.90 所示。

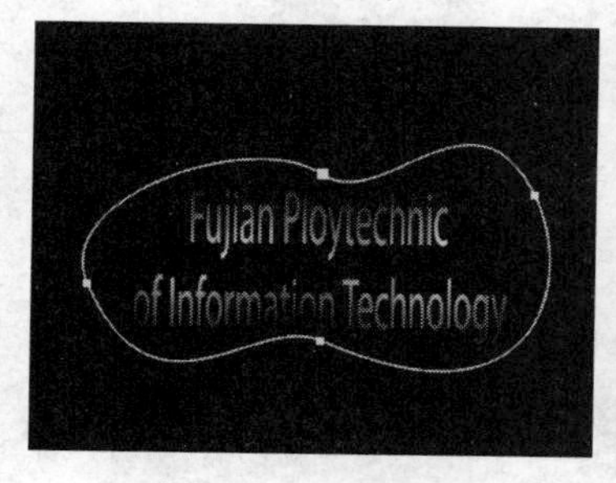

图 5.89　绘制遮罩

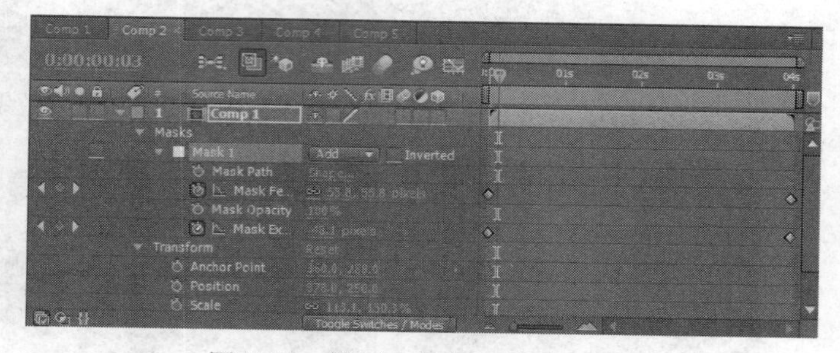

图 5.90　设置 0 秒与 4 秒时的关键帧

5．新建合成“Comp3”

创建新的合成“Comp3”，在 Timeline 窗口中新建一个 Solid 层，然后执行 Effect/ Simulation/ Wave World 菜单命令，参数设置与效果如图 5.91 所示。

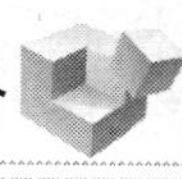

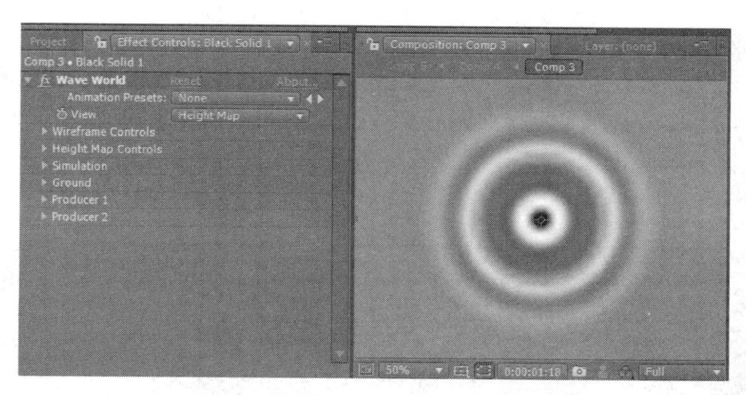

图 5.91　设置 Wave World 参数及效果

6．设置关键帧

将时间标签移动到第 4 秒的位置，把 Amplitude 的值改为“0”，同时设置透度从 100%～0%的动画，在第 3 秒时为 100%，在 4 秒时为 0%，如图 5.92 所示。

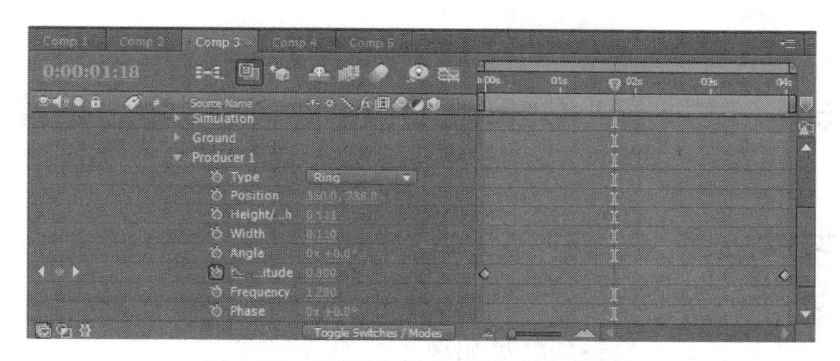

图 5.92　设置 3 秒和 4 秒时的关键帧

7．新建合成“Comp 4”

创建新的合成“Comp 4”，将 Comp 2 和 Comp 3 都拖入其中，并让 Comp 3 位于 Comp 2 的上方，同时关闭 Comp 3 的层显示开关。选中 Comp 2 层，执行 effect/Simulation/Caustics 菜单命令，展开 Caustic 的 Water 属性，将 Water Surface（水表面）设置成为 Comp 3 层，而 Comp 3 层正是前面设置好的水波纹动画，其他参数设置如图 5.93 所示。

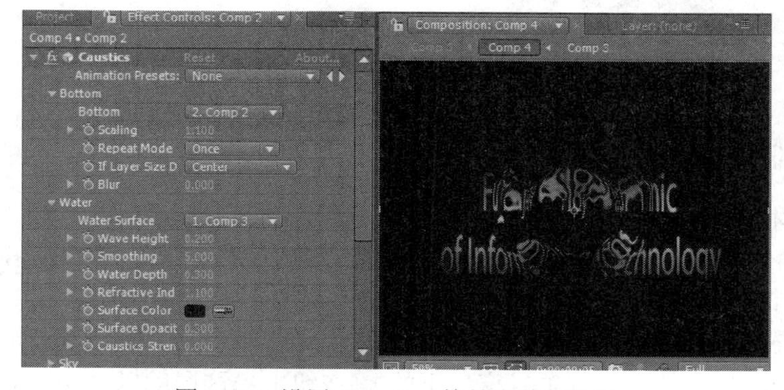

图 5.93　设置 Caustics 特效参数与效果

8．新建合成“Comp 5”

创建新的合成“Comp 5”为文字加入 Glow 特效，制作辉光效果和背景图片，视觉效果更好。将 Comp 4 拖入其中，然后为 Comp 4 添加 Effect Stylize/Glow 特效，设置发光的明度、半径、强度和发光的颜色及其颜色使用方式。并导入一张自己喜欢的背景，设置参数及最终效果如图 5.94 所示。

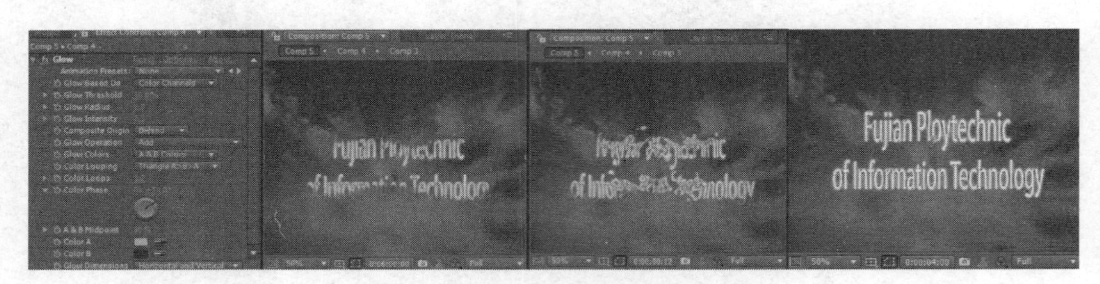

图 5.94　设置 Glow 特效及最终效果

至此，本训练结束。

5.5　案例五　Color Difference Key 特效抠像

5.5.1　案例描述与分析

在本案例中首先导入在蓝色背景下拍摄的素材，使用键控技术将背景颜色设置透明，然后将场景与其素材叠加。最终组合的效果如图 5.95 所示。

图 5.95　Color Difference Key 特效抠像效果

5.5.2　案例训练

1．导入素材

在 Project 窗口的空白处，双击打开 Import File（导入文件）窗口，将“bx.jpg”和“key1.jpg”导入当前项目窗口中。

2．创建“key1”合成

选择“key1.jpg”文件拖放到项目窗口下的按钮上，这样就以“key1.jpg”素材的尺寸创建一个合成；在时间线窗口中，选择“bx.jpg”将其拖放到时间线中，并移动到底层。选

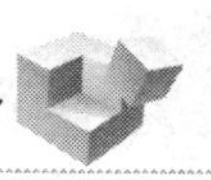

择菜单 Composition/Composition Settings（合成设置），将合成重命名为“Color Difference Key”，如图 5.96 所示。

3．设置抠像参数

选择菜单命令 Effects/Keying/Color Difference Key（色彩差值键控），为“key1.jpg”添加一个色差键效果，设置 Key Color 为蓝色 RGB“(57，91，151)”，Color Matching Accuracy 为“More Accurate”，Partial A In Black 为“142”，Partial A In White 为“206”，Matte In Black 为“17”，Matte In White 为“242”，如图 5.97 所示。

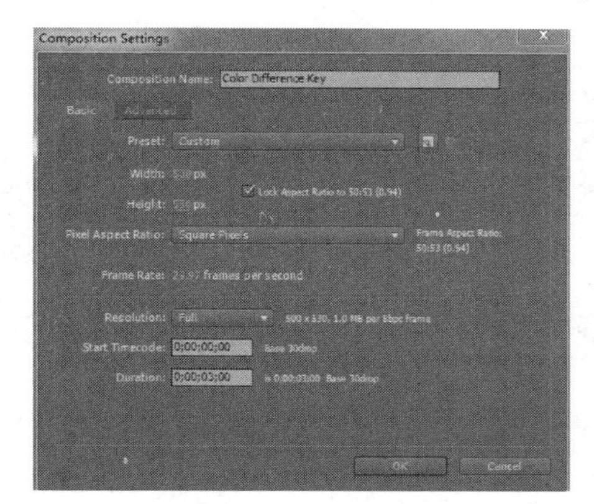

图 5.96　创建项目合成

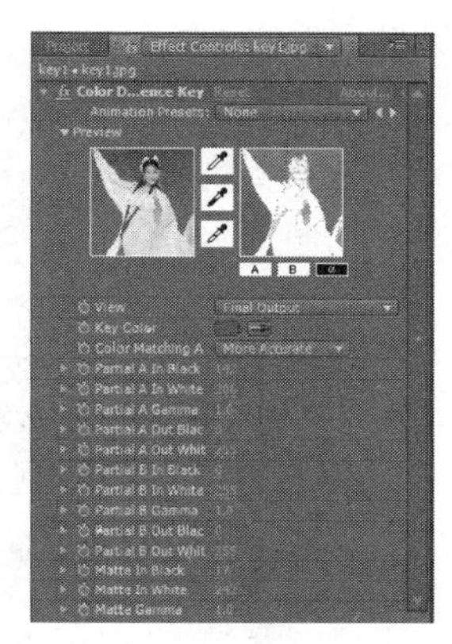

图 5.97　设置抠像参数

4．控制图像颜色溢出

选择菜单命令 Effects/Keying/Spill Suppressor（溢出遏抑器），选择溢出的颜色 Color Key 中的抠像颜色，设置 Color To Suppress 为绿色 RGB“(32，233，34)”，如图 5.98 所示。

这样就完成了 Color Difference Key（色差键）抠像的效果。按小键盘“0”键预览最终效果动画。

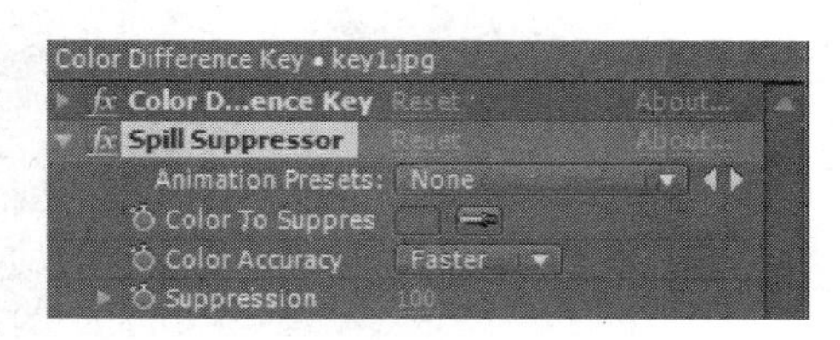

图 5.98　控制图像颜色溢出

5.5.3　小结

本案例主要学习使用 Color Difference Key（色彩差值键控）特效。该特效是将所选的抠像底色分成 A、B 两层，这两层叠加后产生 Alpha 层，使用吸管工具选择 A、B 两层的黑色（透明）与白色（不透明），完成最终的抠像效果。这种抠像方式可以较好地还原均匀蓝底或绿底上的烟雾、玻璃等半透明物体。Spill Suppressor（溢出遏抑器）可以控制图像的溢出，跟踪去除图像中的关键颜色。

5.5.4　举一反三案例训练

训练一：使用 Color Key 进行抠像。

Color Key 特效通过指定一种颜色，系统会将图像中所有与其近似的像素键出，使其透明，这是一种比较初级的键控特效。Color Tolerance 色彩容差，控制与键出色彩的容差，Edge Thin 控制键出区域边界的调整，正值表示边界在透明区域外，负值减少透明区域。Edge Feather 控制区域边界的羽化。

1．导入素材，新建合成

在 Project 窗口的空白处，双击打开 Import File（导入文件）窗口，将“key1.jpg”和“白莲花.jpg”作为背景导入项目窗口中。将“key1.jpg”的图片素材拖放到项目窗口下的按钮上，这样就以“key1.jpg”素材的尺寸创建一个合成，如图 5.99 所示。选择菜单命令 File/Save（“Ctrl+S”组合键），保存项目文件，命名为“Color Key”，并将“白莲花.jpg”作为背景放置在底层。执行 Transform/Fit to comp，使“白莲花.jpg”与合成 key1 大小尺寸一样。

2．使用 Color Key 进行抠像

（1）调整色彩的容差

选择菜单命令 Effects/Keying/ Color Key（色键），为“key1.jpg”添加一个色键效果，设置 Key Color 为绿色 RGB“（0，167，81）”，或者使用小吸管工具吸取颜色，这时会进行大致地处理。但并没有将绿色部分全部抠除，需要调整色彩的容差，设置 Color Tolerance（色彩容差）为“150”。

（2）消除边缘锯齿和残留的绿色

选择菜单命令 Effects/Matte/Simple Choker（边缘收缩/扩展），设置 Choke Matte 为“2.00”。这样抠像的边缘得到了很好控制，如图 5.100 所示。

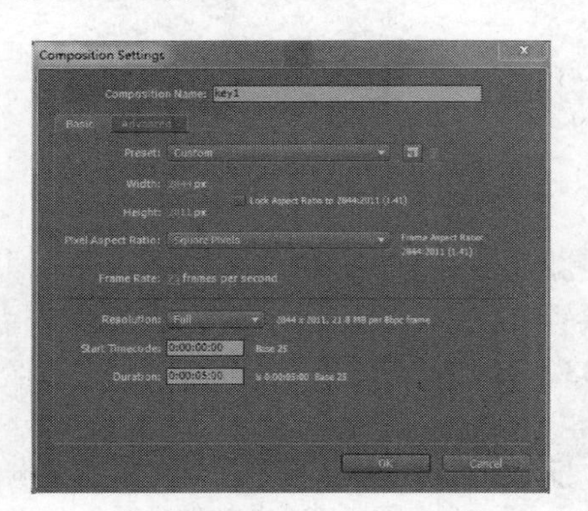

图 5.99　创建项目合成并导入素材

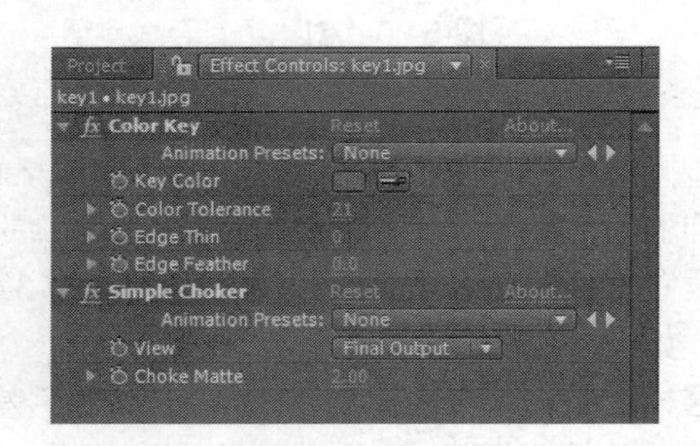

图 5.100　Color Key（色键）参数及效果

（3）调整大小

将“白莲花.jpg”作为背景放置在底层，并选择该层，执行 Transform/Fit to comp，使“白莲花.jpg”与合成 key1 大小尺寸一样。选择“key1.jpg”层，设置 Anchor Point 为“（1558.0，−53.5）”，Position 为“（1422.0，1005.5）”，Scale 为“89.0%”，设置参数如图 5.101 所示。

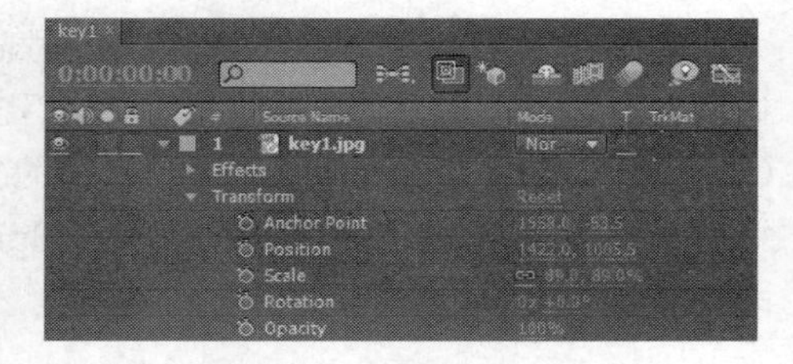

图 5.101　调整 Key1.jpg 层参数

至此，本训练完成，最终效果如图 5.102 所示。

训练二：使用 Liner Color Key 进行抠像。

前面学习的 Color Key 只是简单地对一种颜色在一定容差内进行抠像，它只能对某种颜色进行抠像。而 Liner Color Key 可以对某一种颜色、色相、饱和度进行线性抠像。所谓线性也就是颜色越与抠像底色接近，透明度越高。在 View 有 3 种查看模式，分别为 Final Output（最终输出）、Source Only（原始图层）和 Matte Only（抠像状态）。其中，Matte Only 可以查

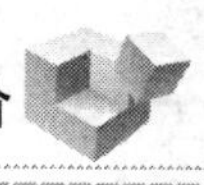

看抠像时的 Alpha 通道状态。Mattch Color（颜色匹配模式）有 3 种：在 RGB 模式下，根据选中的抠像底色的亮度、色相与饱和度综合因素进行抠像；在 Hue 模式下，在颜色一致的前提下，根据颜色的色相进行线性抠像，与选中的抠像底色色相越接近，透明度越大；在 Chroma 模式下，在颜色一致的前提下，根据颜色的饱和度进行线性抠像，与选中的颜色饱和度一致，透明度越大。

图 5.102　最终效果

1．导入素材，新建合成

在 Project 窗口的空白处，双击打开 Import File（导入文件）窗口，将“key2.jpg”和“花背景.jpg”作为背景导入项目窗口中。将“key2.jpg”的图片素材拖放到项目窗口下的按钮上，这样就以“key2.jpg”素材的尺寸创建一个合成“key2”，如图 5.103 所示。选择菜单命令 File/Save（“Ctrl+S”组合键），保存项目文件，命名为“Color Key”。并将“花背景.jpg”作为背景放置在底层。执行 Transform/Fit to comp，使“花背景.jpg”与合成 key2 大小尺寸一样。

2．使用 Liner Color Key 进行抠像

（1）设置抠像效果

选择菜单命令 Effects/Keying/ Liner Color Key（线性色键），为“key2.jpg”添加一个线性色键效果，设置 Key Color 为蓝色 RGB“(0，0，255)”，Match Colors（颜色匹配模式）为“Using Chroma”，Matching Tolerance 为“15%”，如图 5.104 所示。

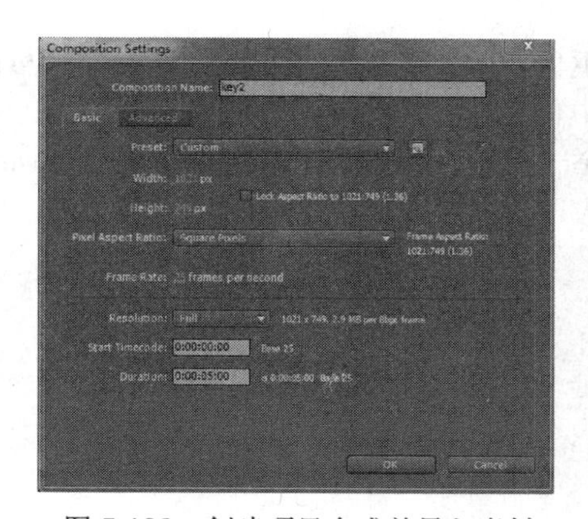

图 5.103　创建项目合成并导入素材

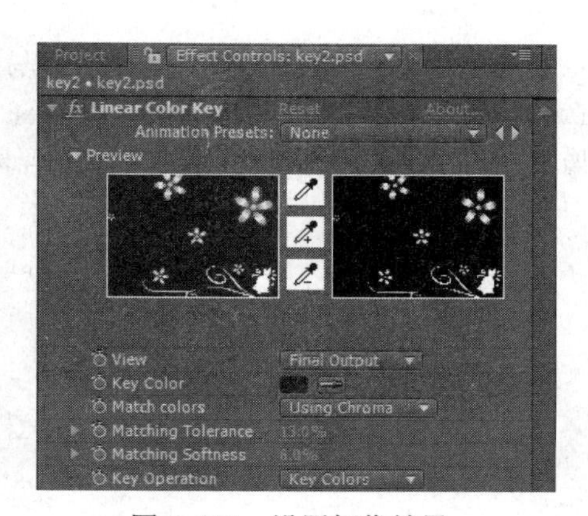

图 5.104　设置抠像效果

（2）消除残留的蓝色

选择菜单命令 Effects/Keying/Spill Suppressor（溢出遏抑器），设置选择溢出的颜色 Key Color 中的抠像颜色，如图 5.105 所示。

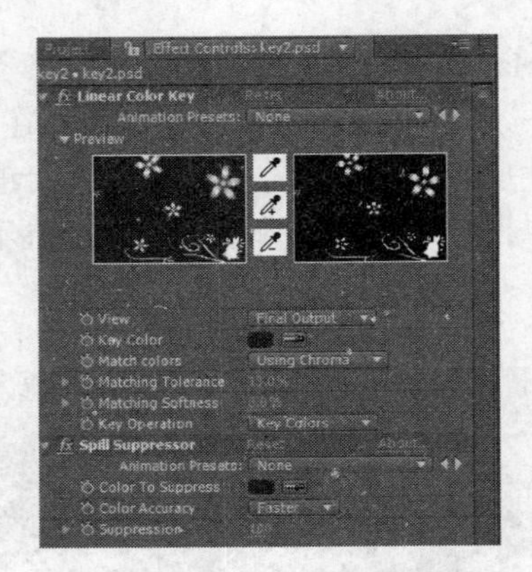

图 5.105　控制图像颜色溢出

至此就完成了 Liner Color Key 抠像的效果，最终效果如图 5.106 所示。

图 5.106　最终效果

本 章 小 结

本章主要对 After Effects 中的一些仿真与抠像特效实现技术方法进行详细分析与讲解。通过本章的学习，学生可以了解 After Effects 中仿真与抠像的使用方法和运用技巧，掌握仿真与抠像技法，并能够灵活运用所学知识做到举一反三，完成仿真与抠像特效综合训练。

第6章　三维空间特效进阶

6.1　案例一　照片扫光

6.1.1　案例描述与分析

本案例主要掌握摄像机的使用方法，使用 Shatter（离散）等特效制作照片扫光效果。主要制作过程：①结合 Fractal Noise、Ramp、Colorma 等特效制作扫光光束的效果；②使用 Shatter 特效制作图片由离散到聚合的效果；③新建 Camera（摄像机）制作离散图片的透视效果；④使用 LF Stripe 特效制作扫光顶端光束的效果。最终结果如图 6.1 所示。

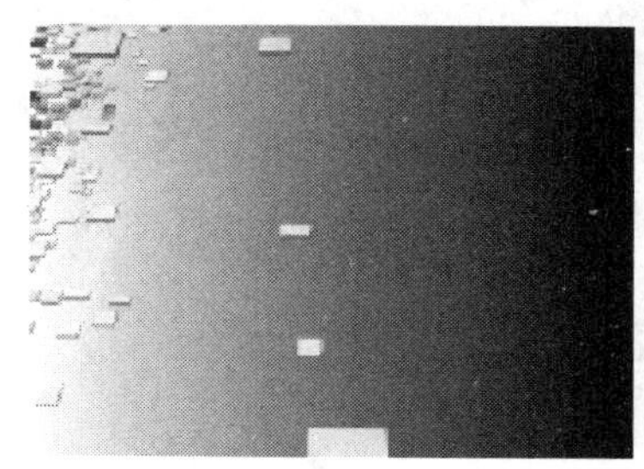

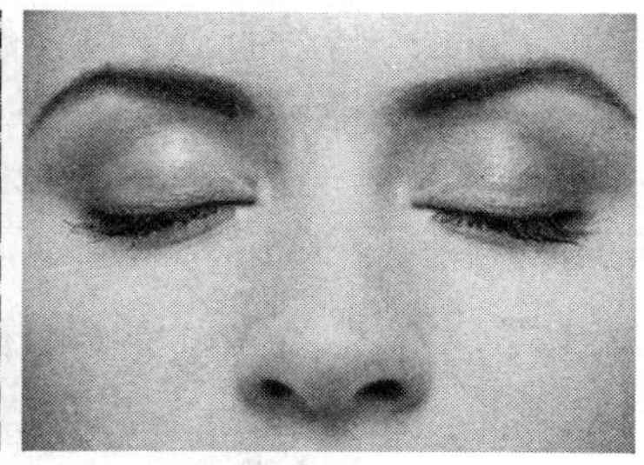

图 6.1　照片扫光最终结果

6.1.2　案例训练

1．新建“Ramp”合成

（1）新建“Ramp”合成

选择 Composition/New Composition 命令，弹出 Composition Settings 对话框，设置尺寸为“640×480”，时间长度为“5 秒”，并将其命名“Ramp”，如图 6.2 所示。

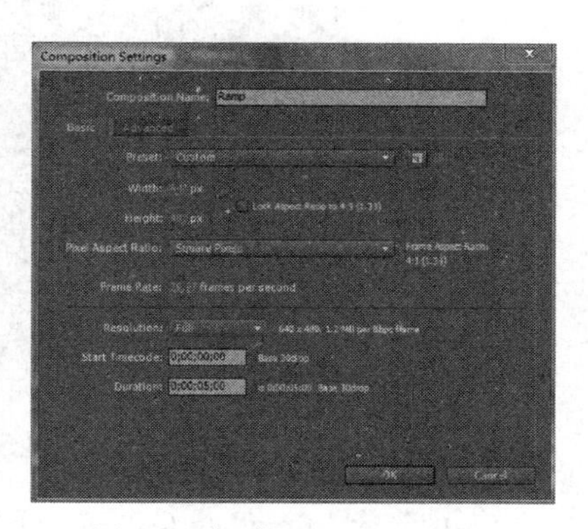

图 6.2　新建“Ramp”合成

（2）新建“Ramp”固态层并添加 Ramp 特效

选择 Layer/New Solid 命令，设置颜色为“黑色”，将其命名为“Ramp”，选择 Effect/Generate/Ramp 命令，添加 Ramp 特效，在 Effect Control 特效面板中设置数值，如图 6.3 所示。

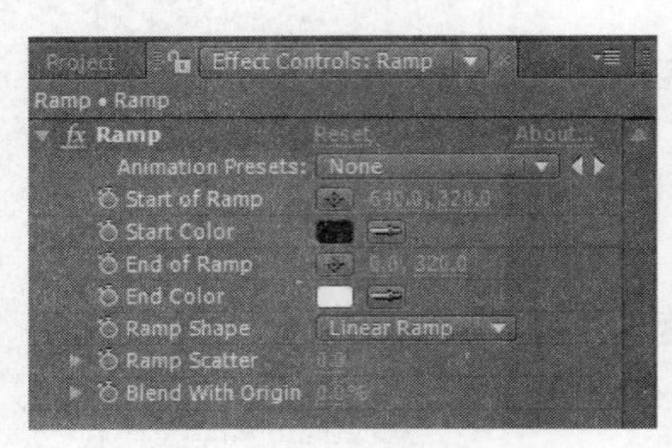

图 6.3　设置 Ramp 特效参数与效果

2．新建“guangshu”合成

（1）新建“guangshu”合成

选择 Composition/New Composition 命令，弹出 Composition Settings 对话框，设置尺寸为“640×480”，时间长度为“5”秒，并将其命名“guangshu”，如图 6.4 所示。

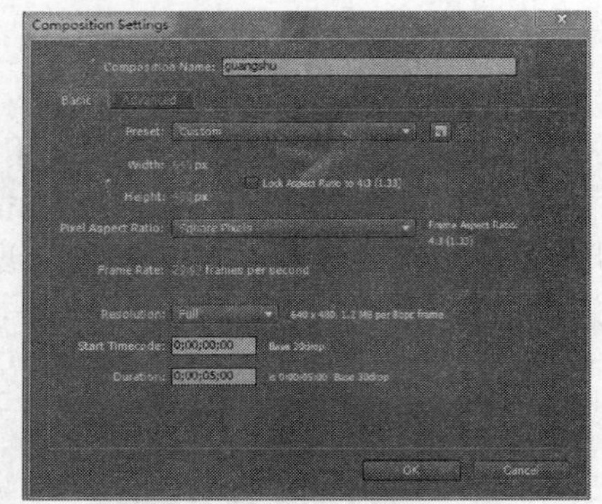

图 6.4　新建“guangshu”合成

（2）添加 Fractal Noise 特效

新建“gray”固态层并添加 Fractal Noise 特效，制作扫光的光束效果。选择 Layer/New Solid 命令，设置颜色为“黑色”，将其命名为“gray”，选择 Effect/Noise& Grain/Fractal Noise 命令，添加 Fractal Noise 特效，在 Effect Control 特效面板中设置数值，如图 6.5 所示。然后将时间指示器移动到“5 秒”的位置，设置 Offset Turbulence 选项的数值为“(−780，240)”，设置 Evolution 选项的数值为“336”。

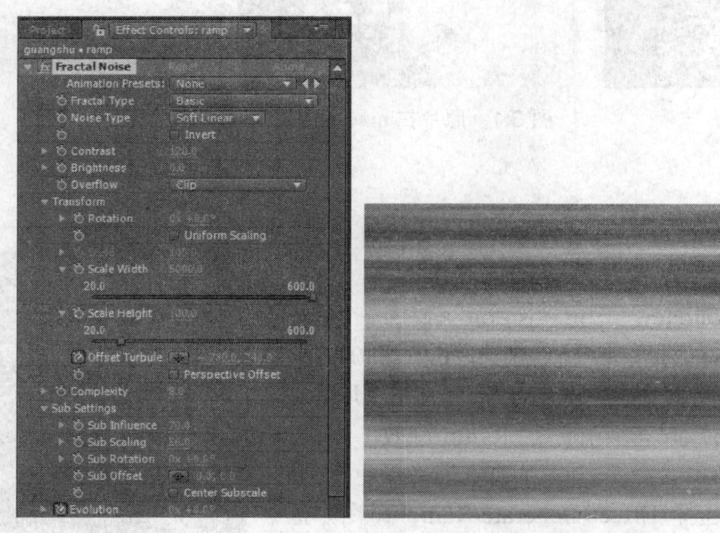

图 6.5　Fractal Noise 特效参数与效果

（3）选择 Luma Matte“[Ramp]”

将 Ramp 合成窗口拖入 guangshu 合成窗口。将 Ramp 合成放置在最顶层，然后在固态

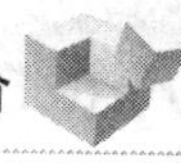

层 gray 层的 Track Matte 下拉列表中选择 Luma Matte“[Ramp]”，如图 6.6 所示。

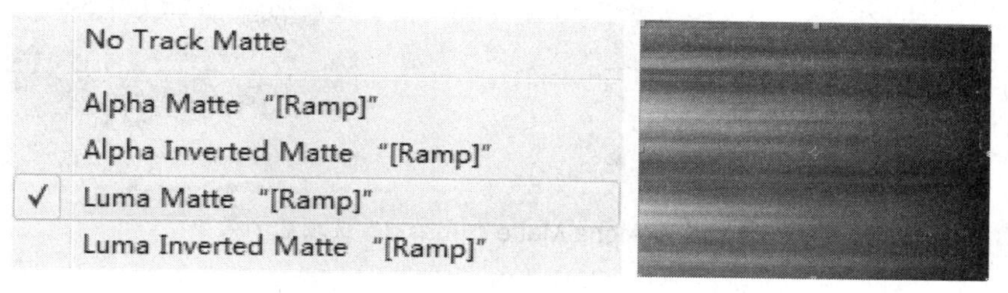

图 6.6　选择 Luma Matte“[Ramp]”选项后的效果

（4）添加 Ramp、Colorama 特效

新建“Color”固态层并添加 Ramp、Colorama 特效，制作扫光的光束效果。选择 Layer/New Solid 命令，设置颜色为“黑色”，将其命名为“color”，选择 Effect/Generate/Ramp 命令，添加 Ramp 特效，选择 Effect/Color Correction/Colorama 特效，应用 Colorama 特效。两个特效设置参数如图 6.7 所示。

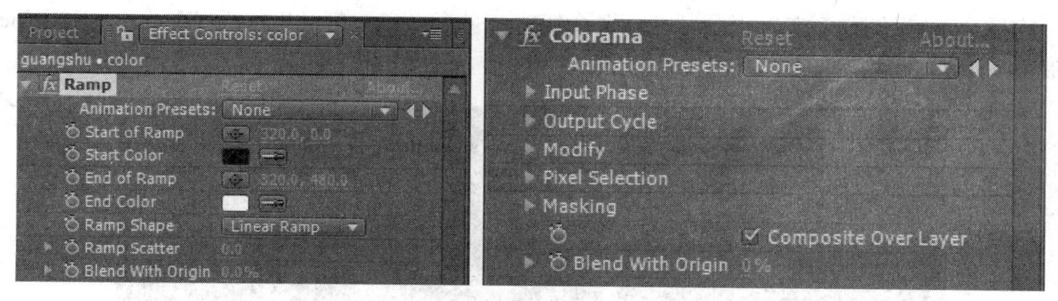

图 6.7　添加 Ramp、Colorama 特效

（5）绘制遮罩层

新建“mask”固态层并绘制遮罩层：选择 Layer/New Solid 命令，设置颜色为“黑色”，将其命名为“mask”，然后在图层上单击鼠标右键，在弹出的快捷菜单中选择 Mask/New Mask，绘制一个矩形的遮罩层，如图 6.8 所示。

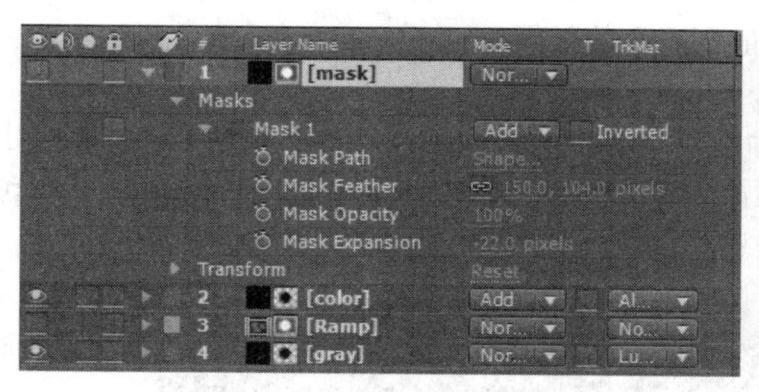

图 6.8　设置 mask 层参数与效果

设置 color 图层的叠加模式为“Add”（叠加）模式，然后在 color 图层的 Track Matte 下拉列表中选择 Alpha Matte“[mask]”，如图 6.9 所示。

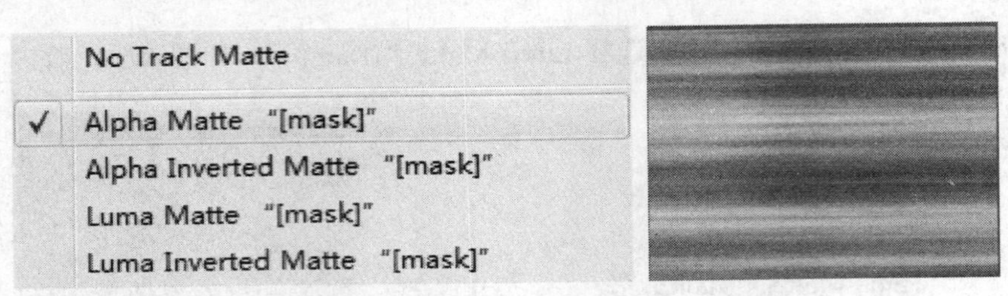

图 6.9 设置 Alpha Matte“[mask]”选项后的效果

3．制作扫光经过的激光条的效果

（1）新建“Saoguang”合成，导入素材

选择 Composition/New Composition 命令，弹出 Composition Settings 对话框，设置尺寸为“640×480”，时间长度为“5”秒，并将其命名“shatter”。执行 File/Import/File 命令，在指定目录下导入“Face.jpg”文件，选中素材文件“shine.psd”，弹出 shine.psd 对话框，选中“Choose Layer”单选按钮，在其右侧的下拉列表中选择“图层 0”选项，单击“OK”按钮导入素材。

（2）添加 LF Stripe 特效

将图层 0/shine.psd 拖入“saoguang”合成中，执行 Effect/Knoll Light Factory/LF Stripe，添加 LF Stripe 特效，如图 6.10 所示。

图 6.10 图层 0/shine.psd 添加 LF Stripe 特效

4．新建“3D”合成，制作图片由离散到聚合的效果

（1）新建“3D”合成

选择 Composition/New Composition 命令，弹出 Composition Settings 对话框，设置尺寸为“640×480”，时间长度为“5”秒，并将其命名“3D”。并拖入 saoguang、guangshu、Ramp 合成与 face.jpg 图层到 3D 合成中，如图 6.11 所示。

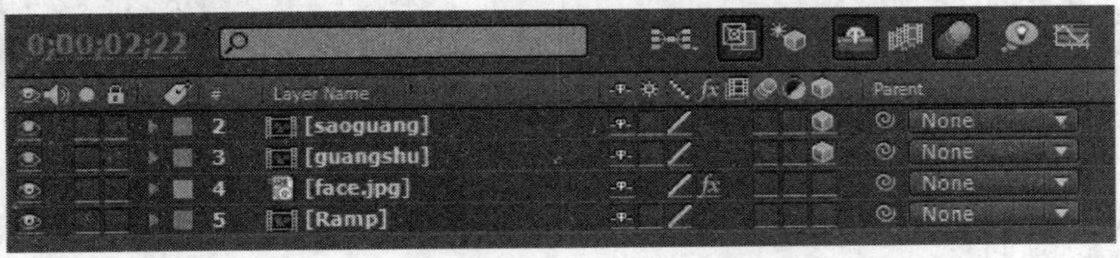

图 6.11 新建“3D”合成

（2）添加 face.jpg 的 Shatter 与 Curves 特效

选中“face.jpg”，选择 Effect/Simulation/Shatter 命令，应用 Shatter 特效，如图 6.12 所示。选中“face.jpg”，选择 Effect/Color Correction/Curves 命令，应用 Curves 特效，如图 6.13 所示。将时间指示器移动到“2 秒”的位置，设置 Shatter Threshold 选项的数值为“0”，并为此项打上关键帧。然后将时间指示器移动到 4 秒位置。设置 Shatter Threshold 选项的数值为“100”，如图 6.14 所示。

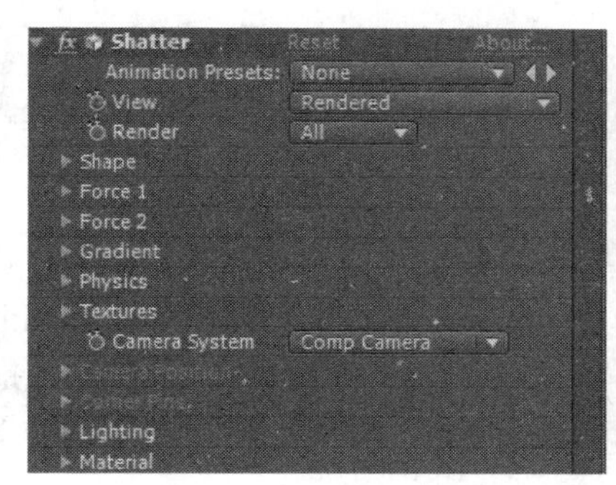

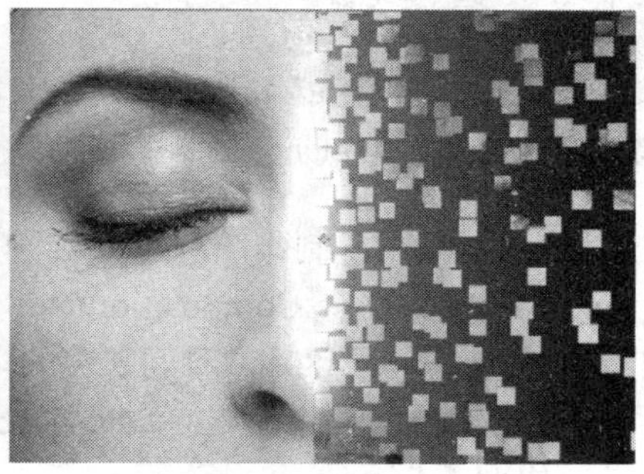

图 6.12　添加 face.jpg 的 Shatter 特效

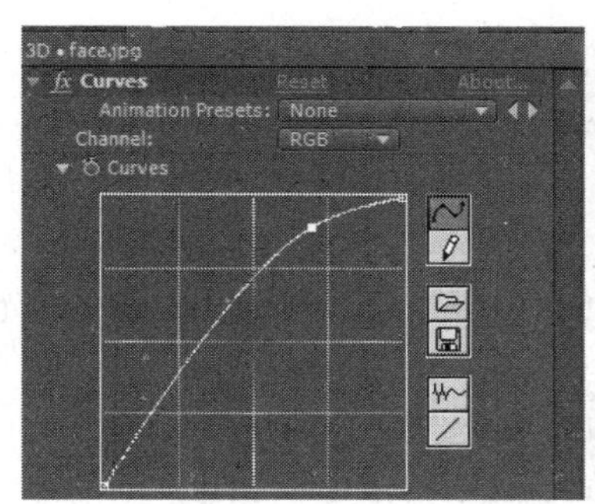

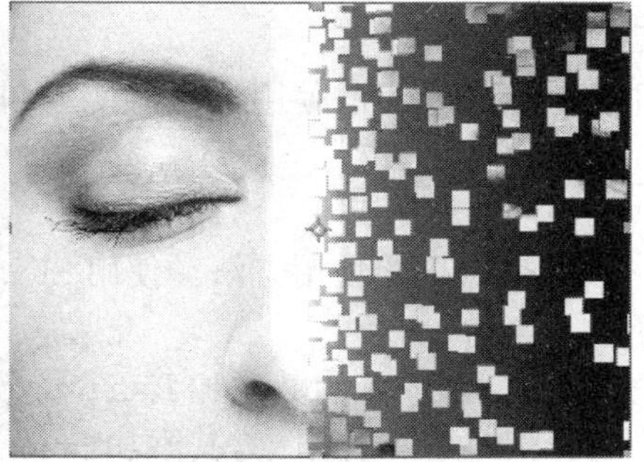

图 6.13　添加 face.jpg 的 Shatter 与 Curves 特效

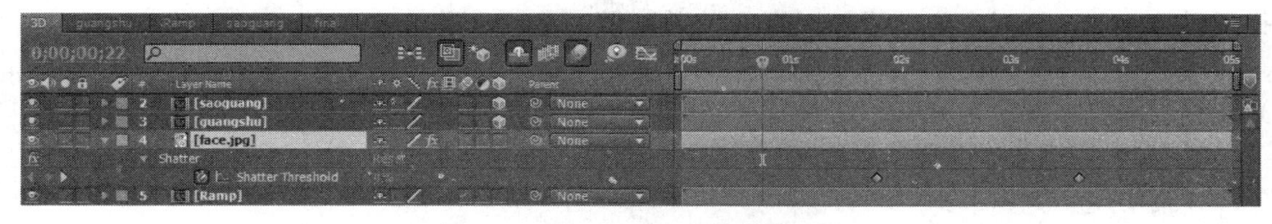

图 6.14　设置 Shatter 特效关键帧

新建 Layer/New/Camera 命令，弹出 Camera Settings 对话框。设置各项数值如图 6.15 所示。为 Camera1 图层创建关键帧动画，将时间指示器移动到 0 秒的位置，按下快捷“P”键，设置数值为“(320，−630，−50)”；将时间指示器移动到 1 秒 15 帧的位置，设置数值为“(320，−700，−250)”；将时间指示器移动到 8 秒的位置，设置数值为“(320，−560，−1000)”。设置完成后图片破碎的效果如图 6.16 所示。

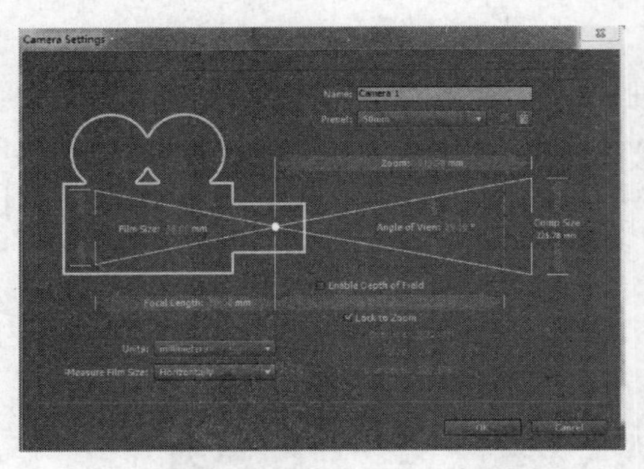

图 6.15　设置 Camera Settings 对话框

图 6.16　设置完成后图片破碎的效果

5．新建“final”合成，制作图片由聚合到离散的效果

新建“final”合成，选择 Composition/New Composition 命令，弹出 Composition Settings 对话框，设置尺寸为“640×480”，时间长度为“5”秒，并将其命名“final”，并拖入 3D 合成到“final”合成中。执行 Effect/Time/Time-Reverse Layer，时间反转，实现制作图片由聚合到离散的效果，如图 6.1 所示。

至此，本案例制作完成。

6.1.3　小结

本案例主要掌握摄像机的使用方法，使用 Shatter（离散）等特效制作照片扫光效果。

6.1.4　举一反三案例训练

训练一：掌握摄像机的使用方法，使用 Shatter（离散）等特效制作照片扫光效果。主要制作过程如下。

① 创建“渐变”合成，为其添加 Ramp 特效，制作背景。

② 创建“打印光线”合成，为其添加 Fractal Noise 特效做黑白虚光，添加 Colorama 特效做七彩光效果。

③ 创建“图片 Shatter”合成和摄像机，导入素材“Women.jpg”以及“渐变”合成。选择素材“Women.jpg”，为其添加 Shatter 特效，做关键帧动画。

④ 创建“3D 合成”，导入先前制作的合成和素材，做摄像机运动。设置“光”和“打印光线”层的叠加模式为“Add”，并打开它们的“3D”开关按钮。

⑤ 创建“倒放”合成，导入“3D 合成”合成，为其添加 Time Reamp 命令做倒放修改。

详细实现步骤如下。

1．创建“渐变”合成，为其添加 Ramp 特效

（1）创建“渐变”合成

创建一个预置为 Pal D1/DV 的合成，将其命名为“渐变”，设置时间长度为“5 秒”，创建一个固态层，将其命名为“渐变”，设置颜色为“黑色”，如图 6.17 所示。

（2）添加渐变 Ramp 特效

选择“渐变”层，为其添加 Effect/Generate/Ramp 特效，进入特效具体设置参数，如图 6.18 所示。

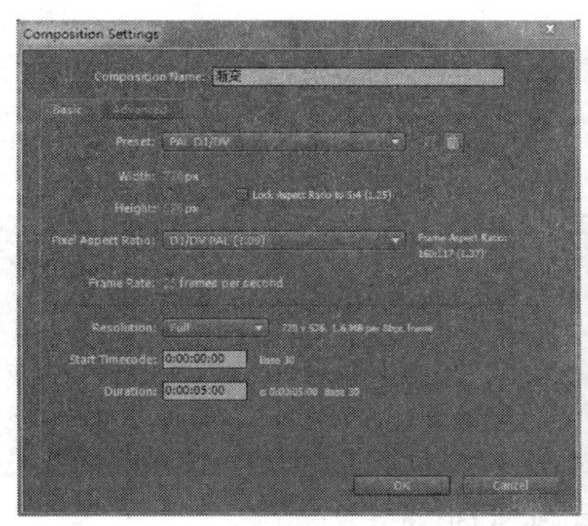

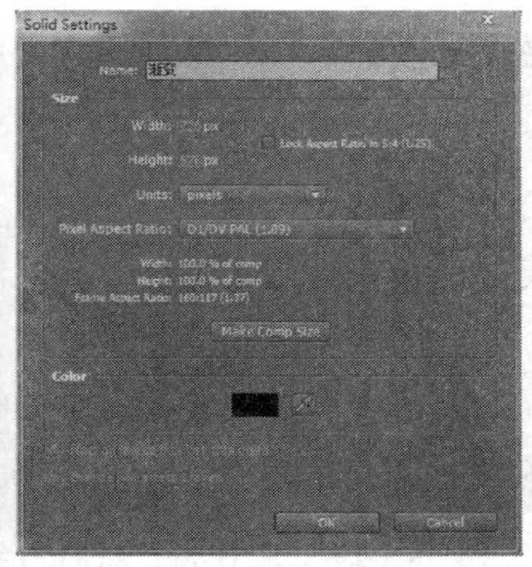

图 6.17　创建“渐变”合成与“渐变”固态层

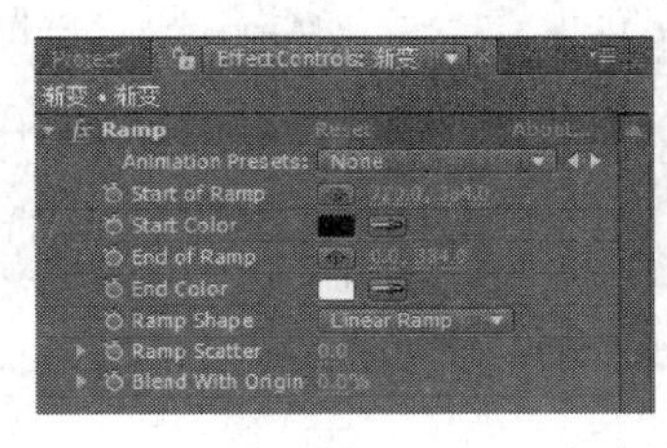

图 6.18　添加渐变 Ramp 特效

2．创建“打印光线”合成，为其添加 Fractal Noise 特效做黑白虚光

（1）创建“打印光线”合成

创建一个预置为 PAL D1/DV 的合成，将其命名为“打印光线”，设置时间长度为“5 秒”，创建一个固态层，将其命名为“虚光”，设置颜色为“黑色”。

（2）添加 Fractal Noise 特效

选择“虚光”固态层添加 Fractal Noise 特效。选择“虚光”固态层，为其添加 Effect/Nosie&Grain/Fractal Noise 特效，进入特效设置窗口，设置 Contrast 的值为“120.0”，Overflow 为“Clip”，展开 Transform 参数栏，取消勾选“Uniform Scaling”选项，设置 Scale Width 的值为“5000.0”，Offset Turbulence 的值为“(36000.0，288.0)”，Complexity 的值为“4.0”。在 0:00 秒单击“Offect Turbulence”关键帧记录按钮，设置参数为“(36000.0，288.0)”；在 0:00 秒处单击“Evolution”关键帧记录按钮，设置参数为“(0×+0.0)”，在 5:00 秒处，设置 Offect Turbulence 参数为“(−36000.0，288.0)”，Evolution 值为“(1×+0.0)”，参数如图 6.19 所示。

（3）设置 Track Matte Luma 模式

导入“渐变”合成将其放置到“虚光”层的上方，选择“虚光”层，设置它为“Track Matte Luma”模式，如图 6.20 所示。

所谓 Track Matte 通道是指 Alpha 通道和 Luma 通道。其中，Alpha 通道是通过黑白颜色属性来分辨图像的透明度，Luma 通道是通过亮度属性来判断画面的透明度。这里选用 Luma 模式就是让亮的区域显示图像。暗的区域不显示图像。

用前面“渐变”层做画面的黑白铺垫就是为了让“虚光”层能够通过 Luma 通道融入渐变层里，这样就可以完成要做的“虚光”效果。

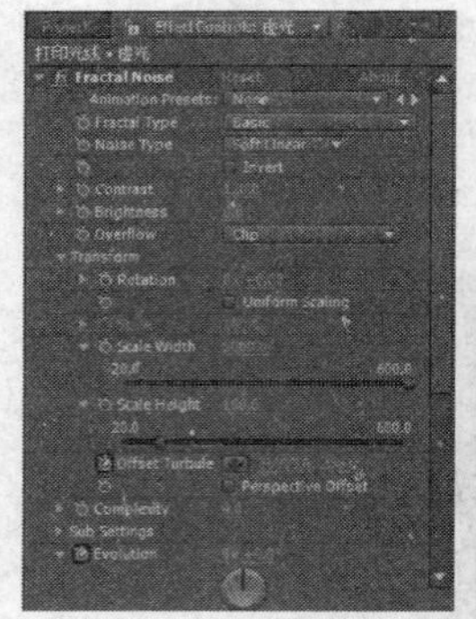

图 6.19　添加 Fractal Noise 特效及关键帧

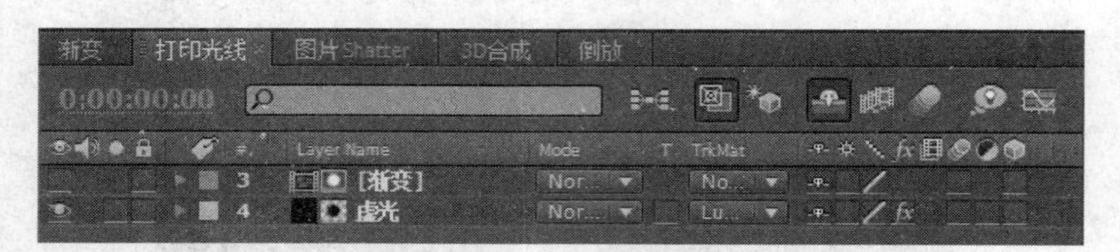

图 6.20　Track Matte 通道设置

（4）添加 Ramp、Colorama 特效

创建固态层“七彩光”并添加 Ramp、Colorama 特效，使其匹配合成大小，设置颜色为“黑色”。选择“七彩光”固态层，为其添加 Effects/Generate/Ramp 特效，进入特效设置窗口，设置 Start of Ramp 为“(360.0，0.0)”，颜色为黑色，End of Ramp 为（360.576，0.0)，颜色为“白色”。选择“七彩光”固态层，为其添加 Effects/Color Correction/Clorama 特效，参数保持默认即可。选择“七彩光”层，设置层的叠加模式为“Color”，如图 6.21 所示。

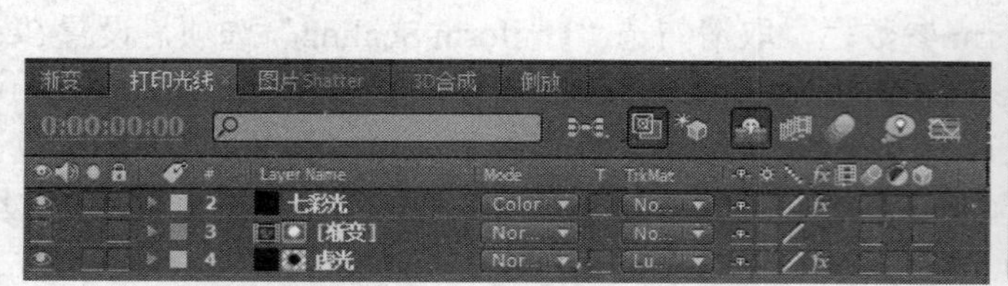

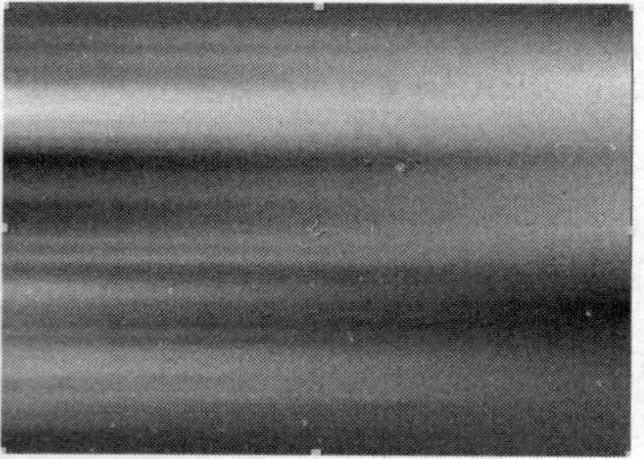

图 6.21　“七彩光”添加 Ramp、Colorama 特效设置与效果

（5）绘制 Mask 遮罩

创建一个固态层，将其命名为“Back”，设置颜色为“黑色”，选择 BACK，使用“钢笔工具”为其绘制 Mask 遮罩，展开 Mask 参数栏，设置 Mask Feather 为“(2000.0，0.0)”，如图 6.22 所示。

选择“七彩光”层，设置 TrkMat 为“Alpha Matte”模式。

用 Back 做黑底层，让“七彩光”层通过 Alpha 通道的方式融入 Back 层里，这样，虚光也被赋予了颜色。

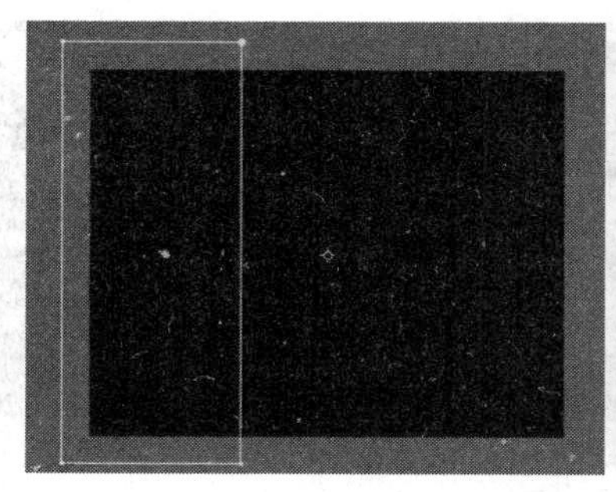

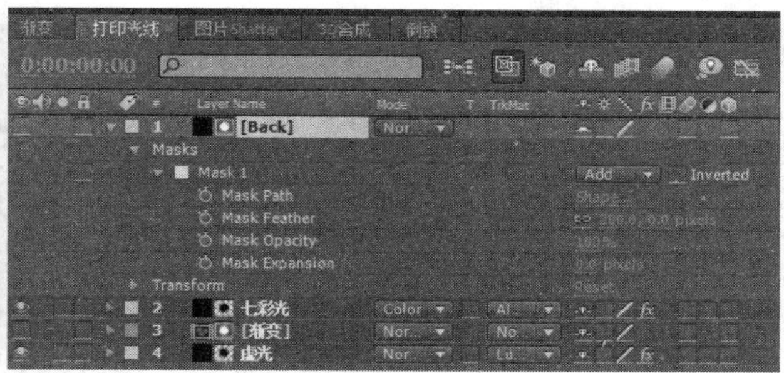

图 6.22 “Back”层 Mask 绘制与参数的设置

3．创建“图片 Shatter”合成

（1）新建“图片 Shatter”合成

新建“图片 Shatter”合成，参数设置与前面合成相同。导入“渐变”合成以及素材“Wome.jpg”到“时间线”面板中，关闭“渐变”层的显示按钮。

（2）添加 Shatter 特效

为“Wome.jpg”层添加 Shatter 特效。选择“Wome.jpg”层，为其添加 Effect/Simulation/Shatter 特效，进入特效设置窗口，设置 View 为“Rendered”，展开 Shape 参数栏，设置 Pattern 为“Squares”，Repetitions 的值为“40.00”，Extrusion Depth 的值为“0.05”；展开 Force1 参数栏，设置 Depth 的值为“0.20”，Radius 的值为“2.00”，Strength 的值为“6.00”，展开 Force2 参数栏，设置 Position，Depth、Radius 和 Strength 的值均为“0.00”；展开 Gradient 参数栏，设置 Gradient Layer 为“3.渐变”，勾选“Invert Gradient”选项；展开 Physics 参数栏，设置 Rotation Speed 的值为“0.00”，Tumble Axis 为“None”，Randomness 的值为“0.03”，Viscosity 的值为“0.00”，Mass Variance 的值为“20%”，Gravity 的值为“6.00”，Gravity Direction 的值为“(0，+90.0)”，Gravity Inclination 的值为“80.00”；展开 Textures 参数栏，设置 Camera System 为“Comp Camera”，如图 6.23 所示。

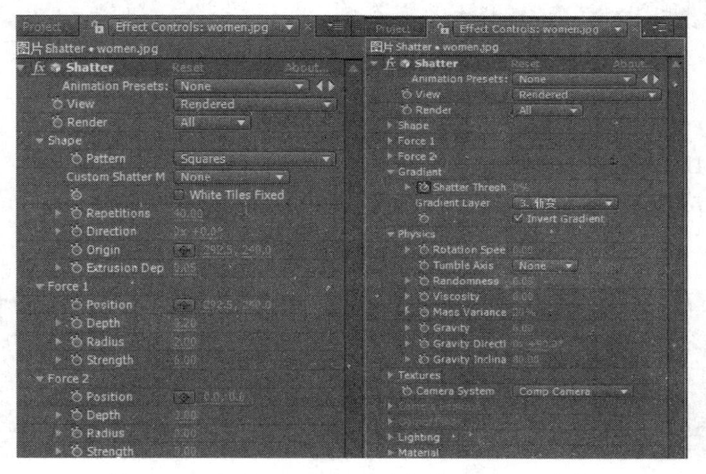

图 6.23 为“Wome.jpg”层添加 Shatter 特效

选择“Wome.jpg”层，在 1:20 帧处单击“Shatter Threshold”关键帧记录按钮，设置参数为“0%”；在 3:18 秒处设置参数为“100%”，如图 6.24 所示。

图 6.24　为“Wome.jpg”层添加 Shatter 特效预览效果

（3）创建摄像机层

执行 Layer/New/Camera 菜单命令，如图 6.25 所示。

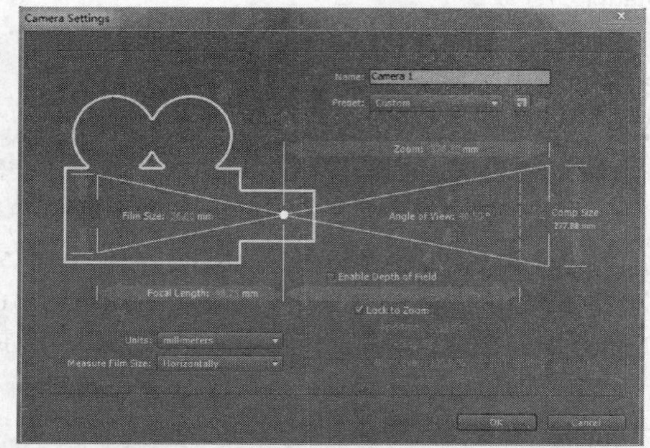

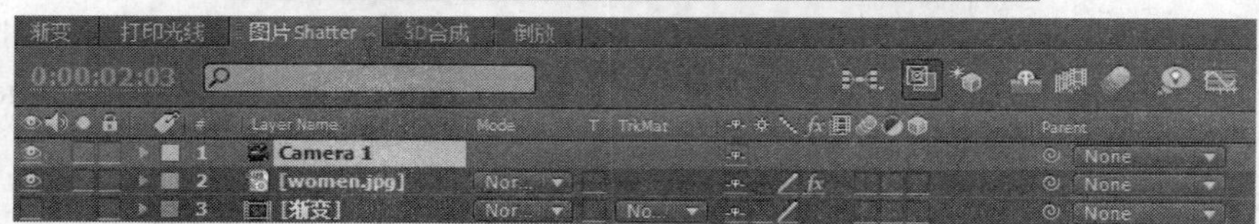

图 6.25　创建摄像机层

4．创建“3D 合成”

（1）新建“3D 合成”

新建“3D 合成”，参数设置与前面合成相同。复制“图片 Shatter”合成里所有的层，并粘贴到“3D 合成”层的“时间线”面板中，如图 6.26 所示。

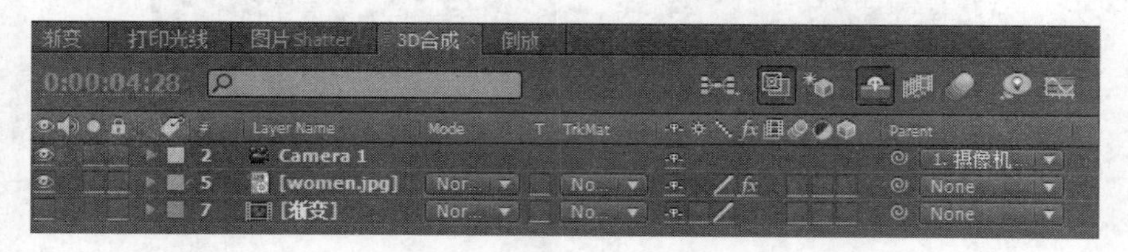

图 6.26　复制层

（2）Gradient Layer 参数设置

选择“women.jpg”层，进入 Shatter 特效设置窗口，展开 Gradient 参数栏，重新设置 Gradient Layer

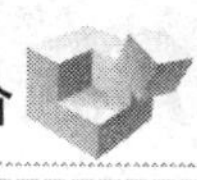

层为“7.渐变”，如图 6.27 所示。这里一定要注意重新指定给“渐变”层，否则不会出现效果。

（3）创建“摄像机运动”固态层

创建“摄像机运动”固态层，参数设置采用默认值，设置颜色为“黑色”。选择“Camera1”层，将其链接到“摄像机运动”层，并打开“摄像机运动”层的 3D 开关，关闭其显示开关，如图 6.28 所示。

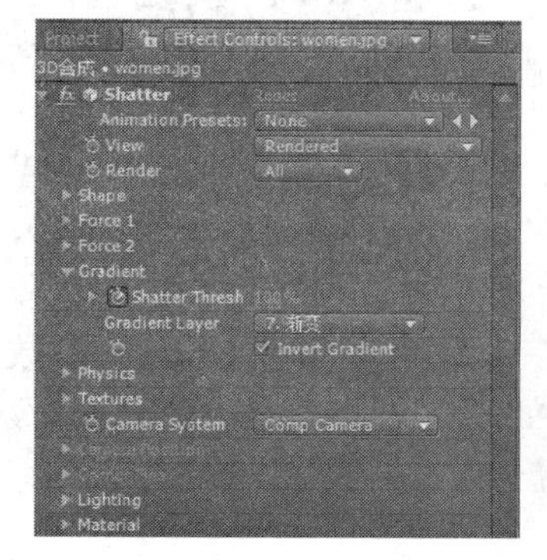

图 6.27　Gradient Layer 参数设置

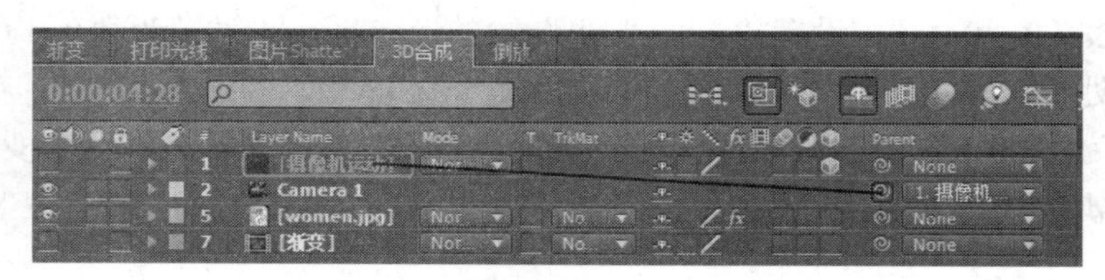

图 6.28　创建“摄像机运动”固态层参数设置

（4）设置“摄像机运动”层关键帧

在 0:00 秒处单击“Orientation”关键帧记录按钮，设置参数为“(90.0，0.0，0.0)”；在 1:04 秒处单击“Y Rotation”关键帧记录按钮，设置参数为“(0，+0.0)”；在 4:28 秒设置参数为“(0，+120.0)”。选择这两个关键帧，单击鼠标右键，在弹出的菜单中选择 Keyframe Assistant→Easy Ease 命令，如图 6.29 所示。

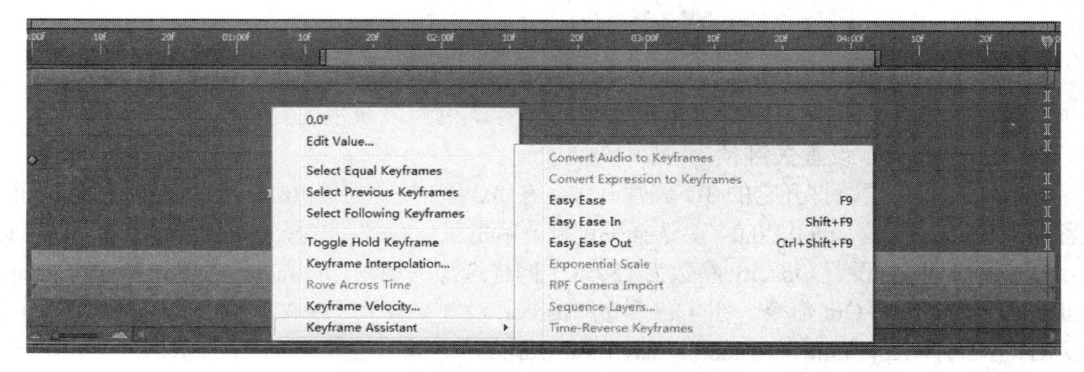

图 6.29　设置“摄像机运动”层关键帧

（5）设置“Camera 1”层关键帧

单击 Position 关键帧记录按钮，在 0:00 秒处设置 Position 为“(361.3，−1180.0，−30.0)”；在 1:12 秒处设置 Position 为“(361.3，−963.0，−450.0)”；在 4:28 秒处设置 Position 为“(320.0，−560.0，−1000.0)”。选择第 2 个关键帧，单击鼠标右键，在弹出的菜单中选择 Keyframe Assistant→Easy Ease 命令；选择第 3 个关键帧，单击鼠标右键，在弹出的菜单中选择 Keyframe Assistant→Easy Ease 命令，如图 6.30 所示。

（6）导入素材并设置关键帧

导入素材“光.psd”将其拖曳到“3D 合成”的“时间线”面板中，打开两个层的 3D 开关，设置层的叠加模式为“Add”。选择“打印光线”层，设置 Orientation 的值为“(0.0，90.0，0.0)”。

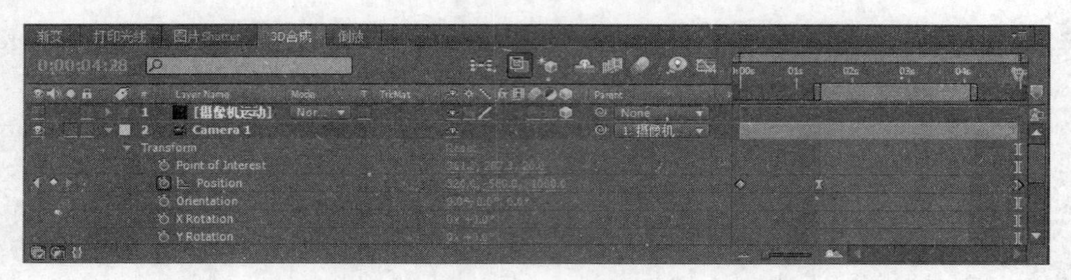

图 6.30　设置“Camera 1”层 Position 关键帧

选择“光”层，在 1:22 秒处设置 Position 为“(732.4，282.1，0.0)”，设置“打印光线”层的 Position 关键帧为“(732.4，282.1，0.0)”；在 3:18 秒处设置“光”层 Position 为“(−17.9，287.0，0.0)”，设置“打印光线”层的 Position 关键帧为“(−17.9，287.0，0.0)”；在 1:12 秒处设置素材“光”层和“打印光线”层 Opacity 参数为“0%”；在 1:22 秒处设置 Opacity 参数为“100%”；在 3:18 秒处设置 Opacity 参数为“100%”；在 3:24 秒处设置 Opacity 参数为“0%”，如图 6.31 所示。

图 6.31　设置素材“光”层和“打印光线”层关键帧

（7）创建“底板”固态层

创建“底板”固态层，参数采用默认值，设置颜色为“灰色”。

（8）为“底板”设置关键帧

选择“底板”层，打开它的 3D 属性开关，在 3:24 秒处单击“Position”关键帧记录按钮，设置参数为“(360.0，288.0，0.0)”。选择关键帧，单击鼠标右键，选择 Keyframe Assistant→Easy Ease Out 命令，同时设置 Opacity 参数为“50%”；同样选择关键帧，单击鼠标右键，选择 Keyframe Assistant→Easy Ease Out 命令。在 4:28 秒处 Position 设置参数为“(−526.9，288.0，0.0)”；单击鼠标右键，选择 Keyframe Assistant→Easy Ease Out 命令。同时设置 Opacity 参数为“0%”，同样选择关键帧，单击鼠标右键，选择 Keyframe Assistant→Easy Ease Out 命令，如图 6.32 所示。

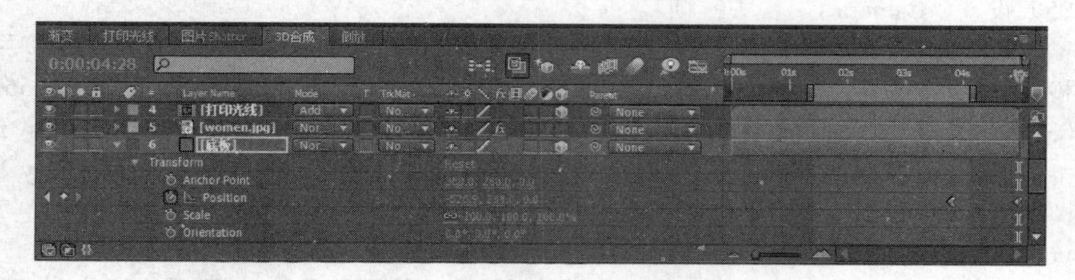

图 6.32　“底板”层关键帧动画

(9) 创建“背景”固态层并添加特效

先添加 Effect/Generate/Ramp 特效，再为其添加 Effect/Transition/Venetian Blinds 特效，具体参数如图 6.33 所示。

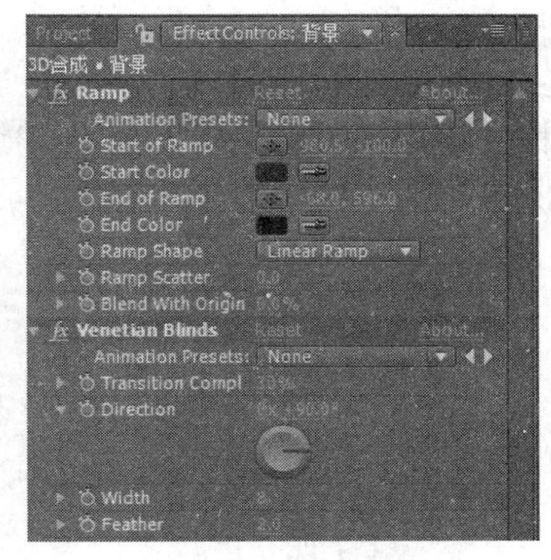

图 6.33　添加 Ramp、Venetian Blinds 特效

5．创建“倒放”合成

(1) 创建“倒放”合成

创建一个合成，将其命名为“倒放”，其他参数保持默认即可。

(2) 添加 Remapping 特效

导入“3D 合成”层，添加 Remapping 特效。执行 Layer/Time/Enable Time Remapping 特效，展开 Time Remap 参数栏，在 00:00 秒处，设置 Time Remap 参数为“4:28”秒，设置 Time Remap 参数为“00:00”，也就是将整个动画进行倒放，如图 6.34 所示。案例最终效果如图 6.35 所示。

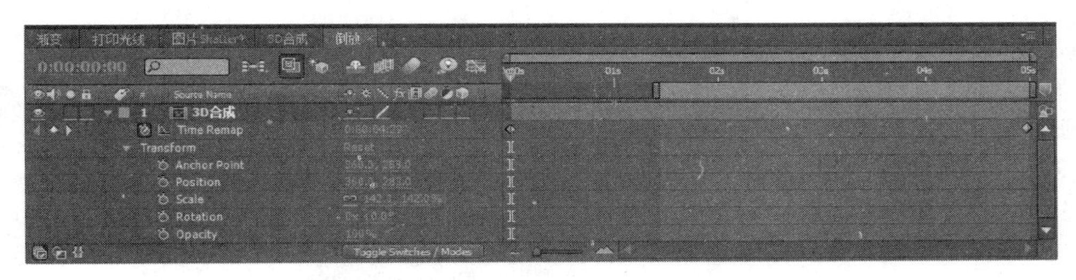

图 6.34　添加 Enable Time Remapping 特效

图 6.35　最终效果

6.2　案例二　空间文字动画

6.2.1　案例描述与分析

本案例利用摄像机、灯光制作三维空间文字。主要制作过程：本案例中先创建了三维场

景，然后建立文字行，对文字行应用 Enable Per-Character 3D，再添加两个 Rotation 的 Animator 动画。其中，这两个 Rotation 的 Amimator 动画中各个方向的旋转需要进行正确的设置，这样才能得到正确的文字由直立到依次旋转倒下的效果。完成这个动画效果后，再设置灯光和阴影，复制文字行，设置摄像机动画即可。空间文字动画效果如图 6.36 所示。

图 6.36　空间文字动画效果

6.2.2　案例训练

1．新建三维场景

（1）创建一个新的合成，如图 6.37 所示。选择菜单命令 File/Save（“Ctrl+S”组合键），保存项目文件，命名为“空间文字动画”。

（2）选择菜单命令 Layer/New/Solid，在合成 Comp1 的时间线中新建一个固态层，将固态层的颜色设为 RGB“(41，112，209)”。

（3）选择菜单命令 Layer/New/Text，新建文字层，在屏幕中输入文字“福建”，按小键盘的“Enter”键完成文字输入。在 Character（字符）面板中，将文字的尺寸设为设为“61 px”，字体为“LiSu”，文字的颜色为 RGB“(255，155，0)”，在 Paragraph（段落）面板中将文字的对齐方式设为“居中对齐”，文字在屏幕中居中放置，然后对文字应用 Enable Per-character 3D。

（4）选择菜单命令 Layer/New/Camera（摄像机），新建一台摄像机，设置 Preset 为“28 mm”，如图 6.38 所示。

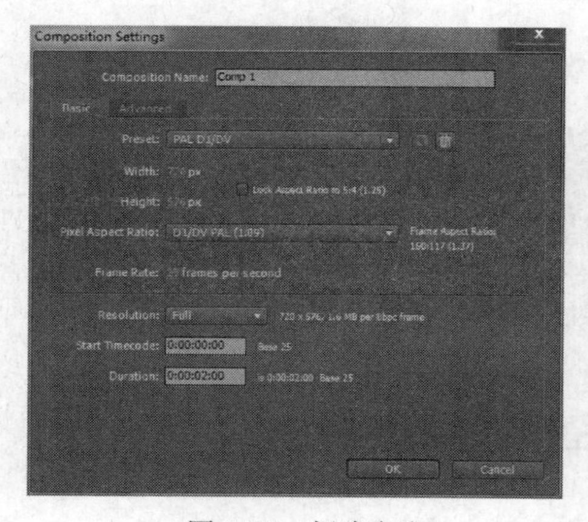

图 6.37　新建合成

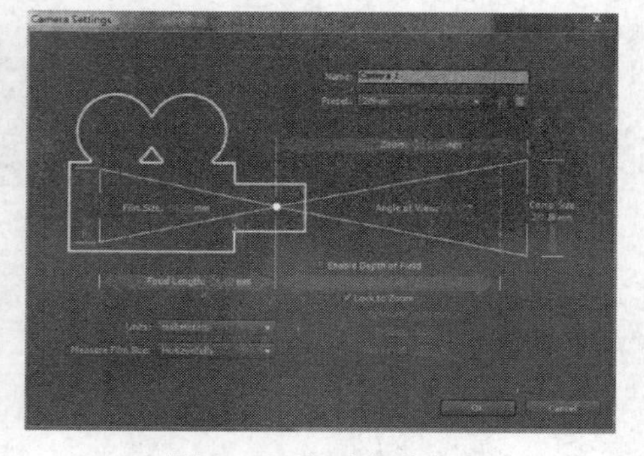

图 6.38　创建摄像机

（5）在时间线中将文字层和固态层的三维图层开关打开，并对固态层进行相应的设置，设置其 Scale 为“(300，300，300%)”，Orientation 为“(270，0，0)”，将固态层放大 3 倍，

并旋转为水平的平面。

2．设置三维动画

（1）选择“福建”文字层，在其 Text 右侧的 Animate 后单击按钮，在弹出的菜单中选择 Rotation 命令，为其添加一个 Animator 1，在其下将 X Rotation 设为“-90”，Y Rotation 设为“90”，Z Rotation 设为“90”，如图 6.39 所示。

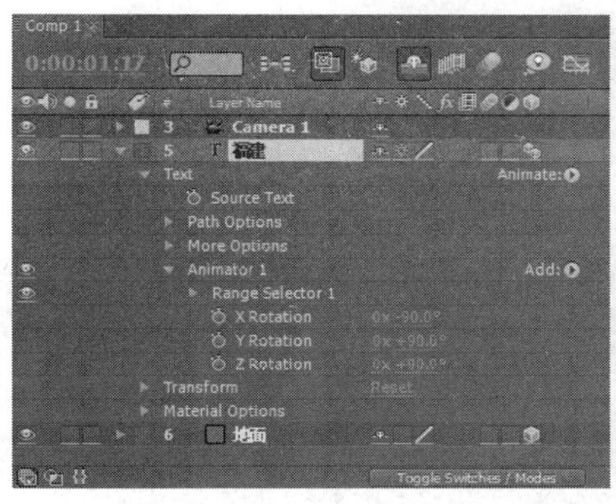

图 6.39　设置文字“福建”层 Animator 1

（2）在“福建”文字层下 Text 右侧的 Animate 后再单击按钮，在弹出的菜单中选择 Rotation 命令，为其添加一个 Animator 2，在其下将 Y Rotation 设为“-90”，如图 6.40 所示。

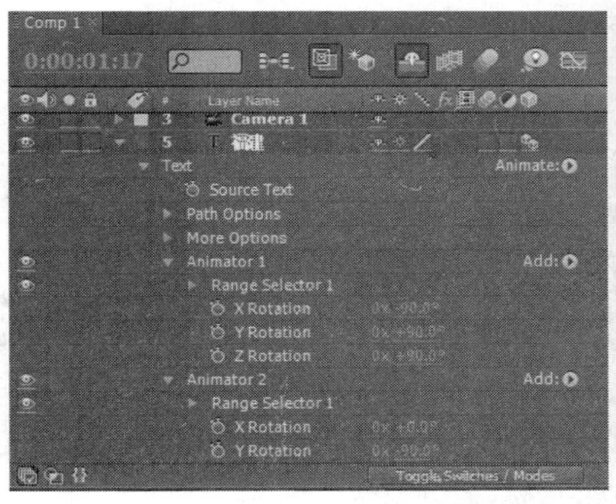

图 6.40　设置文字“福建”层 Animator 2

（3）设置文字依次旋转倒下的动画。将时间移至第 0 帧处，在 Animator 2 的 Range Selector 1 下，单击打开 Offset 前的码表记录动画关键帧，将 Offset 设为“-100”，将时间移至第 15 帧处，将 Offset 设为“0”。到此即可预览动画效果。

（4）选择“福建”文字层，按“Ctrl+D”组合键，复制一层，选择第 2 行的文字，将其修改为“信息学院”，并将两个文字层的位置进行移动调整，如图 6.41 所示。

（5）将两行文字动画的时间错开，让其从第 1 行至第 2 行依次倒下。将“信息学院”文字层的两个关键帧向后移，分别为第 20 帧和 1 秒 10 帧，如图 6.42 所示。

（6）添加灯光及阴影效果。选择菜单命令 Layer/New/Light（灯光），新建一个灯光，在打开的 Light Settings 窗口中将 Light Type 设为“Spot”，将“Casts Shadows”勾选。单击“OK”按钮后在时间线中建立一个灯光层 Light 1，然后将其 Position 设为“(120，0.180)”，如图 6.43

所示。

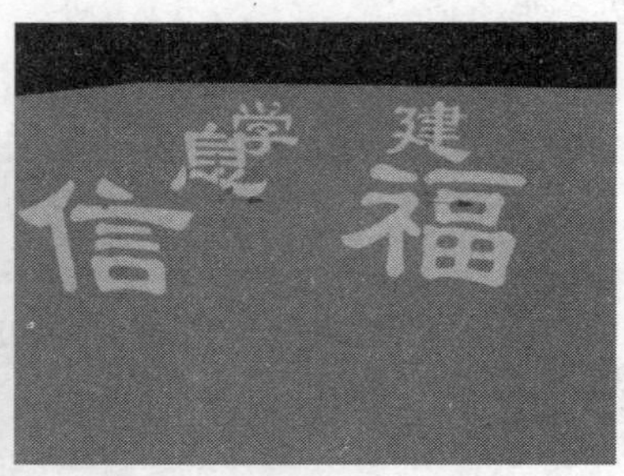

图 6.41　复制文字

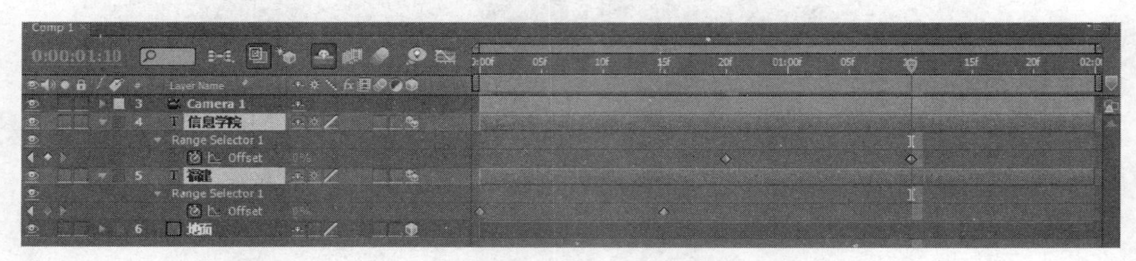

图 6.42　调整关键的时间位置

图 6.43　创建灯光

（7）新建灯光，适当加亮场景。选择菜单命令 Layer/New/Light（灯光），在打开的 Light Settings 窗口中将 Light Type 设为“Ambient”，Intensity 设为“30%”，单击“OK”按钮后完成灯光层 Light 2 的创建。

（8）增加灯光照射在文字上投影。选择 2 个文字层，展开 Material Options（材质选项），将 Casts Shadows 设为“On”。

（9）设置摄像机动画：将视图方式设为 Active Camera 方式，使用当前的摄像机观察场景。选择摄像机层，将时间移至第 0 帧，单击打开其 Transform 下的 Point of Interest 和 Position 前面的码表，记录动画关键帧。第 0 帧时 Point of Interest 为“(271，253，0)”，Position 为“(147，174，−29)”；第 1 秒 23 帧时 Point of Interest 为“(367，288，0)”，Position 为“(200，200，−200)”，如图 6.44 所示。查看摄像机视图效果，如图 6.45 所示。

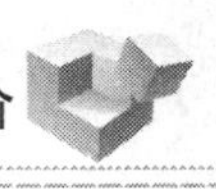

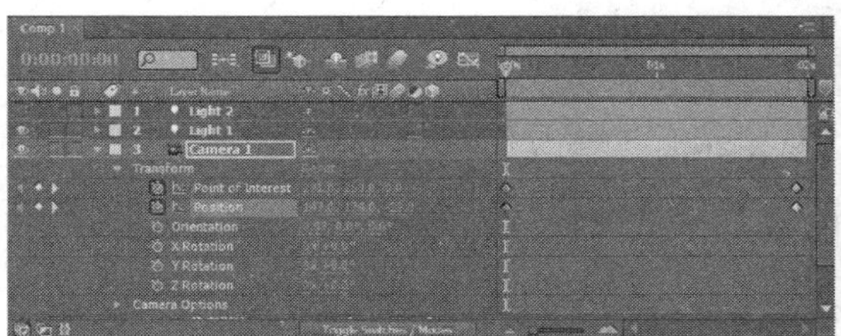
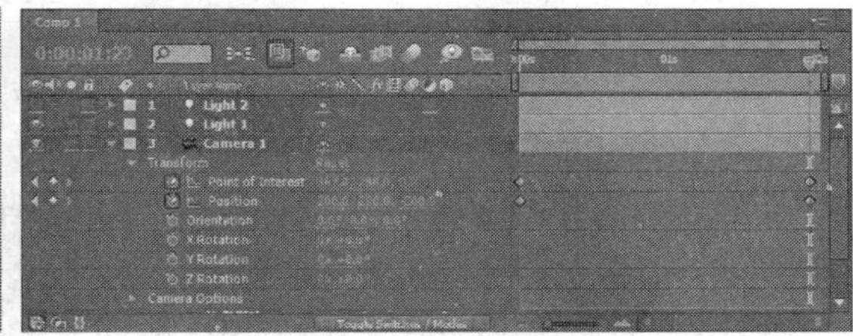

图 6.44　设置摄像机动画关键帧

图 6.45　摄像机动画效果

6.2.3　小结

本案例主要学习摄像机、灯光在 After Effects 中的应用，学习 Animate Text 重要文字动画模块，学习 Enable Per-Character 3D 功能，制作文字在三维空间中的每个字符动画效果。原来的文字动画层可以转换为常规的三维图层，不过文字层中的文字都在一个平面上。使用 Enable Per-Character 3D 命令之后，三维图层标志发生了相应的变化，文字层中的单个字符也可以在三维的空间中变换，而不是局限于一个平面之中。

6.2.4　举一反三案例训练

训练一：主要训练在三维空间中制作发光文字。

主要制作过程：先建立一个固态层，然后打开固态层的三维选项，调整到适当位置，产生地面的效果；再建立一个文字层，打开三维开关并调整其位置，使文字站立在地面效果的固态层上，最后在文字层上添加一个 Shine 发光效果。最终效果如图 6.46 所示。

图 6.46　案例最终效果

制作主要环节如下。

1．建立地面层

（1）新建“空间发光文字”合成

启动 After Effects 软件，新建一个合成，如图 6.47 所示。

选择菜单命令 File/Save（“Ctrl+S”组合键）保存项目文件，命名为“三维动画训练”。

（2）新建“地面”固态层

选择菜单命令 Layer/New/Solid，新建一个固态层，单击 Color 下面的小色块，设置颜色为 RGB“（220，220，220）”，如图 6.48 所示。

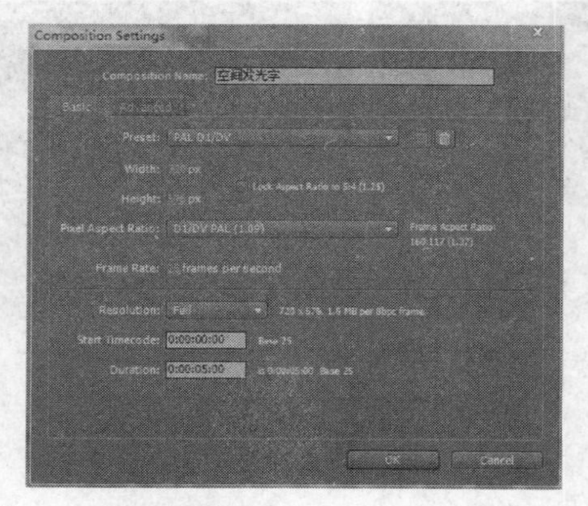

图 6.47　新建合成“空间发光文字”

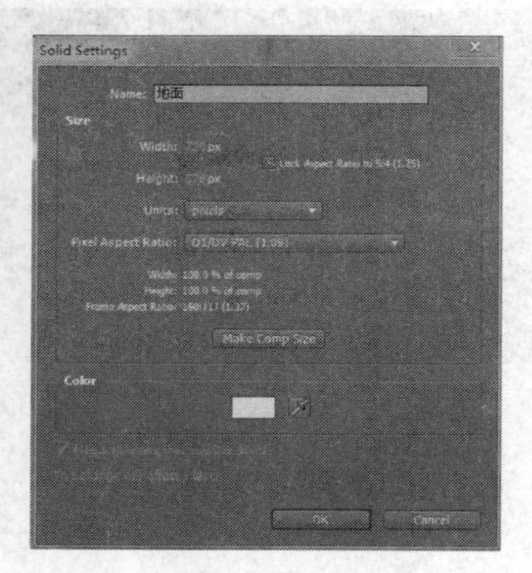

图 6.48　新建“地面”固态层

（3）绘制 Mask

选择工具栏中的椭圆形 Mask 绘制工具，在“地面”层上绘制一个椭圆形的 Mask，展开“地面”层 Masks 下的 Mask 1 选项，设置 Mask Feather（遮罩羽化）为“（150.0，150.0）”，Mask Expansion（遮罩扩展）为“（-100.0）”，这样遮罩就向内扩展了 100 像素，并产生 150 像素的羽化效果，也就是逐渐透明效果，如图 6.49 所示。

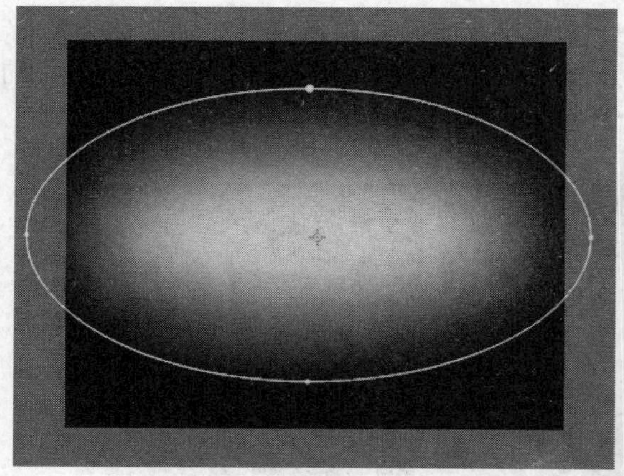

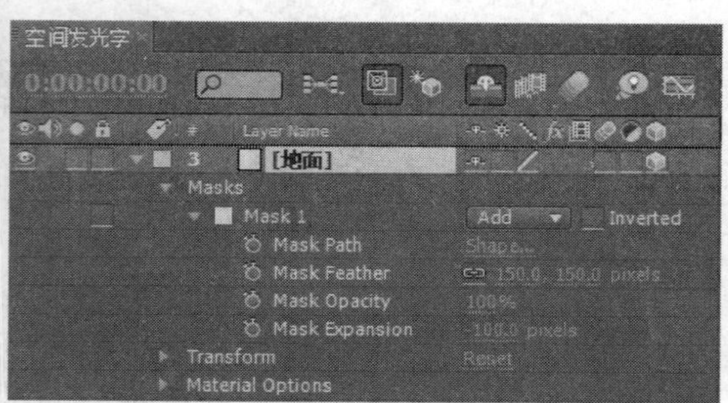

图 6.49　设置固态层的 Mask

在时间线窗口中打开“地面”层的三维开关，展开 Transform 变换选项，设置 Orientation

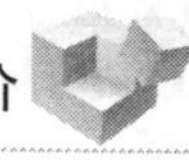

（方位）为“（90.0，0.0，0.0）”，如图 6.50 所示。

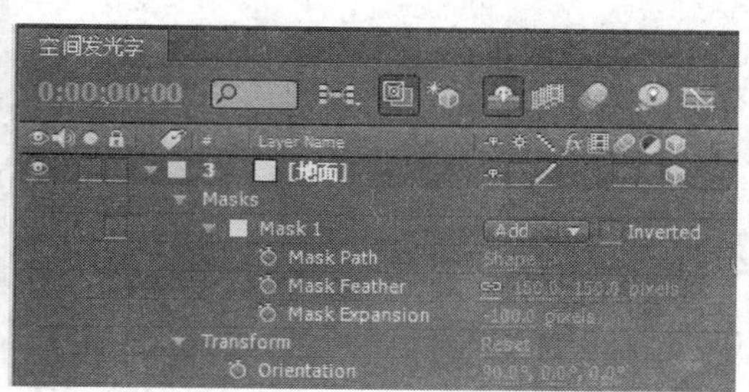

图 6.50　设置固态层在空间的位置

2．建立发光层

（1）为场景建立一台摄像机

选择菜单命令 Effects/New/Camera（摄像机），展开 Transform 选项，设置 Point of Interest 为“（360.0，290.0，30.0）”，Position 为“（550.0，240.0，−80.0）”；展开 Camera Options 选项，设置 Zoom 为“450.0 pixels”，Focus Distance 为“450.0 pixels”，如图 6.51 所示。

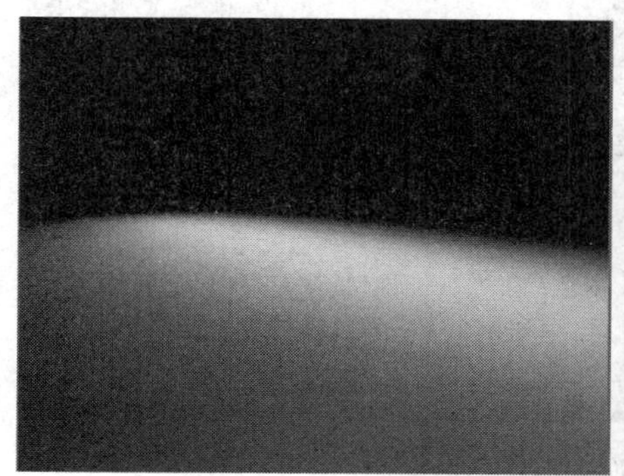

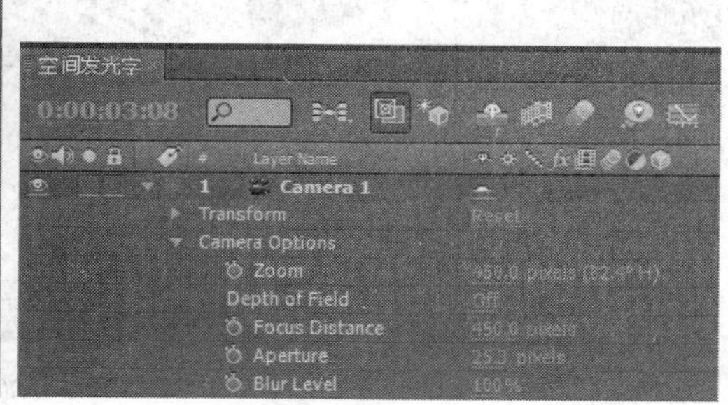

图 6.51　创建摄像机层并设置其属性

（2）新建文字层并设置关键帧

选择菜单命令 Layer/New/Text（文字），在屏幕中输入文字“EFFECT”，在 Character 面板中，将文字设为“白色”，如图 6.52 所示。

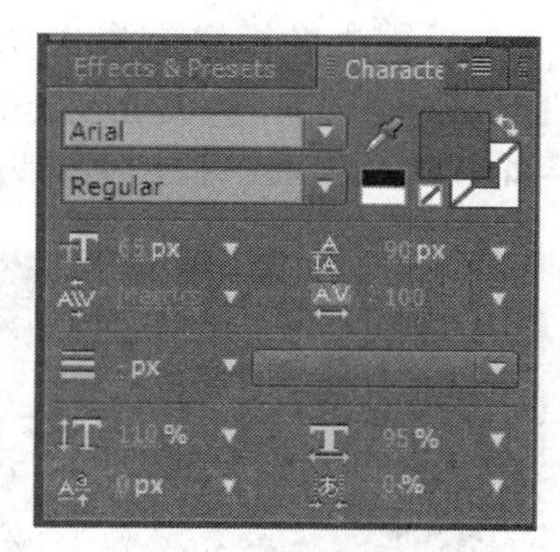

图 6.52　创建文字层

在时间线窗口中，选择文字层，打开该层的三维三关，展开 Transform 选项并设置关键帧，在 0 帧设置 Position（位置）为“（122.0，302.0，−88.0）”，Scale 为“（153.0，153.0，153.0%）”，如图 6.53 所示。

将时间移动到 4 秒位置，设置 Position（位置）为“（183.0，286.0，−40.0）”，Scale 为“（175.0，175.0，175.0%）”，如图 6.54 所示。

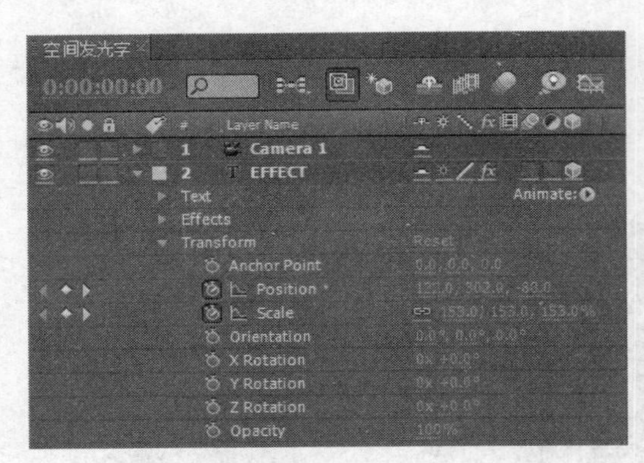

图 6.53　在 0 帧设置 Position、Scale 参数

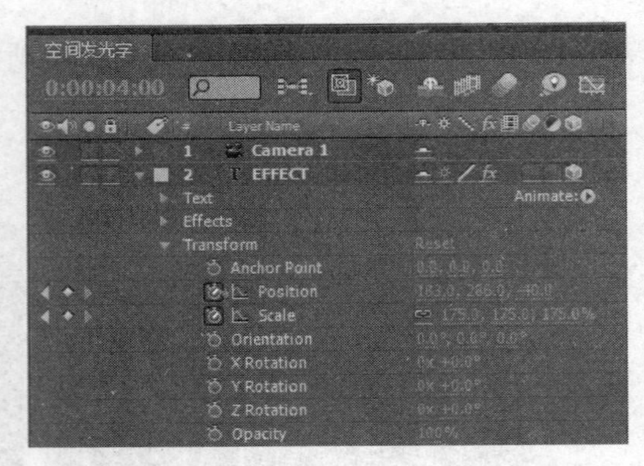

图 6.54　在 4 秒设置 Position、Scale 参数

（3）为文字层添加 Shine（发光）特效

选择菜单命令 Effects/Trapcode/Shine，设置 Ray Length（射线长度）为“5.0”，展开 Colorize 发光的颜色选项，设置 Colorize 为“3 色渐变”，Transfer Mode（叠加模式）为“Normal”（正常模式），如图 6.55 所示。

图 6.55　为文字层添加发光效果

3．制作摄像机动画

设置摄像机位置关键帧：在时间线窗口中，选择摄像机层，将时间移动到 0 帧位置，展开 Transform 选项，打开 Position（位置）选项前面的码表，设置 Position 在 0 帧位置为“(550.0，240.0，−80.0)”，将时间移动到 4 秒位置，设置 Position 为“(550.0，240.0，−150.0)”，如图 6.56 所示。

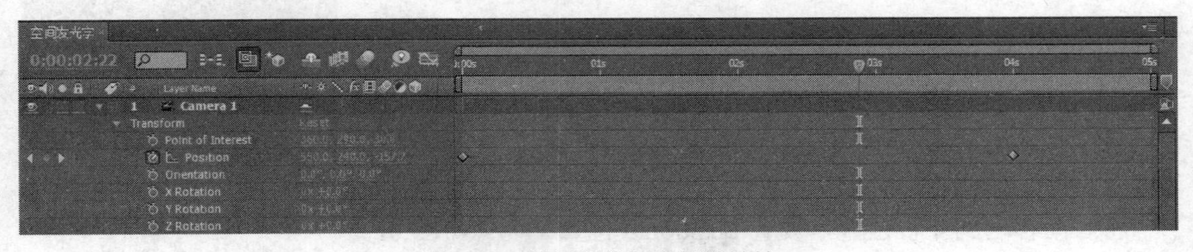

图 6.56　设置摄像机位置关键帧

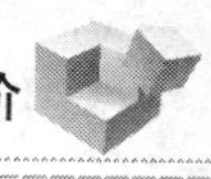

按小键盘“0”键预览，即可观察本实例的最终效果动画。

训练二：应用 Camera，在 3D 动画中制作出流畅自然的场景，生成生动的镜头移动效果。

主要制作过程如下。

1．新建“文字”合成

启动 After Effects，新建“文字”合成，如图 6.57 所示。

按下“Ctrl+S”组合键，将项目文件命名为“三维动画训练二”并保存到指定的目录下。导入素材“背景.jpg”拖到 Timeline 中。

2．创建 3 个文字层

选择工具栏上的文字工具，在 Composition 窗口中输入文字“Adobe”，然后在 Character 面板中将文字的颜色设置为“白色”，如图 6.58 所示。

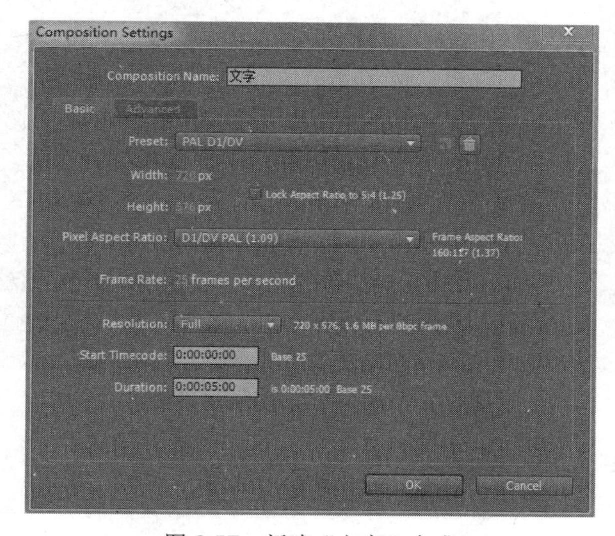

图 6.57　新建“文字”合成

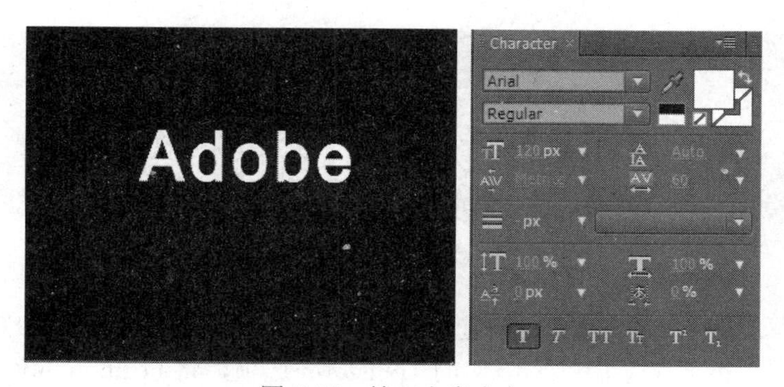

图 6.58　输入文字内容

按照相同的方法创建 3 个文字层，在这 3 个文字层分别输入文本内容“After”、“Effects”和“动画制作”，如图 6.59 所示。

3．创建摄像层

（1）新建摄像层

执行 Layer/New/Camera 命令，新建一个 Camera 摄像层，在 Camera Settings 对话框中将

值设置为图 6.60 所示的参数，然后单击“OK”按钮。

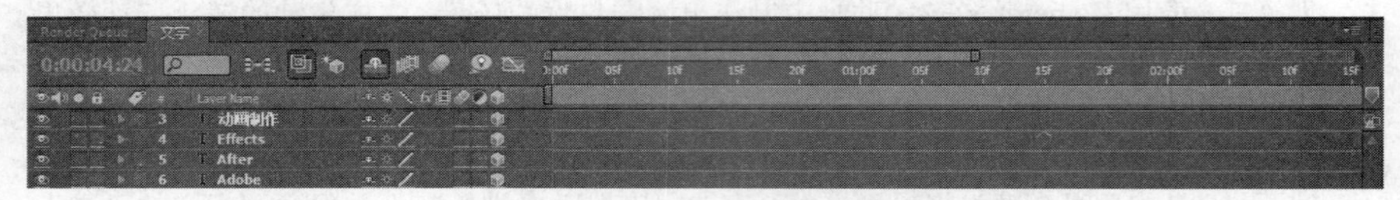

图 6.59 创建 4 个文字层

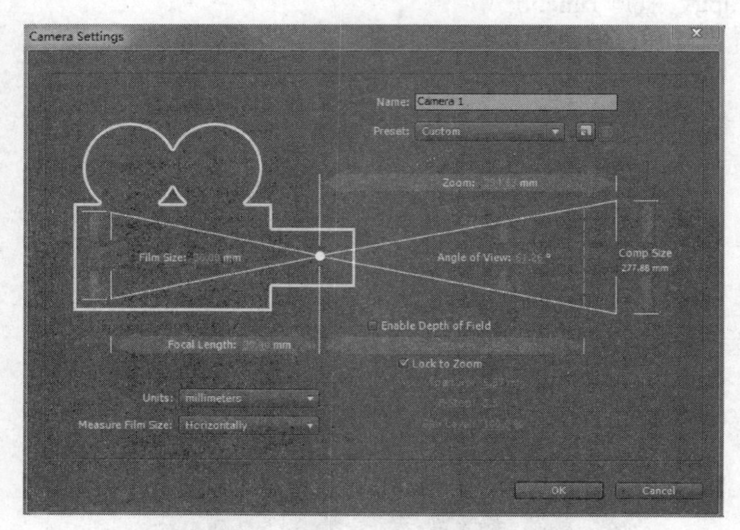

图 6.60 新建一个 Camera 摄像层

（2）设置 4 个文字图层 Transform 选项

在 Timeline 窗口中将开始创建的 4 个文字图层的 3D 开关打开，为其应用 3D 属性，如图 6.61 所示。

图 6.61 为文字层应用 3D 属性

展开文字层“Adobe”的 Transform 选项，将 Position 的值设置为“(192.0，266.0，0.0)”，并调整文字的位置。展开文字层“After”的 Transform 选项，将 Position 的值设置为“(200.0，266.0，0.0)”，并调整文字的位置。Y Rotation 的值设置为“0×+180”。展开文字层“Effect”的 Transform 选项，将 Position 的值设置为“(500.0，266.0，0.0)”，并调整文字的位置。Y Rotation 的值设置为“0×+90”。展开文字层“动画制作”的 Transform 选项，将 Position 的值设置为“(200.0，266.0，−320.0)”。

（3）设置“Camera 1”层的 Transform 项

将 Point of Interest 的值设置为“(316.7，298.0，−26.0)”，Position 的值设置为“(240.0，

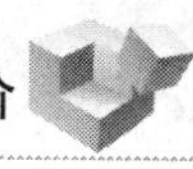

91.0，−181.2）”，Orientation 的值设置为“（3.2，25.9，0.1）”。如图 6.62 所示。

4．创建灯光层

执行 Layer/New/Light 命令，新建灯光层，在打开的 Light Settings 对话框中设置，如图 6.63 所示。Light Type 为“Point”，Intensity 为“200%”，Cone Angle 为“123”，Cone Feather 为“64%”，Color 为“白色”，Shadow Darkness 为“45%”，Shadow Diffusion 为“16”，然后单击“OK”按钮。

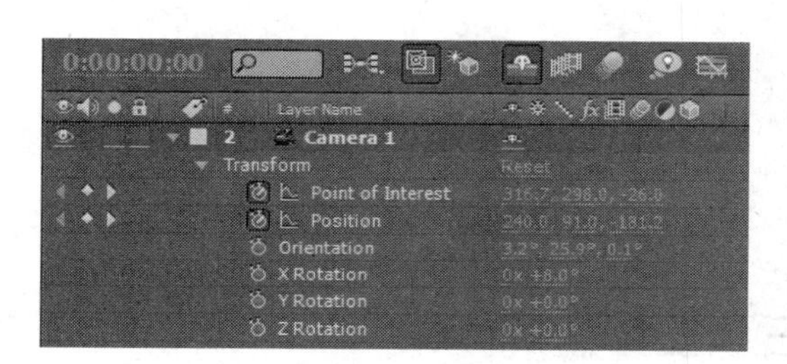

图 6.62　设置 Camera1 层参数

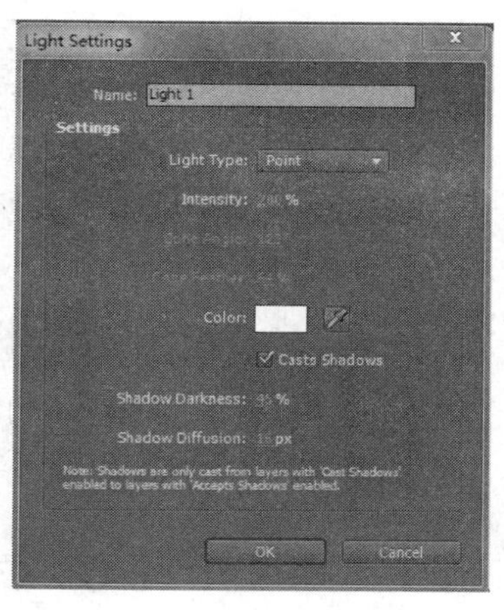

图 6.63　新建灯光层

在 Timeline 窗口中展开“Light1”层，将 Position 值设置为“（712.0，−450.0，−665.0）”如图 6.64 所示。

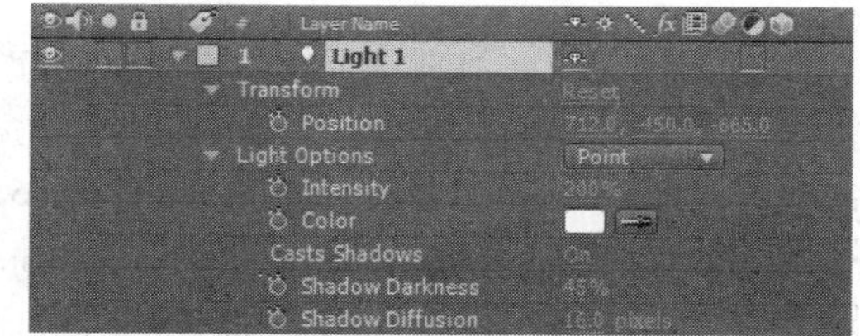

图 6.64　设置 Light1 图层参数

5．设置 4 个文字图层关键帧

（1）设置“动画制作”层

展开“动画制作”图层 Transform 项，将时间指针移动到 0:00:01:22 位置，然后单击 Z Rotation 前面的时间码按钮，添加一个关键帧，并将值设置为“0×+90.0°”。将时间指针移动到 0:00:03:21 位置，然后单击 Z Rotation 前面的时间码按钮，添加一个关键帧，并将值设置为“0×+0.0° ”。

（2）设置“Effects”层

展开“Effects”图层 Transform 项，将时间指针移动到 0:00:00:00 位置，然后单击 Orientation 前面的时间码按钮，添加一个关键帧，并将值设置为“（0.0，90.0，0.0）”。将时间指针移动到 0:00:02:10 位置，然后单击 Orientation 前面的时间码按钮，添加一个关键帧，并将值设置为“（0.0，0.0，0.0）”。

（3）设置“After”层

展开“After”图层 Transform 项，将时间指针移动到 0:00:02:10 位置，然后单击 Y Rotation 前面的时间码按钮，添加一个关键帧，并将值设置为“0×+180.0° ”。将时间指针移动到 0:00:04:13 位置，然后单击 Y Rotation 前面的时间码按钮，添加一个关键帧，并将值设置为“0×+90.0°”。

（4）设置“Adobe”层

展开“Adobe”图层 Transform 项，将时间指针移动到 0:00:00:00 位置，然后单击 X Rotation 前面的时间码按钮，添加一个关键帧，并将值设置为“0×+90.0° ”。将时间指针移动到 0:00:02:06 位置，然后单击 X Rotation 前面的时间码按钮，添加一个关键帧，并将值设置为“0×+0.0° ”。

至此本训练结束，按小键盘“0”键预览，即可观察本实例的最终效果动画，如图 6.65 所示。

图 6.65　本案例的最终效果

6.3　案例三　三维空间光束

6.3.1　案例描述与分析

本案例主要学习使用 Fractal Noise 来模拟光束效果，使用摄像机层，使光束形成三维网状，再添加 Levels、Glow 和 Unmult 特效完成效果。主要制作过程：首先创建“三维光束”合成，创建固态层，为其添加 Fractal Noise、Levels、Glow 和 Unmult 特效，制作出三维空间的光线效果。然后创建“最终合成”合成，创建固态层，为其添加 Ramp 特效，制作背景，导入“三维光束”层，为其添加 Gaussian Blur 特效，完成制作结果，如图 6.66 所示。

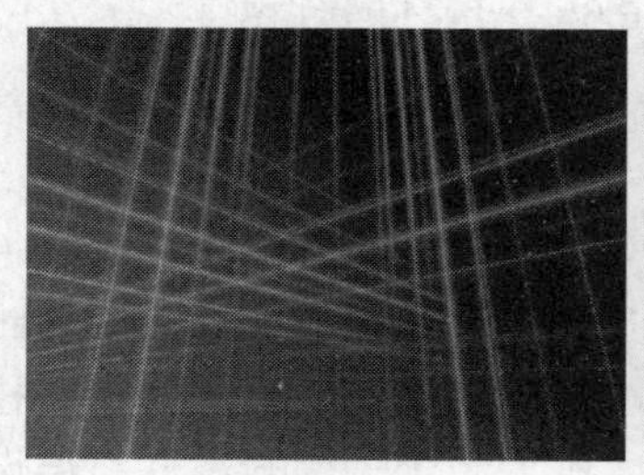

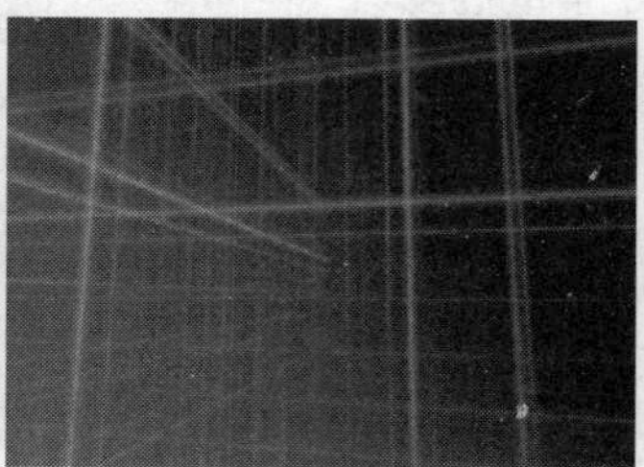

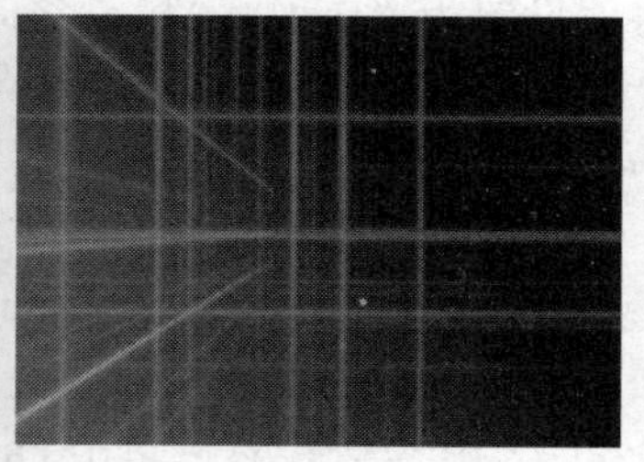

图 6.66　三维空间光束制作效果

6.3.2　案例训练

1．创建“三维光束”新合成

（1）创建“三维光束”新合成

启动 After Effects，创建一个新合成，如图 6.67 所示。按下“Ctrl+S”组合键，将项目文

件命名为“三维空间光束”并保存到指定的目录下。

（2）新建“三维光束 01”固态层

创建一个大小为“1280×480”的固态层，设置颜色为“黑色”，如图 6.68 所示。

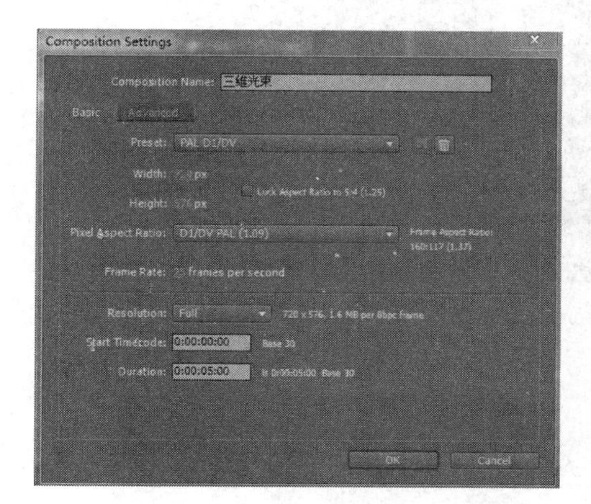

图 6.67　创建“三维光束”新合成

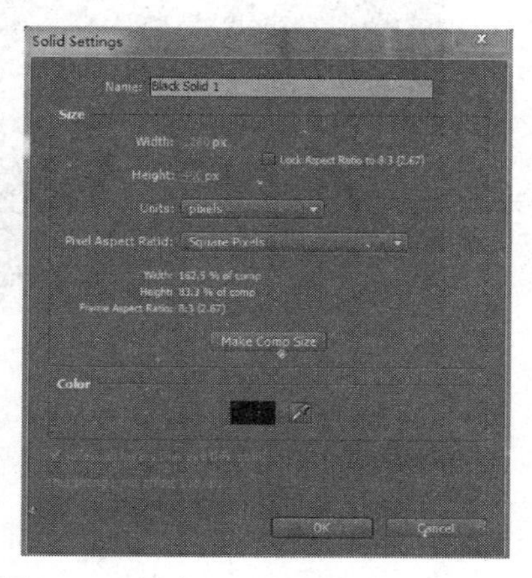

图 6.68　创建“三维光束 01”固态层

（3）为“三维光束 01”固态层添加特效

执行 Effect/Noise&Grain/Fractal Noise 特效，进入特效设置窗口，设置 Overflow 为“Wrap Back”，展开 Transform 参数栏，取消勾选“Uniform Scaling”选项，设置 Scale Width 的值为“10000.0”，Scale Height 的值为“5.0”，设置 Complexity 的值为“4.0”，如图 6.69 所示。

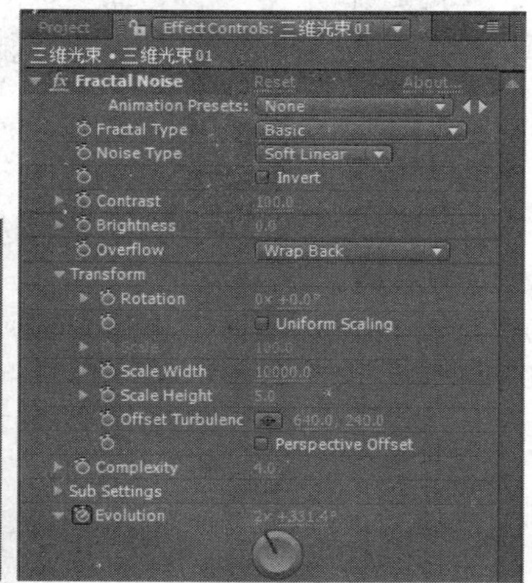

图 6.69　添加 Fractal Noise 特效参数及效果

选择“三维光束 01”层，执行 Effect/Color Correction/Levels 特效，进入特效设置窗口，设置 Input Black 的值为“180.0”，如图 6.70 所示。

选择“三维光束 01”层，执行 Effect/Stylize/Glow 特效，进入特效设置窗口，设置 Glow Threshold 的值为“10.0%”，Glow Radius 的值为“15.0”，Glow Intensity 的值为“3.0”，设置 Glow Colors 为“A&B Colors”，设置 Color A 为“绿色”，Color B 为“蓝色”，如图 6.71 所示。

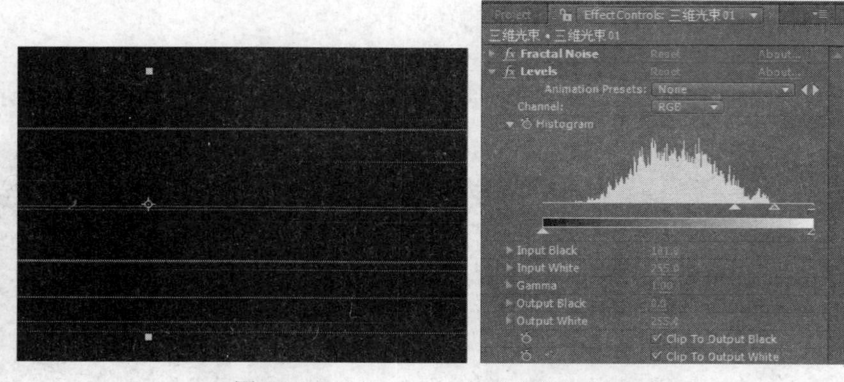

图 6.70　添加 Levels 特效参数及效果

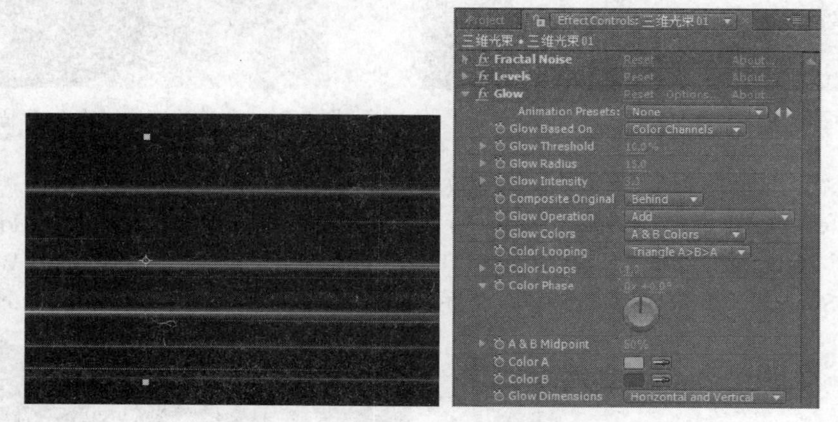

图 6.71　添加 Glow 特效参数及效果

打开"三维光束 01"固态层的 3D 层按钮，选择"三维光束 01"层，执行 Effect/Knoll/Unmult 特效，参数保持默认值。

（4）为"三维光束 01"固态层添加关键帧

在 0:00 秒处单击 Evolution 关键帧记录按钮，设置参数为"(0×+0.0°)"；在 04:28 秒处单击 Evolution 关键帧记录按钮，设置参数为"(2×+355.0°)"，如图 6.72 所示。

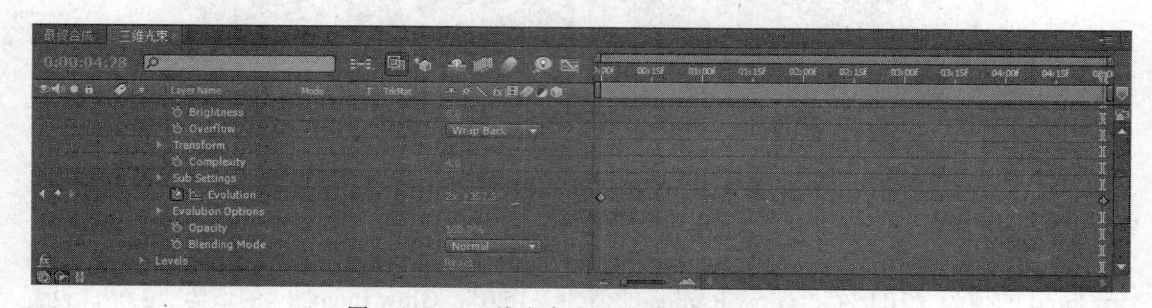

图 6.72　"三维光束 01"固态层添加关键帧

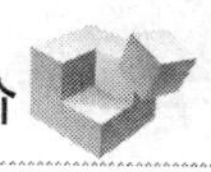

2．创建摄像机层

执行 Layer/New/Camera 菜单命令，选择摄像机 Camera 1 层，展开 Transform 参数栏。在 0:00 帧单击 Point of Interest 和 Position 关键帧记录按钮，设置 Point of Interest 为“(375.0，288.0，0.0)”和 Position 的值为“(680.0，495.0，−396.0)”；在 02:21 帧单击 Point of Interest 和 Position 关键帧记录按钮，设置 Point of Interest 的值为“(360.0，288.0，0.0)”和 Position 的值为“(360.0，288.0，−500.0)”，如图 6.73 所示。

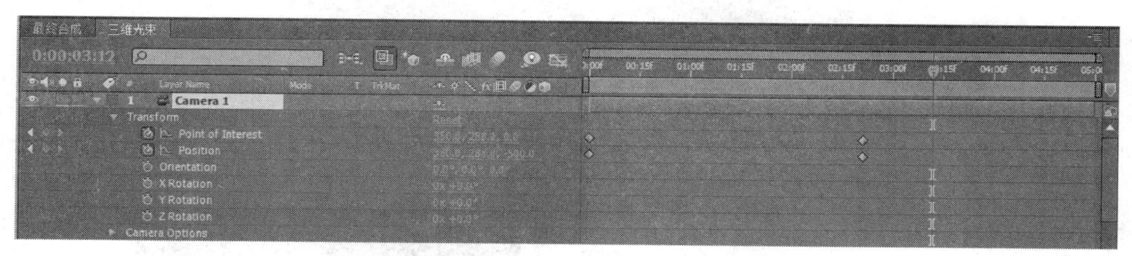

图 6.73　设置 Camera 1 层 Transform 的参数

3．复制“三维光束 01” 3 层

选择“三维光束 01”层，按“Ctrl+D”组合键将其复制出 3 层，具体参数设置如图 6.74、图 6.75、图 6.76 所示，效果图如图 6.77 所示。

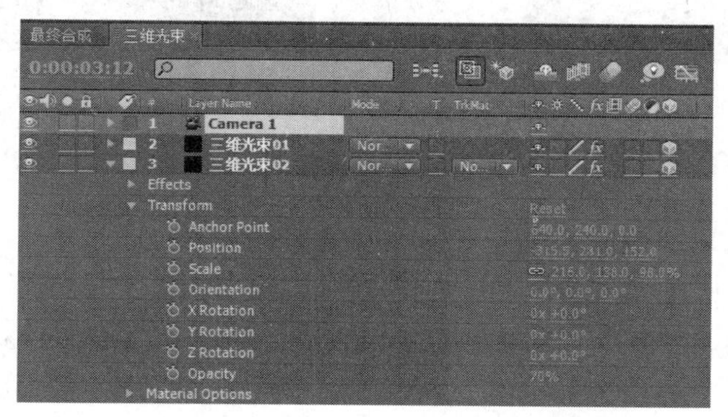

图 6.74　设置“三维光束 02” Transform 的参数栏

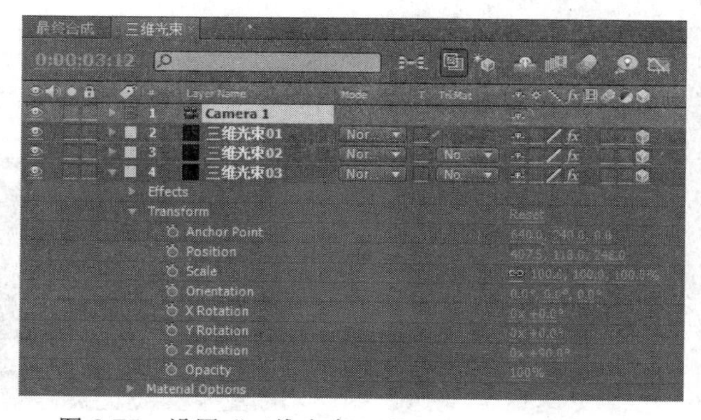

图 6.75　设置“三维光束 03” Transform 的参数栏

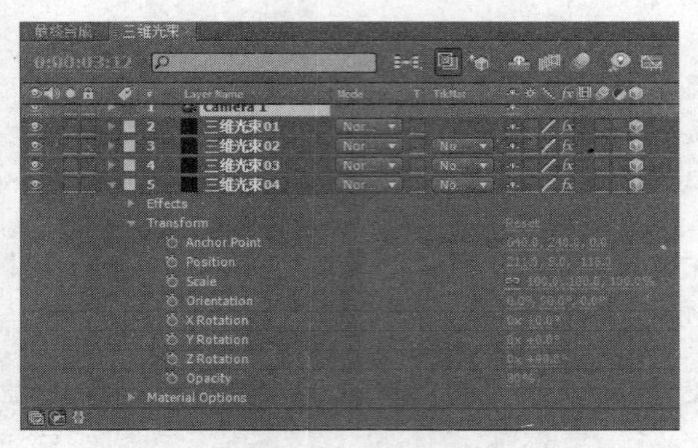

图 6.76　设置“三维光束 04”Transform 的参数栏

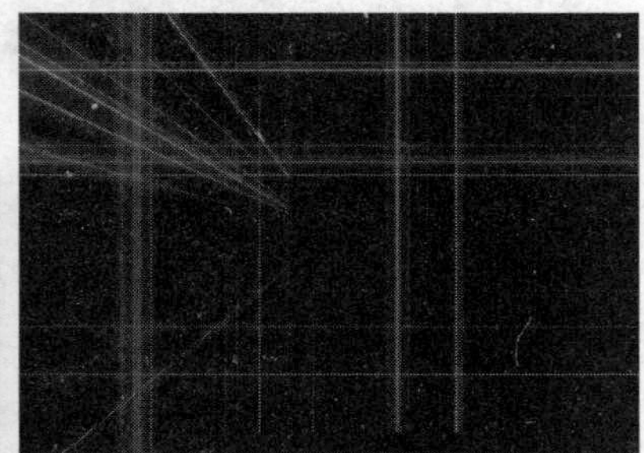

图 6.77　“三维光束”效果图

4．新建“最终合成”

（1）新建“最终合成”

新建“最终合成”，如图 6.78 所示。

（2）添加 Ramp 特效

新建一个固态层，将其命名为“背景”，为其添加 Effect/Generate/Ramp 特效，具体参数设置如图 6.79 所示。

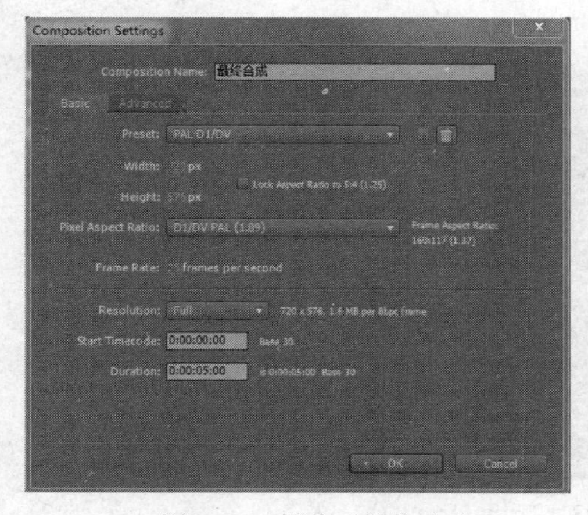

图 6.78　新建“最终合成”

图 6.79　添加 Ramp 特效

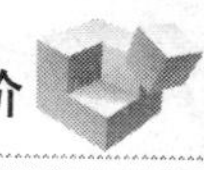

（3）创建调节层

创建一个调节层，为其添加 Effect/Color Correction/Curves 特效，进入特效设置窗口，调节线如图 6.80 所示。

（4）最终效果

将“三维光束”合成导入“时间线”面板中，本案例最终结果如图 6.81 所示。

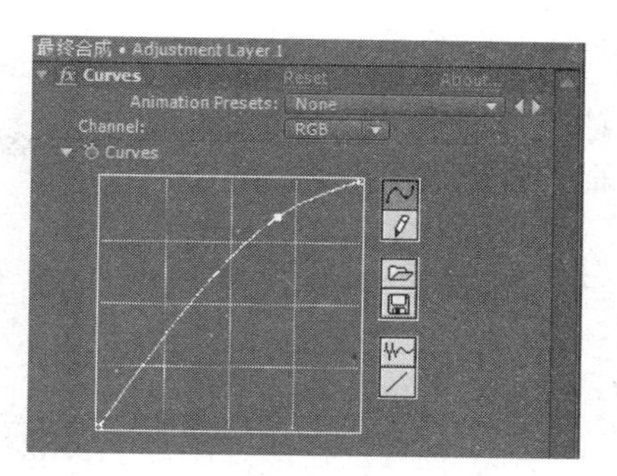

图 6.80　添加 Curves 特效

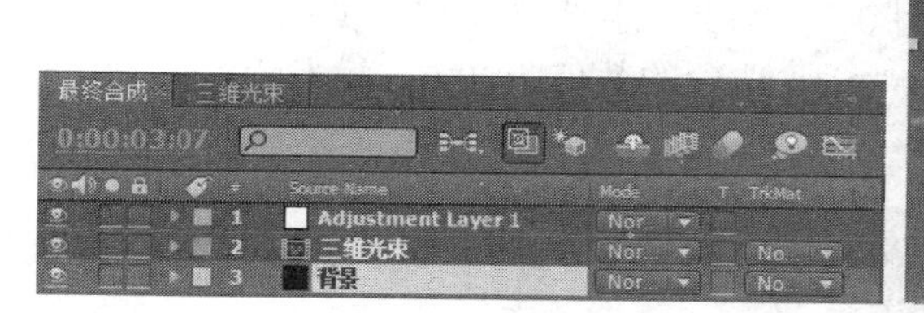

图 6.81　案例最终结果

6.3.3　小结

本案例主要掌握使用 Fractal Noise 特效来制作光束效果，运用摄像机的机位变换制作摄像机动画，并添加 Levels、Glow 和 Unmult 特效完成效果。

6.3.4　举一反三案例训练

本案例主要训练通过 Fractal Noise、Levels、Glow 特效来建立一个三维空间，实现最终效果如图 6.82 所示。

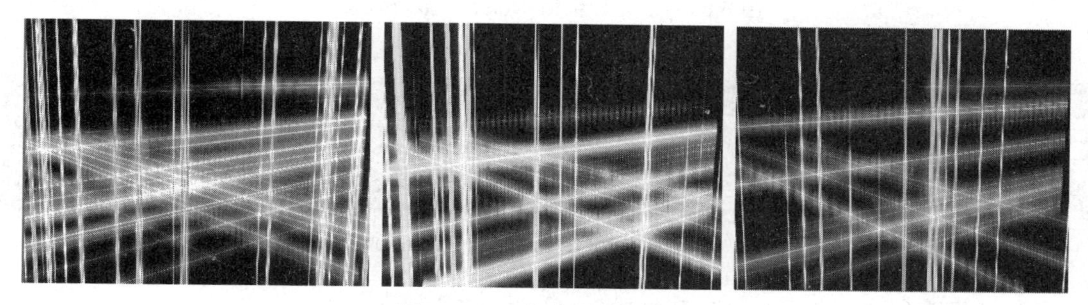

图 6.82　三维空间最终效果

制作主要过程：①使用 Fractal Noise 特效来制作水平的光束效果；②使用 Levels 特效来调整色阶水平光束变为水平直线条的效果；③应用 Glow 特效来为直线着色；④打开图层的

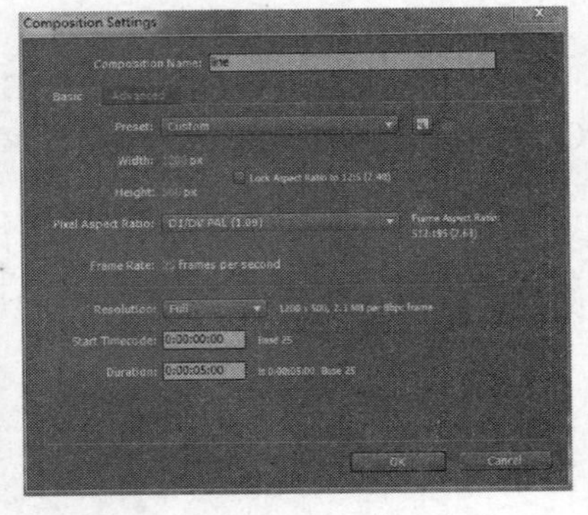
图 6.83　新建“Line”合成

三维开关并通过 Position 选项和 Orientation 选项设置图层的位移关系；⑤新建 Camera（摄像机）并调整摄像机位制作摄像机动画。

其主要制作环节如下。

1．新建“Line”合成

（1）新建“Line”合成

新建合成如图 6.83 所示。

（2）新建固态层并添加 Fractal Noise 特效

新建一个固态层，设置固态层的颜色为“黑色”，设置其名称为“background”。添加 Fractal Noise 特效，选择 Effect/Noise&Grain/Fractal Noise 命令。在 Fractal Type 下拉列表框中选择“Basic”选项；在 Noise Type 下拉列表框中选择“Soft Linear”选项；在 Overflow 下拉列表框中选择 Wrap Back 选项；设置 Complexity 选项的数值为“4.0”，然后将时间器移动到 0 秒位置，设置 Evolution 选项的数值为 0，并为此项打上关键帧，如图 6.84 所示。然后将时间指示器移到 4 秒 24 帧位置，设置 Evolution 选项的数值为 7*0，并为此项打上关键帧，如图 6.85 所示。

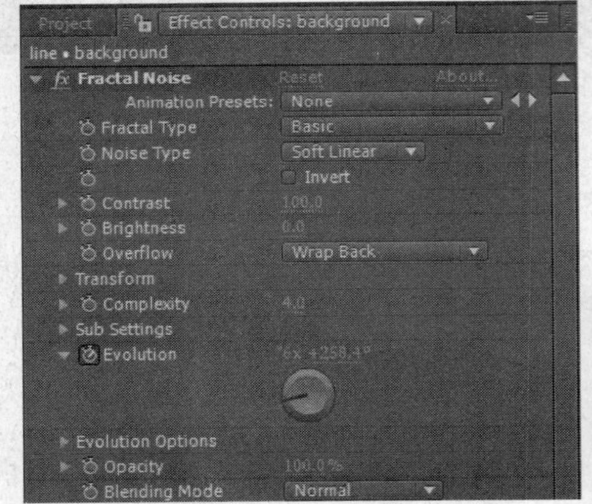

图 6.84　设置 Fractal Noise 参数及效果

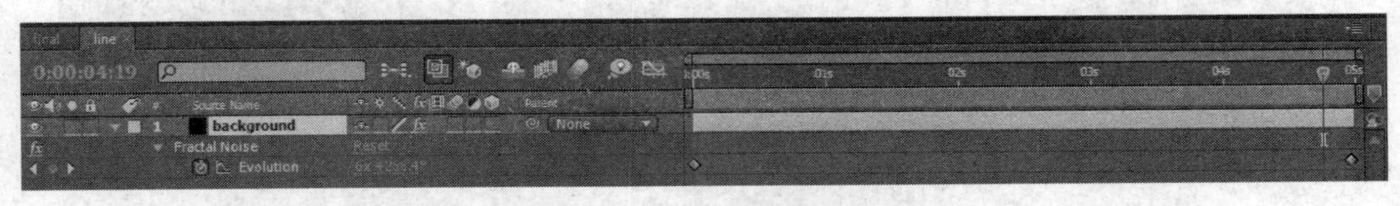

图 6.85　设置 Fractal Noise 选项 Evolution 关键帧

（3）为固态层“background”添加 Level 特效

执行 Effect/Color Correction/Levels 命令，添加 Levels 特效，设置 Input Black 选项的数值为“180.0”，设置 Input White 选项的数值为“255.0”，设置 Gamma 选项的数值为“1.80”，选择 Clip To Output Black 复选框和 Clip To Output White 复选框，如图 6.86 所示。

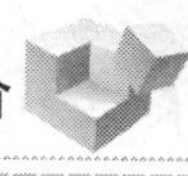

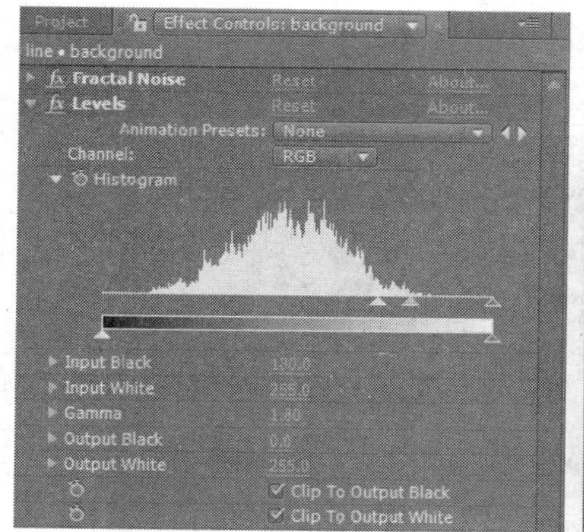

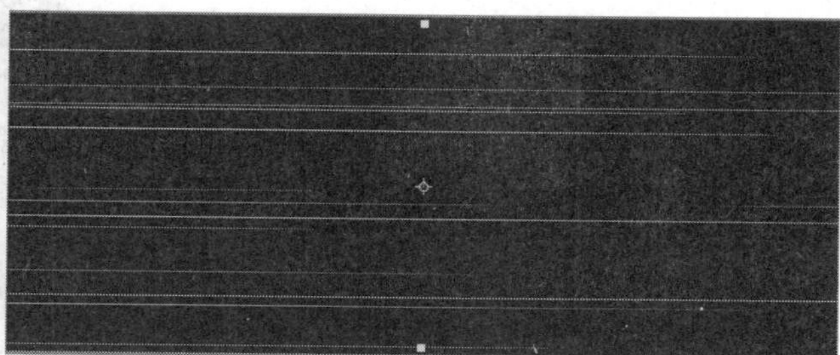

图 6.86　设置 Level 特效参数及效果

（4）为固态层“background”添加 Glow 特效

选择 Effect/Stylize/Glow 命令，添加 Glow 特效，在 Glow Based On 下拉列表框中选择 Color Channels 选项；设置 Glow Threshold 选项的数值为“20.0%”；设置 Glow Radius 选项的数值为“10.0”；设置 Glow Intensity 选项的数值为“2.0”；在 Composite Original 下拉列表框中选择 Behind 选项；在 Glow Operation 下拉列表框中选择 Add 选项；在 Glow Colors 下拉列表框中选择 A&B Colors 选项；在 Color Looping 下拉列表框中选择 Triangle A>B>A 选项；设置 Color Loops 选项的数值为“1.0”；设置 Color A 选项为“湖蓝色”（R:4，G:73，B:248）;设置 Color B 选项为“深蓝色”（R:4，G:10，B:143）；如图 6.87 所示。

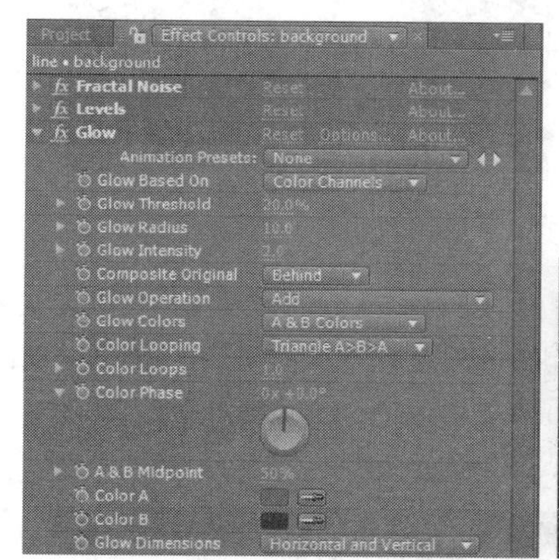

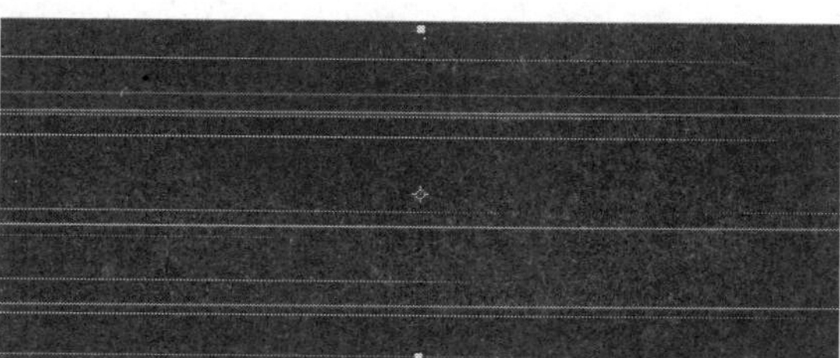

图 6.87　设置 Glow 特效参数及效果

2．新建“Final”合成

（1）新建“Final”合成

选择 Composition/New Composition 命令新建“Final”合成，如图 6.88 所示。

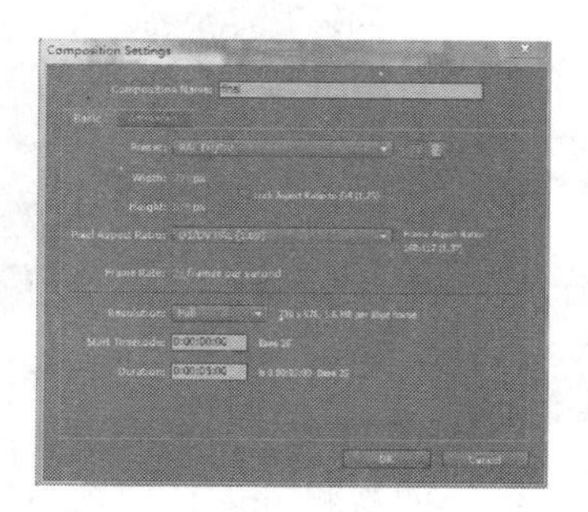

图 6.88　新建“Final”合成

（2）设置 line 层的 Transform 属性

将时间指示器到 0 秒的位置，将 line 合成窗口拖入 Final 时间线窗口，将 line 合成窗口拖入 final 时间线窗口中，打开此图层的三维开关，分别设置 Anchor Point 选项、Position 选项和 Scale 选项的数值。设置此层的“图层模式”为“Add”模式，如图 6.89 所示。

图 6.89　设置 line 层的 Transform 属性

第二次将 line 合成窗口拖入 Final 时间线窗口：打开此图层的三维开关，分别设置 Anchor Point 选项，Position 选项和 Scale 选项的数值，设置此层的“图层模式”为“Add”模式，如图 6.90 所示。

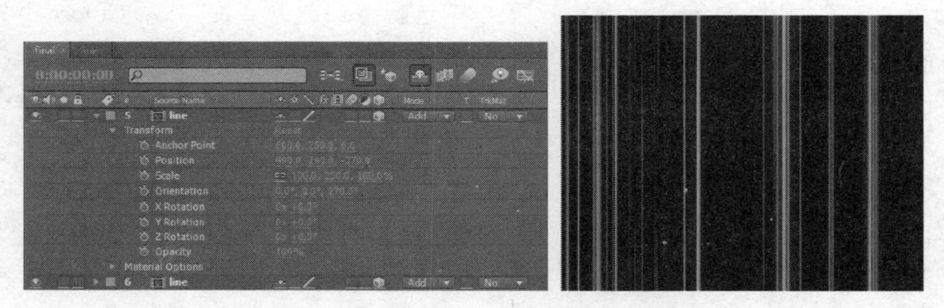

图 6.90　第二次设置 line 层的 Transform 属性

第三次将 line 合成窗口拖入 Final 时间线窗口：打开此图层的三维开关，分别设置 Anchor Point 选项，Position 选项和 Scale 选项的数值，设置此层的图层模式为“Add”模式，如图 6.91 所示。

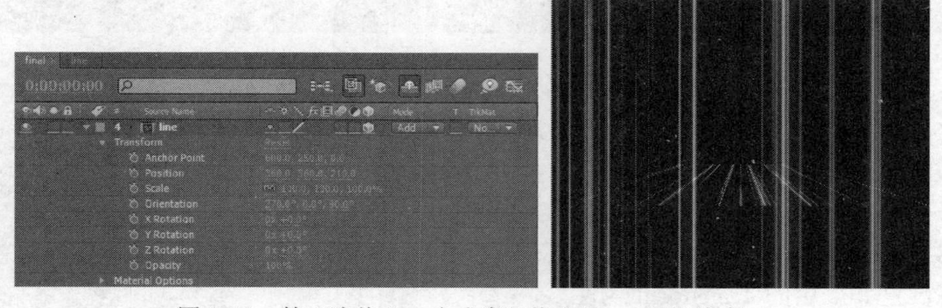

图 6.91　第三次将 line 合成窗口拖入 Final 时间线窗口

第四次将 line 合成窗口拖入 Final 时间线窗口：打开此图层的三维开关，分别设置 Anchor

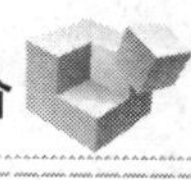

Point 选项，Position 选项和 Scale 选项的数值，设置此层的图层模式为“Add”模式，如图 6.92 所示。

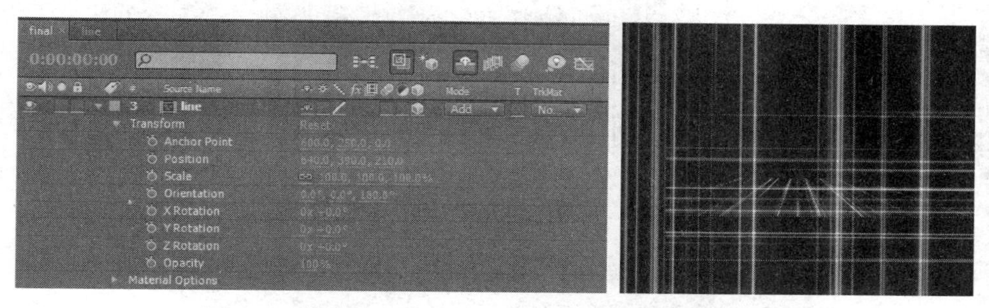

图 6.92　第四次将 line 合成窗口拖入 Final 时间线窗口

（3）新建固态层“Glow”并添加特效

在 Timeline（时间线）窗口中单击鼠标右键，在弹出的快捷菜单中选择 Layer/New/Solid 命令，新建一个固态层，设置固态层的颜色为“白色”，设置其名称为“glow”。选择 Effect/Stylize/Glow 命令，添加 Glow 特效。在 Glow Based On 下拉列表框中选择 Color Channels 选项；设置 Glow Threshold 选项的数值为“20.0%”；设置 Glow Radius 选项的数值为“30.0”；设置 Glow Intensity 选项的数值为“10.0”；在 Composite Original 下拉列表框中选择 A&B Colors 选项；在 Color Looping 下拉列表框选择 Triangle A>B>A 选项；设置 Color Loops 选项的数值为“1.0”；设置 Color A 选项为“白色”（R:255，G:255，B:255）；在 Glow Dimensions 下拉列表框中选择 Vertical 选项，最后设置 Color B 选项为“紫色”（R:153，G:3，B:171），并为此项打上关键帧，如图 6.93 所示。

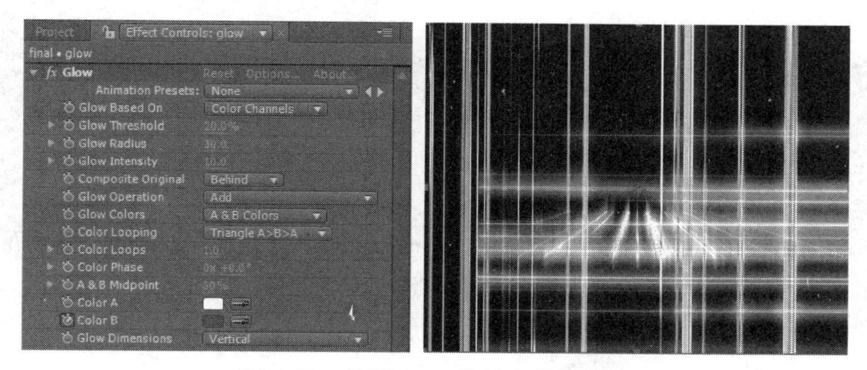

图 6.93　设置 Glow 特效参数与效果

（4）设置 Glow 特效第二关键帧

将时间指示器移动到 2 秒的位置，设置 Color B 选项为“绿色”（R:29，G:249，B:0），将时间指示器移动到 4 秒的位置，设置 Color B 选项为“黄色”（R:249，G:187，B:0），将时间指示器移动到 4 秒 24 帧的位置，设置 Color B 选项为“红色”（R:249，G:0，B:0），如图 6.94 所示。

（5）新建摄像机

最后在 Timeline（时间线）窗口中单击鼠标右键，在弹出的快捷菜单中选择 New/Camera 命令，设置 Transform 参数数值，如图 6.95 所示。

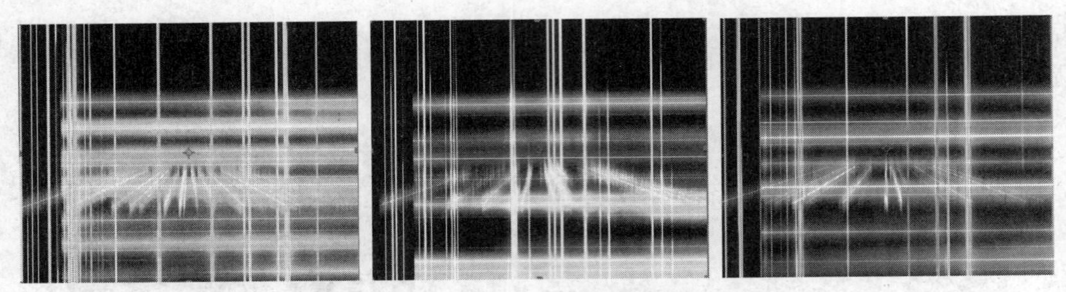

图 6.94　多次应用 Glow 特效后的效果

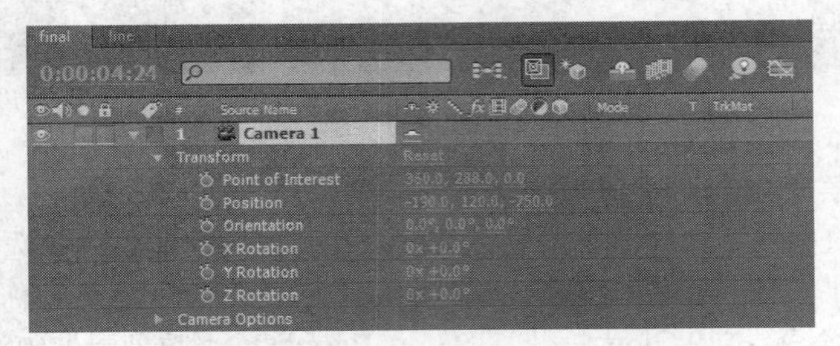

图 6.95　设置摄像机 Transform 参数数值

至此，完成整个案例的制作。设置完成后的最终效果，如图 6.96 所示。

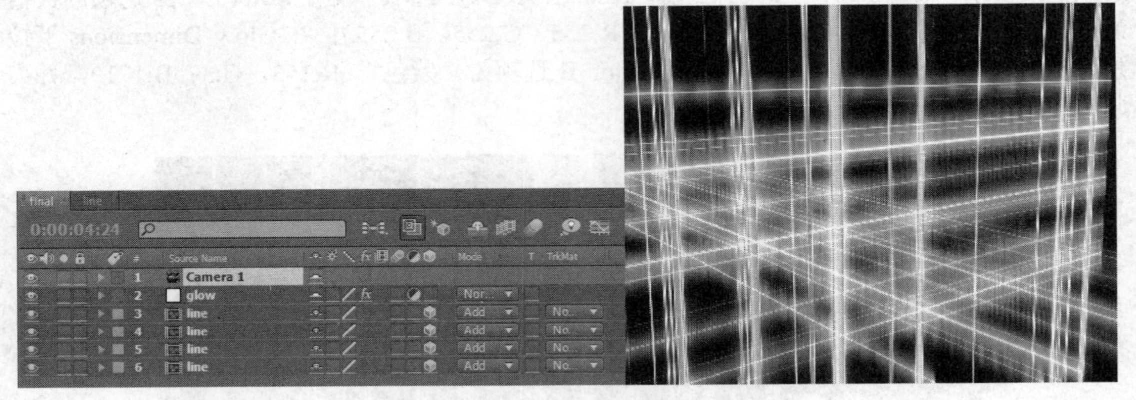

图 6.96　设置完成后的最终效果

本 章 小 结

本章全面介绍三维空间的创建原理和方法，使学生掌握使用摄影机和灯光等技术创建三维空间运动，增强作品视觉冲击力的方法，并能够灵活运用所学习到的各种特效命令做到举一反三，完成三维空间特效综合训练。

第 7 章　影视特效制作综合案例

7.1　案例一　星光闪闪光效

7.1.1　案例描述与分析

本案例主要是制作光彩夺目视觉效果，使用著名光效 Light Factory 与 Glow 来完成这一效果。星光特效可应用于舞台场景、星空、水波反光以及标志闪光等，使主体物呈现丰富的光影效果。它是后期合成中非常实用的一个光效效果。最终结果如图 7.1 所示。

图 7.1　星光闪闪效动画效果

7.1.2　案例训练

1．制作场景

（1）新建“圣诞节”合成，导入素材

启动 After Effects，然后“Ctrl+N”键，新建一个合成“圣诞节”，双击 Project 窗口中空白区域，并在指定目录下，导入“圣诞节.jpg”素材，并拖入 Timeline 时间线中。将项目文件命名“圣诞节”，如图 7.2 所示，并保存在指定目录下。

（2）新建“闪光 1”固态层并建立光效

执行 Layer/New/Solid 菜单命令新建一个图层，并命名为“闪光 1”，颜色为黑色，其他参数与合成相同，然后在这一层上建立光效。执行 Effect/Knoll Light Factory/Light Factory 菜单命令，给图层添加 Light Factory 光效，默认的光斑效果如图 7.3 所示。

默认光斑的效果虽然已经不错，但是实际广泛应用时往往还不大合适，如颜色和开关等，所以还要对它进行编辑，以达到所需要的效果。

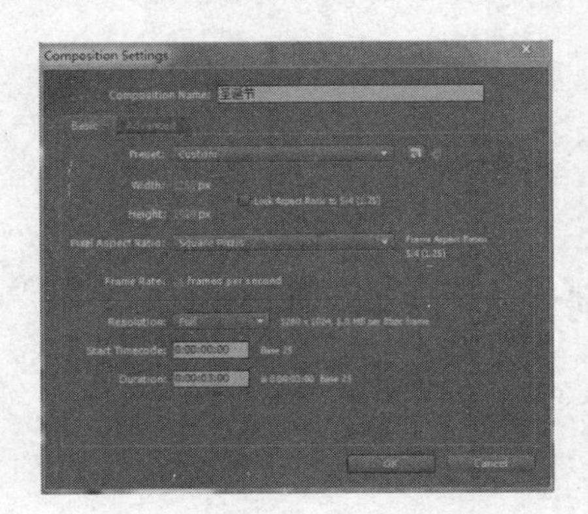

图 7.2　新建“圣诞节”合成

图 7.3　默认光斑效果

修改 Light Factory 光效参数，单击 Flare Type（闪光类型）栏旁边的小三角形，会弹出一个下拉菜单，菜单里是特效预先设置好的多种特效，选择 Basic Spotlight，效果如图 7.4 所示。

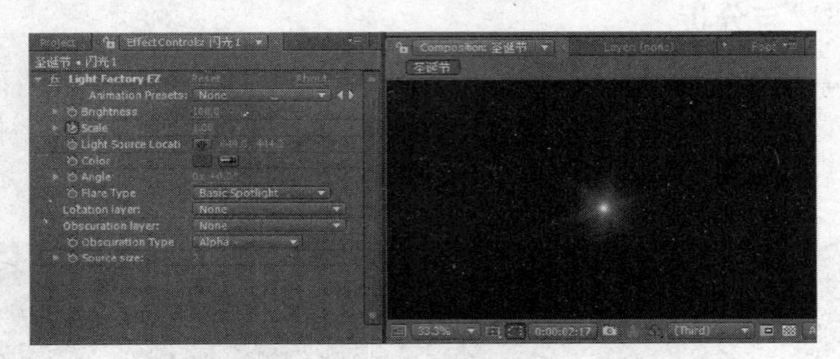

图 7.4　Light Factory 光效参数及 Basic Spotlight 效果

2．制作闪光效果

（1）为“闪光 1”Light Factory 特效添加关键帧

制作 Basic Spotlight 光效，将图层的 Mode（叠加模式）设置“Add”，让背景露出画面，如图 7.5 所示。

图 7.5　透光背景

要做一个光斑闪动的效果，就需要让光斑快速地放大，再快速缩小，将时间线移至第 0 秒，在 Effect Controls 面板中将 Light Factory EZ Scale 设置为“1.00”，并单击前面的“码表”记录关键帧，将时间线移至第 2 帧的位置，将 Scale 设置为 1.34，将时间线移至第 7 帧的位

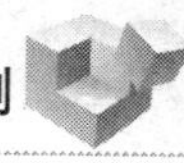

置，将 Scale 设置为 0.1，如图 7.6 所示。这样就实现了一个光斑快速放大和缩小。

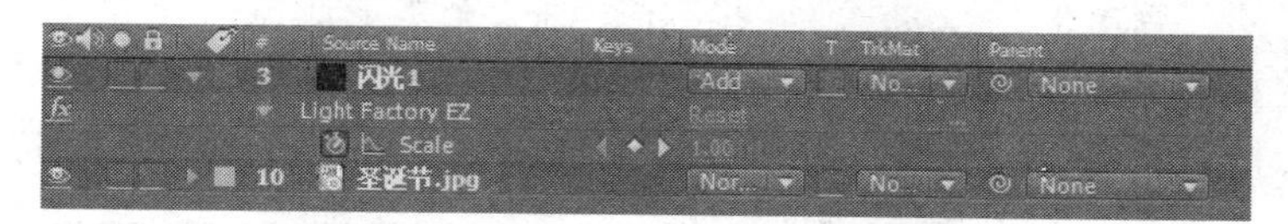

图 7.6　关键帧为 0 秒时的参数

（2）复制 6 个光斑层

按住“Ctrl+D”组合键复制当前层，在时间线上把复制层向后拖曳几帧，使其在时间上错开，再按 Light Source Location 后的按钮，然后在合成窗口上单击，重新放置光斑的位置，避免和前面的重复。重复以上步骤，复制出 10 个左右的光斑层，然后将它们在时间和位置上错开，如图 7.7 所示。

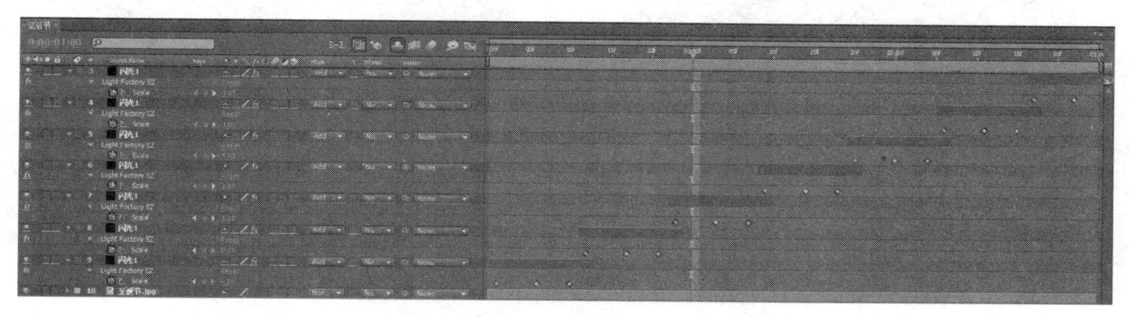

图 7.7　时间线布局

3．输入文字，添加文字与特效

（1）输入文字

单击工具栏中的“水平文字工具”，在合成窗口中单击并输入“Merry Christmas！”，如图 7.8 所示。

（2）添加 Glow 特效

选择文字层，执行 Effects/Style/Glow 菜单命令，如图 7.9 所示。

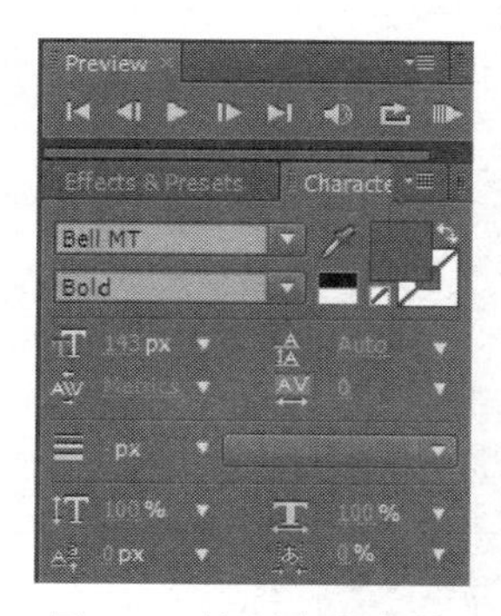

图 7.8　输入文字参数

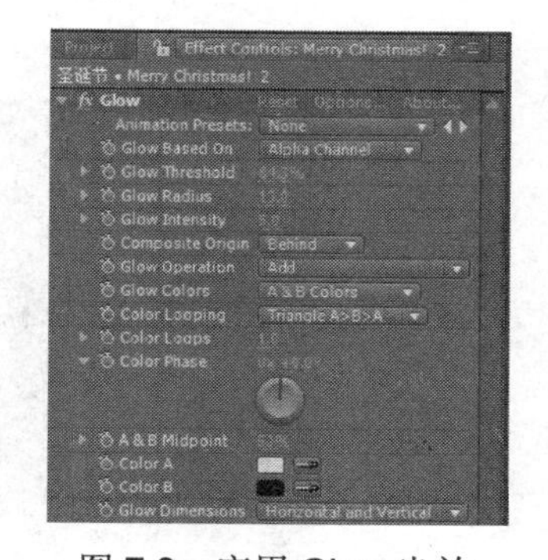

图 7.9　应用 Glow 光效

将文字层复制一层，并在时间线上将文字层上 Mode（叠加模式）设置为“Add”，让效果更好。

（3）设置文字扫光动画效果

选取工具栏的“遮罩工具”，在复制文字层上画一个矩形遮罩，如图 7.10 所示。

在 0 秒的位置，单击 Mask path 前面的“码表”以记录关键帧，将时间线移至第 3 秒的位置，系统自动记录关键帧，如图 7.11 所示。至此文字层实现扫光动画制作。

图 7.10　在 0 秒的位置添加遮罩的效果

图 7.11　在 3 秒的位置添加遮罩的效果

打开“闪光 1”图层三维开关，选择“圣诞节.jpg”层，设置 Scale 关键帧，在 0 秒的位置，设置 Scale 的值为“（232%，232%，232%）”；将时间线移至第 3 秒的位置，设置 Scale 的值为“（100%，100%，100%）”。

至此，全部案例全部制作完成，如图 7.12 所示。最终效果如图 7.13 所示。

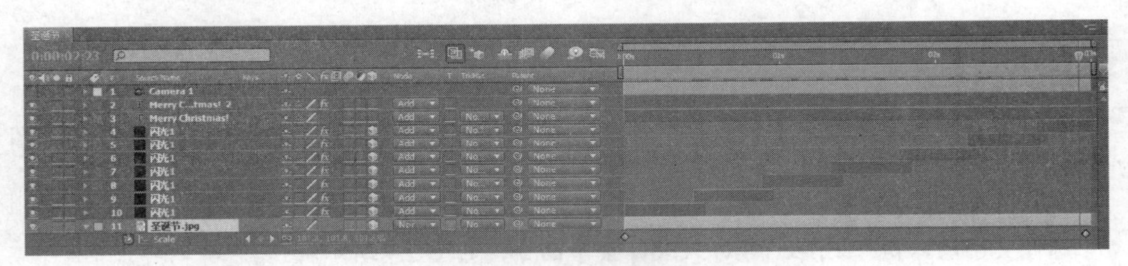

图 7.12　案例时间线布局

图 7.13　最终效果

7.1.3　小结

本案例主要掌握 Light Factory 与 Glow 制作出光彩夺目的视觉效果。

7.1.4　举一反三案例训练

训练一：进一步训练光效动画制作，使用光效模拟光线效果，展示光束在星际中穿越的动画效果。

在视频编辑的过程中，有时需要在简单的场景里加上发光的效果来渲染场景，有时也需要在物体上添加光线来使对象显得逼真。光束星际中穿越主要使用了 Cell Pattern、Glow 特效和摄像机层来实现。最终效果图如图 7.14 所示。

图 7.14　最终效果图

制作主要过程如下。

1．新建合层，添加 Cell Pattern、Glow 等特效

（1）导入素材，新建合成

开启 After Effects，双击 Project 窗口中的空白区域，打开 Import File 对话框，在指定目录导入“星空.mov”文件，然后单击“打开”按钮。按下“Ctrl+N”组合键，新建一个 Composition，命名“光线”，如图 7.15 所示。

（2）新建固态层并添加 Cell Pattern 特效

颜色选为“黑色”，其他参数选为默认值，命名“光线”。选中 Timeline 窗口中的“光线”图层，执行 Effect/Generate/Cell Pattern 命令，添加 Cell Pattern 特效，然后在特效设置面板中将 Cell Pattern 设置为“Plates”，Disperse 设置为“1.00”，Size 设置为“30.0”，如图 7.16 所示。

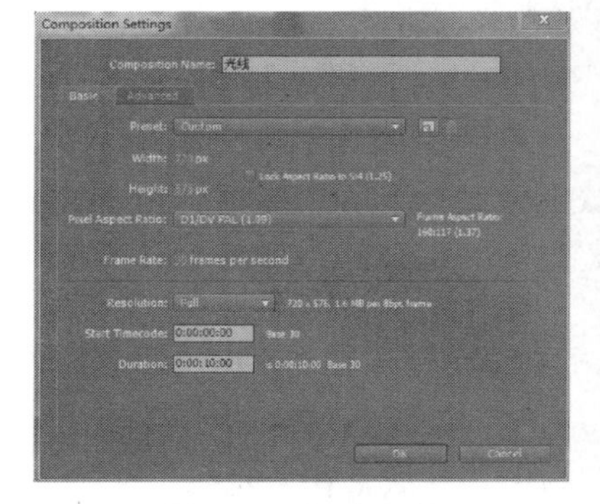

图 7.15　新建合成

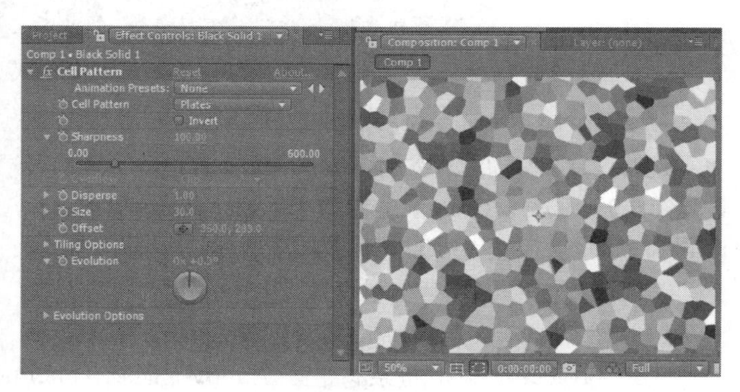

图 7.16　添加 Cell Pattern 特效参数及效果

（3）设置关键帧

将时间指针移到 0:00:00:00 位置，在 Timeline 窗口中展开“光线”图层的 Cell Pattern 项，然后单击 Evolution 项前面的时间码按钮，添加一个关键帧，并将值设置为“0×+0.0”，将时间指针移到 0:00:10:00 位置，添加一个关键帧，并将值设置为“7×+0.0”。

（4）为固态层添加 Brightmess&Contrast 特效

选择“光线”层，执行 Effect/Color Correction/Brightness&Contrast 命令，然后在特效设置面板中将 Brightness 设置为“−40.0”，Contrast 设置为“100.0”，如图 7.17 所示。

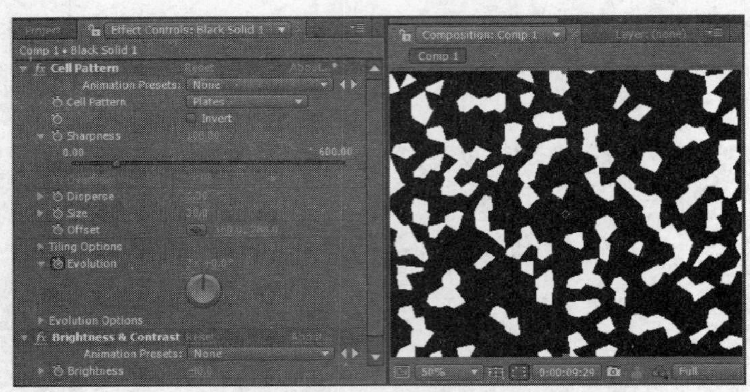

图 7.17　添加 Brightmess&Contrast 特效

（5）为固态层添加 Fast Blur 特效

选择“光线”层，添加 Effect/Blur&Sharpen/Fast Blur 命令，添加 Fast Blur 特效，然后在特效设置面板中将 Blurriness 设置为“14.0”，并选中“Repeat Edge Pixels”，如图 7.18 所示。

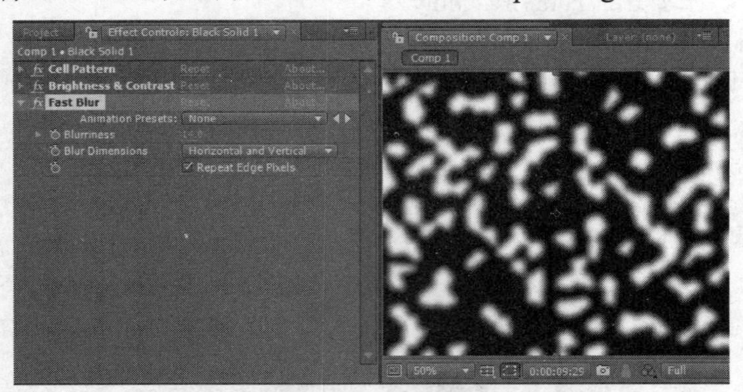

图 7.18　添加 Fast Blur 特效

（6）为固态层添加 Glow 特效

选择“光线”层，添加 Effect/Stylize/Glow 命令，添加 Glow 特效，设置 Glow Intensity 设置“5.0”，Glow Colors 设置为“A&B Colors”，Color A 设置为“（0，234，255）”，Color B 设置为“（10，0，255）”，如图 7.19 所示。

2．为“光线”图层绘制遮罩

（1）绘制遮罩

先从 Project 窗口中将素材“星空.mov”拖到 Timeline 窗口中，并放置在“光线”图层下面。在工具面板中选择矩形遮罩工具，在 Composition 窗口中绘制一个矩形，如图 7.20 所示。

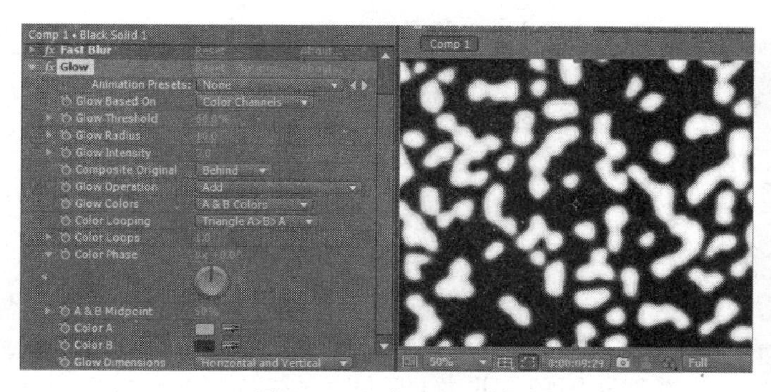

图 7.19　添加 Glow 特效

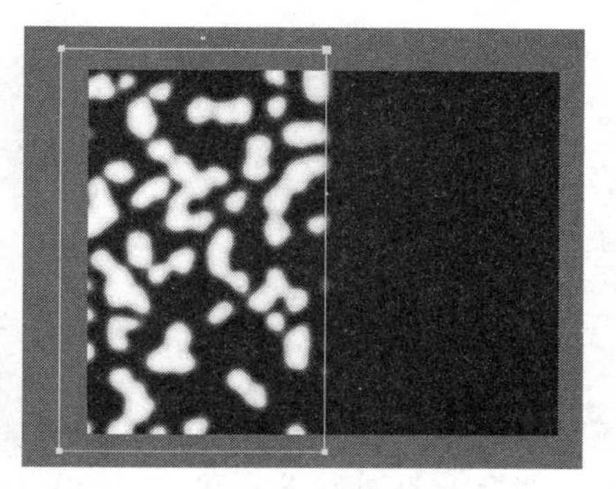

图 7.20　绘制矩形遮罩

（2）设置遮罩参数

在 Timeline 窗口中展开“光”图层的 Mask 项，将 Mask1 下的 Mask Expansion 设置为“200.0”。

3．新建“Camera”层，编辑关键帧动画。

新建一个“Camera”层并设置 Transform 参数。执行 Layer/New/Camera，打开 Camera Settings 对话框，将 Preset 的值设置为“15 mm”，然后单击“OK”按钮。在 Timeline 窗口中展开“光线”图层的 Transform 项，将 Scale 的值设置为“（2000.0，100.0，100.0）”，YRotation 的值设置为“0×+75.0°”，Orientation 值为“（0，0，90）”，效果如图 7.21 所示。

图 7.21　新建“Camera”层并设置 Transform 参数后的效果

导入素材“背景”，设置关键帧。将时间指针移到 0:00:00:00 位置，单击 Anchor Point 前面的时间码按钮，添加一个关键帧，然后将值设置为“（−20.0，350.0，−10.0）”；将时间指针移到 0:00:10:00 位置，设置为“（670.0，320.0，−10.0）”；将时间指针移到 0:00:09:00 位置，单击 Opacity 前面的时间码按钮，添加一个关键帧，然后将值设置为“100%”，如图 7.22 所示；将时间指针移到 0:00:10:00 位置，然后将 Opacity 值设置为“0%”，最终效果如图 7.23 所示。

图 7.22　设置 Transform 参数

图 7.23　最终效果

至此，本训练完成。

7.2　案例二　流动光效

7.2.1　案例描述与分析

本案例主要掌握 After Effects 的 Vector Paint（动态画笔）功能在流动光效制作上的应用。主要制作过程是：①结合 Vector Paint 特效和 Fast Blur（高速模糊）特效来制作动态的模糊矩形条的效果；②按“Ctrl+D”组合键复制图层并设置图层模式来提高模糊矩形的亮度；③通过 Bezier Warp 特效调整模糊矩形为曲线形状；④添加 Glow 特效为弯曲矩形添加眩目光效；⑤使用 Grid（网络）特效添加网格效果；⑥在 Track Matte 下拉列表框中设置遮罩层制作文本的网格效果；⑦应用 Color Balance 特效调整网格的效果。最终结果如图 7.24 所示。

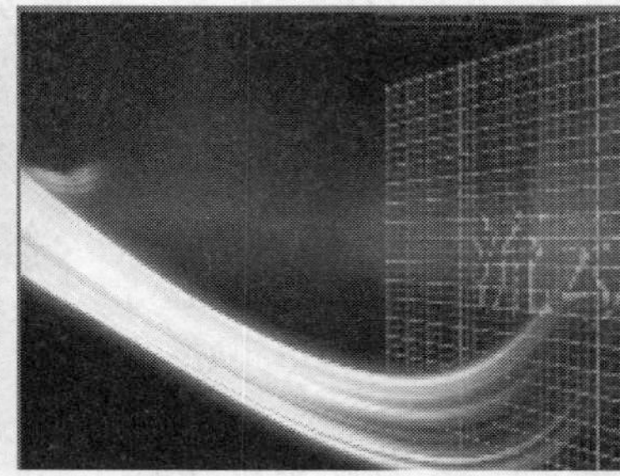
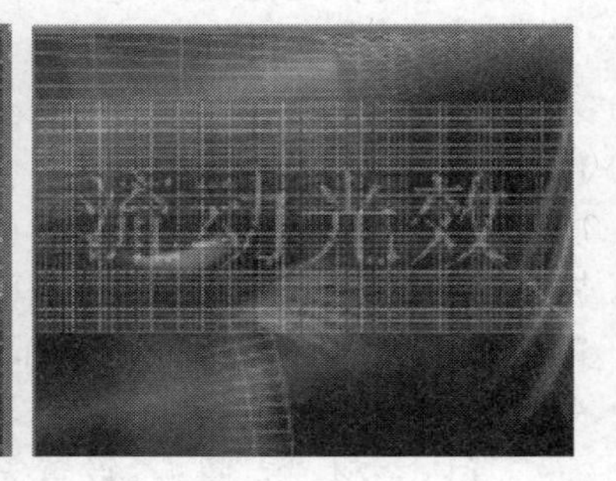

图 7.24　遮罩光效动画效果

7.2.2　案例训练

1．新建“彩色画笔”合成

（1）新建“彩色画笔”合成

选择 Composition/New Composition 命令，弹出 Composition Settings 对话框，设置尺寸为“600×288”，时间长度为“4 秒”，并将其命名为“彩色画笔”，如图 7.25 所示。

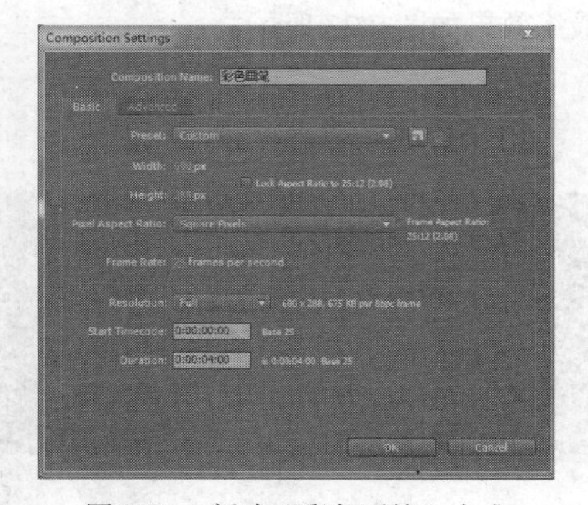

图 7.25　新建“彩色画笔”合成

（2）新建固态层并添加 Vector Paint（动态画笔）特效

选择 Layer/New Solid 命令，新建一个固态层，设置颜色为“黑色”，执行 Effect/Paint/Vector Paint 命令，添加 Vector Paint 特效，Vector Paint 特效是一个完全的图形绘制工具，如图 7.26 所示。运用参数 Radius 与 Color 将笔触设置为不同的“大小”和“颜色”，再在 Comp 预览面板随意地涂抹。

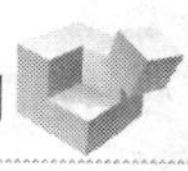

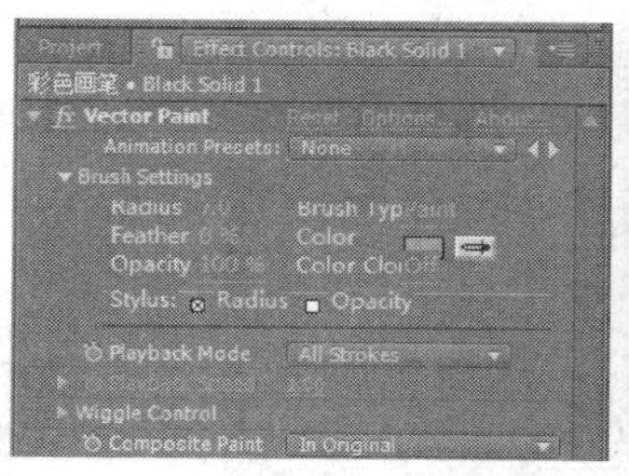

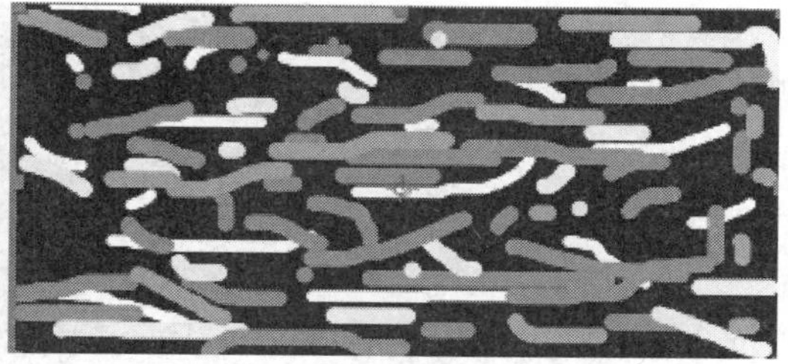

图 7.26　Vector Paint 特效设置与效果

2．新建合成“动态模糊”

（1）新建 “动态模糊”合成

新建“动态模糊”合成，如图 7.27 所示。

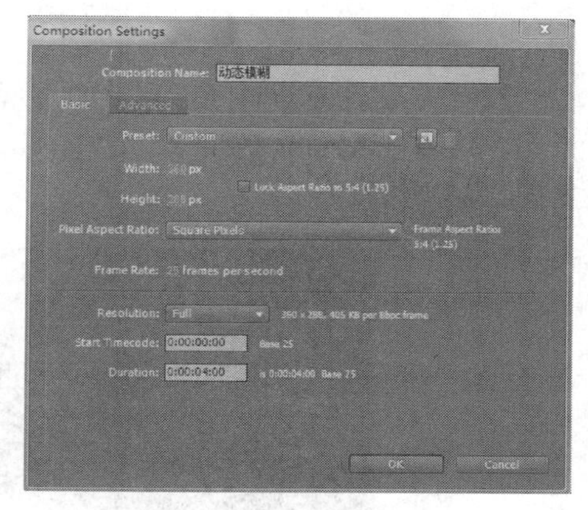

图 7.27　新建“动态模糊”合成

把前面绘制的 Comp1“彩色画笔”拖入到“动态模糊”时间线面板中，选中“彩色画笔”Comp，按下“S”键展开绽放比例设定菜单，取消对长宽比例限制选项的选择，如图 7.28 所示。

（2）设置关键帧

在“动态模糊”合成中，确定选中“彩色画笔”Comp，按下“P”键展开位移设定菜单，将时间指示器移动到 0 秒的位置，设置数值和效果如图 7.29 所示；将时间指示器移动到第 4 秒的位置，设置数值和效果如图 7.30 所示。

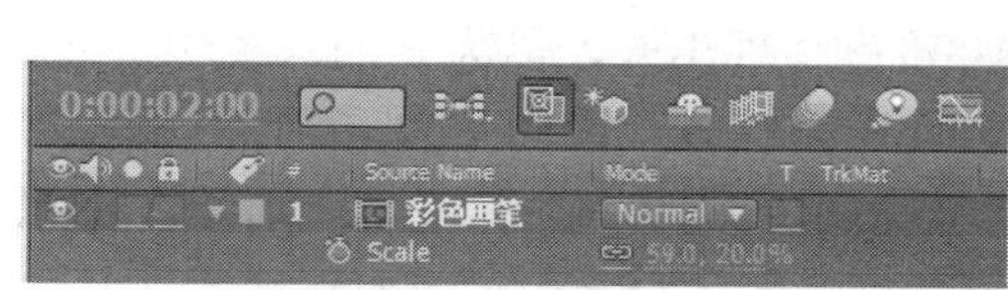

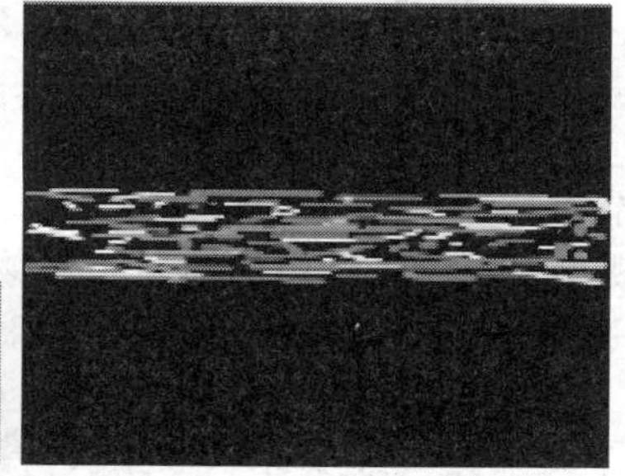

图 7.28　设置长宽比例及效果

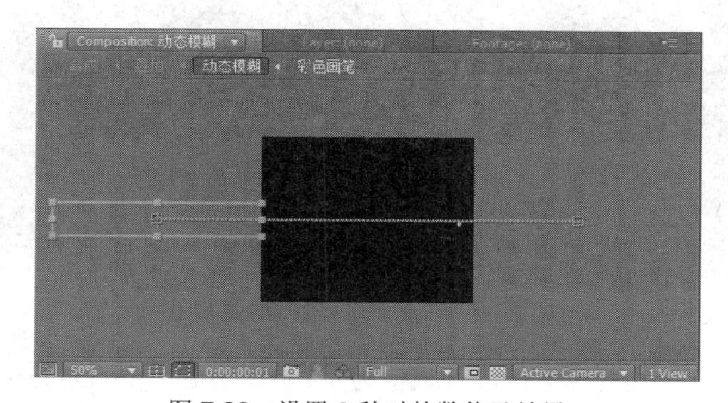

图 7.29　设置 0 秒时的数值及效果

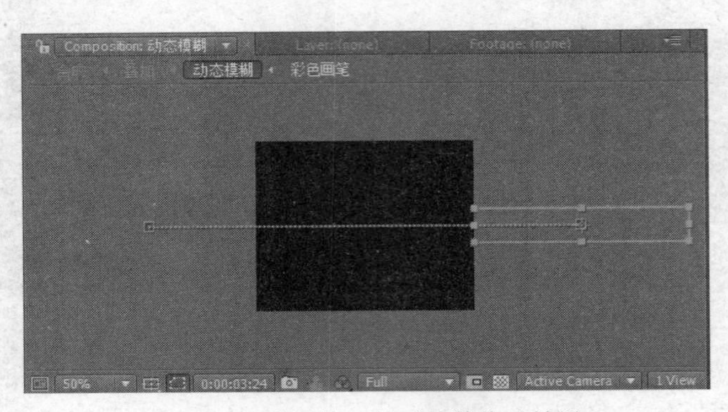

图 7.30　设置第 4 秒时的数值及效果

设置完成后拖动时间指示器会发现绘制的图像在位移的过程中没有显示出来，是一片漆黑的，可以在 Vector Paint 中将 Playback Mode 设置为“All Strokes”模式，即可看到图像，如图 7.31 所示。

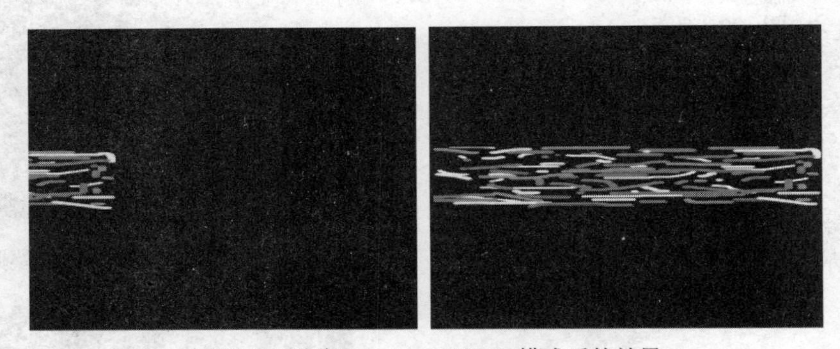

图 7.31　改变 Playback Mode 模式后的效果

（3）添加 Fast Blur（高速模糊）

通过观察发现流光的虚幻模糊的感觉并没有体现出来，需为其加入模糊特效实现。选择 Effect/Blur&Sharpen/Fast Blur 命令，应用 Fast Blur 特效，如图 7.32 所示。

图 7.32　设置 Fast Blur 特效参数与效果

设置 Blusrriness（模糊程度）选项的数值为“250.0”，在 Blur Dimensions 下拉列表框中选择“Horizontal”（水平模糊）选项。这里的模糊其实是将开始随意涂抹的色块水平方向拉

长并模糊了，从而初步塑造出流动光线的线条感。

Fast Blur（高速模糊）与 Gaussian Blur（高斯模糊）特效可以对图像进行高度的模糊。在层质量为最好的情况下，两者的效果相同，但 Fast Blur 在处理大面积图像模糊时，速度比 Gaussian Blur 更快。

3．新建“叠加”合成

新建“叠加”合成，如图 7.33 所示。

将 Comp2“动态模糊”拖入 Comp3“叠加”合成时间线窗口中，按下“Ctrl+D”组合键将 Comp2 复制一层，然后将上面一层更改为“Add”（叠加）模式，如图 7.34 所示。

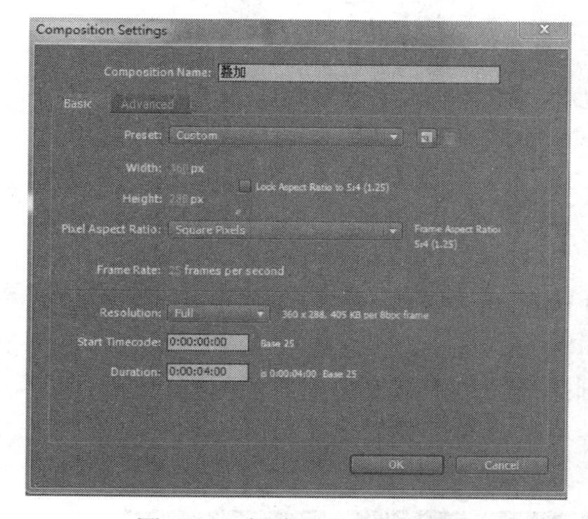

图 7.33　新建“叠加”合成

图 7.34　设置叠加模式

4．新建“网格”合成

（1）新建“网格”合成

新建“网格”合成，参数设置与前面合成一样。

（2）新建固态层并添加网格特效

新建一个固态层，设置颜色为“黑色”，执行 Effect/Generate/Grid 命令，添加 Grid 特效，设置参数与效果如图 7.35 所示。

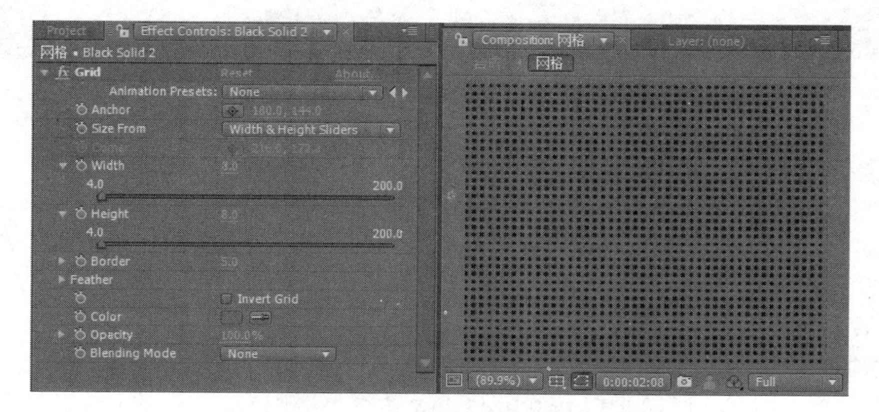

图 7.35　应用 Grid 特效及其效果

（3）输入文字

新建一个 Solid 层，然后文本“流动光效”，然后选中“网格”所在图层，在 Track Matte 下拉列表中选择 Alpha Matte“流动光效”选项，如图 7.36 所示。

图 7.36　选择 Alpha Matte“流动光效”选项

5．新建“合成”合成

（1）新建“合成”合成

将“叠加”、“网格”拖入“合成”时间线窗口中，将“网格”层的模式设置为“Add”（叠加）模式。选择“叠加”层，执行 Effect/Distort/Bezier Warp 命令，应用 Bezier Warp（贝塞尔扭曲）特效。此时，会在 Comp 预览窗口中看到图像的边上有许多控制的图点，可以通过拖动这些控制点的位置来达到扭曲形态的目的，各项数值的设置如图 7.37 所示。

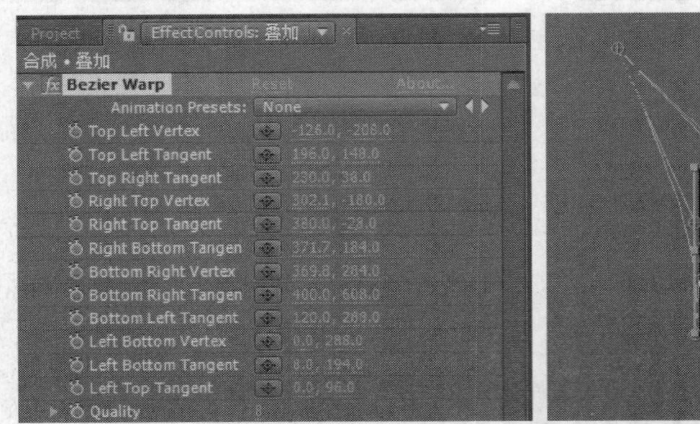

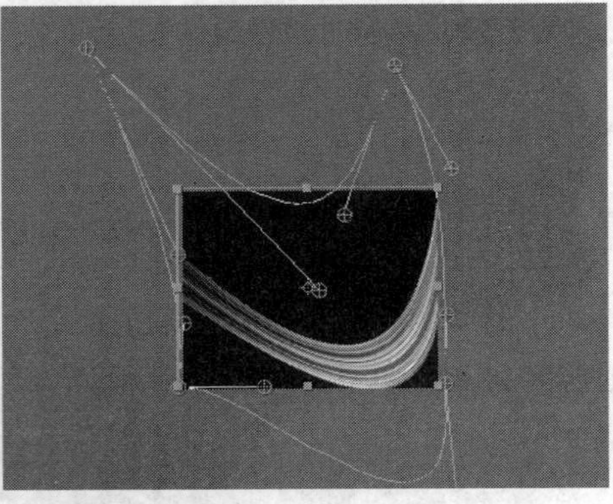

图 7.37　设置 Bezier Warp 参数与效果

（2）导入素材

执行 File/Import/File 命令，打开 Import File 对话框，选中素材文件“网络.psd”和“TD0077.avi”，在弹出的“网络.psd”对话框中选中“Choose Layer”单击按钮，并在下拉列表框中选择“图层 3”，单击“OK”按钮将导入素材，然后将“叠加”层的模式改为“Lighten”（亮度）模式。

（3）添加 Glow 特效

选中“叠加”图层，选择 Effect/Stylize/Glow 命令，应用 Glow 特效，然后设置发光的明度、半径、强度和发光颜色及其颜色使用方式等参数，如图 7.38 所示。

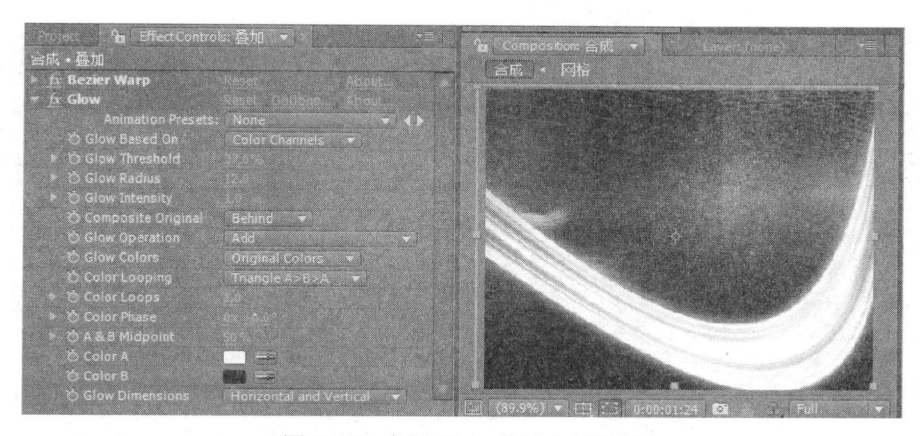

图 7.38　应用 Glow 特效及其效果

（4）设置动画效果

选中“网格” Comp 层和“图层 3/网格”图层，单击3D Layer 按钮将它们转化成 3D 图层，将时间指示器移动到 0 秒的位置，展开“网格”Comp 层和“图层 3/网格”图层的 Transform 卷展栏，设置各项数值，设置完成后的效果如图 7.39 所示。将时间指示器移动到第 3 秒的位置，设置数值与效果如图 7.40 所示。最后时间指示器移动到第 4 秒的位置，设置数值与效果如图 7.41 所示。

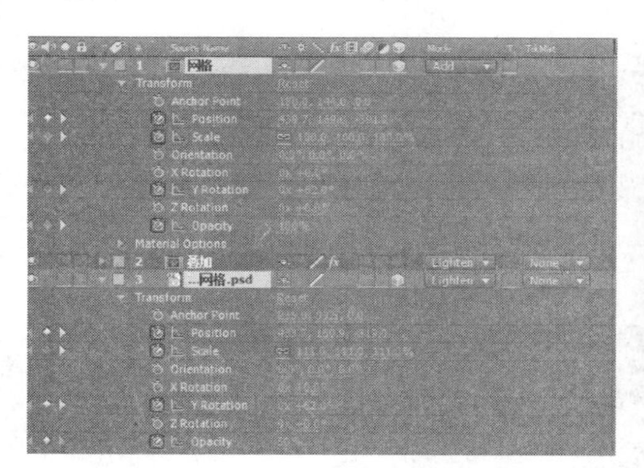

图 7.39　设置 0 秒的 Transform 卷展栏和设置后效果

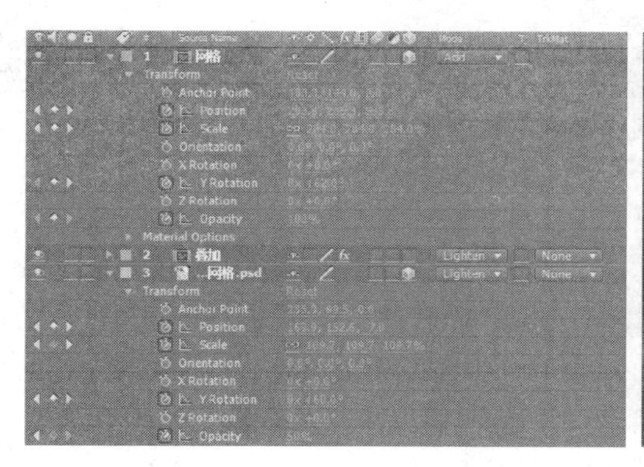

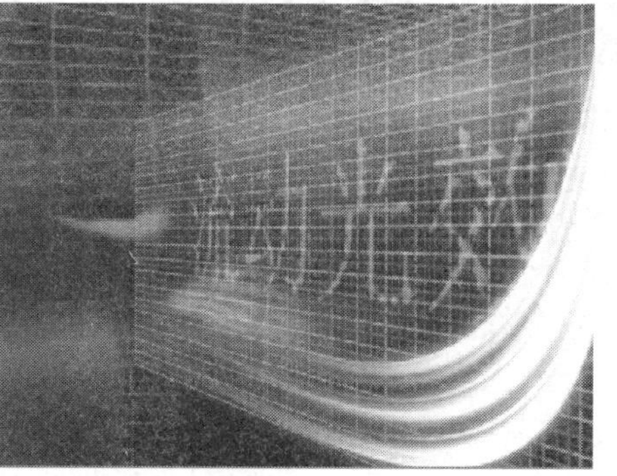

图 7.40　设置第 3 秒的 Transform 卷展栏和设置后效果

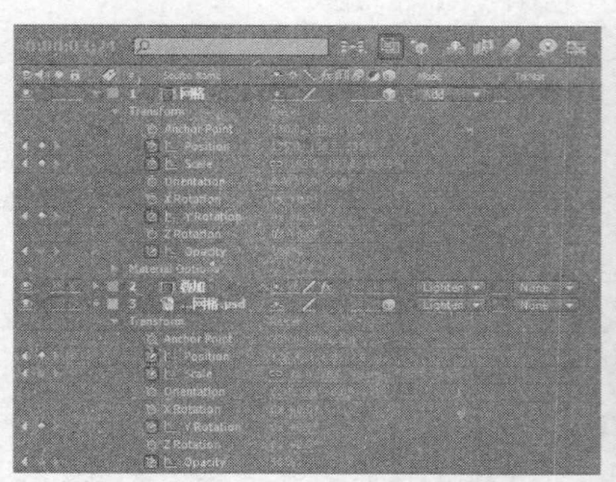
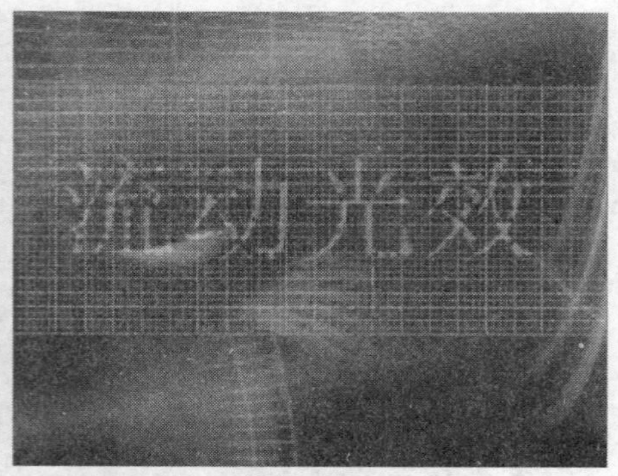

图 7.41　设置第 4 秒的 Transform 卷展栏和设置后效果

至此，完成整个案例的制作。

7.2.3　小结

Vector Paint（动态画笔）特效是一个功能强大的矢量绘图工具。它可以在图层上随意地绘制各种颜色或开关的线条。在本案例的制作过程中还涉及网格文字的制作方法和 Fast Blur（高速模糊）、Grid（网格）、Glow（发光）及 Bezier Warp（贝塞尔扭曲）等特效的使用方法。

7.2.4　举一反三案例训练

本案例应用了 After Effect CS4 软件内置的高级特效 Vector Paint 手写特效，配合 Fast Blur 快速模糊、Glow 辉光以及 Bezier Warp 透视变形特效，模拟出包装中常见的穿梭流光效果。最终效果图如图 7.42 所示。

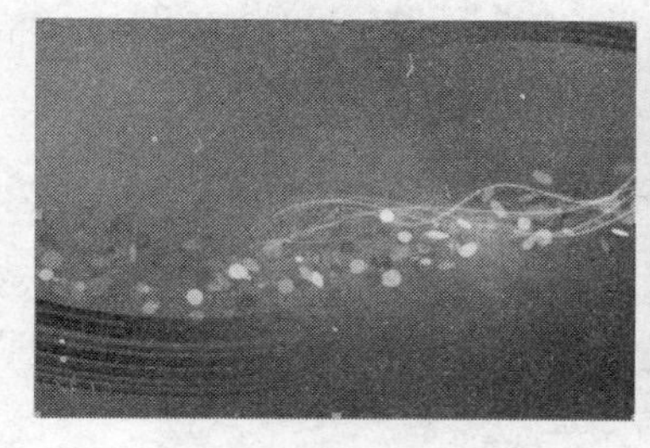
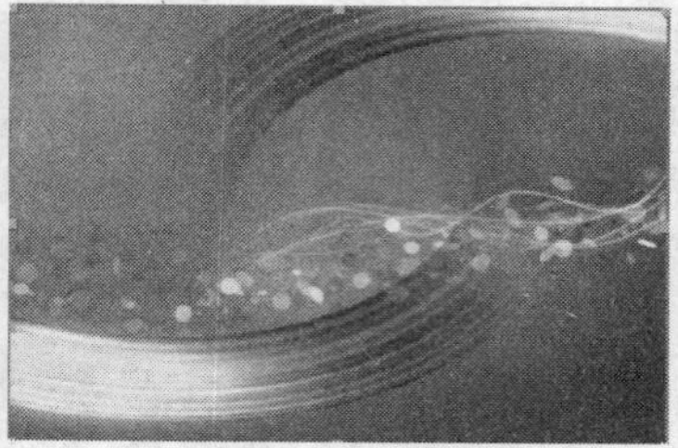
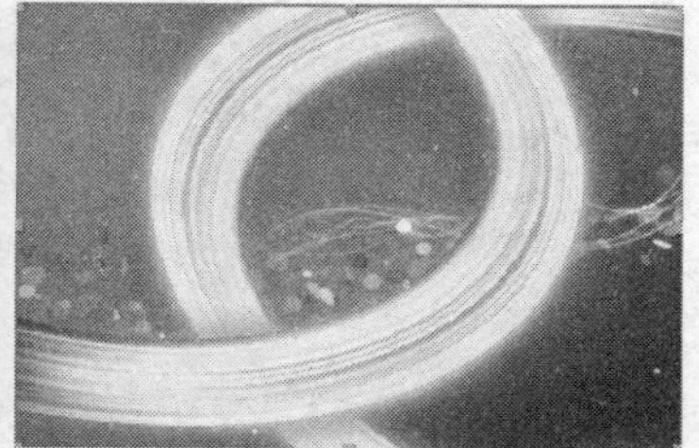

图 7.42　绚丽流光效果

制作过程如下。

1．新建合成“VP 涂抹”与固态层

创建一个大小为 600×300 的合成，将其命名为“VP 涂抹”，设置时间长度为“3 秒”；创建一个固态层，将其命名为“VP 涂抹”，匹配合成大小，设置颜色为“黑色”，如图 7.43 所示。

选择“VP 涂抹”层，选择执行 Effect/Paint/Vector Paint 命令，添加 Vector Paint 特效，进入特效设置窗口，设置 Radius 的值为“6.0”，如图 7.44 所示。

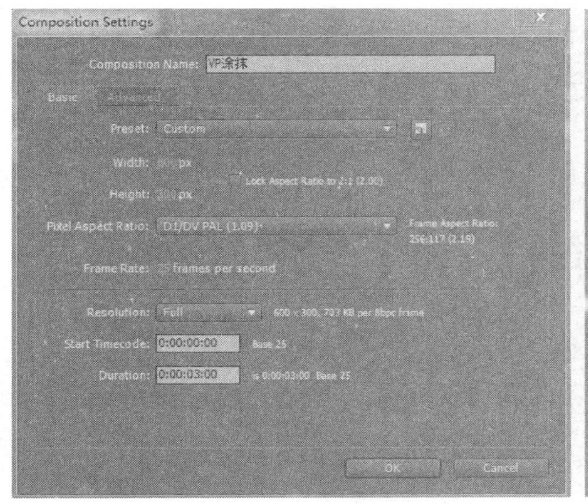

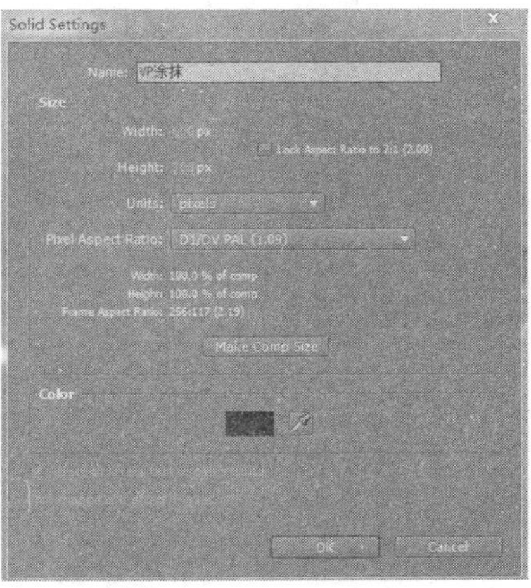

图 7.43　创建合成“VP 涂抹”与固态层

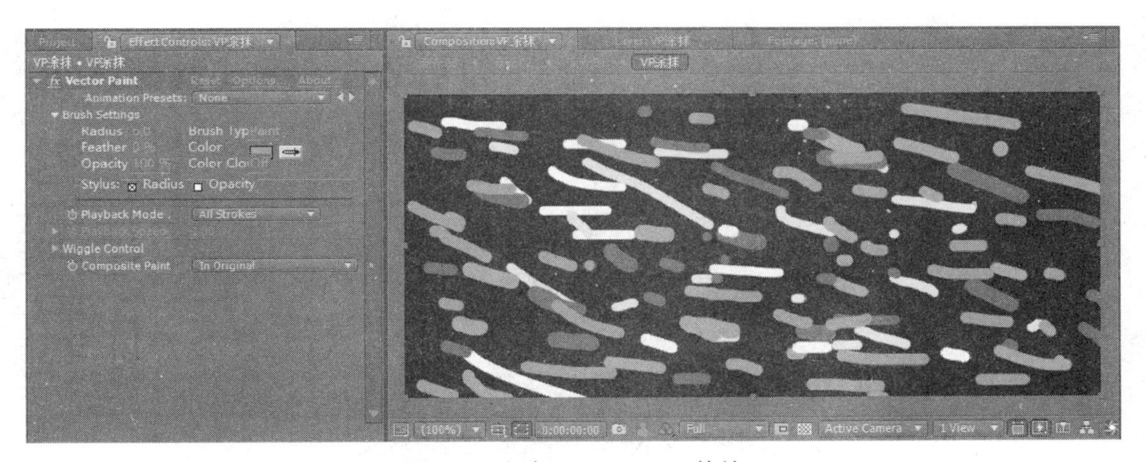

图 7.44　添加 Vector Paint 特效

2．创建“流光 01”合成

（1）创建“流光 01”合成

创建一个大小为“600×300”的合成，将其命名为“流光 01”，设置时间长度为“3”秒，如图 7.45 所示。

（2）导入“VP 涂抹”合成，并添加特效

导入“VP 涂抹”合成，按“S”键取消等比缩放，设置 Scale 参数为“（55.0，18.0%）”，并添加 Effect/Blur&Sharpen/Fast Blur 特效，进入特效设置窗口，设置 Blurriness 的值为“230.0”，Blur Dimensions 为“Horizontal”，如图 7.46 所示。

（3）添加关键帧

选择“VP 涂抹”层，按“P”键打开 Position 参数，单击关键帧记录按钮，在 0:00 秒设置参数为“（−174，120.0）”；在 03:00 秒处设置参数为“（491.0，120.0）”。将 Vector Paint 的 Playback Mode 模式改为“All Strokes”，效果如图 7.47 所示。

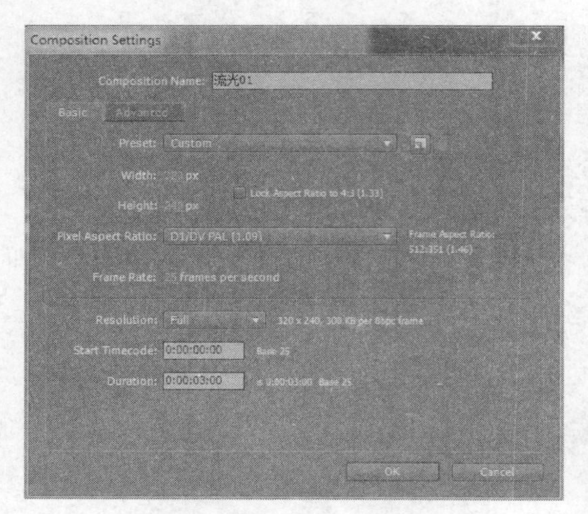

图 7.45　创建“流光 01”合成

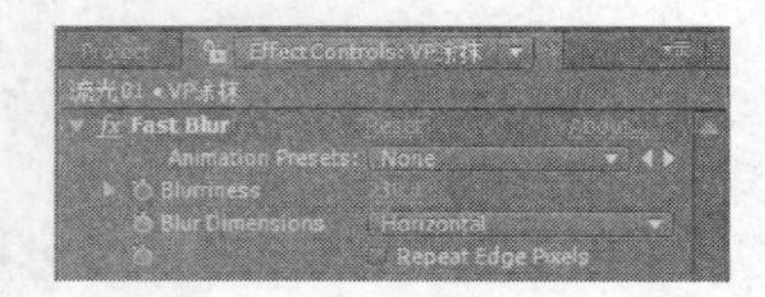

图 7.46　“VP 涂抹”添加 Fast Blur 特效

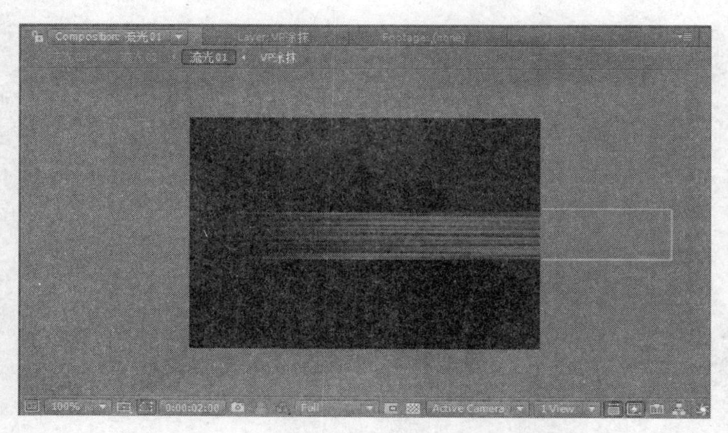

图 7.47　在 02:00 秒 Comp 合成的效果

3．创建新合成“流光 02”、“流光 03”

创建一个新合成，命名为“流光 02”，将“流光 01”合成导入并复制一层，设置叠加模式为“Add”，如图 7.48 所示。

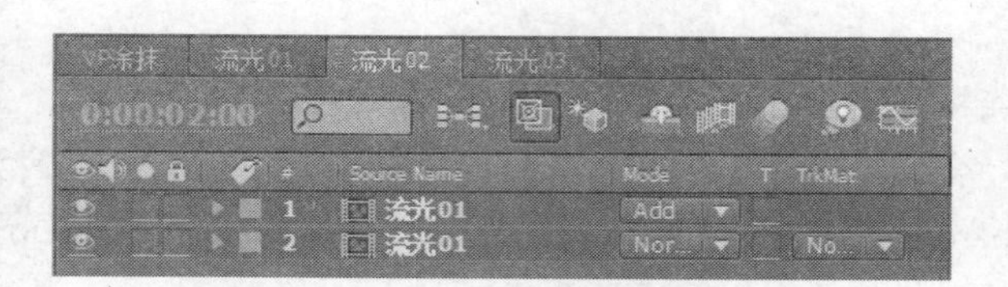

图 7.48　创建“流光 02”合成

创建一个新合成，命名为“流光 03”，先导入背景“uu1.jpg”文件，然后导入“流光 02”层为其添加 Effect/Distort/Bezier Warp 特效，进入特效设置窗口，具体设置参数及效果如图 7.49 所示。

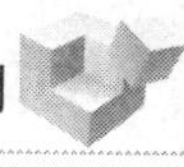

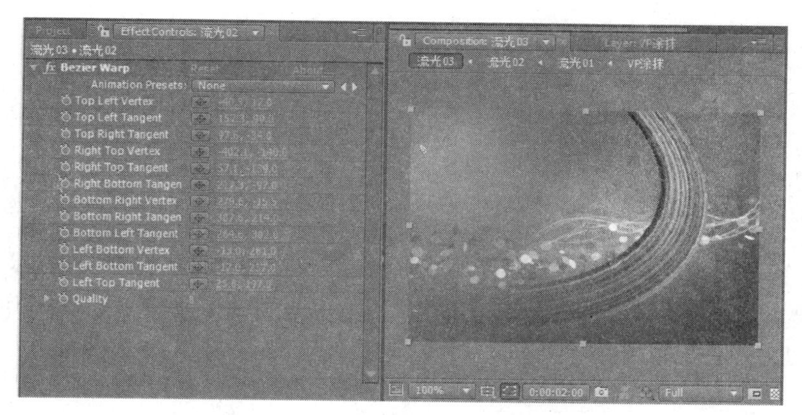

图 7.49　添加 Bezier Warp 特效参数与效果

选择“流光 02”层，为其添加 Effect/Stylize/Glow 特效。进入特效设置窗口，设置 Glow Threshold 的值为“21.0%”，Glow Radius 的值为“28.0”，Glow Intensity 的值为“3.0”，设置 Glow Colors 为“A&B Colors”，设置 Color A 为“黄色”，设置 Color B 为“红色”。具体设置参数及效果如图 7.50 所示。

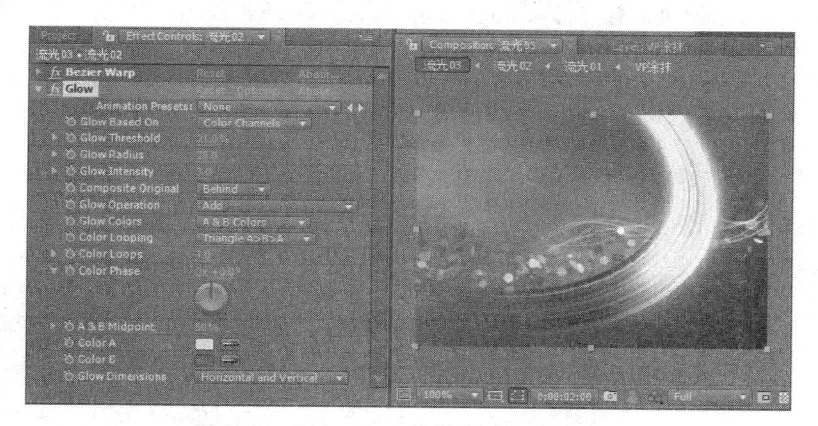

图 7.50　添加 Glow 特效设置参数及效果

按“Ctrl+D”组合键复制“流光 02”层，并设置 Position 为“(177.0，75.0)”，Rotation 为“(0×+180.0°)”，如图 7.51 所示。

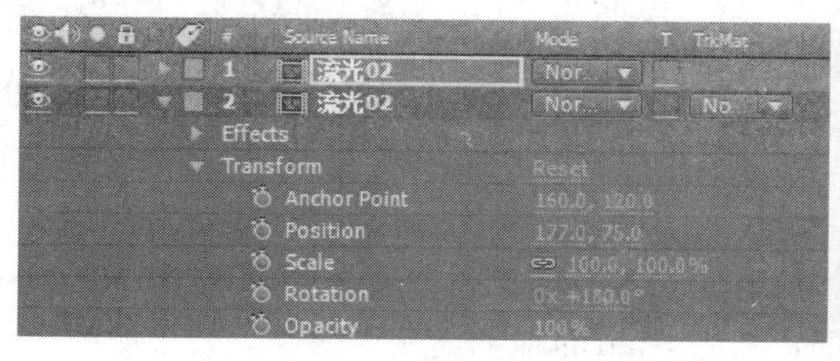

图 7.51　设置复制层 Transform 的参数值及效果

至此，本训练完成。

7.3 案例三 运算与表达式特效

7.3.1 案例描述与分析

本案例是简单的光线特效动画，制作一个变幻的光球效果。主要通过 Gaussian Blur 特效和 Basic 3D 特效实现。制作主要过程：运用 Gaussian Blur 制作遮罩层，添加 Basic 3D 特效制作光球层。最终结果如图 7.52 所示。

图 7.52 遮罩光效动画效果

7.3.2 案例训练

1．导入素材，新建合成

启动 After Effects，双击 Project 窗口中空白区域，并在指定目录下，导入“手.jpg”素材，然后“Ctrl+N”组合键，新建一个合成“遮罩”，如图 7.53 所示。并将项目文件命名“光球特效”，并保存在指定目录下。

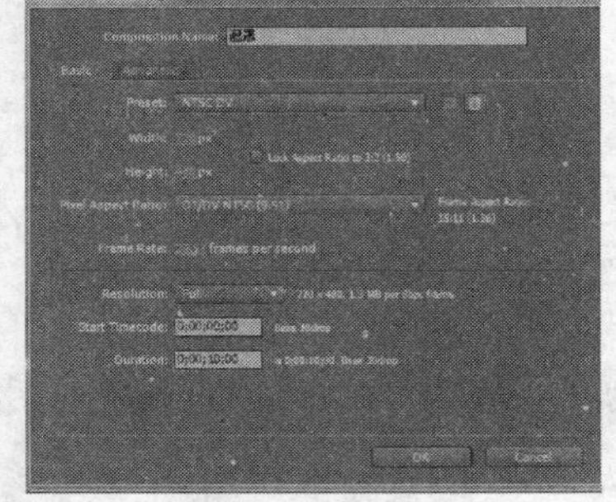

图 7.53 创建新合成“遮罩”

2．制作遮罩层

（1）绘制遮罩层

执行“Layer/New/Solid”命令打开 Solid Setting 对话框，在对话框中将 Name 设为“线条 1”，Color 设为“白色”，如图 7.54 所示。在工具面板中选择钢笔工具，绘制一个弧形，如图 7.55 所示。在 Timeline 窗口中选择“线条 1”层，按下“Ctrl+D”组合键，复制一个新的层，并将新的层重命名为“线条 2”。

（2）添加 Gaussian Blur 特效

选择“线条 1”图层，执行“Effects/Blur&Sharpen/Gaussian Blur”命令，为该图层添加 Gaussian Blur 特效，然后在特效设置面板中将 Blurriness 设置为“12.0”，效果如图 7.56 所示。在 Timeline 窗口中展开“线条 1”层的 Transform 项，将 Opacity 的值设置为“80%”。选择“线条 2”图层，同样添加 Gaussian Blur 特效，将 Blurriness 设置为“4.0”。

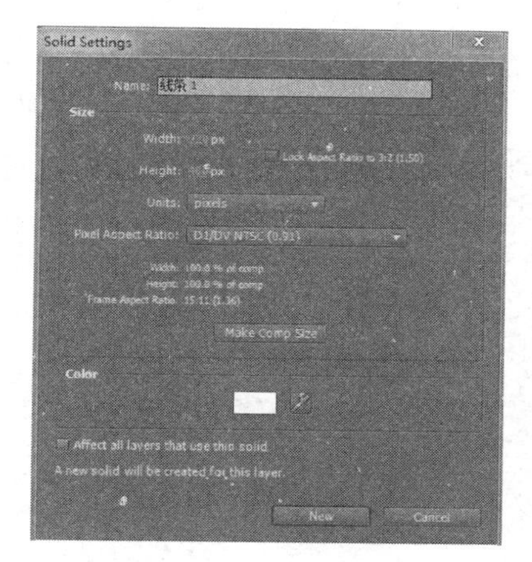

图 7.54　新建固态层“线条 1”

图 7.55　绘制遮罩层

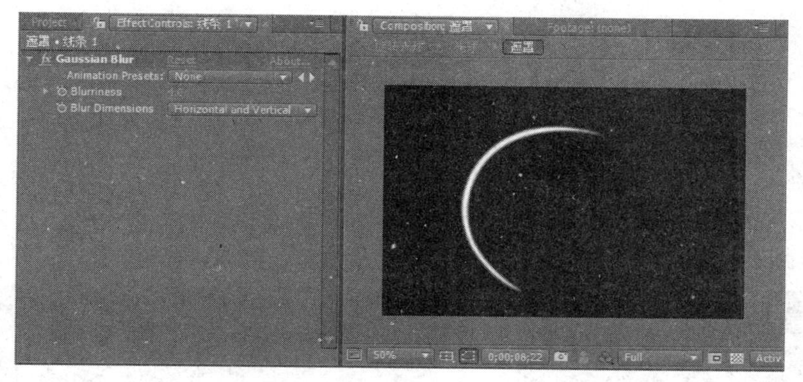

图 7.56　添加 Gaussian Blur 特效

3．制作光球层，编辑表达式

新建“光球”合成，参数设置与新建“遮罩”合成一样。

添加 Basic 3D 特效：从 Project 窗口中将“遮罩”拖放到 Timeline 窗口中，执行“Effects/Perspective/Basic 3D”命令，添加一个 Basic 3D 特效，然后在 Timeline 窗口中展开“遮罩”的 Effects 的 Basic 3D 项，选中 Swivel 和 Tilt 属性，并执行“Animation/Add Expression”命令，为该项属性添加脚本内容，如图 7.57 所示。在 Timeline 窗口中将 Swivel 和 Tilt 项目下的脚本命令设置为：

```
Seed_random (1, true);
Linear (time, 0, 10, random (0, 360), random (0, 360))
```

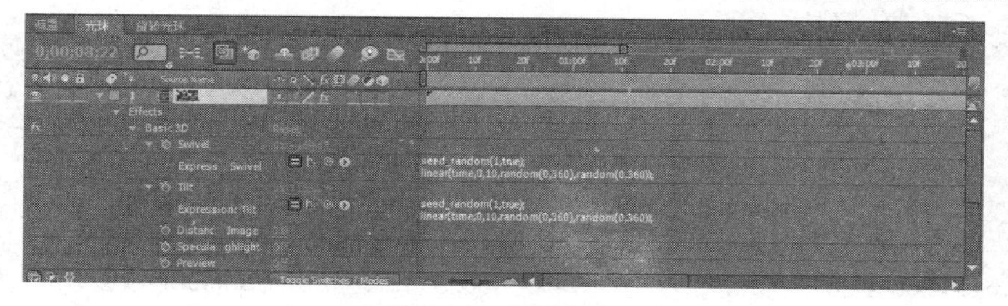

图 7.57　设置脚本

重复前面的操作，再创建 7 个图层，并为其添加 Basic 3D 特效，设置脚本命令，如图 7.58 所示。

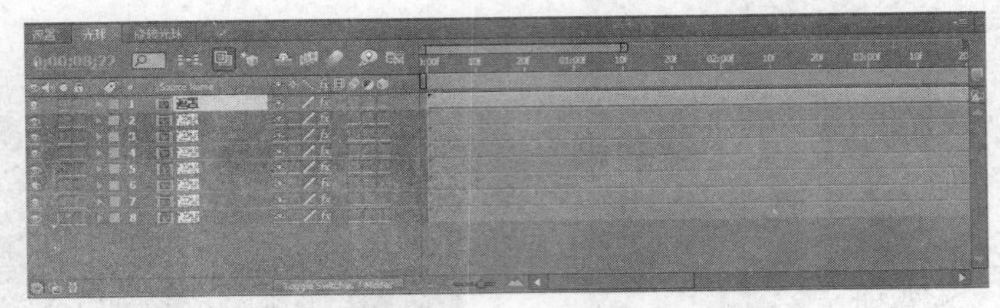

图 7.58 复制图层

4．最终合成

新建“旋转”合成，参数设置与新建“遮罩”合成一样。从 Project 窗口中将合成“光球”、“手.jpg”文件拖放到 Timeline 窗口中，并将“光球”放在上面，将“手.jpg”放在下面。

选择“手.jpg”层，选择菜单命令 Effects/Keying/ Color Key（色键），为“手.jpg”添加一个色键效果，设置 Key Color 为绿色 RGB“（0，167，81）”，或者使用小吸管工具吸取颜色，这时会进行大致地处理。但并没有将绿色部分全部抠除，需要调整色彩的容差，设置 Color Tolerance（色彩容差）为“150”。消除边缘锯齿和残留的绿色：选择菜单命令 Effects/Matte/Simple Choker（边缘收缩/扩展），设置 Choke Matte 为“2.00”。这样抠像的边缘得到了很好地控制，如图 7.59 所示。然后调整“手.jpg”层 Transform 参数，如图 7.60 所示。

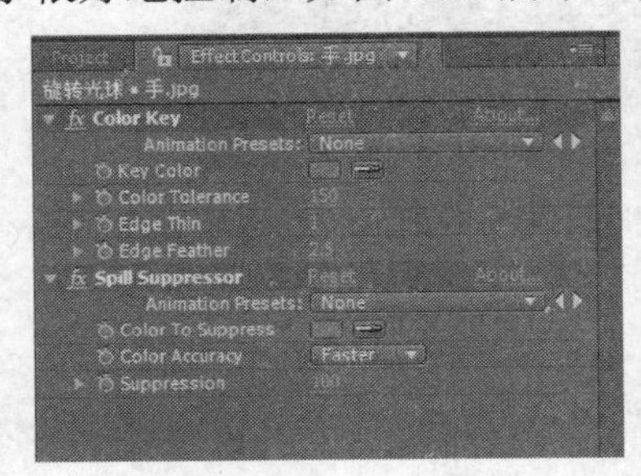

图 7.59 Color Key 抠像

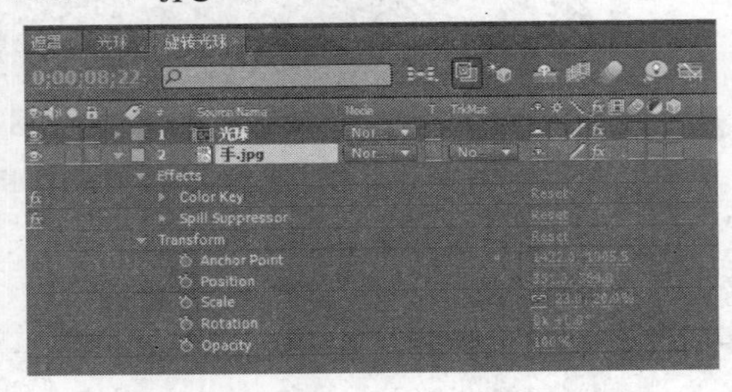

图 7.60 调整“手.jpg”Transform 参数

添加 Golw 光效：选中“光球”层，执行“Effect/Stylize/Glow”命令，添加一个 Glow 特效，设置参数如图 7.61 所示。设置“光球”层 Transform 项参数，如图 7.62 所示。

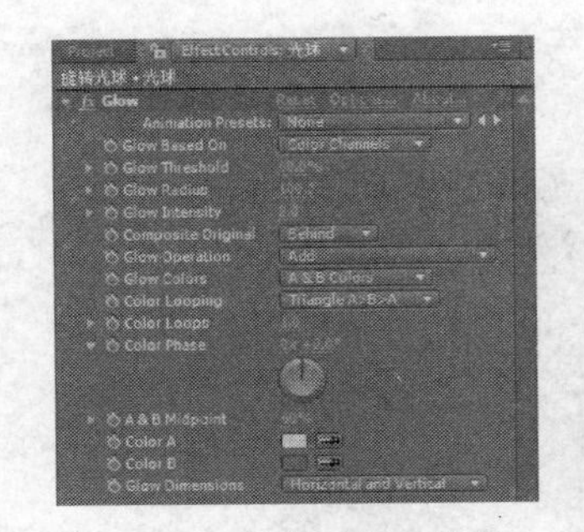

图 7.61 添加 Glow 特效

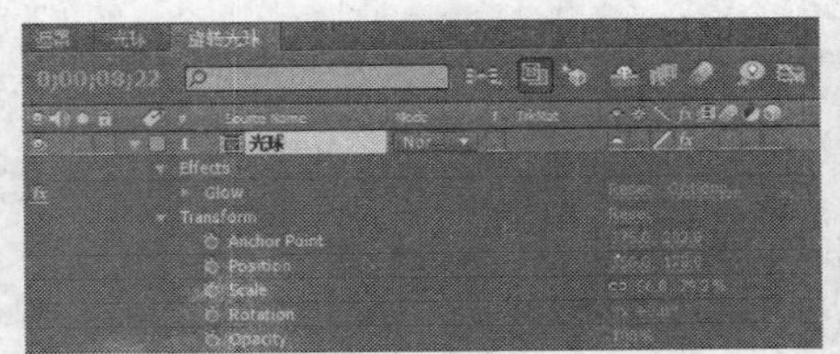

图 7.62 设置“光球”层 Transform 项参数

按下“Ctrl+S”组合键保存项目，按小键盘上的“0”键预览。至此，本训练完成。

7.3.3　小结

表达式是一种通过编辑语言的方式来实现界面中一些不能执行的命令，或者是节省一些重复性的操作。训练目的在于让学生掌握如何利用编辑表达特效来制作特效动画。

7.3.4　举一反三案例训练

由于 After Effects 的表达式也属于编程语言，而且是基于 JaveScript 语言的，因此，理解常量和变量的数据类型（即数组）是掌握表达式的首要条件。

训练一：本训练将对字体添加表达式，达到色彩变换的目的。

1．导入素材，新建合成

开启 After Effects 程序，双击 Project 窗口中的空白区域，打开 Import File 对话框，在指定目录上导入素材“背景.jpg”文件，然后单击“打开”按钮。

按下“Ctrl+N”组合键，新建一个 Composition，命名为“Text”，如图 7.63 所示。

按下“Ctrl+S”快捷键，将项目文件命名为“Beautiful Sky”，并保存到指定目录。

2．添加表达式编辑文字变色效果

（1）添加文字

在工具面板中选择文字工具，在屏幕中输入文字“Beautiful Sky”，如图 7.64 所示。

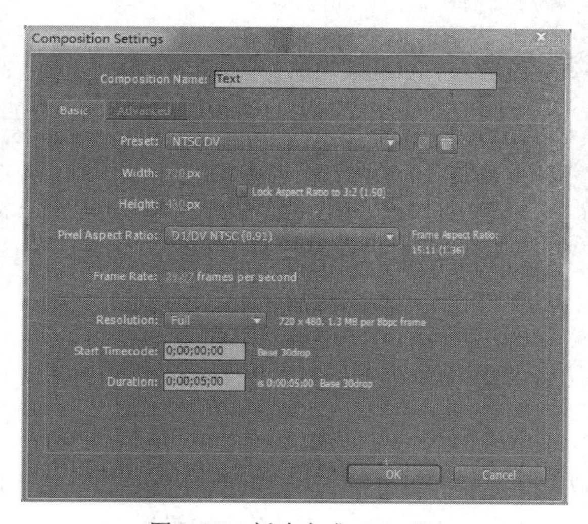

图 7.63　新建合成“Text”

图 7.64　调整文字属性

（2）新建“Movie”合成

新建“Movie”合成，参数采用默认值。在项目窗口中将合成“Text”、“背景.jpg”拖到Timeline 中。

（3）添加 Fill 特效

为合成“Text”添加 Effects/Generate/Fill 特效。打开 Effect Controls 面板，设置 Color 为“(255，0，0)”，Opacity 为“100%”。在 Timeline 中展开 Effects/Color 选项，单击 Color 选项，执行 Animation/Add Expression 命令，然后在表达式输入栏中输入如下表达式，如图 7.65 所示。

```
seedRandom (1, true);
howOften=2;
r=wiggle (howOften,1) [0];
g=wiggle (howOften,1) [1];
b=wiggle (howOften,1) [2];
a=1;
[r, g, b, a]
```

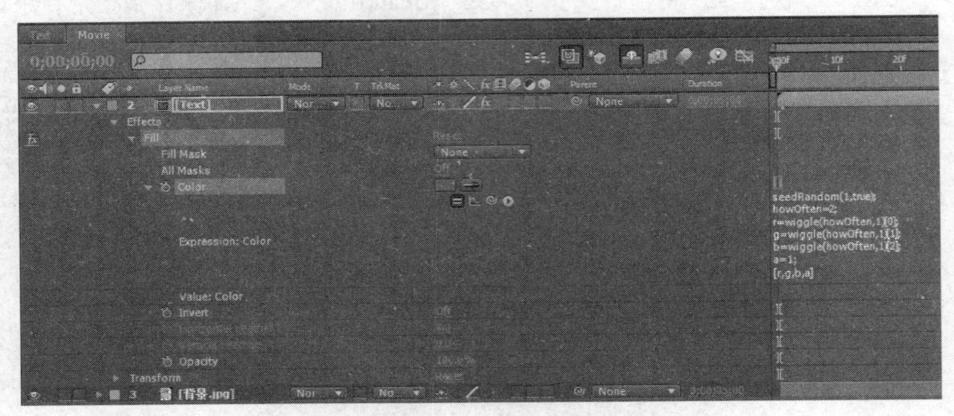

图 7.65　为 Color 添加表达式

拖动时间指针进行预览，可以看到在设有建立关键帧的情况下，文字借助表达式有时能实现更丰富的效果。

（4）调整图层

将“Text”层命名为“Text1”，从 Project 窗口中再次拖动合成“Text”到 Timeline 中，并将其调整到最上一层，命名为“Text2”。在 Timeline 中设置“Text2”的叠加模式为“Lighten”，如图 7.66 所示。

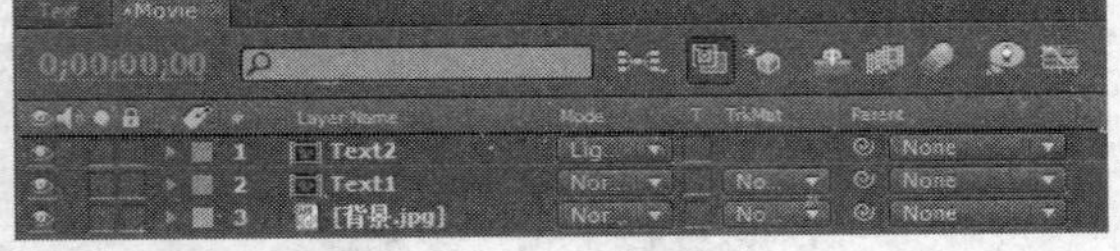

图 7.66　再次将“Text”组合并设置叠加模式

3．添加特效并编辑动画

（1）添加 Glow 特效

为“Text2”添加 Effects/Stylize/Glow 特效，设置 Glow Based On 为“Alpha Channel”，Glow Threshold 为“80%”，Glow Radius 为“30.0”，Composite Original 为“On Top”，Glow Operation 为“Add”，Glow Colors 为“A&B Colors”，Color Loops 为“1.0”，如图 7.67 所示。

（2）设置关键帧

将时间指针移动到 0:00:00:00 位置，单击 Color Loops 前的时间码按钮，将时间指针移动

到结尾，设置 Color Loops 的参数为“10.0”。

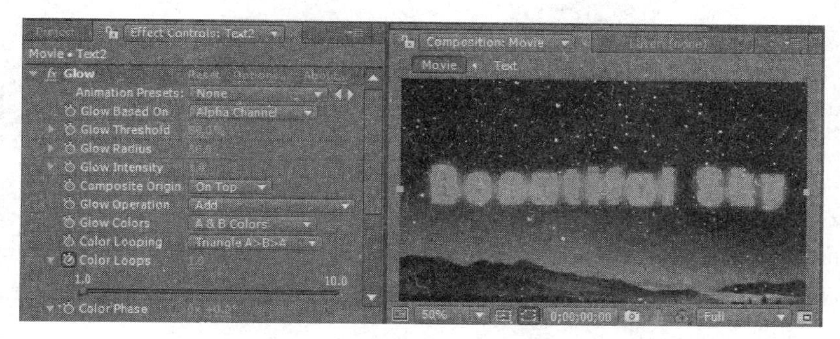

图 7.67　添加 Glow 特效

至此，本案例制作完成。

训练二：继续学习编辑表达式特效。首先导入一张蝴蝶素材图片，通过对其图层进行属性关键帧的设置，实现蝴蝶飞舞的动画效果。然后与背景合成，建立一个固态层，为其添加 Light Factory 等特效，实现最终的蝴蝶翩翩起舞的动画视频效果。最终效果如图 7.68 所示。

图 7.68　最终效果

制作主要过程如下。

1．新建“蝴蝶”合成

（1）新建“蝴蝶”合成

启动 After Effects 软件，选择菜单命令 Composition/New Composition（“Ctrl+N”组合键），新建合成“蝴蝶”。

（2）导入素材

在项目窗口中双击，在指定目录中导入“蝴蝶.psd”素材文件，如图 7.69 所示。

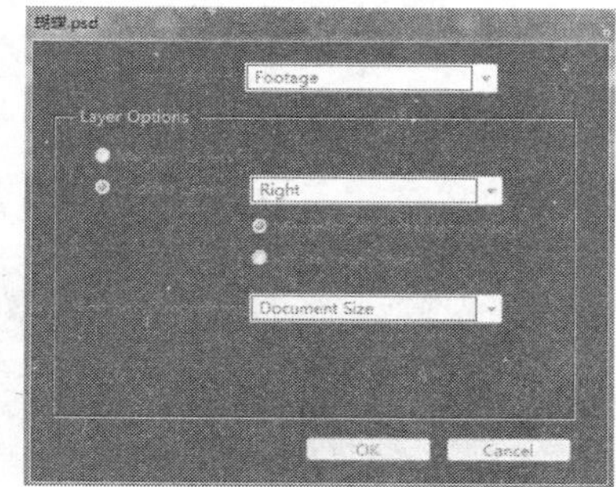

图 7.69　导入“蝴蝶.psd”素材文件

（3）调节设置图层位置

在项目窗口中选择 Left/蝴蝶.psd、Center/蝴蝶.psd、Right/蝴蝶.psd，并拖入时间线控制面板中，打开三维图层开关。展开 Transform，设置 Right/蝴蝶.psd Position 为“（356.3，293.4，34.3）”，展开 Left/蝴蝶.psd、Right/蝴蝶.psd 图层的 Parent 面板，设置为“3.center”，如图 7.70 所示。

图 7.70 调节设置图层位置及其效果

(4) 图层属性参数设置

设置 Left/蝴蝶.psd 层的 Anchor Point 为“(364.1, 300.2, 0.0)”, 设置 Center/蝴蝶.psd 层的 Anchor Point 为“(343.8, 293.4, 0.0)”, 设置 Right/蝴蝶.psd 层的 Anchor Point 为“(380.3, 293.4, 0.0)”, 如图 7.71 所示。

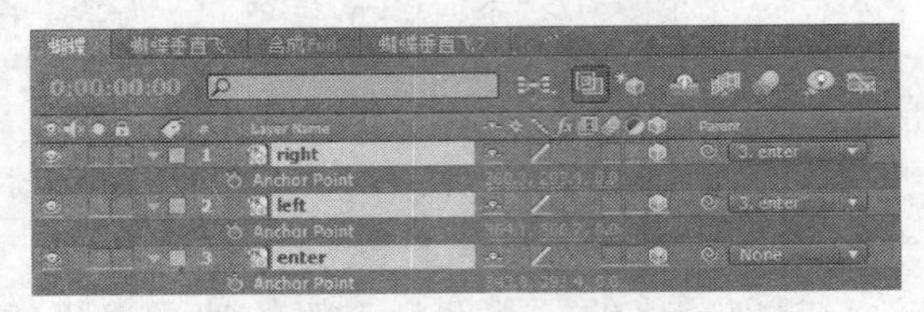

图 7.71 图层属性参数设置

(5) 制作扇动翅膀动画

打开 Left/蝴蝶.psd、Right/蝴蝶.psd 层的 Y Rothtion 前面的码表, 将时间线移动到第 0 帧的位置, 设置 Left/蝴蝶.psd 的 Y Rothtion 为 “-70.0”, 设置 Right/蝴蝶.psd 的 Y Rothtion 为 “70.0”; 将时间线移动到第 1 秒的位置, 设置 Left/蝴蝶.psd 的 YRothtion 为“70.0”, 设置 Right/蝴蝶.psd 的 Y Rothtion 为 “-70.0”, 如图 7.72 所示。

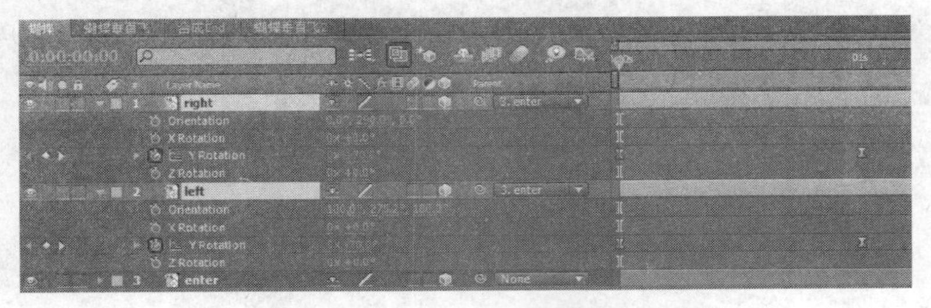

图 7.72 制作扇动翅膀动画

(6) 为图层添加表达式

按住“Alt”键, 单击 Left/蝴蝶.psd、Right/蝴蝶.psd 图层的 Y Rothtion 前面的码表, 为其添加表达式: loopOut (type="pingpong", numKeyframes=0), 如图 7.73 所示。

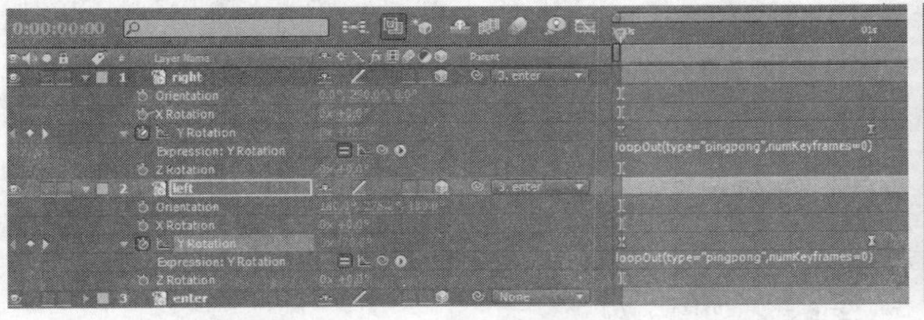
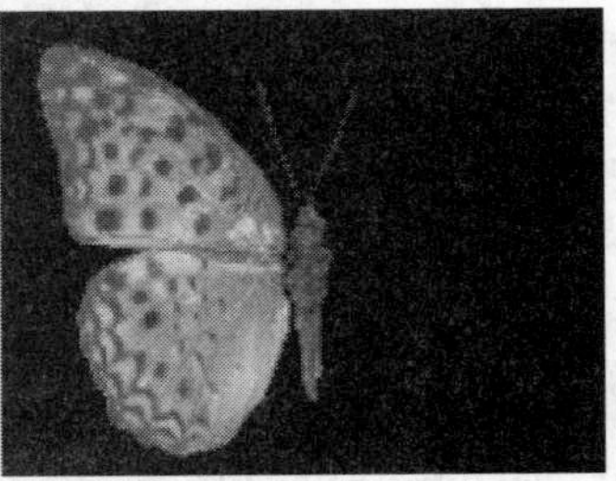

图 7.73 为图层添加表达式及效果

2．新建“蝴蝶垂直飞”合成

新建“蝴蝶垂直飞”合成，导入素材，如图 7.74 所示。

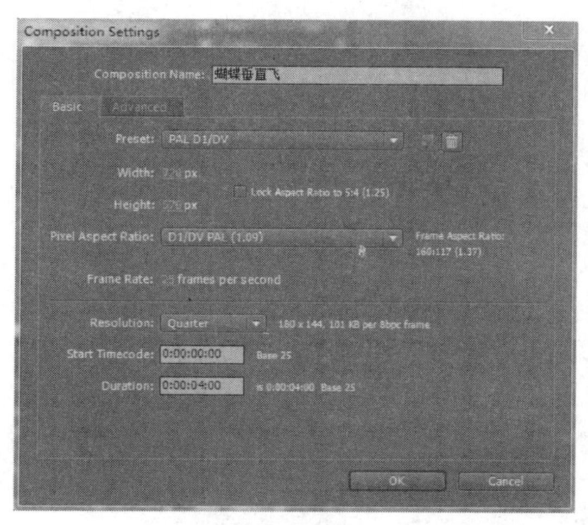

图 7.74　新建“蝴蝶垂直飞”合成

导入视频素材“蝴蝶 01～03.tga”，对这 3 个视频复制 3 次。

为添加特效：执行 Effect/Color Correction/Brightness Contrast，设置 Brightness18.0，设置 Contrast 为“22.0”，如图 7.75 所示。

图 7.75　添加 Brightness Contrast 特效

设置关键帧，如图 7.76 所示。

图 7.76　设置关键帧

可用同样方法制作更多蝴蝶垂直飞。新建“蝴蝶垂直飞 2”合成，参数采用默认值。

3．制作“合成 End”层

新建“合成 End”合成，导入素材，如图 7.77 所示。

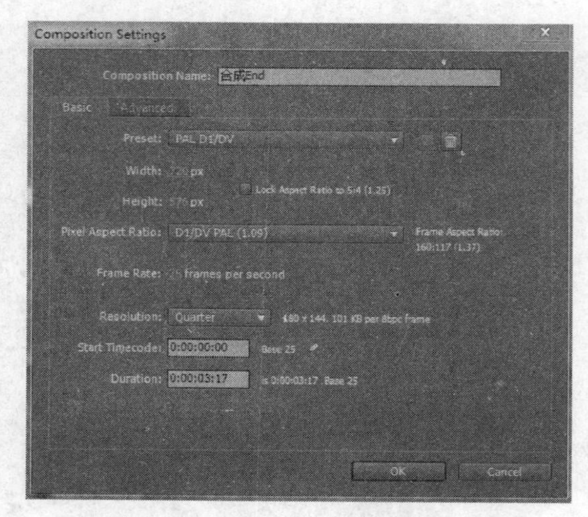

图 7.77　新建“合成 End 2”合成

在指定目录导入“背景.jpg”，并将“蝴蝶”、“蝴蝶垂直飞”、“蝴蝶垂直飞 2”合成拖至时间线控制面板中，为了有更多蝴蝶效果，复制“蝴蝶垂直飞”、“蝴蝶垂直飞 2”两次，如图 7.78 所示。

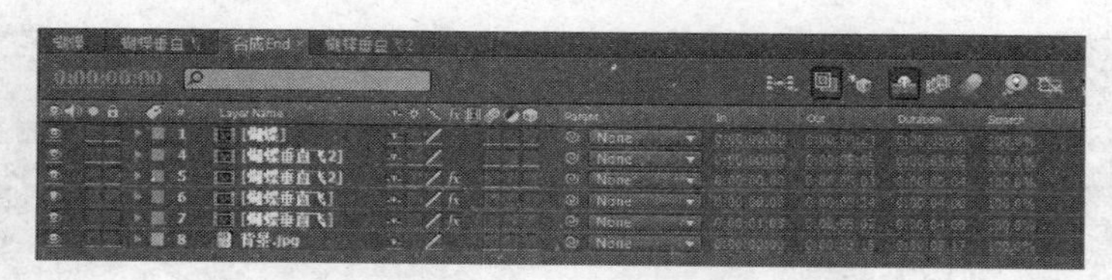

图 7.78　设置“合成 End”图层

展开 Transform，打开 Positon 前面的码表，将时间线移动到 0 帧的位置 Position 为“(−3.8，21.5)”；将时间线移动到第 1 秒第 21 帧的位置 Position 为“(401.5，195.4)”，如图 7.79 所示。

图 7.79　设置“蝴蝶”图层关键帧

4．新建固态层

(1) 新建固态层

选择菜单命令 Layer/New/Solid，为场景建立一个固态层，Color 设置为“黑色”，如图 7.80 所示。

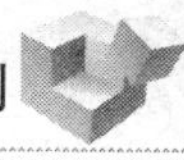

（2）为固态层 Solid 1 添加 Light Factory 特效

选择菜单命令 Effect/Knoll Light Factory/Light Factory，为新建的固态层添加一个 Light Factory 特效，如图 7.81 所示。

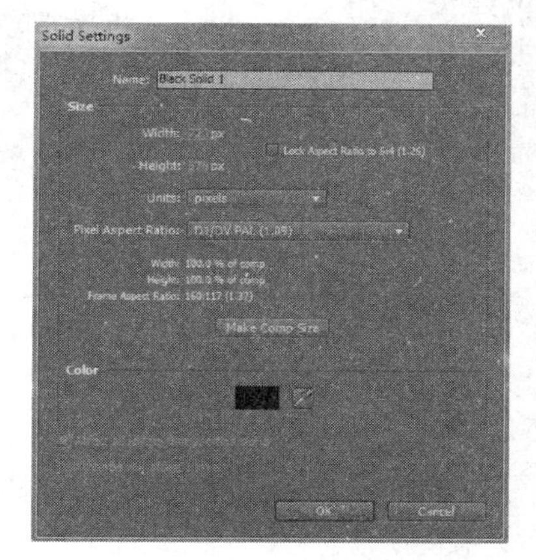

图 7.80　新建固态层 Solid1

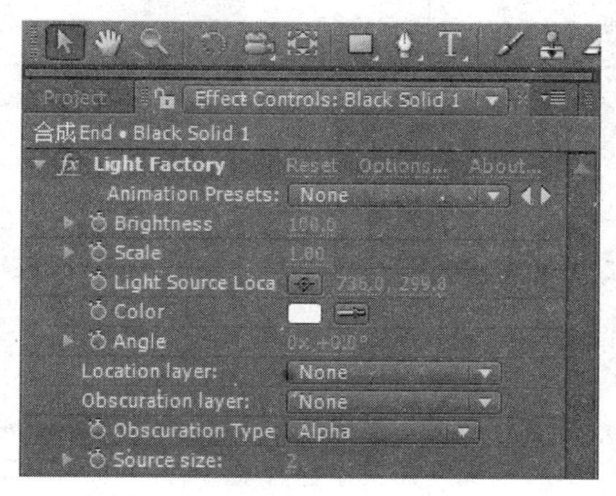

图 7.81　Solid1 添加 Light Factory 特效

（3）新建固态层 Solid 2

复制固态层添加 Light Factory 特效，如图 7.82 所示。

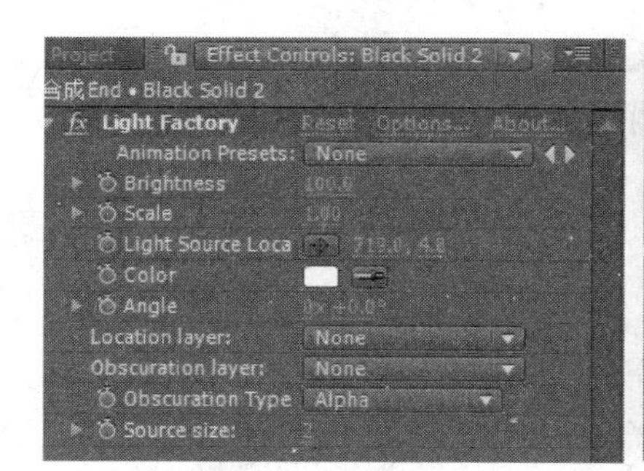

图 7.82　Solid2 添加 Light Factory 特效及效果

至此，本训练完成。按小键盘上“0”键预览，即可得到本训练的最终效果。

7.4　案例四　动态跟踪

7.4.1　案例描述与分析

在 After Effects 中可将画面上运动中的物体替换为另一个物体，并让这个物体与原素材运动完全吻合。例如，更换运动镜头中的楼体广告、行驶汽车上的车牌等。本案例主要通过对跟踪功能 Track Motion 功能的灵活运用（在操作过程中要注意正确放置 Track Point 的位置），将熊猫固定在标志建筑上。制作过程：导入素材，使用 Track Motion 进行动态跟踪。最终结果如图 7.83 所示。

图 7.83　动态跟踪动画效果

7.4.2　案例训练

1．新建“动态跟踪”合成

（1）导入素材

启动 After Effects，然后按“Ctrl+N”组合键，新建一个合成“动态跟踪”，双击 Project 窗口中空白区域，并在指定目录下，导入“熊猫.jpg”素材。打开动态跟踪素材文件夹，选择其中任意一张图片，将“Import As”选项中选择为“Footage”，勾选“Targa Sequence”选项，然后单击“打开”按钮导入序列图片，如图 7.84 所示。

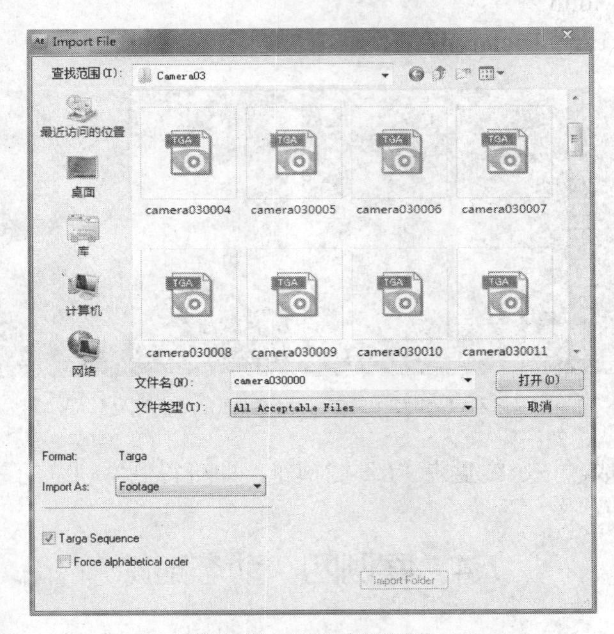

图 7.84　导入序列图片

勾选“Targa Sequence”才可以导入序列图片，如果没有勾选“Targa Sequence”导入的将只是一张图片。

（2）新建“动态跟踪”合成

在“项目”窗口中选择序列图片，将其拖动到“项目”窗口下方的“创建新合成”按钮上，创建新合成。然后选中“项目”窗口中新创建的合成，按“Enter”键更改合成名为“动态跟踪”。

2．设置跟踪动画

（1）添加 Track Motion 命令

将“熊猫.jpg”素材拖到“时间线”窗口中，并调整顺序为第一层。在“时间线”窗口选择序列图片层，执行菜单 Animation/Track Motion 命令，弹出“Tracker”面板，在“合成”窗口出现跟踪点“Track Point1”，如图 7.85 所示。

（2）设置“Tracker”面板

在“Tracker”面板中，将“Track Type”项选择为“Perspective-Conner pin”，此时“合成”窗口出现 4 个跟踪点“TrackPoint1”、“TrackPoint2”、“TrackPoint3”、“TrackPoint4”，如图 7.86 所示。

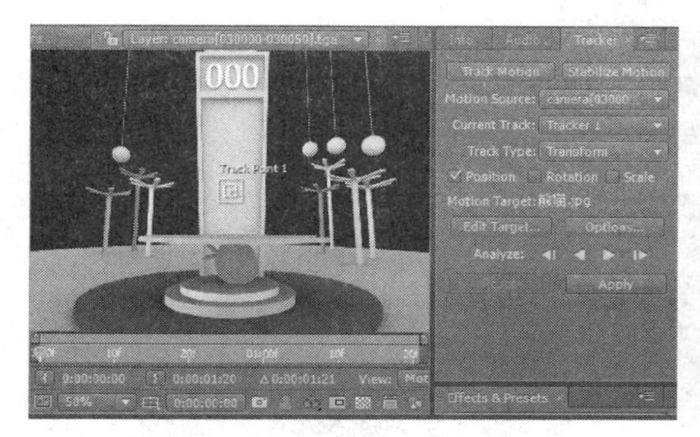

图 7.85　使用 Track Motion

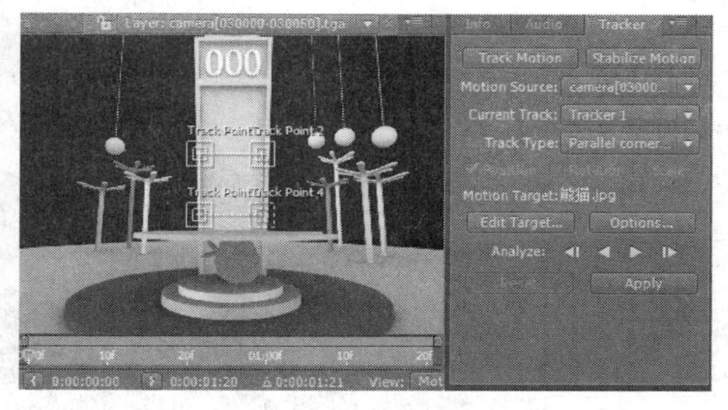

图 7.86　设置“Tracker”面板

（3）调整跟踪点到 4 个固定位置

在“动态跟踪”窗口中调整跟踪的位置，调整时用鼠标单击拖动跟踪点将放大显示画面，因为运动跟踪是以图像上的像素点为依据进行跟踪的。所以要尽可能精确地旋转控制点的位置，将图层窗口放大至 400%，再将所有跟踪点适当移动到画面中最顶部的 4 个角位置，如图 7.87 所示。在移动控制点时候，要在两个控制框之间的空白区域单击，不要在控制点和控制线上单击，否则将不能进行整体移动。

3．调节动画

（1）计算运动轨迹

放置好控制点以后，在 Tracker Controls 面板单击“Options”，设置跟踪通道为“Luminance”（亮度），让跟踪点以像素上的亮度值为分析依据，如图 7.88 所示。

图 7.87　调整跟踪位置

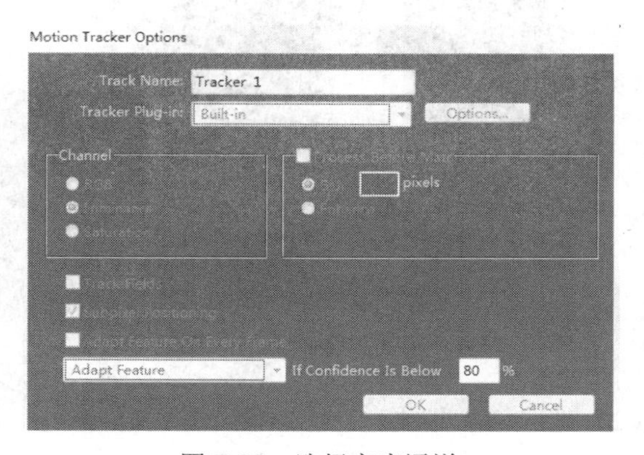

图 7.88　选择亮度通道

设置好之后，单击 Tracker Controls 面板上的“Analyze forward”（跟踪分析前播）按钮，如图 7.89 所示。单击▶将在播放影片的同时分析与跟踪运动轨迹。计算关键帧如图 7.90 所示。

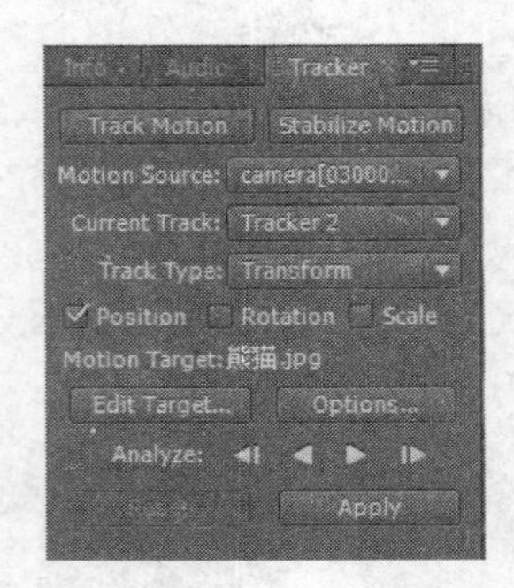

图 7.89　Analyze forward

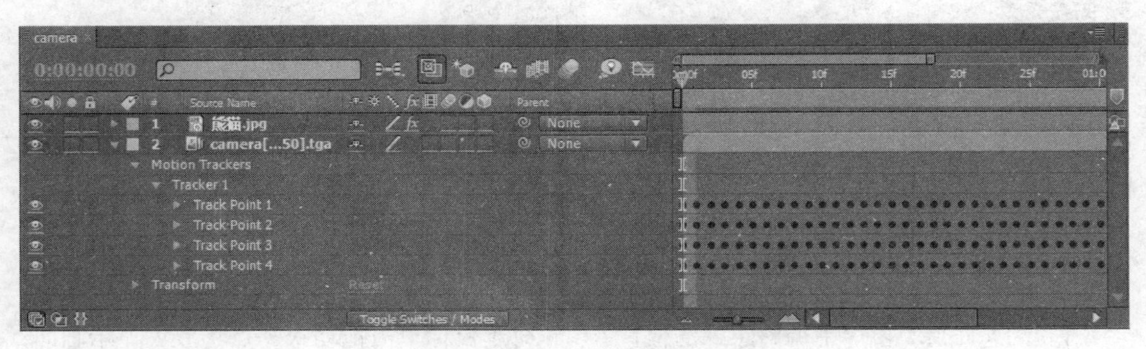

图 7.90　关键帧

在 Tracker Controls 面板中单击“Edit Target”，确定轨迹信息应用目标是“熊猫.jpg” 层。确定目标以后，单击 Tracker Controls 面板上“Apply”按钮，之后就会看到后来调入的“熊猫.jpg”层已经被移至原来的图画的位置，效果如图 7.91 所示。

“熊猫.jpg”层之所以能从透视的方式嵌入原来的画框，是因为单击“Apply”按钮以后，系统自动为图层添加一个 Corner Pin 特效，并将计算得到 4 个控制点的位置信息分别应用于 Corner Pin 的控制点。单击“熊猫.jpg”层就会在 Effect Controls 面板中看到 Corner Pin 特效，如图 7.92 所示。

图 7.91　施加关键帧后的效果

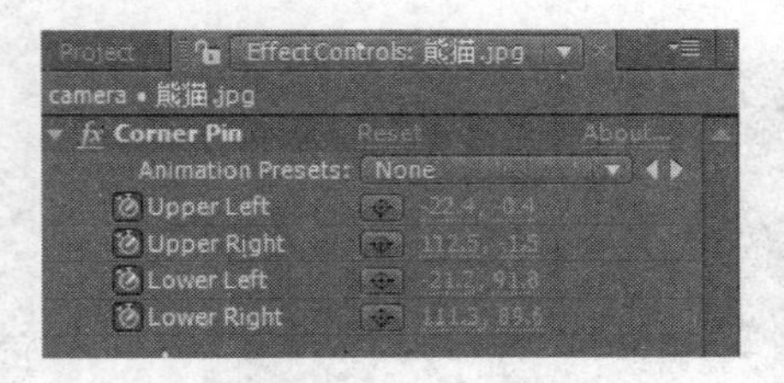

图 7.92　Corner Pin 特效

（2）生成最后结果

执行菜单“Composition/Make Movie”命令或“Ctrl+M”组合键，弹出“Render Queue”

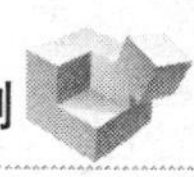

面板，对其中的参数进行设定，然后单击“Render”按钮输出动画，得到最终效果，如图 7.83 所示。

7.4.3　小结

本案例主要介绍了 4 点跟踪的原理和跟踪操作的步骤，要求掌握 4 点跟踪（透视跟踪）的原理。

7.4.4　举一反三案例训练

本案例介绍 4 点跟踪操作的步骤，让学生掌握 4 点跟踪操作技法。通过对跟踪功能 Track Motion 功能的灵活运用，对画面进行透视跟踪，实现美女与建筑楼体画面的精确合成。最终结果如图 7.93 所示。

图 7.93　最终结果

本章小结

影视特效后期合成最终效果是追求艺术与技术完美。本章主要对 After Effects 以上章节基础特效综合应用。通过本章的学习，学生可以综合应用前面章节所学的内容，结合 Adobe 系列软件，如 Photoshop、Illustrator 等软件来制作完整影视特效作品，并能够灵活运用，做到举一反三，完成影视特效综合训练。